U0595710

中等职业教育“十二五”规划课程改革创新教材

中职机电类专业系列教材

机械基础与实训

（第二版）

杨士伟　主编

科学出版社

北　京

内 容 简 介

本书根据 2009 年教育部制订的“中等职业学校机械基础教学大纲”，并参照有关行业的职业技能鉴定规范及中级技术工人等级考核标准编写。

本书作为机械类、机电类专业的专业基础课教材，为学生学习后续课程及解决生产实际问题奠定了基础。本书在教学内容上突出了“做中学、做中教”的指导思想，列举了大量常见的实例，强调了现场所需的应用性知识。除介绍机械概述、构件的静力分析、杆件的基本变形、机械工程材料、常用机构、连接件、支承零部件、机械传动、机械的节能环保与安全防护、液压传动与气压传动等主要基础知识外，本书还加强了实训教学，特别强调学生在选用、拆装、调整、运行维护等方面实践技能的培养，重点章节设置了“实训”版块，每单元后附有“思考与练习”。

本书可作为中等职业学校机械类、机电类专业的教学用书，也可作为相关行业人员岗位培训的参考用书。

图书在版编目（CIP）数据

机械基础与实训/杨士伟主编. —2 版. —北京：科学出版社，2014
(中等职业教育“十二五”规划课程改革创新教材·中职机电类专业系列教材)

ISBN 978-7-03-041566-0

I. ①机⋯ II. ①杨⋯ III. ①机械学-中等专业学校-教材 IV. ①TH11

中国版本图书馆 CIP 数据核字（2014）第 179454 号

责任编辑：张振华 / 责任校对：马英菊
责任印制：吕春珉 / 封面设计：一克米工作室

科学出版社出版
北京东黄城根北街 16 号
邮政编码：100717
http://www.sciencep.com

三河市骏杰印刷有限公司印刷
科学出版社发行　各地新华书店经销
*
2009 年 9 月第 一 版　开本：787×1092 1/16
2014 年 11 月第 二 版　印张：18
2019 年 8 月第九次印刷　字数：420 000

定价：45.00 元

（如有印装质量问题，我社负责调换〈骏杰〉）
销售部电话 010-62134988　编辑部电话 010-62135120-2005

第二版前言

本书第一版自 2009 年出版以来，在职业技术院校教学、工矿企业技术培训等方面发挥了很大的作用，取得了较好的社会效益，受到了广大读者的欢迎和一致好评。经过 5 年教学实践经验的总结及新的相关国家标准的陆续发布，编者对本书进行了修订，以适应教学的需要。

本次修订是在广泛征求机械行业领域内相关学者意见的基础上进行的。为保持本套教材的延续性和原有的读者层次，本次修订在原有教材风格和特点的基础上，根据教学实践，针对原教材的不足进行了改进，以满足教学的需要，使本书内容更具有针对性和实用性；同时根据教学需要补充增加了部分新知识、新技术、新工艺和新方法方面的内容，使本书内容更具有先进性。全书采用了新的技术标准、名词术语和法定计量单位。

本书主要在以下方面进行了修订：

1．在内容选择和结构安排上做了改进，使本书内容对学生更具有生活体验性和趣味性，结构安排更有利于学生的课堂接受和掌握。对第一版中出现的文字及图表方面的错误和不妥之处做了全面的订正。

2．对具体内容做了充实和调整。第一版共 8 个单元，第二版调整为 10 个单元，新增 2 个单元（单元 9、10）。单元 9 为机械的节能环保与安全防护，除将机械的润滑和密封内容从其他章节移至此外，新增了机械环保与安全防护内容；单元 10 为液压传动与气压传动。其他章节的内容也做了一些充实和调整，以方便不同专业的师生选用，增加本书的适用性。

3．增强趣味性和探究性，方便教学时学生的参与。本书每一节的编排结构是“学习导入—知识与技能—巩固—思考与练习”。在“知识与技能”部分，围绕基本教学内容，适时地穿插“读一读”、“议一议”、“练一练”、“做一做”、“看一看”等小栏目，以助于学生对知识点、技能点的消化理解，活跃学生的思维。

4．尽可能直观明了地呈现教学内容，第二版中使用了较多的图片和表格。

本书由杨士伟（本溪市机电工程学校）任主编，邱丽丽（本溪市机电工程学校）、刘明（山东省高唐县职业教育中心）任副主编。具体分工如下：杨士伟编写绪论、单元 1 和单元 5，邱丽丽编写单元 2～4、单元 6～9，刘明编写单元 10，全书由杨士伟统稿。

本书标*的内容为选学部分。

本次修订工作得到了科学出版社领导和编辑的大力支持和指导，使用本书第一版的许多教师对此次修订提出了宝贵意见，本书也借鉴了参考文献中各位作者的宝贵经验，在此一并表示感谢！

由于编者水平有限，书中疏漏之处在所难免，敬请广大读者批评指正。

编　者

2014 年 5 月

第一版前言

本书是根据教育部2009年最新制订的“中等职业学校机械基础教学大纲”编写的。

本书融工程力学、机械工程材料、机械零件与传动等内容为一体，并对有关内容进行整合，适应目前中职教学的实际需要。其主要任务是：培养学生的综合素质，为职业能力的形成奠定基础；使学生掌握必备的机械基本知识和基本技能；懂得机械工作原理，了解机械材料性能，准确表达机械技术要求，正确操作和维护机械设备；具有机械安全、节能和环保意识。为此，在编写时，特别注意了以下几点。

1．在内容体系上，从培养目标出发，以机械职业岗位能力需要为基点，并参考有关部门颁布的工人技术等级标准和职业技能鉴定规范，打破传统学科界限，力图将相关知识进行有机整合。

2．在内容的选择上，贴近学生生活、贴近职业实践、贴近生产实际。降低教学的起点和难度，拓宽知识面，减少理论推导，删除不必要的理论，突出实用性。

3．除了介绍常规主干基础知识外，加强实训教学，特别强调学生在选用、拆装、调整、运行维护等方面实践技能的培养，大部分单元都安排了“实训”，在每个单元后附有的思考与练习中，编入一些观察、制作、动脑等综合性讨论和实践性较强的题目，使学生所学知识较快地应用到实践中。

4．本书的编排结构是：单元—任务（问题引入—知识点）—实训—思考与练习。在“知识点”的编写过程中，适时地穿插“观察”、“议一议”、“提示”、“练一练”、“做一做”、“拓展”等小栏目，帮助学生对知识点进行消化理解，活跃学生的思维，提高学生的教学参与程度。

5．兼顾不同学制、不同类型、不同地区的职业学校，书内编入了选学内容（加*号部分），增加了本书的适用性和灵活性。

各项目教学课时数（包括实训）建议如下：

项　目	内　容	必学	选学	合计
绪论、单元1	机械概述	6		6
单元2	构件的静力分析	6	2	8
单元3	杆件的基本变形	8	4	12
单元4	机械工程材料	8	2	10
单元5	常用机构	9	3	12
单元6	连接件	8	2	10
单元7	支承零部件	10	2	12
单元8	机械传动	22	4	26
合　计		77	19	96

本书由本溪市机电工程学校杨士伟（绪论、单元1、单元6）、贾志坚（单元2、单

元3）、张贤（单元8）、辽宁省机电工程学院隋任花（单元5、单元7）共同编写，由杨士伟担任主编并统稿，张贤担任副主编。

由于水平有限，加之编写时间仓促，书中疏漏和不妥之处在所难免，恳请广大读者批评指正，以便下次修订。

编 者

2009年5月

目 录

绪　　论

1. 课程的性质

“机械基础与实训”是中等职业学校机械类专业的一门综合性的技术基础课。这门课程不但包括工程力学、机械工程材料、机械零件与机械传动等多方面的内容，而且在学习过程中还将综合应用先修课程，如机械制图、极限与配合、金属工艺学等方面的知识。本课程设计较以往的先修课程更接近工程实际，无论学习有关机械设备课程，还是使用或维修机械设备，都要应用本课程的基础知识。但也有别于专业课程，它主要是研究各类机械所具有的共性问题，在整个课程体系中占有十分重要的地位。

2. 课程的内容

制造、维修、使用常用的机械设备和工程结构，必须具备力学、材料、机构与机械零件的相关知识，这些正是本课程的主要内容，因而本门课程是一门综合介绍机械或机器的基础课程。

本课程主要以常用机构、传动和典型通用零件为研究对象。其具体内容主要包括：构件的静力分析与基本变形、机械工程材料、常用机构、典型通用零件、常用机械传动、液压传动与气压传动。

3. 课程的要求

通过本课程的学习使学生达到以下基本要求：

1）掌握构件受力分析的基本方法。

2）了解常用机械工程材料的种类、牌号、性能和应用。

3）熟悉常用机械传动和通用机械零件的工作原理、特点、应用和标准。

4）初步具有分析一般机械设备运动和功能的能力。

5）初步具有使用和维护一般机械的能力。

6）了解与本课程相关的技术政策和法规、国家标准和规范，培养严谨的工作作风和创新精神。

4. 课程的学习方法

由于本课程是一门应用性很强的工程课程，所以应注意其学习特点。

在学习过程中，必须常观察、多思考、勤动手。观察生活和生产中遇到的各种机械，注意分析其组成、结构和运动关系，树立“动”的概念。

学习机构、机械零件和机械传动时，要从机器总体出发，将各章节讨论的各种机构、通用零件有机地联系起来，深入理解本课程的基本概念，防止孤立、片面地学习各章内容，树立“综合”的观念。

本课程有着丰富的实践内容，也有着广阔的创造机会，做中学、勤动手，熟练掌握基本技能，注重实践能力和创新精神的培养。

单元1

机械概述

概要及目标

◎ 概要

机器各式各样，功能也各不相同，然而在很多方面却有着共同之处，这就形成了机器的基本概念、要素与过程。本章介绍机器的若干共性问题，如机器的组成、金属材料的力学性能、机械零件的强度、机器中的摩擦和磨损等。

◎ 知识目标

1. 熟悉机器、机构、构件、零件、机械的基本概念。
2. 熟悉机器的基本组成及各部分的功能。
3. 了解对机械的基本要求。
4. 了解金属材料的力学性能。
5. 了解机械零件的载荷、应力和强度。
6. 了解机械中的摩擦和磨损。

◎ 技能目标

1. 根据实际应用情况能正确判断、分析机械设备是什么类型（机器、机械、机构、零件、构件）。
2. 能够解释金属材料的力学性能及失效、摩擦、磨损现象。

1.1 机器的组成

学习导入

在日常生活中大家经常看到或使用各种机器，对“机器”一词已经有了一些感性认识。例如，洗衣机、汽车、各种机床等，都是机器。要使用和维护机器，首先应当了解机器的组成。

读一读

机械是人类在长期的生产实践中创造出来的技术装置。回顾机械发展的历史，从杠杆、斜面、滑轮到汽车、内燃机、缝纫机、洗衣机及机器人，都说明了机械的进步，也标志着生产力的不断发展。

在机械发展方面，中国古代有许多发明创造，东汉时张衡发明了世界上第一台地震仪（即候风地动仪），西汉时出现了记里鼓车和指南车，明朝时宋应星编写了《天工开物》，书中记录了许多先进的工艺技术和科学创见，这些发明创造充分显示了我国劳动人民卓越的创造才能，如图 1-1 所示。

（a）候风地动仪

（b）记里鼓车

（c）天工开物

图 1-1　中国古代发明创造

知识与技能

看一看

观察自行车（图 1-2）与汽车（图 1-3）的主要区别是什么？有什么相同之处？各自的功能是什么？

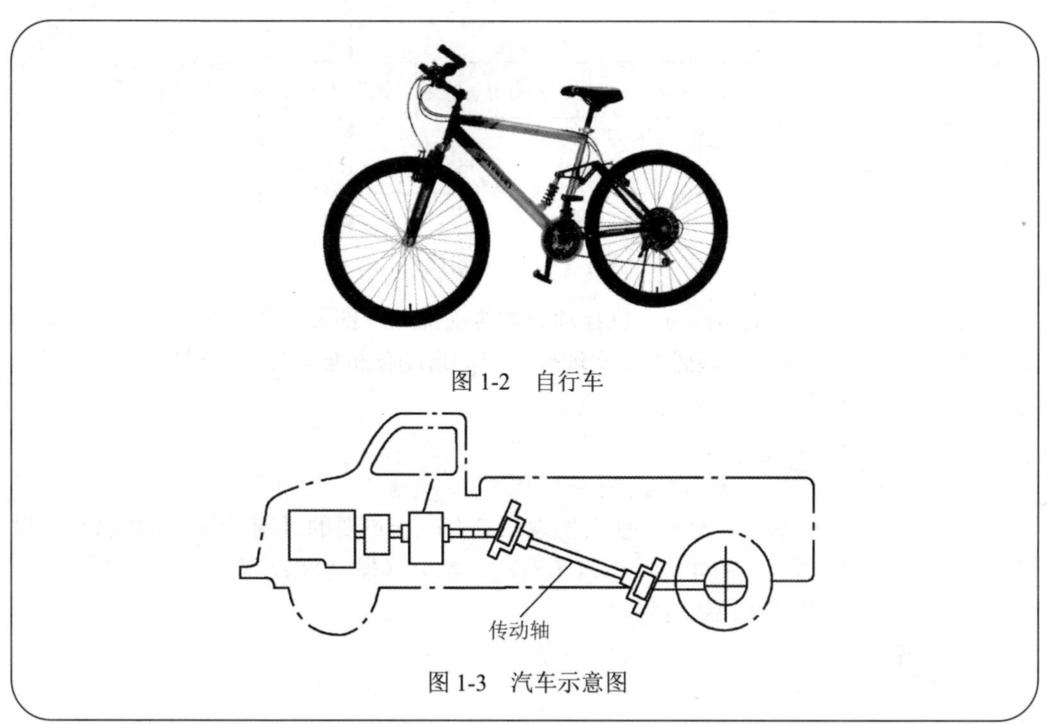

图 1-2　自行车

图 1-3　汽车示意图

1.1.1　机器的组成

机器的种类繁多，形状各异，但就其功能而言，一部完整的机器主要由以下 4 个部分组成。

1）动力部分。该部分是驱动机器完成预定功能的动力源，其作用是将其他形式的能量转变成机械能。动力源有电动机和内燃机等，但机械工业中多采用电动机。它已有定型产品，使用时只需根据工作要求和条件，选择适当的型号就可以了。汽车的动力源为汽油发动机。

2）执行部分。该部分的功能是直接完成机器预定的动作或任务，如汽车的车轮、自动生产线中的输送带等。

3）传动部分。该部分是将动力源的运动和动力传递到执行部分，属于中间传递环节。利用它可以改变运动速度、转矩及转换运动形式等，以满足工作部分的各种要求，如汽车中的变速器可以改变汽车的运行速度。这部分是本课程的主要内容。

4）控制部分。该部分主要是用于控制上述三部分的，使操作者能够根据需要进行各种功能的实施，如机器的开停、运动速度和方向的改变等。通常将控制分为机械和电子两种方式。

机器各组成部分的逻辑关系如图 1-4 所示。

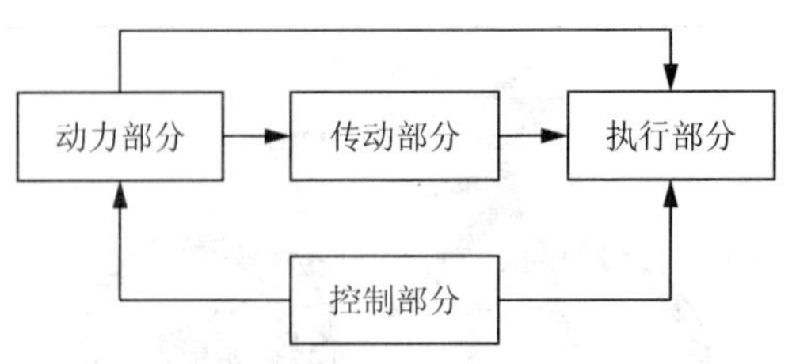

图 1-4 机器的组成

简单的机器一般由动力部分、执行部分和传动部分三部分组成，有的甚至只有动力部分和执行部分，如水泵、砂轮等。而现代新型的自动化机器，如数控机床、机器人等，控制部分（包括检测）的作用越来越重要。

1.1.2 机械相关概念

观察汽车与自行车后，大家可能会发现二者有一个重要的区别：汽车可以替代人做功，而自行车需要消耗人的体力，即汽车有动力部分（发动机），而自行车则没有。下面就机械相关概念及其属性进行讨论。

1. 机器

各种机器具有三个共同的特征：其一，机器都是人为地将各个实物进行有机组合；其二，组成机器各实物之间具有确定的相对运动；其三，可以代替或减轻人类的劳动，完成机械功或转换机械能。

以洗衣机为例进行分析，它由电动机、带轮、壳体、波轮、控制面板等实体组成。电动机轴带动带轮和波轮转动（具有确定的相对运动），使洗衣机可代替人用搓衣板搓衣的劳动。

2. 机构

从特征上讲，机构和机器具有相同点，即它也是人为地将各个实物进行有机组合；组成机构的各实物之间具有确定的相对运动。唯一的区别是机构不具备机器的第三个特征（代替或减轻人类的劳动）。

例如，自行车是由轮子、车架、车把、轴等部分组成的（实体有机的组合），轮盘通过链条带动飞轮和车轮转动（具有确定的相对运动）。但自行车是以人作为动力的，没有原动力部分，因此不能代替或减轻人类的劳动。

机器包含机构，机构是机器的主要组成部分。一部机器可以包含一个机构或多个机构。

3. 构件与零件

组成机构的各个相对运动部分称为构件，构件是运动的最小单元，它可以是单一的整体，也可以是多个零件组合而成的刚性结构。零件是制造的最小单元。例如，自行车的前轮，其中辐条、轮圈、固定辐条用的螺母、外胎和内胎等组成一个构件，即车轮为

一个参加运动的单元；而辐条、轮圈、固定辐条用的螺母、外胎和内胎等为零件，分别进行制造，是制造的最小单元。

机械零件可分为两大类：一类是在各种机器中都能用到的零件，叫通用零件，如齿轮、螺栓、轴等；另一类则是在特定类型的机器中才能用到的零件，叫专用零件，如曲轴、吊钩、叶片等。

4. 机械

机器由机构组成，机构由构件组成。机构主要用来传递和变换运动，而机器主要用来传递或变换能量。

如果不考虑做功和能量转换，仅从运动和结构的角度来看，机器和机构并无本质的区别，因此常把机器和机构统称为机械。

议一议

以图 1-5 所示的齿轮构件为例，说说构件和零件的区别。

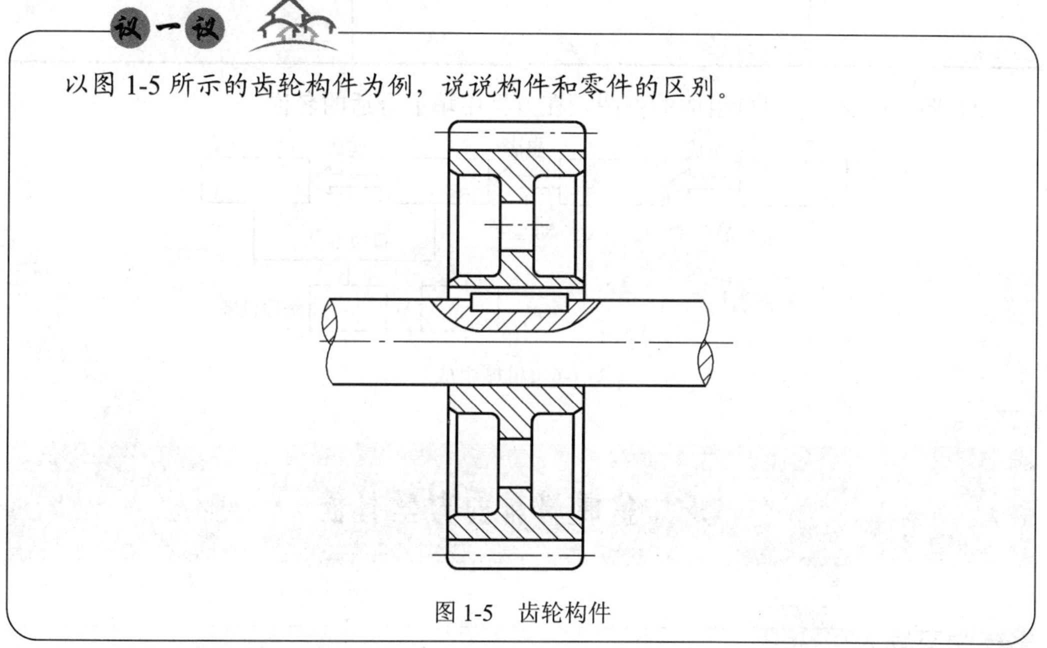

图 1-5 齿轮构件

1.1.3 一般机械的基本要求

设计的机械零件既要在预定的期间内工作可靠，又要成本低廉。要使工作可靠，就应在设计时使零件在强度、刚度、使用寿命、振动稳定性等方面满足一定的条件，这些条件是判断机械零件工作能力的准则。要使成本低廉，就必须从设计和制造两方面着手，设计时应正确选择零件的材料、合理的尺寸和符合工艺要求的结构，并合理规定制造时的公差等级和技术条件等。一般机械的基本要求如下：

1）满足使用性要求。

2）满足可靠性要求。

3）满足经济性要求。

4）操作方便，工作安全。

5）造型美观，减少污染。

巩固

1）根据机器的一般组成填写下表。

机器的组成部分	功　能	实　例

2）图 1-6 是表示机械组成的框图，在方框中填上合适的名称。

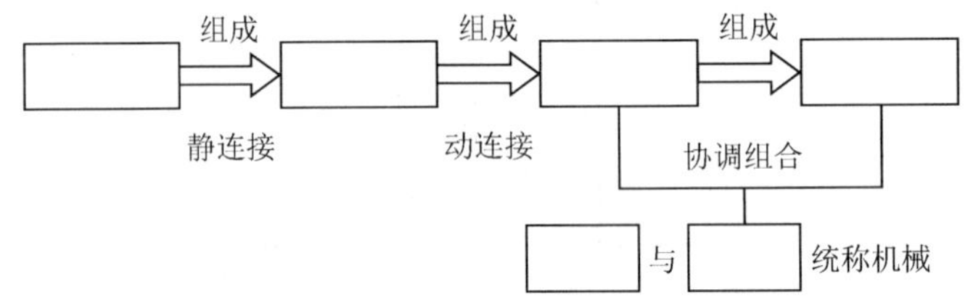

图 1-6　机械组成

1.2　金属材料的力学性能

学习导入

金属材料的选择与使用，首先要考虑的是其使用性能。金属材料在使用时所表现出来的性能统称为使用性能，包括物理、化学、力学性能等，但在机械行业中，主要考虑的是力学性能。

机械零件在使用过程中，总是不可避免地受到各种形式外力的作用，因此要求金属材料必须具备必要的抵抗外力作用而不被破坏的能力，此能力是由材料一定的力学性能来满足的。

金属材料的力学性能主要是指金属材料在外力作用下在强度和变形方面表现出来的性能。金属材料的力学性能都是通过力学试验得到的。由于载荷不同，对材料的作用不同，引起的变形也不同，使材料表现出不同的力学性能，所以金属材料力学性能的主要指标包括弹性与塑性、强度、硬度和韧性等。

知识与技能

1. 弹性与塑性

材料受外力作用时会产生变形，当外力撤除后能恢复其原来形状的性能，称为弹性。随着外力的消失而消失的变形称为弹性变形，如图 1-7 所示。

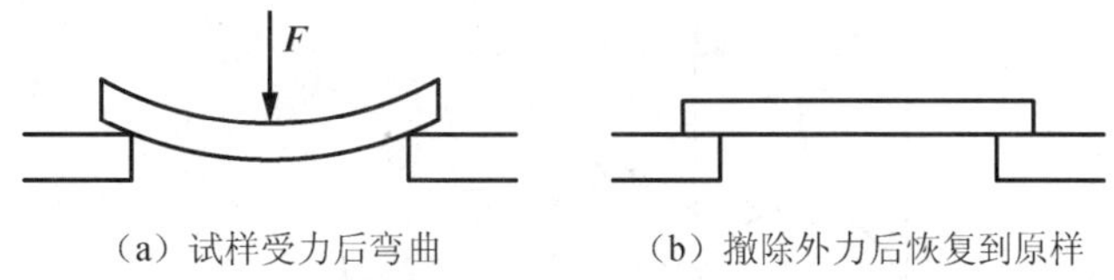

（a）试样受力后弯曲　　（b）撤除外力后恢复到原样

图 1-7　材料的弹性变形

材料在外力作用下，产生永久变形而不致引起破坏的性能，称为塑性。外力消失后留下来的这部分不可恢复的变形称为塑性变形，如图 1-8 所示。塑性的度量指标有断后伸长率 δ 和断面收缩率 ψ 。δ 和 ψ 的数值越大，表明材料的塑性越好。塑性良好的金属材料可进行各种塑性加工（轧制、冲压、锻造等）。

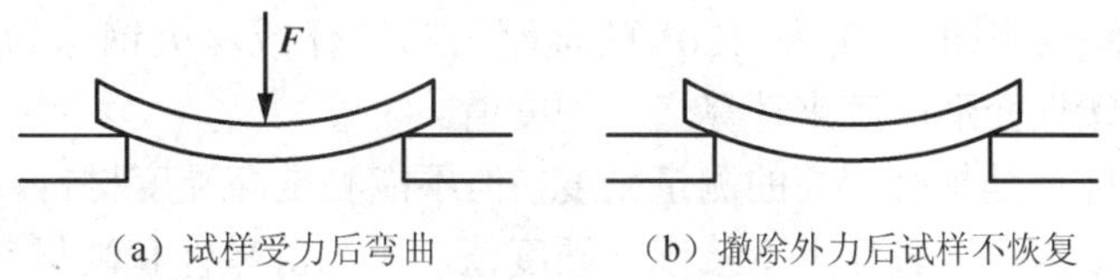

（a）试样受力后弯曲　　（b）撤除外力后试样不恢复

图 1-8　材料的塑性变形

2. 强度

材料在力的作用下抵抗永久变形和断裂的能力称为强度。工程上强度最常用的指标有屈服强度 σ_s 和抗拉强度 σ_b 。屈服强度 σ_s 和抗拉强度 σ_b 可以通过试样拉伸试验测得，屈服强度 σ_s 代表材料抵抗塑性变形的能力，而抗拉强度 σ_b 代表材料抵抗拉断的能力。

当外力以不同的方式作用于零件时，可以使零件产生不同的变形，基本的变形有拉伸、压缩、剪切、扭转、弯曲等几种，如图 1-9 所示。所以强度又分为抗拉、抗压、抗剪、抗扭、抗弯等强度。材料的强度越高，所能承受载荷的能力越大。

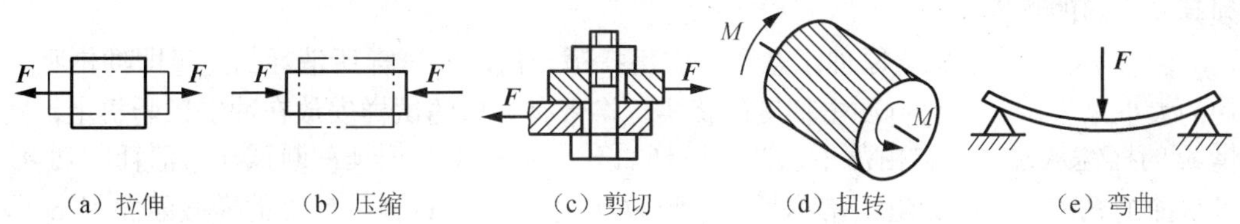

（a）拉伸　（b）压缩　（c）剪切　（d）扭转　（e）弯曲

图 1-9　零件的基本变形

3. 硬度

硬度是反映材料局部体积内抵抗另一硬度更高物体压入的能力。硬度可通过压入法测试得到，根据压头和所加载荷不同，工程上硬度常用的指标有布氏硬度（HB）、洛氏硬度（HR）等。

图 1-10 是布氏硬度试验原理图，用一直径为 D 的硬质合金球为压头，在规定试验力 $\boldsymbol{F}$ 的作用下压入被测金属的表面，保持规定时间后卸除试验力，用读数显微镜测量其压痕直径 d，求出压痕表面积，则球面压痕单位表面积上所承受的平均压力即为被测金属的布氏硬度值。

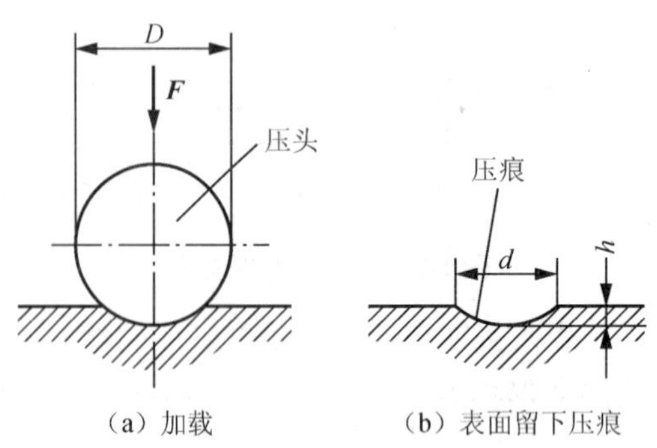

图 1-10　布氏硬度试验原理图

洛氏硬度试验采用锥顶角为 120°的金刚石圆锥体或淬火钢球为压头压入金属表面，以测量压痕塑性变形深度来计算洛氏硬度值。

布氏硬度的优点是具有较高的测量精度，但不能测定高硬度材料。洛氏硬度的优点是操作迅速、简便，可在表盘上直接读出硬度值，可测薄零件和硬材料，应用最广。

在许多场合下都要求材料具有一定的硬度，如切削刀具、工具、量具、模具和一些重要的零件。硬度是衡量金属材料软硬的一个指标，硬度越高，其耐磨性越好，抵抗局部变形的能力越好，才能保证其使用性能和使用寿命，而且硬度也间接反映材料的强度。

4. 韧性

金属材料抵抗冲击载荷而不破坏的能力称为韧性，用冲击韧度表征。强度、塑性、硬度都是在静载荷（静试验力）作用下测量的性能指标，但实际上，许多零件常在冲击载荷或交变载荷作用下工作，如锤件、冲头、齿轮、弹簧、连杆和主轴等，对于这类承受冲击载荷的零件或工具，其性能不能用静载荷作用下的指标来衡量，这就要求其还必须具有足够的韧性。

图 1-11 是冲击试验原理示意图。它用摆锤一次冲断试样所消耗的能量即冲击吸收功的大小来表示金属材料冲击韧度的优劣。将带有缺口的试样安放在冲击试验机上，质量 m 的摆锤从 h_1 高度自由落下，冲断试样后升至 h_2 高度。摆锤冲断试样所消耗的功 A_K 可从冲击试验机直接读出，常称为冲击吸收功。A_K 除以试样缺口处的横截面面积 S 即可得到被测材料的冲击韧度值，用符号 a_K 表示，单位为 J/cm^2。

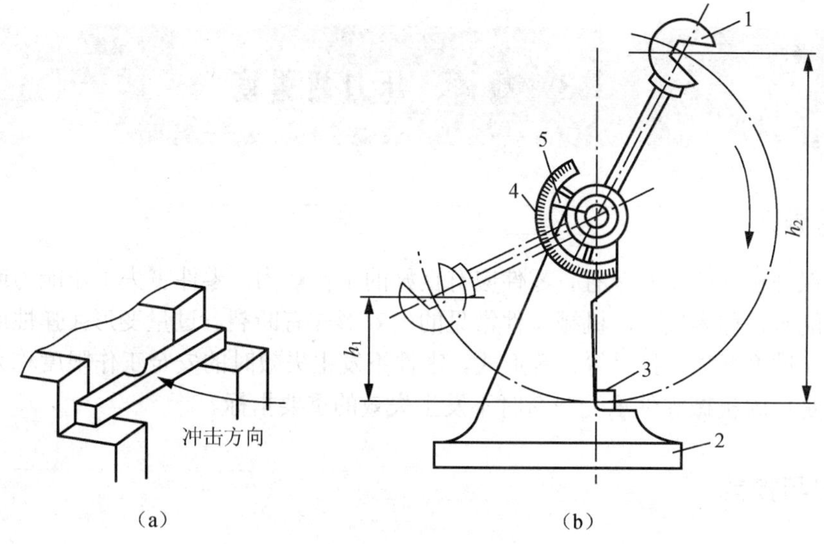

图 1-11 冲击试验原理示意图

1—摆锤；2—机架；3—试样；4—刻度盘；5—指针

金属材料在多次小能量冲击下，抗冲击能力主要取决于材料的强度和塑性；在少次大能量冲击载荷作用时，抗冲击能力主要取决于冲击韧度。冲击韧度越大，材料的抗冲击能力越强。

5. *疲劳强度*

许多机械零件（如轴、齿轮、轴承等）在工作过程中往往受的是大小和方向随时间变化的载荷，即交变载荷的作用。在这种情况下，金属材料能够承受的应力远远低于静载荷时的应力，甚至在低于屈服点的状态下，长时间工作就会发生突然断裂，即使是塑性很好的材料，在破坏前也无明显的塑性变形，这种破坏称为疲劳破坏。

金属材料在无数次重复的交变载荷作用下，而不破坏的最大应力称为疲劳强度。实际上，金属材料不可能做无限多次交变载荷试验。一般试验时规定，钢经受 10^7 次、有色金属经受 10^8 次交变载荷作用时不产生断裂的最大应力称为疲劳强度。

疲劳破坏是机械零件失效的主要原因之一。据统计，在零件失效中有 80%以上属于疲劳破坏，而且疲劳破坏前没有明显的变形，所以疲劳破坏经常造成重大事故，可见疲劳强度是材料的一个重要指标。

以上介绍的金属材料的力学性能，虽然有所区别，但也不是完全无关的，它们之间有着紧密的关联性。一般情况下，金属材料的强度、硬度较好时，往往塑性、韧性较差；相反塑性、韧性较好时，强度、硬度较低。但有些材料在处理较好时，也会得到综合性能较好的结果。

1.3 载荷、压力和强度

学习导入

为了保证机器的正常运行，零件应有良好的工作能力。零件丧失工作能力或达不到要求的性能时，称为失效。机械零件常见的失效形式有断裂、过量变形（弹性或塑性）、表面失效（过度磨损、打滑等）等形式。零件不发生失效时的安全工作限度称为工作能力。强度是反映机械零件承受载荷时不发生失效的重要指标。

知识与技能

1.3.1 载荷和应力

机械零件在使用和制造过程中受到的力作用称为载荷，载荷通常有静载荷、变载荷等。载荷的大小、方向不随时间变化或变化缓慢的称为静载荷；载荷的大小、方向随时间变化的称为变载荷。

机械零件受外力作用时，其内部产生的阻止变形的具有与外力相等的抗力称为内力，单位面积上的内力称为应力。对于强度等指标，其数值都是用应力来表示的。

大小或方向不随时间变化或变化缓慢的称为静应力，大小或方向随时间变化的称为变应力。静应力只能在静载荷作用下产生，变应力可能由变载荷产生，也可能由静载荷产生。

1.3.2 机械零件的强度

零件工作应力是静应力时，零件强度不能满足工作要求时的主要失效形式是断裂或塑性变形。断裂是一种严重的失效形式，它不但使零件失效，有时还会造成严重的人身及设备事故。为了保证零件正常工作，必须满足零件的强度条件。

零件的工作应力是交变应力时，零件的失效形式是疲劳断裂。疲劳断裂都是突然发生的，具有很大的危险性。疲劳断裂与应力的大小、循环特性、应力循环次数有关。

机械零件受载时，如果应力是在较浅的表层内产生的（如挤压应力、接触应力），则在这种应力状态下的零件强度称为表面强度。

面接触而无相对运动的零件，承载时因相互挤压作用而产生的应力称为挤压应力。此时零件强度表现为抵抗压溃或塑性变形，即挤压强度。

机械中的高副，如齿轮副、蜗杆副、凸轮副、滚动轴承中的滚动体与套圈等，由于接触面很小，即点接触或线接触，表层的局部应力很大，这种应力称为接触应力。接触应力一般是变应力。在接触应力作用下零件的强度称为接触强度。

1.4 摩擦、磨损

学习导入

摩擦和磨损是自然界和社会生活中普遍存在的现象。有时人们利用它们有利的一面，如车辆行驶、带传动和制动等是利用摩擦作用，精加工中的磨削、抛光等是利用磨损作用。但是摩擦存在造成了机器的磨损、发热和能量损耗。据估计，目前世界上有30%～50%的能量消耗在各种形式的摩擦中，约有 80%的机器是因为零件磨损而失效的。因此，零件的磨损是决定机器使用寿命的主要因素。

知识与技能

1.4.1 摩擦

摩擦是指两物体的接触表面阻碍它们相对运动的机械阻力。

相互摩擦的两个物体称为摩擦副。根据摩擦副的运动状态可将摩擦分为静摩擦、动摩擦，仅有相对运动趋势时的摩擦称为静摩擦，静摩擦力的大小随作用于物体的外力的变化而变化；当外力克服了最大静摩擦力，摩擦副间产生相对运动时的摩擦称为动摩擦。根据摩擦副的运动形式可分为滑动摩擦和滚动摩擦，根据摩擦副的摩擦状态可分为固体摩擦、液体摩擦和混合摩擦。

1. 固体摩擦

固体摩擦分为干摩擦和边界摩擦。

（1）干摩擦

摩擦副在直接接触时产生的摩擦称为干摩擦。干摩擦的摩擦因数大，磨损严重，除利用摩擦力工作的场合外，应尽量避免。

（2）边界摩擦

在摩擦副间施加润滑剂后，摩擦副的表面吸附一层极薄的润滑膜，这种摩擦状态称为边界摩擦。边界摩擦的润滑膜强度低，容易破裂，致使摩擦副部分表面直接接触产生磨损，但摩擦和磨损状况优于干摩擦。

2. 液体摩擦

在摩擦副间施加润滑剂后，摩擦副的表面被一层具有一定压力和厚度的流体润滑膜完全隔开时的摩擦，称为液体摩擦。液体摩擦中摩擦副的表面不直接接触，摩擦因数很小，理论上不产生磨损，是一种理想的摩擦状态。

3. 混合摩擦

兼有固体摩擦和液体摩擦中两种摩擦状态以上的一种摩擦状态，称为混合摩擦。混合摩擦中摩擦表面仍有少量直接接触，大部分处于液体摩擦，故摩擦和磨损状况优于固体摩擦，但比液体摩擦差。

1.4.2 磨损

运动副之间的摩擦将导致零件表面材料逐渐损耗形成磨损。磨损会影响机器的精度，降低工作的可靠性，甚至促使机器提前报废。

1. 磨损过程

一个零件的磨损过程大致可分为三个阶段，磨损曲线如图 1-12 所示。

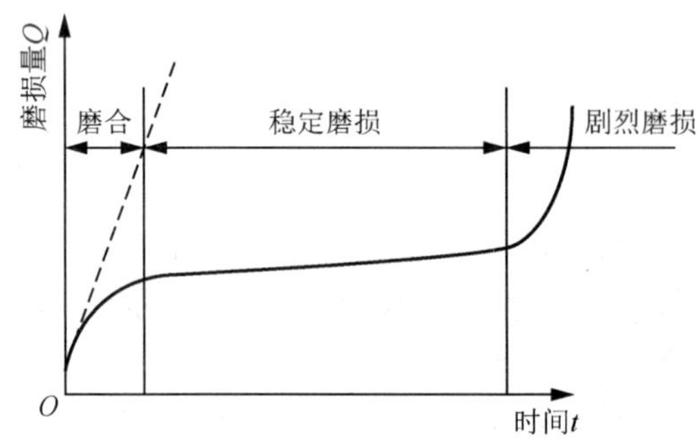

图 1-12 磨损曲线

（1）磨合阶段

在运转初期，摩擦副的接触面积较小，单位面积上的实际载荷较大，磨损速度较快。随着磨合的进行，实际接触面积不断增大，磨损速度逐渐减缓，在达到某一定值后即转入稳定磨损阶段。磨合结束后应更换润滑油。

（2）稳定磨损阶段

在这个阶段，零件以平稳而缓慢的速度磨损，标志着摩擦条件保持不变。这个阶段的长短代表零件的使用寿命。

（3）剧烈磨损阶段

在剧烈磨损阶段，磨损急剧增长，运动副中的间隙增大，精度丧失，引起额外的动载荷，出现噪声和振动，最终导致失效，这时必须更换零件。

在道路上有时会看到贴有“跑合”、“走合”等字样的汽车，这是指什么？

2. 磨损的类型

根据磨损机理及零件表面磨损状态，一般工况下经常出现以下几种磨损。

（1）粘着磨损

在边界摩擦或混合摩擦状态下，当载荷较大、速度较高时，润滑膜可能破坏，摩擦表面的不平度峰尖在相互作用的各点处发生粘着后，当相对滑动时材料从一个表面转移到另一个表面，形成了粘着磨损。这种磨损是金属摩擦副之间最普通的一种磨损形式。粘着磨损会造成运动副胶合、咬死。齿轮传动、蜗杆传动及滑动轴承等零件可能发生粘着磨损。

（2）磨料磨损

进入摩擦面间的游离颗粒，如磨损造成的金属微粒，会在较软材料的表面上犁刨出很多沟纹，这样的微切削过程称为磨料磨损。除液体摩擦外，其他摩擦状态下工作的零件都可能出现磨料磨损，如开式齿轮传动经常因严重磨损而失效。

（3）疲劳磨损

做滚动或滚动兼滑动的高副摩擦表面，在接触区受到循环变化的高接触应力作用时，零件表面出现裂纹，随着应力循环次数的增加，裂纹逐步扩展以致表面金属剥落，出现凹坑，这种现象称为疲劳磨损，也称疲劳点蚀，简称点蚀。它是滚动轴承、齿轮、凸轮等零件的主要失效形式之一。

（4）腐蚀磨损

摩擦副受到空气中的酸、润滑油、燃油中残存的少量无机酸（如硫酸）及水分的化学作用或电化学作用，在相对运动中造成材料的损失，称为腐蚀磨损。腐蚀可以在没有摩擦的条件下形成。

用润滑剂来减少两物体间的摩擦和磨损或其他形式的表面破坏的方法称为润滑。

润滑工作是设备管理工作中非常重要的组成部分。在大、中、小型企业中，一般都设置集中管理形式或分级管理形式的设备润滑机构，以确保润滑工作的落实。

思考与练习

一、简答

1．机器由哪几部分组成？各部分有何功用？

2．指出下列机器的动力部分、传动部分、执行部分和控制部分：①汽车；②机床；③搅拌机；④洗衣机。

3．试述机器与机构的特点，它们的区别是什么？

4．辨别自行车、机械式手表、汽车、台虎钳等何为机器？何为机构？

5．观察图 1-13（a）所示单缸内燃机的组成和运动情况，说明其工作原理及所含的构件数。

图 1-13（b）所示的内燃机连杆是由连杆体、螺栓、螺母、连杆盖、轴瓦、轴套等组成的，其一端与活塞相连，另一端与曲轴相配合，以此来说明构件和零件的区别和联系。

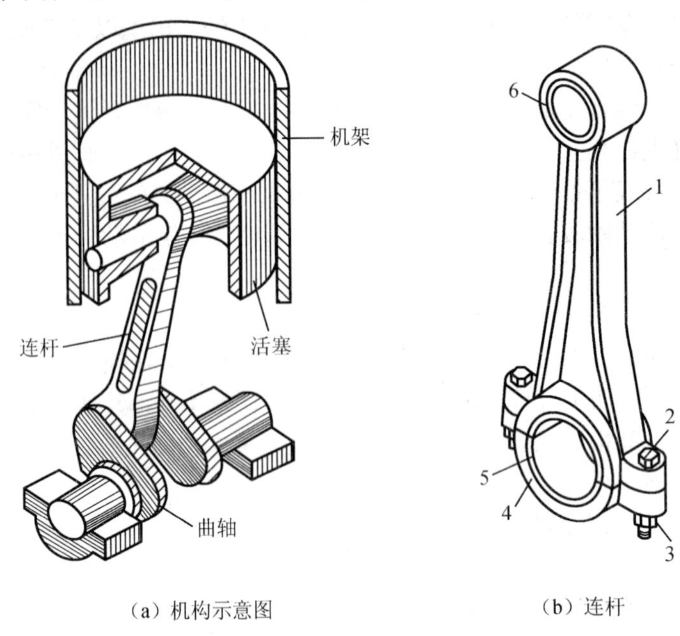

（a）机构示意图　　（b）连杆

图 1-13　内燃机

1—连杆体；2—螺栓；3—螺母；4—连杆盖；5—轴瓦；6—轴套

6．什么是金属材料的力学性能？一般包括哪些项目？

7．什么是强度？工程上强度最常用的指标有哪几种？含义有什么不同？

8．什么是硬度？常用的硬度有哪几种？

9．磨损的形式有几种？各发生在什么场合？

二、实践

到学校实习厂参观，认识常用机器设备的外观、种类、功能、工作原理、构造组成、运动转换和动力传递等情况。

单元2

构件的静力分析

概要及目标

◎ 概要

静力学是工程力学的基础部分，它是研究作用于物体上的力系的平衡条件，并应用这些平衡条件解决工程实际问题。静力分析在工程上应用广泛，是工程设计的基础。设计时首先分析构件受到的力，并根据平衡条件计算出这些力的大小，然后进一步考虑选取材料，并设计构件的尺寸。

◎ 知识目标

1. 理解力的概念与基本性能。
2. 了解约束、约束力及力矩、力偶的概念。
3. 掌握物体的受力分析、平衡条件及其应用。

◎ 技能目标

1. 能够画出物体受力图。
2. 会建立平衡方程并计算未知力。

2.1 力的基础知识

学习导入

人们在日常生活和生产实践活动中都离不开“力”。例如，人们开门和关门、拔河比赛、搬运物品等都是力的作用结果。力的概念是人们在长期实践中观察和分析而建立起来的。最初在推、拉物体时感受到身体肌肉的紧张和疲劳，后来人们逐步认识到物体的机械运动状态发生改变或物体发生变形都是物体之间机械作用的结果。

知识与技能

2.1.1 力及力的表示方法

1. 力的概念

力是物体间的相互机械作用，这种作用一是使物体的运动状态发生变化，称为力的外效应或运动效应，如图 2-1 所示；二是使物体产生变形，称为力的内效应或变形效应，如图 2-2 所示。

图 2-1 用手推车

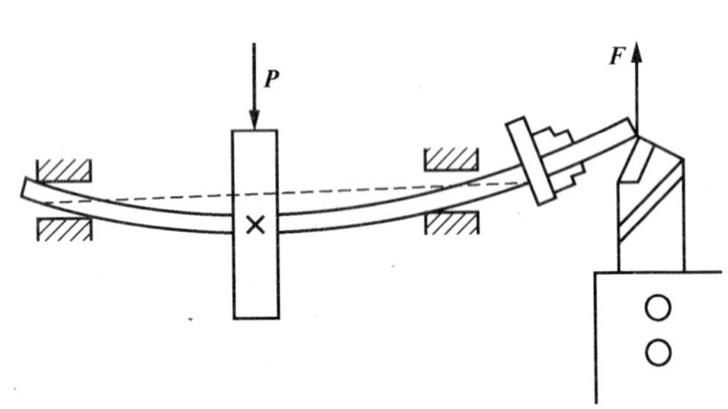

图 2-2 车床主轴的变形

一般情况下，构件受力后产生的变形，相对构件的几何尺寸而言十分微小，对研究构件整体平衡或运动影响甚微，可忽略不计，因而可近似认为构件受力时不产生变形，这种理想化的物体称为刚体，这样就使研究的问题大大简化。

力对物体的作用效果取决于三个要素，称为力的三要素：

1）力的大小。

2）力的方向。

3）力的作用点。力的作用点是指力在物体上作用的地方，实际上它不是一个点，而是一块面积或体积。当力作用的面积很小时，就看成一个点，如钢索起吊重物时，钢索的拉力就可以认为力集中作用于一点，而称为集中力。当力作用的地方是一块较大面积时，如蒸汽对活塞的推力，就称为分布力。当物体内每一点都受到力作用时，如重力，就称为体积力。

这三个要素中任何一个改变时，力的作用效果随之改变。

想一想

为什么会出现图 2-3 中所示的现象？

图 2-3　力的作用效果比较

2. 表示方法

力是一个既有大小又有方向的矢量。如图 2-4 所示，力矢量在图上用带有箭头的有向线段 *AB* 表示，箭头的指向表示力的方向，线段 *AB* 的长度表示力的大小，起点 *A* 表示力的作用点。

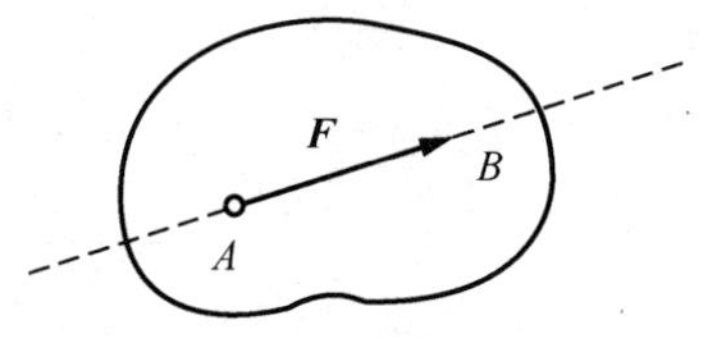

图 2-4　力的表示方法

力矢量常用黑体字母 **F** 表示，而用普通字母 *F* 表示力的大小，力矢量书写时可在普通字母 *F* 上画一个箭头表示，即 $\overline{F}$ 。在国际单位制中力的单位为牛（N）或千牛（kN），1kN＝1000N。

2.1.2　力的基本性质

1. 力系和平衡

（1）力系

同时作用在物体上的许多力称为力系。如果力系中各力的作用线在同一平面内，则此力系称为平面力系。若平面力系中的各力作用线都汇交于一点，则称这个力系为平面汇交力系。此外还有平面任意力系、平面平行力系等。

（2）平衡

平衡是指物体相对于某一参照物保持静止或匀速直线运动（转动）的状态。如果作用于物体上的力系使物体处于平衡状态，则称该力系为平衡力系，力系所满足的条件称为平衡条件。

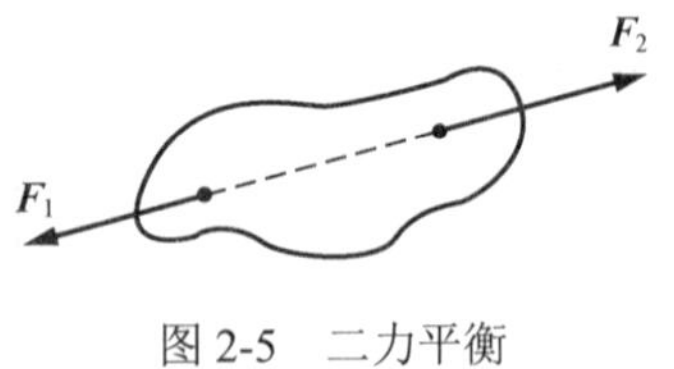

图 2-5　二力平衡

2. 静力学的基本公理

静力学的基本公理是静力学的基础，是人们长期生活和生产实践的经验总结。它概括了力的一些基本性质。

公理 1（二力平衡公理） 刚体受两个力的作用，处于平衡状态的条件是，两力大小相等，方向相反，且作用在同一直线上，如图 2-5 所示。

不计自重，只受两个力作用而处于平衡的构件，称为二力构件，如图 2-6 所示。二力构件的受力特点是，所受的两力方向必定沿作用点的连线。如果该构件是杆状的，则称为二力杆。工程上常根据这一特点来确定二力构件（二力杆）所受力的方向。

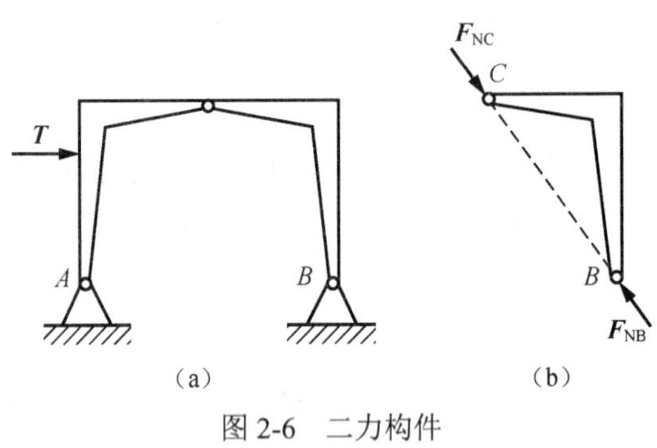

图 2-6　二力构件

公理 2（力的平行四边形公理） 作用于物体上同点的两个力，可以合成一个合力，合力的作用点仍在该点，合力的大小和方向由这两个力为边构成的平行四边形的对角线来表示，如图 2-7 所示。图 2-7 中 $\boldsymbol{F}_1$、$\boldsymbol{F}_2$ 两力称为合力 $\boldsymbol{F}$ 的分力，即

$$\boldsymbol{F}=\boldsymbol{F}_1+\boldsymbol{F}_2$$

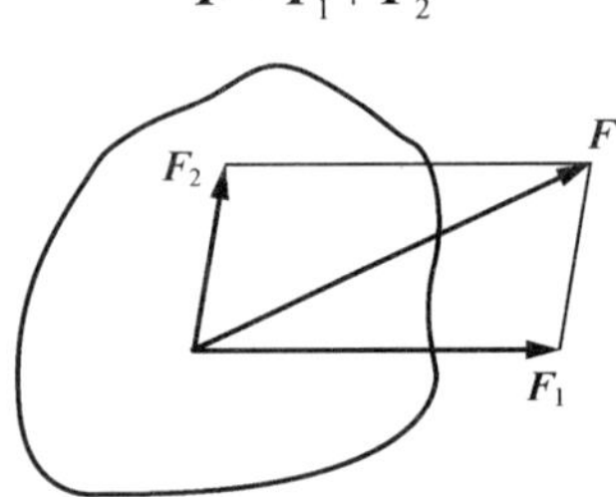

图 2-7　力的平行四边形法则

推论（三力平衡汇交定理） 当刚体受三个力作用而处于平衡时，若其中两个力的作用线汇交于一点，则第三个力的作用线必交于同一点，且三个力的作用线在同一平面内。如图 2-8 所示，$\boldsymbol{F}_1$、$\boldsymbol{F}_2$ 汇交于一点 A，则 $\boldsymbol{F}_3$ 通过 A 点。

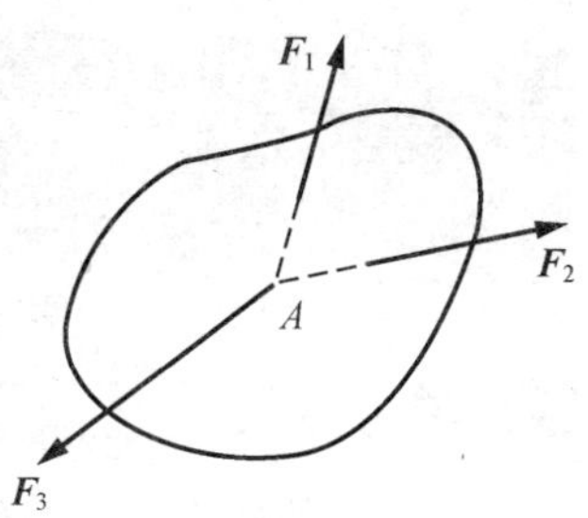

图 2-8 三力平衡汇交

公理 3（作用与反作用公理） 作用力与反作用力总是同时存在，两力的大小相等、方向相反，沿着同一直线分别作用在两个相互作用的物体上。

如图 2-9 所示的提升装置，一重量为 $\boldsymbol{G}$ 的物体由钢丝绳吊在鼓轮上。当重物被匀速提升时，则物体的重力 $\boldsymbol{G}$ 和受到钢丝绳的拉力 $\boldsymbol{F}$ 是一对平衡力，而物体拉绳子的拉力 $\boldsymbol{F}'$ 作用在绳子上，是 $\boldsymbol{F}$ 的反作用力，方向向下，$\boldsymbol{F}=-\boldsymbol{F}'$。

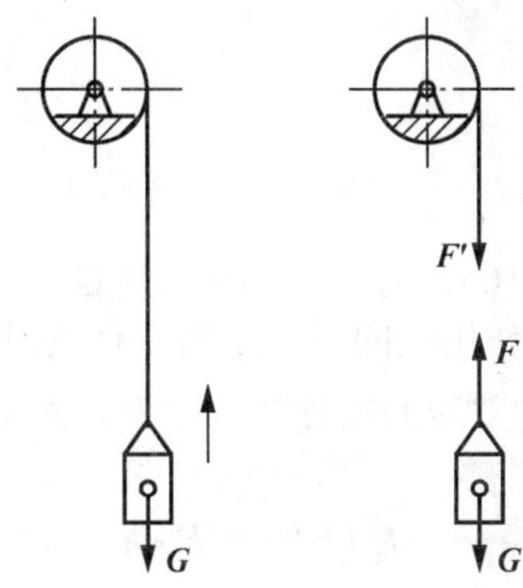

图 2-9 作用力与反作用力

巩固

填写下表。

力 的 概 念		
力 的 效 应	外效应	
	内效应	
力的三要素		
力 的 单 位		
托架		在左图中： 二力杆的构件为（ ）； 平衡汇交的三个力为（ ）； 作用力与反作用力为（ ）

2.2 力矩和力偶

学习导入

力对物体的作用，不但能使物体移动，还可以使物体转动。例如，用手推门，门会绕轴转动。用扳手拧螺母，螺母就会绕螺柱转动。为了度量力使物体转动的效应，引入力矩和力偶的概念。

知识与技能

2.2.1 力矩

1. 力矩的概念

用扳手拧紧螺母时（图 2-10），力 $\boldsymbol{F}$ 作用于扳手的一端，其拧紧程度不仅与力 $\boldsymbol{F}$ 的大小有关，而且与 O 点到力 $\boldsymbol{F}$ 作用线的垂直距离 h 有关。因此，在力学上以乘积 $F \cdot h$ 作为度量力 $\boldsymbol{F}$ 使物体绕 O 点转动效应的物理量，称为力 $\boldsymbol{F}$ 对 O 点的矩，简称力矩，用符号 $M_O(\boldsymbol{F})$ 表示，即

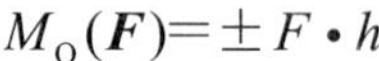

$$M_O(\boldsymbol{F})=\pm F \cdot h$$

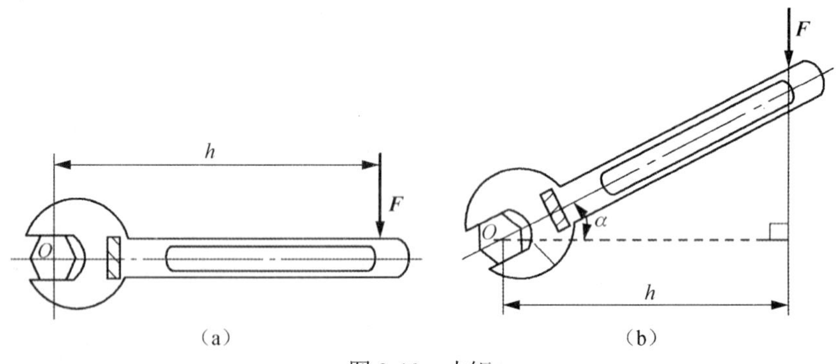

图 2-10　力矩

O 点为力矩中心（简称矩心），O 点到力 $\boldsymbol{F}$ 作用线的垂直距离 h 称为力臂。通常规定，力使物体绕矩心做逆时针方向转动时，力矩为正；做顺时针方向转动时，力矩为负。

力矩的国际单位是牛顿 · 米（N · m）。

由式 $M_O(\boldsymbol{F})=\pm F \cdot h$ 可知，力对点的矩取决于力的大小和矩心位置。力矩在下列两种情况下等于零:

1. 力等于零。
2. 力的作用线通过矩心，即力臂等于零。

2. 合力矩定理

平面汇交力系的合力对于平面内任一点之矩等于所有各力对于该点的矩的代数和。数学表达式为

$$M_O(\boldsymbol{F}_R)=M_O(\boldsymbol{F}_1)+M_O(\boldsymbol{F}_2)+\cdots+M_O(\boldsymbol{F}_n)$$

例 2-1 汽车操纵系统的踏板装置如图 2-11 所示。已知工作阻力 $F_R=1700N$，驾驶员脚的踏力即蹬力 $F=193.7N$，尺寸 $a=380$ mm，$b=50$ mm，$\alpha=60°$。试求工作阻力 F_R 和蹬力 F 对 O 点的矩。

解：根据式 $M_O(\boldsymbol{F})=\pm Fd$ 可求得工作阻力 F_R 和蹬力 F 对 O 点的力矩分别如下:

$$M_O(\boldsymbol{F}_R)=F_R b\sin\alpha=1700\times0.05\sin 60°\text{N}\cdot\text{m}\approx73.6\text{N}\cdot\text{m}$$

逆时针方向，力矩为正。

$$Mo(\boldsymbol{F})=-Fa=-193.7\times0.38\text{N}\cdot\text{m}\approx-73.6\text{N}\cdot\text{m}$$

顺时针方向，力矩为负。

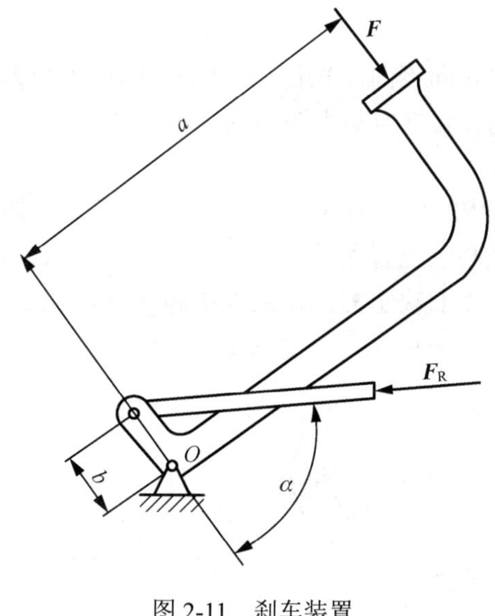

图 2-11 刹车装置

2.2.2 力偶及力偶矩

1. 力偶的概念

在实际生活中，人们常遇到物体同时受到大小相等、方向相反、作用线彼此平行的两个力作用而转动的情况。例如，汽车司机双手转动转向盘［图 2-12（a)］、用手旋开水龙头开关［图 2-12（b)］。其转动的实质是手施加了一对力，且二力不共线，使得物体改变运动状态而不能平衡。这种由两个大小相等、方向相反、作用线平行的二力组成

的力系称为力偶，记作（$\boldsymbol{F}$，$\boldsymbol{F}'$）。两力作用线之间的垂直距离 d 称为力偶臂。

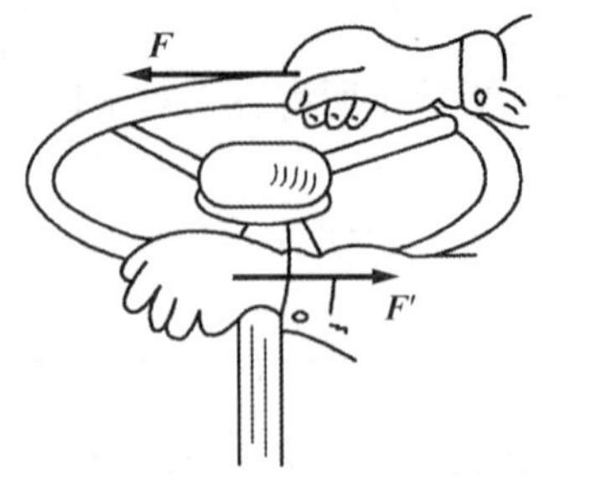

（a）转动汽车转向盘

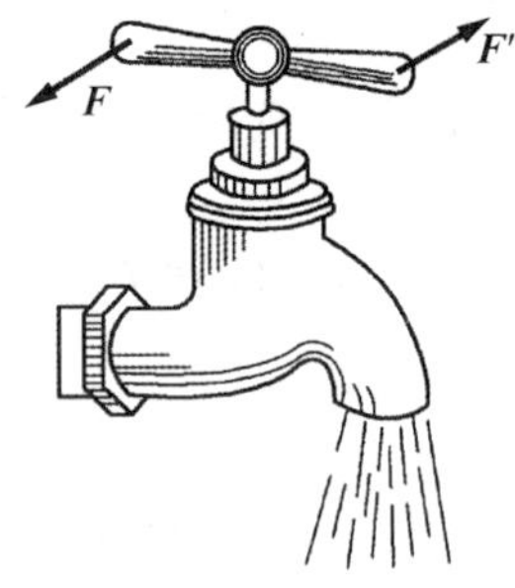

（b）旋开水龙头开关

图 2-12　力偶的实例

2. 力偶矩的概念

实践证明，力偶只能使物体产生转动效果，力偶对物体的转动效果的大小与力的大小、力偶臂的大小均成正比。在力学上以乘积 Fd 作为度量力偶对物体作用效果的物理量［图 2-13（a）］，这个量称为力偶矩，记为 M（$\boldsymbol{F}$，$\boldsymbol{F}'$）或简写成 M，即

$$M = \pm Fd$$

力偶在其作用面内的转向不同，作用效果不同。因此可与力矩一样，用力偶矩的正、负号来表示为力偶的转向。其规定与力矩相同，即逆时针方向转动时为正，顺时针方向转动时为负。

综上所述，力偶对物体的作用效应，取决于三个要素：力偶矩的大小、力偶的转向、力偶的作用平面，而与矩心的位置无关。

由于力偶对物体的作用取决于力偶矩的大小和转向，因此力偶也可用旋转符号表示其转向，再加上力偶矩的简写符号即可［图 2-13（b）］。

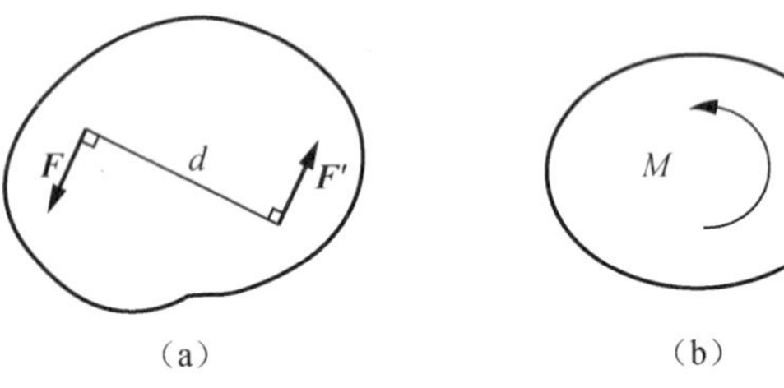

（a）　　（b）

图 2-13　力偶的表示方法

2.2.3　力的平移定理

作用在刚体上的力 $\boldsymbol{F}$ 可以平行移到任一点，但必须同时附加一个力偶，这个附加力偶的矩等于原来的力 $\boldsymbol{F}$ 对新作用点的矩。

图 2-14（a）中力 $\boldsymbol{F}$ 作用于刚体的点 A。在刚体上任取一点 B，d 为点 B 至力 $\boldsymbol{F}$ 作用线的垂直距离，在点 B 加上两个等值反向的力 $\boldsymbol{F}'$ 和 $\boldsymbol{F}''$，并使 $\boldsymbol{F}=\boldsymbol{F}'=-\boldsymbol{F}''$，三个力 $\boldsymbol{F}$、$\boldsymbol{F}'$、$\boldsymbol{F}''$ 组成的新力系与原力等效，如图 2-14（b）所示。此时可将 $\boldsymbol{F}'$ 看作是力 $\boldsymbol{F}$

平移点 B 后的力，而 $\boldsymbol{F}$ 、$\boldsymbol{F}''$ 构成一力偶，该力偶就是所需的附加力偶。如图 2-14（c）所示，附加力偶矩为

$$M=Fd=M_{\mathrm{B}}(\boldsymbol{F})$$

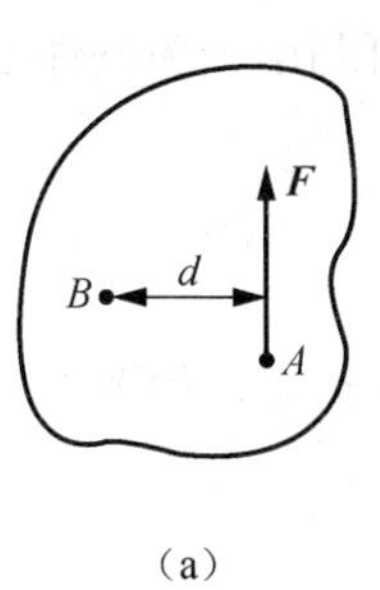

（a）

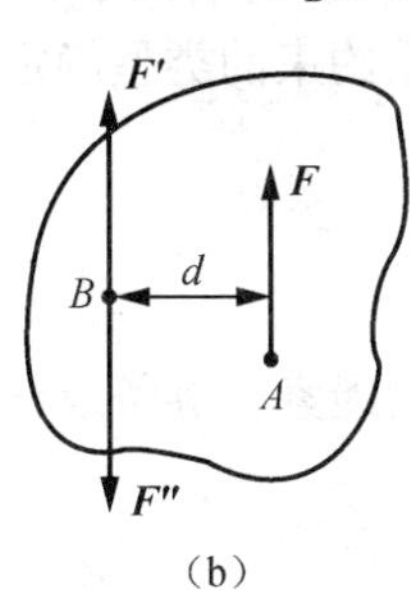

（b）

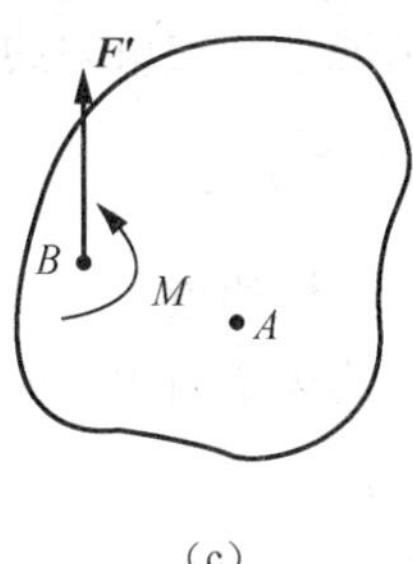

（c）

图 2-14 力的平移定理证明

巩固

填写下表，比较力矩（力）与力偶矩（力偶）的异同点。

相同点	效应		
	单位		
	正负		
不同点	力矩是（ ）使物体绕某固定点产生转动效应的量度		力偶矩是（ ）使物体转动效应的量度
	力矩与矩心的选择（ ）关		力偶矩与矩心的选择（ ）关
	（ ）可使物体（ ），也可使物体（ ）		（ ）只能使物体（ ）

2.3 约束、约束力、力系和受力图的应用

学习导入

在工程上，绝大多数构件都以各种方式与周围的构件联系在一起，并受到周围构件的限制。若限制物体运动，则必定有力在作用。

知识与技能

2.3.1 约束和约束力

1. 约束与约束力

一个物体的运动受到周围物体限制时，这些周围物体就称为该物体的约束。例如，火车车轮被限制，只能沿铁轨运动，实现这种约束的铁轨称为约束体，而受到限制的车轮称为被约束体。按照习惯，今后把约束体简称为约束，将被约束体简称为物体。

约束限制了物体运动，所以约束必然对物体有力的作用，这种力称为约束力。约束

力的方向与该约束所能限制的运动方向相反，它的作用点应在约束与被约束物体相互接触之处。凡是使物体运动或有运动趋势的力称为主动力，如重力、弹簧力、拉力等。主动力的大小和方向通常是已知的，而约束力的大小和方向往往是未知的，是需要求解的。在一般情况下，约束力的方向可根据约束的类型确定，其大小可利用平衡条件求出。

2. 约束类型

（1）柔性约束

柔性约束是由柔软而不计自重的绳索、链条或带等所构成的约束，如图 2-15 所示。

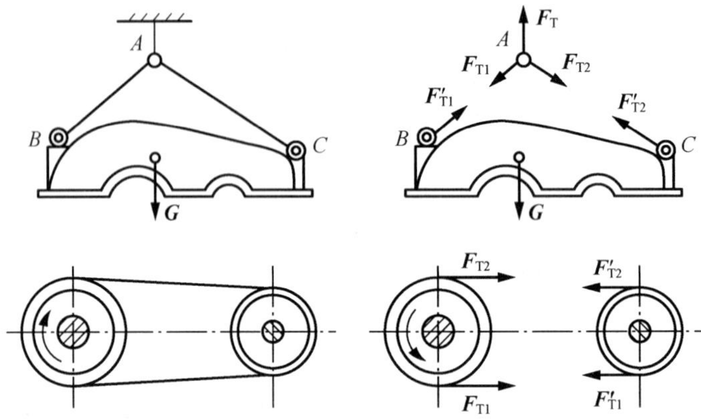

图 2-15　减速器箱盖和带轮的柔性约束

① 约束特点：只能承受拉力，不能承受压力。

② 约束力的方向：沿着绳索，背离物体，作用在接触点。

（2）光滑面约束

光滑面约束是由光滑接触面所构成的约束。当两物体接触面之间的摩擦力小到可以忽略不计时，可将接触面视为理想光滑的约束，如图 2-16 所示。

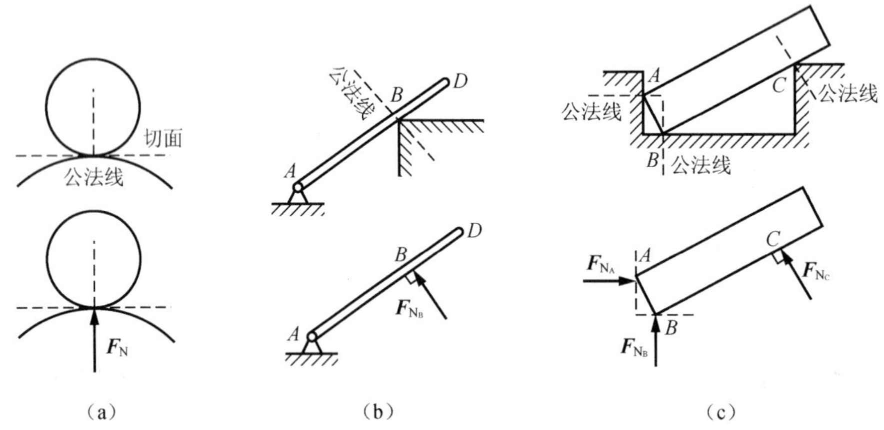

图 2-16　光滑面约束

① 约束特点：不论接触面是平面还是曲面，都不能限制物体沿接触面切线方向的运动，而只能限制物体沿着接触面的公法线指向约束物体方向的运动。

② 约束力的方向：沿接触面表面的公法线，指向物体，作用在接触点。

（3）光滑铰链约束

由铰链构成的约束称为铰链约束，如图 2-17 所示。这类约束只限制两物体的径向相对运动，而不能限制两物体绕铰链中心的相对转动。

图 2-17 光滑铰链约束结构实例

下面介绍两种常见的铰链约束类型：

1）固定铰链支座。如果铰链约束中的两个构件有一个固定在地面或机架上，则这种约束称为固定铰链支座，简称固定铰支。如图 2-18 所示，其中固定的构件为支座，另一个构件绕圆柱销的轴线旋转。

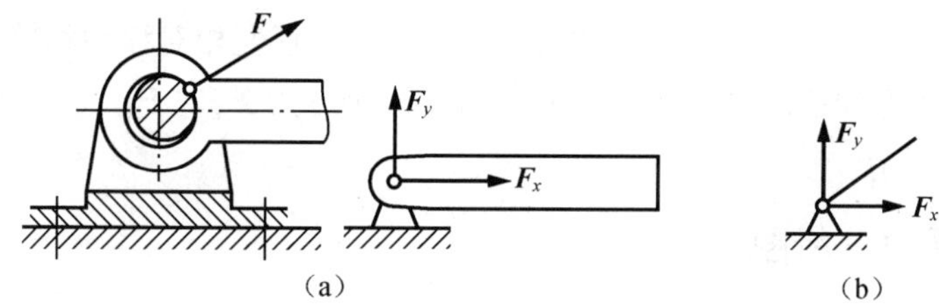

图 2-18 固定铰链支座

① 约束特点：能限制物体（构件）沿圆柱销半径方向的移动，但不限制其转动。

② 约束力的方向：固定铰链支座的约束反力，其作用线通过铰链中心，方向不能预先确定，工程中常用通过铰链中心的相互垂直的两个分力表示，如图 2-18（b）所示。

2）活动铰链支座。铰链约束的两构件与地面或机架的连接是可动的，则这种约束称为活动铰链支座，简称活动铰支，如图 2-19 所示。

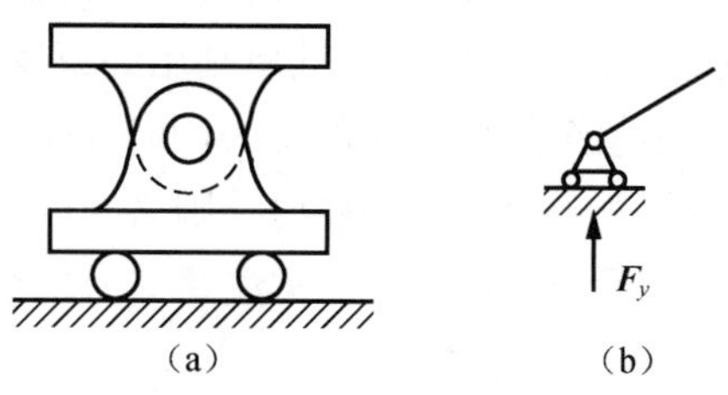

图 2-19 活动铰链支座

① 约束特点：活动铰链支座只能限制物体沿支承面在垂直方向运动，而不能限制在支承面上水平移动。

② 约束力的方向：作用线通过铰链中心，并垂直于支承面，其方向随受载荷情况不同指向或背离物体，如图 2-19（b）所示。

（4）固定端约束

建筑物上的阳台、车床上的刀具、立于路旁的电线杆等均不能沿任何方向移动和转动，这种物体的一部分固嵌入另一物体所构成的约束称为固定端约束，如图 2-20 所示。固定端约束简图符号如图 2-21（a）所示。

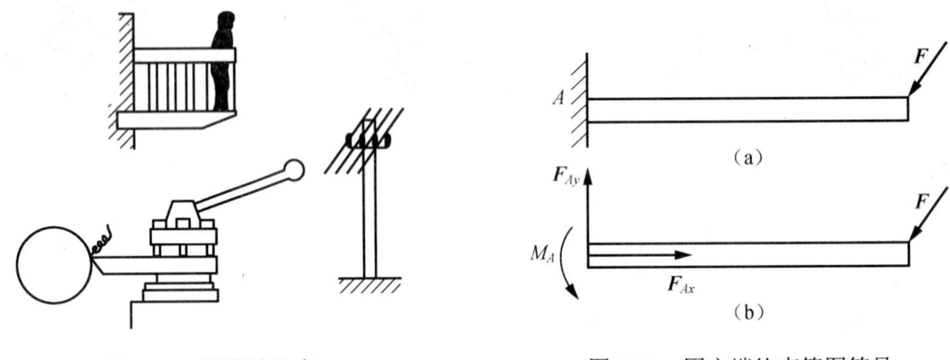

图 2-20　固定端约束　　　　图 2-21　固定端约束简图符号

① 约束特点：不允许被约束物体与约束之间发生任何相对移动和转动。

② 约束力的方向：通过 A 点的相互垂直的两个分力 $\boldsymbol{F}_{Ax}$、$\boldsymbol{F}_{Ay}$ 及一个约束力偶 M_A，如图 2-21（b）所示。

2.3.2　构件受力分析图

在工程实际中，受力分析是研究某个物体受到的力，分析这些力对物体的作用情况，即研究各个力的作用位置、大小和方向。为了清晰地表示物体的受力情况，常需把研究的物体从周围的物体中分离出来，然后把其他物体对研究对象的全部作用力（包括主动力和约束反力）用简图形式画出来。这种表示物体受力的简明图形称为受力图。

正确地画出研究对象的受力图是工程设计的关键。一般应按以下步骤进行：

1）选择研究对象，解除约束，画出其分离图。

2）在分离体上画出作用在其上的所有主动力（一般为已知力）。

3）在分离体的每一约束处，根据约束的性质画出约束反力。

画单个物体的受力图或画整个物体系统的受力图时，为方便起见，也可在原图上画，但画物体系统中某个物体或某一部分的受力图时，则必须取出分离体。画受力图时，通常应先找出二力杆，画出它的受力图，还应经常注意三力平衡汇交定理的应用，以简化受力分析。

例 2-2 具有光滑表面、重力为 $\boldsymbol{F}_{\mathrm{w}}$ 的圆柱体，放置在刚性光滑墙面与刚性凸台之间，接触点分别为 A 和 B 两点，如图 2-22（a）所示。试画出圆柱体的受力图。

解： 1. 以圆柱体为研究对象，画出分离体。

2. 画出作用在圆柱体上的所有主动力，即重力 $\boldsymbol{F}_{\mathrm{w}}$，沿垂直方向向下，作用点在圆柱体的重心处。

3. 在分离体的每一约束处，根据约束的性质画出约束力。

A、B 两处均为光滑面约束，A 处约束力垂直于墙面，指向圆柱体中心；B 处约束力在与 O 点的连线方向，指向 O 点，如图 2-22（b）所示。

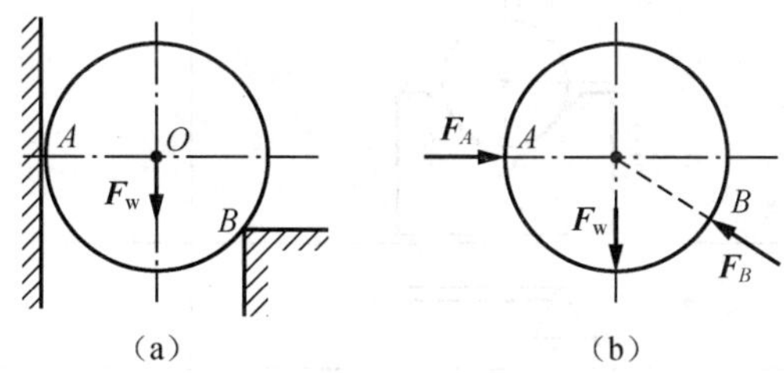

图 2-22 光滑表面约束实例

例 2-3 直梁 AB，A 端为固定铰链支座，B 端为活动铰链支座，梁中点 C 受主动力 $\boldsymbol{F}$ 作用，如图 2-23（a）所示，梁重不计。试分析梁的受力情况。

解： 1. 以梁 AB 为研究对象并画出分离体，如图 2-23（b）所示。

2. 画出主动力 $\boldsymbol{F}$。

3. 画约束力。活动铰链支座的约束力 $\boldsymbol{F}_{NB}$ 垂直向上且通过铰链中心。固定铰链支座的约束力方向不定，可以用大小未知的水平分力 $\boldsymbol{F}_{Ax}$ 和垂直分力 $\boldsymbol{F}_{Ay}$ 来表示，如图 2-23（b）所示，一般 $\boldsymbol{F}_{Ax}$ 和 $\boldsymbol{F}_{Ay}$ 的指向都假设和坐标轴的正向相同。

4. 进一步讨论，固定铰链支座 A 处的约束力也可用一力 $\boldsymbol{F}_A$ 表示，现已知力 $\boldsymbol{F}$ 与 $\boldsymbol{F}_B$ 相交于 D 点，根据三力平衡条件，则第三个力 $\boldsymbol{F}_A$ 亦必交于 D 点，从而确定约束力 $\boldsymbol{F}_A$ 沿 A、D 两点连线。故梁 AB 的受力图也可画成图 2-23（c）所示。

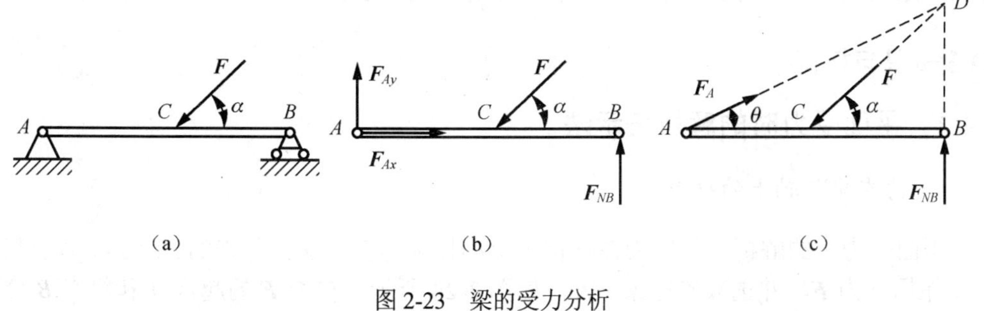

图 2-23 梁的受力分析

巩固

根据常见的约束类型，填写下表。

约束类型		图　例	图示分离体及约束力
		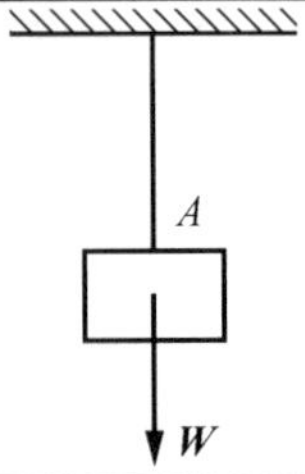	
		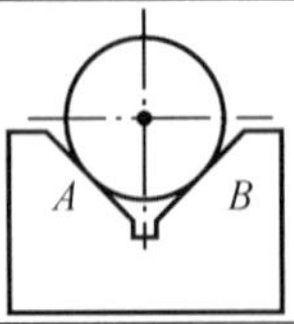	
		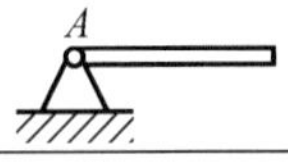	
		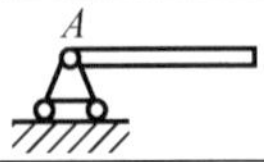	
		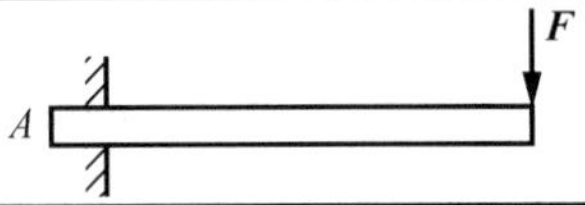	

2.4　平衡方程及其应用

学习导入

平衡方程是在解决工程实际问题中，通过对力的分析，建立起来的力的数学解析表达式，是工程实际中对受力情况的一种定量分析的方法。

知识与技能

2.4.1　平面受力时的解析表示法

1. 力在坐标轴上的投影

平面受力时的解析法是以力在坐标轴上的投影为基础建立起来的。设在物体的某一点 A 作用一力 $\boldsymbol{F}$，并选取坐标系 xOy，如图 2-24 所示。自力 $\boldsymbol{F}$ 的起点 A 和终点 B 分别向 x 轴和 y 轴作垂线，垂足分别为 a、a' 和 b、b'，则线段 ab 和线段 $a'b'$ 分别称为力 $\boldsymbol{F}$ 在 x 轴和 y 轴上的投影，用 F_x 和 F_y 表示，则力 $\boldsymbol{F}$ 在 x 轴和 y 轴的投影 F_x 和 F_y 分别为

$$F_x = F\cos\alpha,\ F_y = F\sin\alpha$$

式中：α——力 $\boldsymbol{F}$ 与 x 轴正向间的夹角（°）。

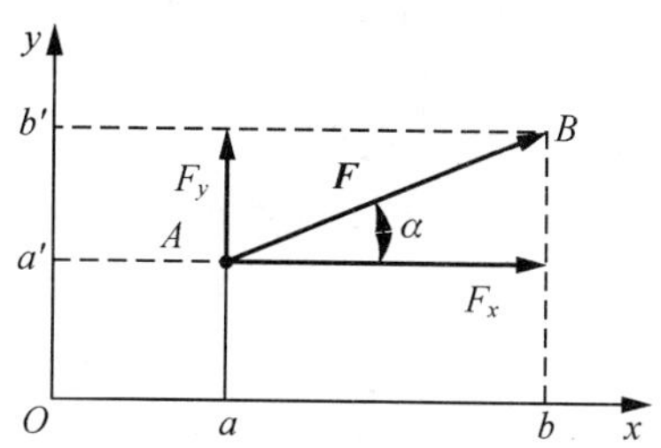

图 2-24 力在坐标轴上的投影

力在坐标轴上的投影是代数量，它有正负之分。当投影值为正时，表示力的投影方向与坐标轴正向一致；反之，表示力的投影方向与坐标轴正向相反。当力与投影轴垂直时，力在坐标轴上的投影为零。

2. 合力投影定理

合力投影定理建立了合力的投影与各分力的投影之间的关系，即合力在任一轴上的投影等于各分力在同一轴上投影的代数和，这个关系称为合力投影定理。

$$F_x = F_{1x} + F_{2x} + \cdots + F_{nx} = \sum F_x$$

$$F_y = F_{1y} + F_{2y} + \cdots + F_{ny} = \sum F_y$$

2.4.2 平面受力时的平衡方程及应用

作用在物体上各力的作用线分布在同一平面内，不汇交于同一点，也不互相平行，这样的力系称为平面任意力系。平面任意力系是工程上常见的力系，很多实际问题都可以简化为平面任意力系来处理。

设在刚体上作用力有 $\boldsymbol{F}_1$、$\boldsymbol{F}_2$、…、$\boldsymbol{F}_n$，使刚体处于平衡状态，如图 2-25（a）所示。在力的作用面内任选一点 O，将作用刚体上各力 $\boldsymbol{F}_1$、$\boldsymbol{F}_2$、…、$\boldsymbol{F}_n$ 平移到 O 点，并产生附加力偶组成的力偶矩 M_1、M_2、…、M_n，如图 2-25（b）所示。

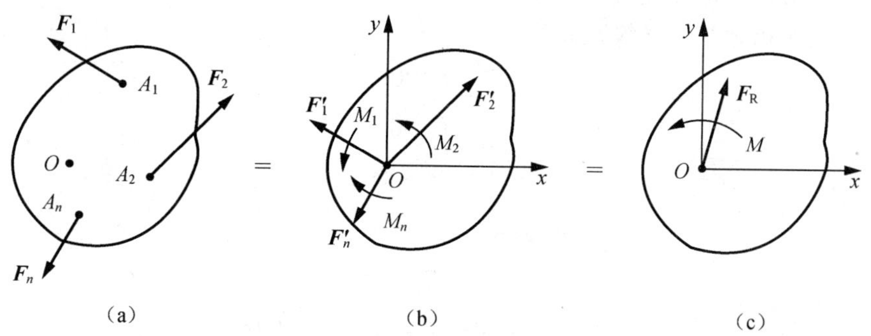

图 2-25 平面力系向一点简化

若使刚体处于平衡，则必须满足刚体上合力 $F_R=0$，合力偶矩 $M=0$，故得平面任意

力系的平衡方程为

$$\begin{cases}\sum F_x=0\\ \sum F_y=0\\ \sum M=0\end{cases}$$

该平衡方程表明，力系中所有力在两个任选坐标系 x、y 轴上的投影的代数和分别等于零，并且各力对平面内任意一点之矩的代数和也等于零。

提 示

应用平衡方程求解单个物体的平面力系平衡问题时，一般按如下步骤进行：

1. 选定研究对象，取出分离体。
2. 画受力图。
3. 选取适当的坐标轴，列平衡方程并求解。但为了简化计算，应力求在每一方程中只包含一个未知量，避免解联立方程。通常将矩心选在未知力较多的交点上，坐标轴尽可能选得与该力系中多数未知力的作用线平行或垂直。

若由平衡方程解出的未知量为负，则说明受力图上原假定的未知量的方向与其实际相反。

练一练

例 2-4 起重机的水平梁 AB，A 端用铰链固定，B 端用钢索 BC 拉住。梁重 $G=4\text{kN}$，载荷重 $G_1=10\text{ kN}$，梁的尺寸如图 2-26（a）所示。试求拉杆的拉力和铰链 A 的约束力。

解： 1. 选取梁 AB 作为研究对象，画出受力图，如图 2-26（b）所示。

在梁上除了受到两个主动力 $\boldsymbol{G}$、$\boldsymbol{G}_1$ 之外，还受到 BC 杆的拉力 $\boldsymbol{F}_\text{T}$ 和铰链的约束力 $\boldsymbol{F}_\text{A}$。因为 BC 杆是二力杆，故 $\boldsymbol{F}_\text{T}$ 方向已知，而 $\boldsymbol{F}_A$ 方向未知，故分解成两个分力 $\boldsymbol{F}_{Ax}$ 和 $\boldsymbol{F}_{Ay}$。这些力的作用线可以近似看成是作用在同一个平面内。

2. 在受力图上建立直角坐标系 xAy。
3. 列出平衡方程，求解未知量。

$$\begin{cases}\sum F_x=0\\ \sum F_y=0\\ \sum M_A=0\end{cases}$$

$$\begin{cases}F_{Ax}-F_\text{T}\cos30^\circ=0\\ F_{Ay}+F_\text{T}\sin30^\circ-G-G_1=0\\ F_\text{T}\cdot AB\sin30^\circ-G_1\cdot AE-G\cdot AD=0\end{cases}$$

解得

$$F_\text{T}=17.33\text{ kN}，F_{Ax}=15.01\text{ kN}，F_{Ay}=5.33\text{ kN}$$

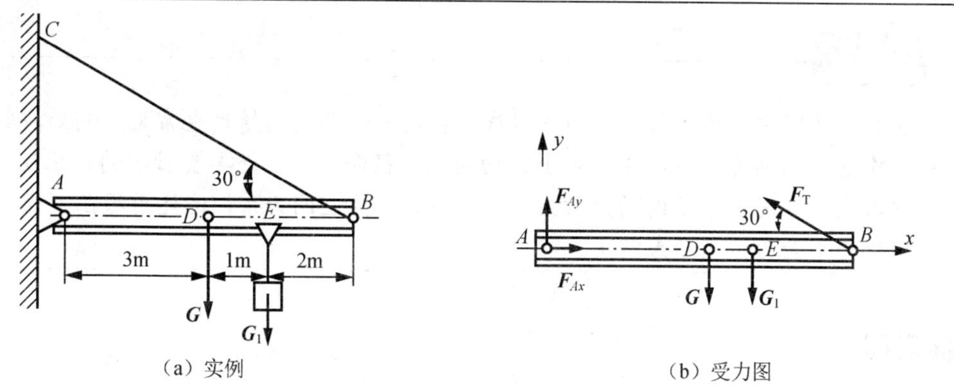

(a) 实例
(b) 受力图

图 2-26 拉杆与铰链的力

例 2-5 如图 2-27 所示，用多轴钻床在水平工件上钻孔时，每个钻头对工件的切削力偶矩的值为 $M=100\ \text{N}\cdot\text{m}$，固定螺柱 A 和 B 的距离 $L=1500\text{mm}$。求当在工件上同时钻三个孔时，两螺柱所受的水平力。

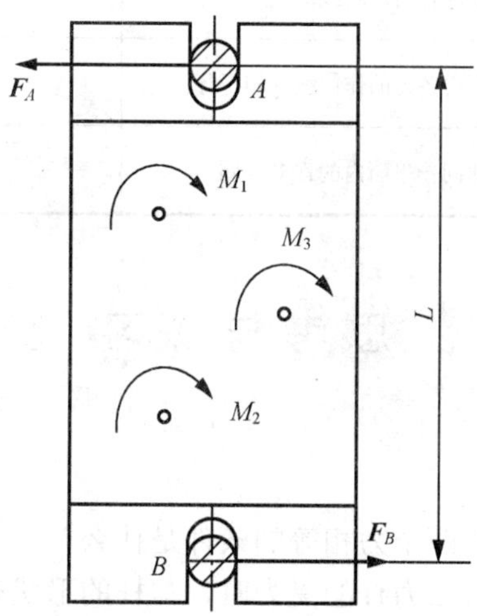

图 2-27 平面力偶系

解：选择工件为研究对象，画出受力图。工件除受三个钻头的切削力外，还受两个固定螺柱的约束力 F_A、F_B。由力偶的平衡条件得

$$\sum M=0,\ F_A L-3M=0$$

解得

$$F_A=3M/L$$

代入已知数值，$F_A=200\ \text{N}$，因为 F_A 是正值，所以图设方向正确。

又因为

$$\sum F_x=0,\ \ F_B-F_A=0$$

所以

$$F_B=F_A=200\ \text{N}$$

在工程实际中，物体所受力的作用线不在同一平面内的情形也常见。例如，车床主轴，除受到切削力和作用在齿轮上的切向力、径向力外，还要受轴承的约束反力，这种作用线不在同一平面内的力所组成的力系，称为空间力系。这类问题在工程实际中常转化为平面力系问题来解决。

巩固

写出下表中各力系的平衡方程。

力系名称		含义	平衡方程
平面任意力系		作用在物体上各力的作用线分布在同一平面内，不汇交于同一点，也不互相平行	
平面力系的特殊情况	平面汇交力系	平面力系中的各力作用线汇交于一点	
	平面平行力系	在同一平面内各力的作用线互相平行	
	平面力偶系	作用在物体同一平面内的许多力偶	

思考与练习

一、简答

1. 力的三要素是什么？两个力相等的条件是什么？
2. 什么是二力杆？分析二力杆的受力时，与杆的形状有无关系？
3. 什么是约束和约束力？约束有哪些类型？其约束力如何确定？
4. 什么是受力图？受力分析的步骤如何？
5. 什么是力矩？力臂是指矩心到力的作用点的距离吗？可否在物体上找到一点，使得力对该点的力矩等于零？
6. 图 2-28 所示的力 $\boldsymbol{F}$ 和力偶（$\boldsymbol{F}',\boldsymbol{F}''$）对轮子的作用有何不同？设轮子的半径均为 r，且 $F'=\dfrac{F}{2}$。
7. 平面任意力系的平衡条件是什么？写出其平衡方程。

二、分析计算

1. 画出图 2-29 中 AB 杆的受力图（CD 为绳索）。

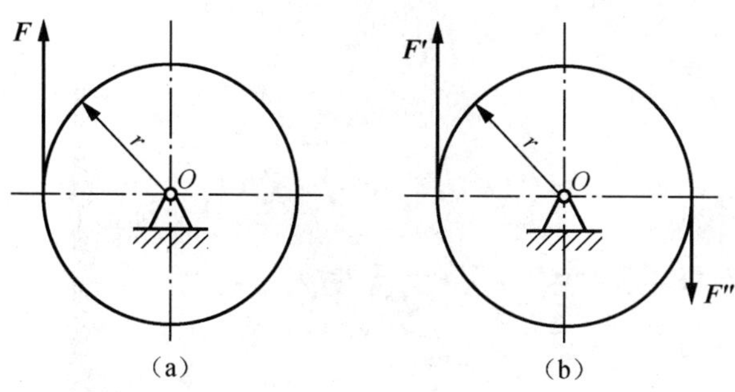

图 2-28 力 **F** 与力偶（**F'**, **F''**）

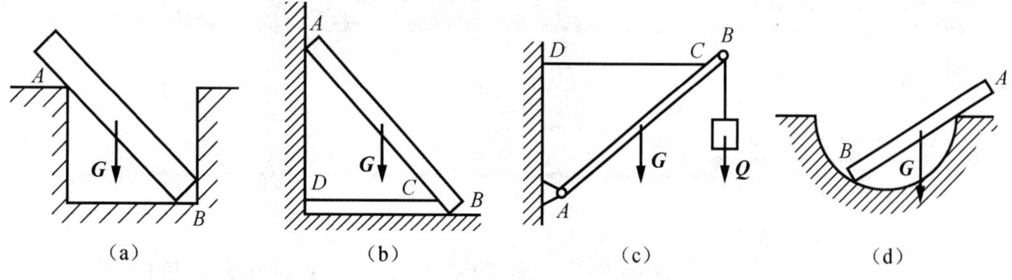

图 2-29 *AB* 杆的不同受力情形

2．如图 2-30 所示，$\boldsymbol{F}_{\mathrm{P}}=20\mathrm{kN}$，$M=60\mathrm{kN}\cdot\mathrm{m}$。试求外伸梁的约束力 F_A、F_B。

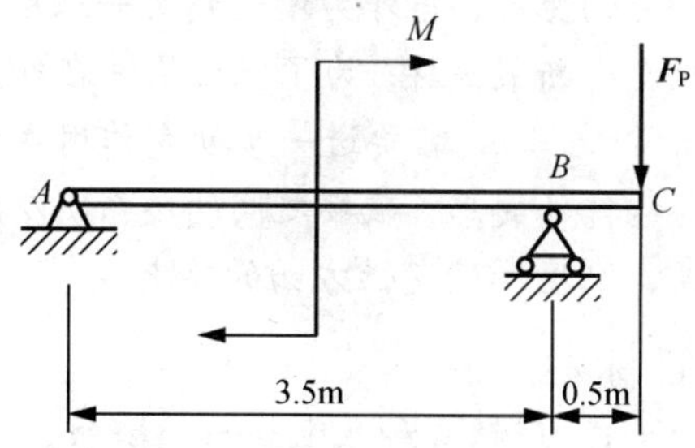

图 2-30 求外伸梁的约束力

3．拖车的重力 $\boldsymbol{F}_{\mathrm{w}}=20\ \mathrm{kN}$，汽车对它的牵引力 $\boldsymbol{F}_{\mathrm{s}}=10\mathrm{kN}$，如图 2-31 所示。试求拖车匀速直线行驶时，车轮 *A*、*B* 对地面的压力。

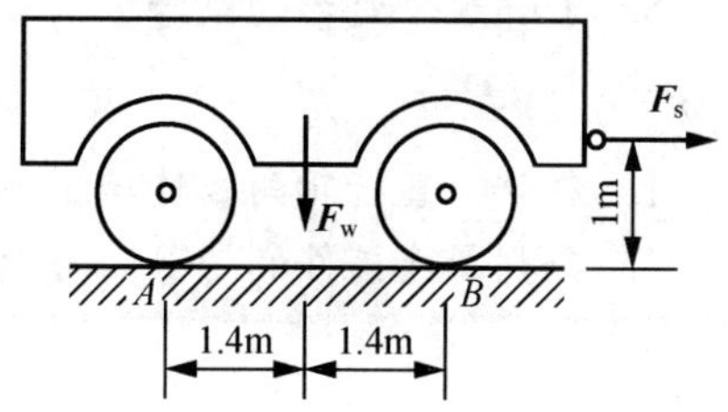

图 2-31 求车轮对地面的压力

单元3

杆件的基本变形

概要及目标

◎ 概要

前面章节已经研究了构件在受到外力作用时的平衡问题，对构件进行受力分析时，均把构件看成是刚体。然而任何构件受外力作用时，都会发生一定的变形，当外力增大到某一限度时，构件将可能发生断裂破坏。为了保证构件在外力作用下能够正常工作，还需要进一步研究作用在构件上的外力与构件的变形、破坏之间的关系，以满足构件的强度、刚度和稳定性方面的要求。

◎ 知识目标

1. 理解4种基本变形的概念。
2. 了解应力、变形、线应变的概念。
3. 了解材料的力学性能及其应用。
4. 了解直杆轴向拉伸和压缩时的强度计算。
5. 了解组合变形的概念。

◎ 技能目标

1. 会分析直杆轴向拉伸与压缩时的内力。
2. 会判断连接件的受剪面与受挤面。

3.1　拉伸与压缩

学习导入

在轴向力作用下，杆件产生伸长变形称为轴向拉伸，简称拉伸，如图 3-1 所示为连接螺栓。在轴向力作用下，杆件产生缩短变形称为轴向压缩，简称压缩，如图 3-2 所示起重机的支腿。

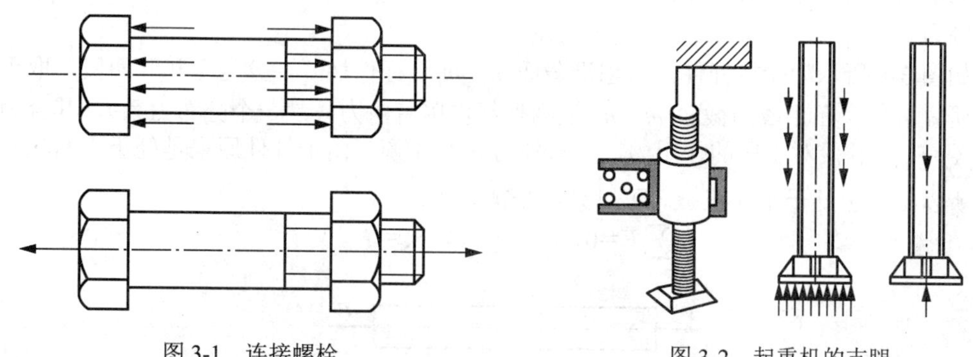

图 3-1　连接螺栓　　　　图 3-2　起重机的支腿

知识与技能

3.1.1　拉伸与压缩的特点

工程中有许多承受拉伸或压缩的构件。虽然杆件外形各有差异，加载方式也不同，但在计算中都可以简化为图 3-3 所示的受力简图。

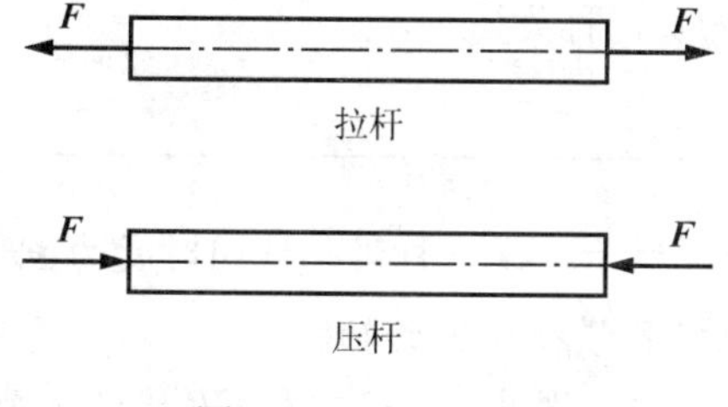

图 3-3　拉杆与压杆

由图 3-3 可见，杆件拉伸或压缩的受力特点是作用于杆件上的外力合力的作用线沿杆件轴线，变形特点是沿轴线方向产生纵向伸长或缩短。

凡以轴向伸长为主要变形特征的杆件称为拉杆，以轴向压缩为主要变形特征的杆件称为压杆。

3.1.2 内力与应力

1. 内力

杆件在外力作用下产生变形，其内部相互间的作用力称为内力，用 $\boldsymbol{F}_N$ 来表示。

内力随着外力的产生而产生，外力去除后，内力也随之消失。外力越大，变形越大，则构件产生的内力也就越大，当内力的增大超过一定的限度时，构件就会被破坏。因此，为了保证构件安全正常的工作，就必须研究构件的内力。

求构件内力的大小和方向，通常采用“截面法”。将受外力作用的杆件假想地切开，用于显示内力的大小，并以平衡条件确定其内力的方法，称为截面法。所求出的内力也称为轴力。

如图 3-4 所示为受拉杆件，假想沿截面 m—m 将杆件切开，分为Ⅰ和Ⅱ两段。取Ⅰ段为研究对象。在Ⅰ段的截面 m—m 上到处都作用着内力（是一个分布力系），其合力为 F_N。F_N 是Ⅱ段对Ⅰ段的作用力，并与外力 F 相平衡。由于杆件原来是处于平衡状态的，所以Ⅰ段也处于平衡状态。可以列出平衡方程：

$$\sum F=0,\ F_N-F=0,\ F_N=F$$

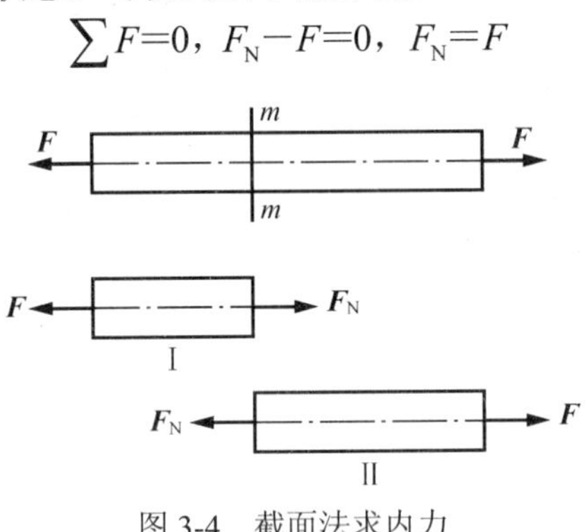

图 3-4 截面法求内力

内力正负号的规定：若杆件变形是纵向伸长，其轴力规定为正，称为拉力；若杆件是纵向缩短，其轴力规定为负，称为压力。

例 3-1 如图 3-5（a）所示，设一杆沿轴线同时受力 $\boldsymbol{F}_1$、$\boldsymbol{F}_2$、$\boldsymbol{F}_3$ 的作用，其作用点分别为 A、C、B，求杆各横截面上的轴力。

解： 由于杆上有三个外力，因此在 AC 段和 CB 段的横截面上将有不同的轴力。

如图 3-5（b）在 AC 段内的任意处以横截面 1—1 将杆截为两段，取左段为研究对象，将右段对左段的作用以内力 $\boldsymbol{F}_{N1}$ 代替。由平衡条件可知 $\boldsymbol{F}_{N1}$ 必与杆的轴线重合，方向与 $\boldsymbol{F}_1$ 相反，为拉力。由平衡方程得

$$\sum F_x=0,\ F_{N1}-F_1=0,\ F_{N1}=F_1=2\text{kN}$$

这就是 AC 段内任一横截面上的内力。

同样用横截面 2—2 将杆 CB 段截开，仍取左段为研究对象，如图 3-5（c）所示，

由平衡方程

$$\sum F_x=0,\ F_{N2}-F_1+F_2=0$$

得

$$F_{N2}=F_1-F_2=(2-3)\text{kN}=-1\text{kN}$$

结果中的负号说明，该截面上内力的方向应与原设的方向相反，即 $\boldsymbol{F}_{N2}$ 为压力，其值为 1kN，此即 CB 段内任一横截面上的内力。

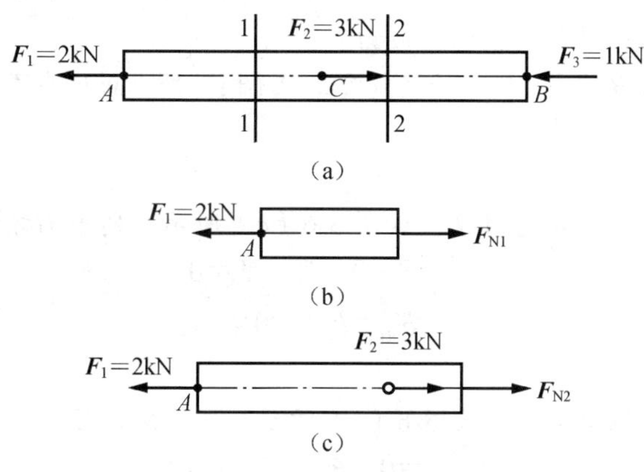

图 3-5 截面法求各段轴力

我们可以用手拉橡皮绳来感受内力的存在。用手拉橡皮绳时，橡皮绳内部产生一种抗力，以阻止橡皮绳的伸长，这种抵抗力就是内力。用力越大，橡皮绳伸得越长，这时所产生的内力也越大。松手以后，橡皮绳恢复原状，内力也随之消失。可见内力是由外力引起的，内力随外力增大而增大。

2. 应力

由截面法可以求得杆件受到拉伸（或压缩）时内力的大小，但并不能判定杆件是否会被破坏。例如，由相同材料制成的两根粗细不同的杆件，在两端受到同样大小的拉力作用时，一般都是直径较小的杆件先发生断裂。这表明杆件破坏与否除了与其横截面上的内力大小有关外，还与杆的横截面面积大小有关。在工程上常用单位面积上的内力来比较和判断杆件的强度。工程上引入应力的概念，即单位面积上的内力称为应力，用 σ 表示，即

$$\sigma=\frac{F_N}{A} \tag{3-1}$$

式中：F_N——横截面上的内力（N）；

A——横截面面积（m^2）。

杆件在轴向拉伸（或压缩）时，外力与轴线重合，其横截面上的应力平均分布，应力 σ 也称为正应力。σ 的正负号规定与内力相同。杆件受拉伸时 σ 取正号，为拉应力；

杆件受压缩时，σ 取负号，为压应力。

应力的单位在国际单位制中是 N/m^2（牛顿/米^2），又称为帕斯卡（简称帕），用符号 Pa 表示，$1Pa=1N/m^2$。由于 Pa 单位太小，在工程中又常用 MPa（兆帕）或 GPa（吉帕）作为应力的单位，$1GPa=10^3MPa=10^9Pa$。

例 3-2 圆截面杆如图 3-6（a）所示，已知 $F_1=400N$，$F_2=1000N$，$d=10mm$，$D=20mm$，试求圆杆横截面上的正应力。

解： 由于该杆 *AB* 段和 *BC* 段的横截面面积不同，所以正应力不相等，应分段计算。

1．计算各段内的轴力。

AB 段：

取 1—1 截面左段为研究对象，如图 3-6（b）所示，列平衡方程：

$$\sum F_x=0，F_{N1}-F_1=0$$

$$F_{N1}=F_1=400N$$

BC 段：

取 2—2 截面左段部分，如图 3-6（c）所示，列平衡方程：

$$\sum F_x=0，F_{N2}-F_1-F_2=0$$

$$F_{N2}=F_1+F_2=1.4kN$$

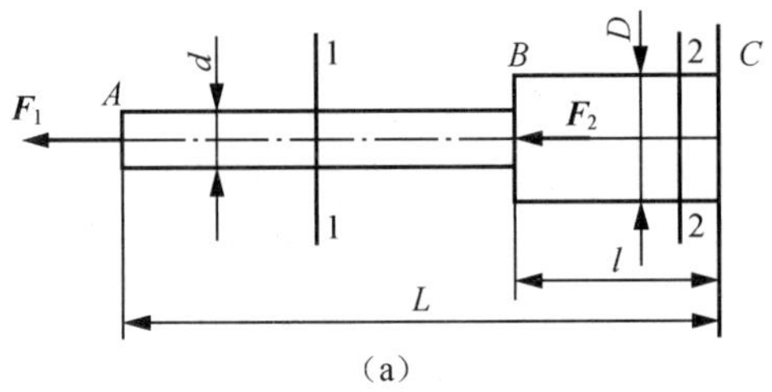

（a）

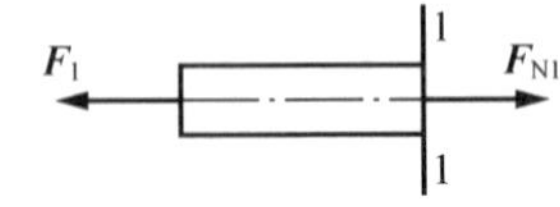

（b）

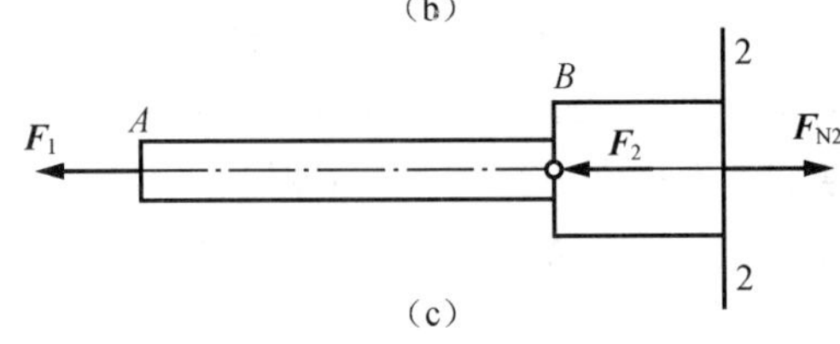

（c）

图 3-6　求圆杆横截面上的正应力

2．计算各段正应力。

AB 段：

$$\sigma_{AB}=\frac{F_{N1}}{A_1}=\frac{400\times4}{\pi d^2}MPa=\frac{400\times4}{3.14\times10^2}MPa\approx5.1MPa$$

BC 段:

$$\sigma_{BC}=\frac{F_{N2}}{A_2}=\frac{1400\times4}{\pi D^2}\text{MPa}=\frac{1400\times4}{3.14\times20^2}\text{MPa}\approx4.5\text{MPa}$$

3. 胡克定律

杆件在受拉（或受压）时，其轴向尺寸会伸长（或缩短），而横向尺寸会缩短（或伸长）。如图 3-7 所示的等直杆，原长为 L，在轴向拉力作用下，杆长由 L 变为 L_1，以 ΔL 表示杆沿轴向的伸长（或缩短）量，则有

$$\Delta L=L_1-L \tag{3-2}$$

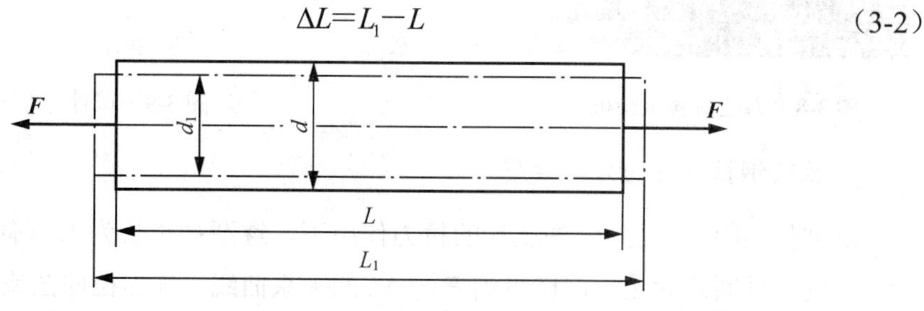

图 3-7 杆件的拉伸变形

试验表明，工程上使用的大多数材料都有一个弹性阶段，在此范围内轴向拉、压杆件的伸长或缩短量 ΔL 与内力 F_N 和杆长 L 成正比，与杆件横截面面积 A 成反比，即

$$\Delta L=\frac{F_N L}{EA} \tag{3-3}$$

式中：E——比例系数，称为弹性模量。

式（3-3）所表达的比例关系称为胡克定律。该式也可改写为 $F_N/A=E\Delta L/L$，其中，$F_N/A=\sigma$，$\Delta L/L$ 表示杆件单位长度的伸长（或缩短）值，称为线应变（简称应变），用 ε 表示。则式（3-3）又可改写为

$$\sigma=E\varepsilon \tag{3-4}$$

这是胡克定律的另一种表达式，说明在弹性限度内，正应力与线应变成正比。由于线应变 ε 是一个没有量纲的量，故弹性模量 E 的量纲与应力 σ 的量纲相同，E 的常用单位为MPa 或 GPa。弹性模量 E 的值随材料而异。

3.1.3 拉伸（压缩）时材料的力学性质

材料的力学性质，主要是指材料受力时在强度、变形方面表现出来的性质。材料的力学性质是通过试验手段获得的，试验在万能材料试验机上进行，如图 3-8 所示。试验采用的是国家统一规定的标准试件，如图 3-9 所示，L_0 为试件的试验段长度，称为标距。下面以低碳钢和铸铁分别为塑性和脆性材料的代表做试验。

图 3-8　万能材料试验机

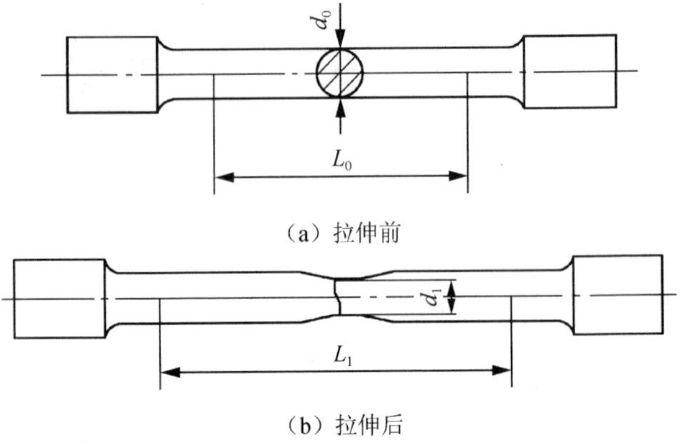

图 3-9　试件

1．低碳钢拉伸时的力学性质

试验时，试件在受到缓慢施加的拉力作用下，逐渐被拉长为 L_1（伸长量用 ΔL 来表示），直到试件断裂为止。这样得到 F 与 ΔL 的关系曲线，称为拉伸图或 $F-\Delta L$ 曲线。拉伸图与试件原始尺寸有关，受原始尺寸的影响。为了消除原始尺寸的影响，获得反映材料性质的曲线，将 F 除以试件的原始横截面面积 A，得正应力 $\sigma=F/A$，把 ΔL 除以 L 得线应变 $\varepsilon=\Delta L/L$。以 σ 为纵坐标，ε 为横坐标，于是得到 σ 与 ε 的关系曲线，称为应力-应变图或 $\sigma-\varepsilon$ 曲线，如图 3-10 所示。由 $\sigma-\varepsilon$ 图可见，整个拉伸变形过程可分为以下 4 个阶段。

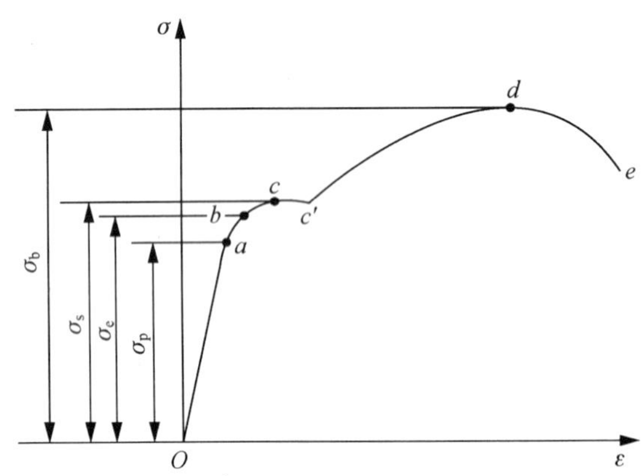

图 3-10　低碳钢的拉伸 $\sigma-\varepsilon$ 曲线

（1）弹性阶段

在拉伸的初始阶段 Oa 为一直线段，它表示应力与线应变成正比关系。直线最高点 a 所对应的应力值 σ_p 称为材料的比例极限。低碳钢的比例极限 $\sigma_p\approx200\text{MPa}$。$ab$ 段图线微弯,说明 σ 与 ε 不再是正比关系，而所产生的变形仍为弹性变形。b 点所对应的应力值 σ_e 称为材料的弹性极限。由于 σ_p 与 σ_e 非常接近，因此工程上常不予区别，并多用 σ_p 代替 σ_e。

（2）屈服阶段

当由 b 点逐渐发展到 c 点，然后再由 c 至 c' 点，表明应力几乎不增加而变形急剧增加，这种现象称为屈服或流动，cc' 称为屈服阶段。对应 c 点的应力值 σ_s 称为材料的屈服点。低碳钢的 $\sigma_s \approx 240\text{MPa}$。材料屈服时，所产生的变形是塑性变形。当材料屈服时，在试件光滑表面上可以看到与杆轴线成 45° 的暗纹，如图 3-11（a）所示，这是由于材料在最大剪应力作用下产生滑移造成的，故称为滑移线。

（3）强化阶段

经过屈服后，图线由 c' 点升到 d 点，这说明材料又恢复了对变形的抵抗能力。若继续变形，必须增加应力，这种现象称为强化。$c'd$ 段称为强化阶段。最高点 d 所对应的应力 σ_b 称为材料的强度极限。低碳钢的强度极限 $\sigma_b \approx 400\text{MPa}$。

（4）局部变形阶段

当图线经过 d 点后，试件的变形集中在某一局部范围内，横截面尺寸急剧缩小，产生缩颈现象，如图 3-11（b）所示。由于缩颈处横截面面积显著减小，使得试件继续变形的拉力反而减小，直至 e 点试件被拉断。de 段称为局部变形阶段。

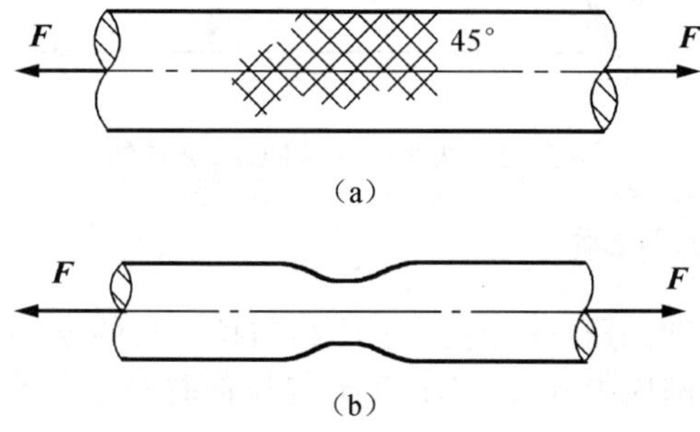

图 3-11 滑移线与缩颈

综上所述，低碳钢拉伸经历了弹性、屈服、强化和局部变形 4 个阶段。试件拉断后，弹性变形消失，会残留较大的塑性变形或称为残余变形。其大小可用来衡量材料的塑性。

塑性的度量指标——断后伸长率 δ 和断面收缩率 ψ 分别为

$$\delta=\frac{L_1-L_0}{L_0}\times100\%，\quad \psi=\frac{A_0-A_1}{A_0}\times100\%$$

式中：L_0——试件原来的标距长度（mm）；

L_1——试件拉断后的标距长度（mm）；

A_0——试件原来横截面面积（mm^2）；

A_1——试件断裂处的横截面面积（mm^2）。

工程上通常把伸长率 $\delta \geqslant 5\%$ 的材料称为塑性材料，如钢、铜、铝等；把 $\delta < 5\%$ 的材料称为脆性材料，如铸铁、陶瓷、玻璃等。低碳钢的伸长率 $\delta = 20\%\sim30\%$，断面收缩率 $\psi = 60\%\sim70\%$，故低碳钢具有良好的塑性。

2. 铸铁拉伸时的力学性能

从灰铸铁拉伸时的$\sigma-\varepsilon$曲线（图 3-12）可以看出，从开始至试件拉断，应力和线应变都很小，没有屈服阶段和局部变形现象，没有明显的直线段。在工程实际中，当$\sigma-\varepsilon$曲线的曲率很小时，常以直线代替曲线$\sigma-\varepsilon$，近似地认为材料服从胡克定律。拉断时的最大应力σ_b为材料的强度极限。由于脆性材料的抗拉强度σ_b很小，不易用作受拉杆件的材料。

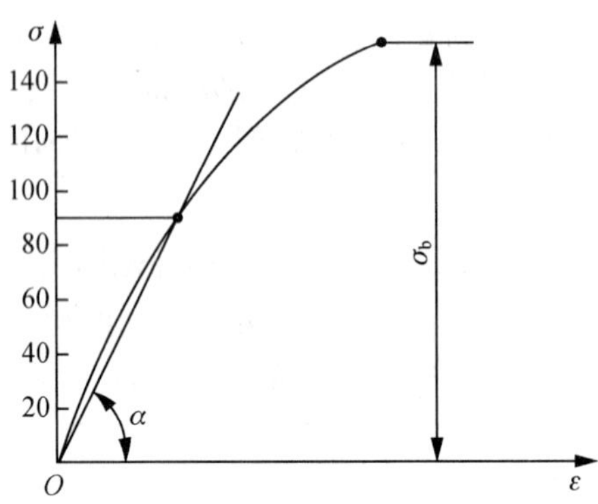

图 3-12　灰铸铁的拉伸$\sigma-\varepsilon$曲线

3. 材料压缩时的力学性质

如图 3-13 所示，低碳钢压缩时的$\sigma-\varepsilon$曲线与拉伸时的$\sigma-\varepsilon$曲线相比较，在屈服阶段前，弹性模量 E、比例极限σ_p、屈服点σ_s与拉伸时基本一致。屈服阶段后，试件越压越扁而不破裂，因此，得不到该材料的强度极限。

如图 3-14 所示，铸铁压缩时的$\sigma-\varepsilon$曲线与拉伸时的$\sigma-\varepsilon$曲线相比较，其抗压强度极限远远大于抗拉强度极限（3～4 倍）。压坏时，其断口与轴线约成 45° 角，表明铸铁压缩时沿斜截面相对错动而断裂。由于脆性材料抗压强度很高，常用于受压杆件。

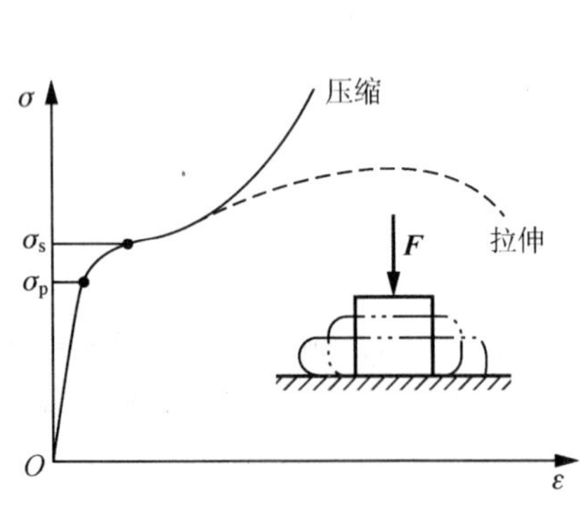

图 3-13　低碳钢的压缩$\sigma-\varepsilon$曲线

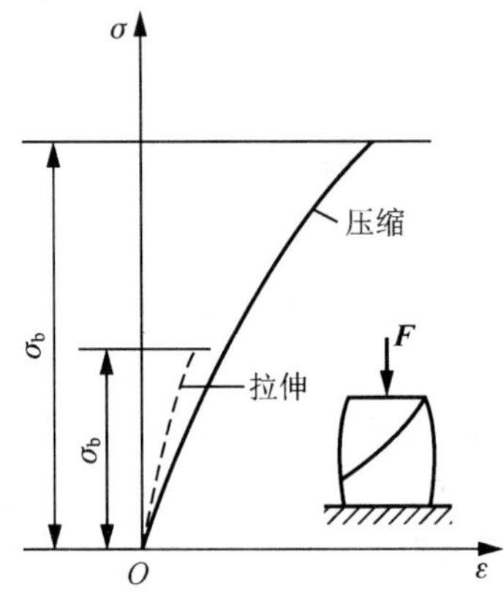

图 3-14　铸铁的压缩$\sigma-\varepsilon$曲线

塑性材料和脆性材料的力学性能的主要区别如下：

1. 塑性材料断裂前有显著的塑性变形，还有明显的屈服现象，而脆性材料在变形很小时突然断裂，无屈服现象。

2. 塑性材料拉伸和压缩时的比例极限、屈服极限和弹性模量均相同，因为塑性材料一般不允许达到屈服极限，所以其抵抗拉伸和压缩的能力相同。脆性材料抵抗拉伸的能力远低于其抵抗压缩的能力。

现有低碳钢和铸铁两种材料，如图 3-15 所示，若杆件 2 选用低碳钢，杆件 1 选用铸铁，你认为合理吗？为什么？

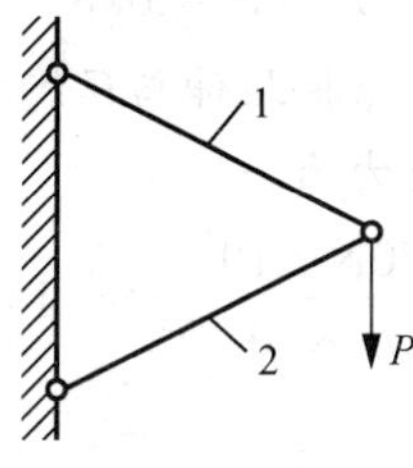

图 3-15　构架

*3.1.4　拉伸和压缩的强度计算

在工程上，构件在正常使用期间不允许发生断裂或明显的塑性变形。由拉伸试验可知，当塑性材料的应力达到其屈服强度 σ_s 时，材料将会产生明显的塑性变形，以致构件无法正常工作；对脆性材料，当应力达到其强度极限 σ_b 时，构件会发生突然断裂。工程上把构件产生明显的塑性变形或断裂统称为破坏。材料破坏时的应力称为极限应力，故对塑性材料以 σ_s 作为其极限应力，而对脆性材料以 σ_b 作为其极限应力。

要保证构件具有足够的强度，保障人身及设备安全，应当使构件有必要的强度储备，以使构件的工作应力小于材料的极限应力。为此，将极限应力除以一个大于 1 的安全系数 n，作为材料的许用应力，许用应力用$[\sigma]$表示。

塑性材料的许用应力为

$$[\sigma_s]=\frac{\sigma_s}{n} \tag{3-5}$$

脆性材料的许用应力为

$$[\sigma_b]=\frac{\sigma_b}{n} \tag{3-6}$$

若安全系数取得偏大，虽然足够安全但会造成材料的浪费；若安全系数取得过小，又可能造成构件不安全，甚至发生破坏事故。因此安全系数的选取，应合理兼顾安全性和经济性。在工程实际中，静载时塑性材料一般取安全系数为 1.2～2.5，对脆性材料取 2～3.5。

为保证构件安全可靠地工作，必须使构件的最大工作应力小于材料的许用应力$[\sigma]$，即

$$\sigma_{max}=\frac{F_N}{A}\leqslant[\sigma] \tag{3-7}$$

式（3-7）称为杆件受轴向拉伸或压缩时的强度条件。应用强度条件可对构件进行强度校核、截面尺寸设计和确定许可载荷。

例 3-3 螺纹小径 d=15mm 的螺栓，紧固时所需的预紧力为 F=20kN。若已知螺栓的许用应力$[\sigma]$=150MPa，试校核该螺栓的强度是否安全。

解：1. 确定螺栓所受轴力。应用截面法很容易求得螺栓所受的轴力，即为预紧力。

$$F_N=F=20\text{kN}$$

2. 计算螺栓截面上的正应力。根据拉伸与压缩杆件横截面上的正应力公式，螺栓在预紧力作用下，横截面上的正应力为

$$\sigma=\frac{F_N}{A}=\frac{F}{\frac{\pi d^2}{4}}=\frac{4F}{\pi d^2}=\frac{4\times20\text{N}\times10^3}{\pi\times(15\text{m}\times10^{-3})^2}\approx113.2\times10^6(\text{Pa})=113.2\ (\text{MPa})$$

3. 应用强度条件进行校核。因为 σ=113.2MPa<$[\sigma]$=150MPa，所以螺栓的强度是安全的。

从例 3-3 及综合前面讲述的内容看出，工程力学解决强度问题的程序可以简单地归纳为外力→内力→应力→强度条件。

巩固

1）归纳截面法，用图示填写下表。

用截面法求内力可归纳为“截”、“取”、“代”、“平”四个步骤	图　示
截：欲求某一横截面的内力，沿该截面将构件假想地截成两部分	F ← A ——— m-m ——— B → F
取：取其中任意一部分为研究对象，而弃去另一部分	
代：用作用于截面上的内力，代替弃去部分对留下部分的作用力	
平：建立留下部分的平衡条件，由外力确定未知的内力	

2）比较塑性材料与脆性材料的力学性能，填写下表。

力学性能	塑性材料	脆性材料
断后伸长率 δ		
$\sigma-\varepsilon$ 曲线		
极限应力		
抵抗拉伸和压缩的能力		

3.2　其他几种基本变形

学习导入

构件在不同形式的外力作用下，变形形式也各不相同，杆的基本变形除了拉伸和压缩以外，还有剪切、扭转、弯曲变形。工程中的构件变形可能为这些基本变形之一，也可能是这几种基本变形的组合。

知识与技能

3.2.1　剪切和挤压

如图 3-16（a）所示，两块钢板用铆钉连接。当构件［图 3-16（a）中的铆钉］的两侧面受到从钢板传来的外力的合力大小相等、方向相反、作用线平行且相距很近时，在两力作用线间的各截面会沿力的方向发生相对错动［图 3-16（b）］，构件的这种相邻截面间的相对错动称为剪切变形，相对错动的截面称为剪切面［图 3-10（c）］。当剪切力过大时，构件（铆钉）将可能沿剪切面被剪断。

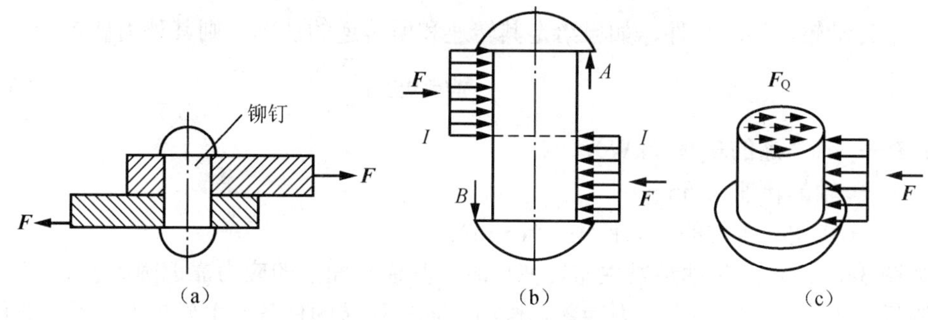

图 3-16　铆钉的剪切和挤压

承受剪切作用的连接件除了会发生剪切破坏之外，由于在相互接触面（如图 3-16 中铆钉与被连接的钢板孔壁的接触面）上承受较大的压力而彼此压紧，这种在局部接触面上的受压现象称为挤压。由于挤压作用而使接触面出现局部塑性变形，称为挤压变形。当挤压作用较强时，连接件的侧面可能会被压溃。

工程中，为了使机器中关键零件产生超载时不致损坏，把机器中某个次要零件设计成薄弱的环节，机器超载时，这个零件先行破坏，从而保护了机器中其他重要零件。

3.2.2 扭转

工程中，很多传动机构中的回转件都会产生扭转变形。例如，汽车转向盘转动时，转向轴的受力情况为：司机在转向盘上作用一个力偶，同时在转向轴下端作用一个阻碍转向盘转动的反力偶，如图 3-17（a）所示。转向轴由于受到这两个力偶的作用，将引起扭转变形。杆件的扭转变形特点如下：

1）在杆件两端受到大小相等、方向相反的一对力偶的作用。

2）杆件上各个横截面均绕杆件的轴线发生相对转动。

把以扭转变形为主要变形的杆件称为轴，上、下两截面所扭转过的角度称为相对扭转角，如图 3-17（b）所示。

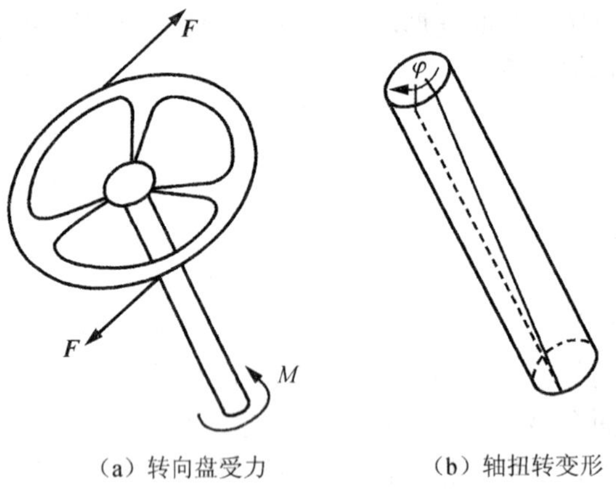

（a）转向盘受力　　（b）轴扭转变形

图 3-17　汽车转向盘的操纵杆

对于传动轴等转动杆件，如果给定其转速和所传递的功率，则其外力偶矩为

$$M=9550\frac{P}{n} \tag{3-8}$$

式中：P——轴传递的功率（kW）；

n——轴的转速（r/min）；

M——作用在轴上的外力偶矩（N·m）。

如图 3-18 所示，传动轴发生扭转变形时，其横截面上的应力靠近圆周表面处最大，中心附近应力较小，中心点应力为零。传动轴抵抗扭转的任务，主要是由靠近轴表面部分的材料承担的，靠近中心的材料作用较少。因此，有时为了节省材料、减轻质量，常把传动轴做成空心的。

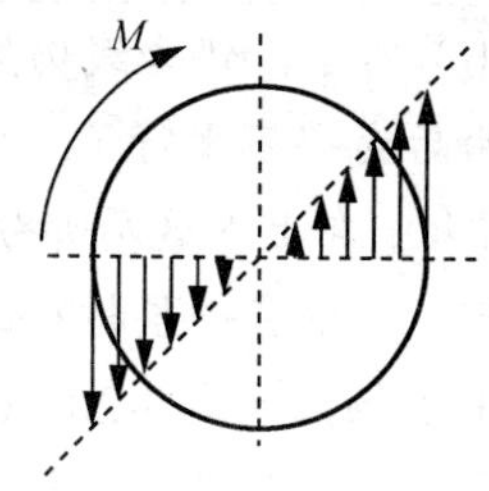

图 3-18 横截面上切应力分布规律

3.2.3 弯曲

1. 弯曲的概念

在日常生活中，弯曲的现象是普遍存在的。例如，挑重物的扁担和钓鱼的竹竿，在使用中都会发生弯曲。同样，在工程机械中也存在着弯曲，如吊车的主梁、汽车用的钢板弹簧及火车的车轴，在受到横向载荷作用时，都会产生弯曲变形。弯曲变形的特点是杆件所受到的力是垂直于梁轴线的横向力，在其作用下梁的轴线由直线变成曲线。以弯曲变形为主要变形的杆件，称为梁。

工程中大多数梁的横截面都有一个对称轴（图 3-19 中的 y 轴），通过梁轴线 x 和横截面对称轴的平面称为纵向对称面。当作用于直梁上的所有外力或力偶都位于梁的纵向平面内时，变形后的梁的轴线将弯成一条位于纵向平面内的平面曲线，这种弯曲变形称为直梁的平面弯曲。平面弯曲是弯曲变形中最基本也是最简单的情况。

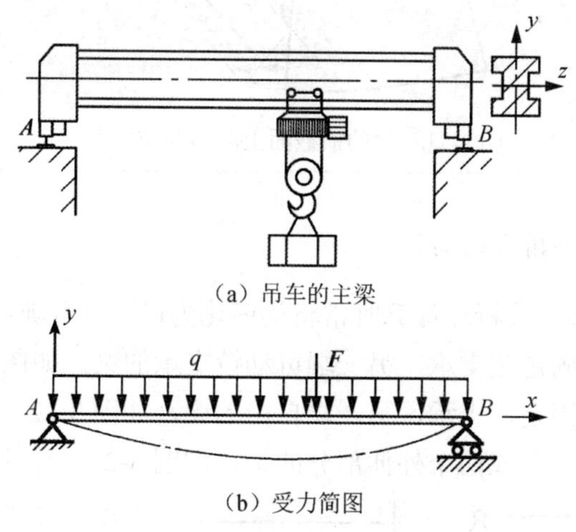

图 3-19 梁的受力图

当梁弯曲时，其内部也会产生抵抗弯曲的内力。假定有一横截面为长方形的橡皮，在橡皮表面画上许多互相平行的水平线和铅垂线，如图 3-20（a）所示，然后双手用

力使它弯曲，其结果如图 3-20（b）所示，铅垂线仍然是直线，但转动了一个角度，原来这些直线是互相平行的，弯曲后变得不平行了；水平线变为弧线，下半部的直线受拉而伸长，上半部直线受压而缩短。在上下这两部分弧线之间，有一条线既没伸长，也没缩短。这就是说，梁在弯曲后，当中有一层材料的长短不改变，我们称它为中性层。中性层与横截面的交线称为中性轴，如图 3-20（c）所示。这样，以中性层为界，上面的材料受压缩，下面的材料受拉伸，而且拉伸与压缩的程度也各处不同。所以梁横截面上的内力是不相等的，梁的上下边缘距中性层最远，变形最大，应力也最大，中性层的应力等于零，如图 3-21 所示。

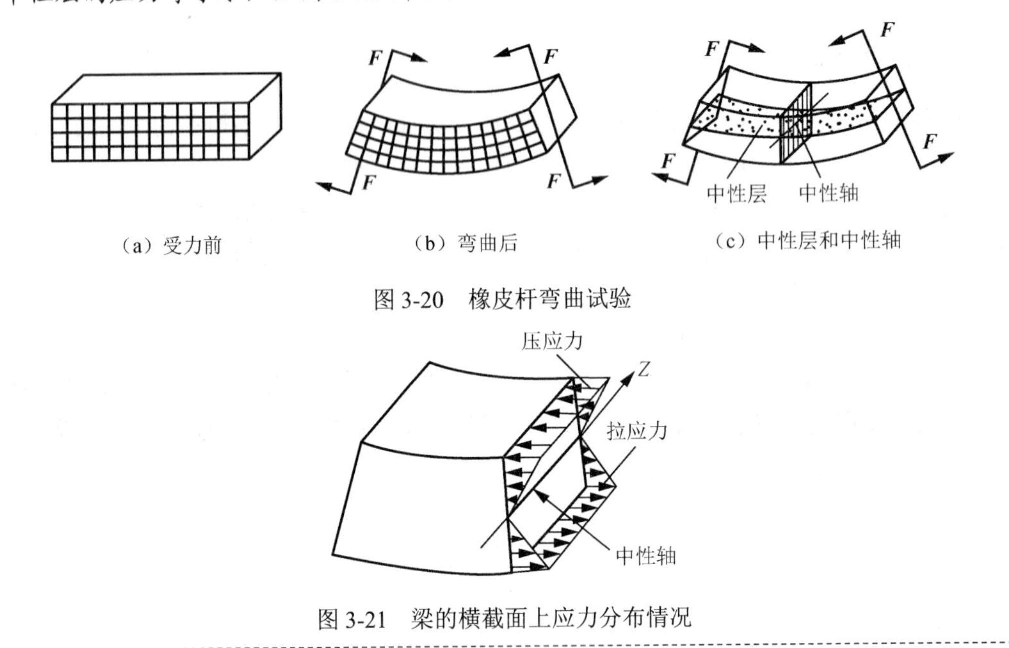

图 3-20　橡皮杆弯曲试验

图 3-21　梁的横截面上应力分布情况

2. 梁的支承和受力情况的简化

梁的支承结构很多，分析和计算时常将梁简化为以下 3 种典型形式。

1）简支梁：一端固定铰支承，另一端可动铰支承的梁，如图 3-22（a）所示。

2）悬臂梁：一端固定铰支承，另一端自由的梁，如图 3-22（b）所示。

3）外伸梁：具有一个或两个外伸部分的梁，如图 3-22（c）所示。

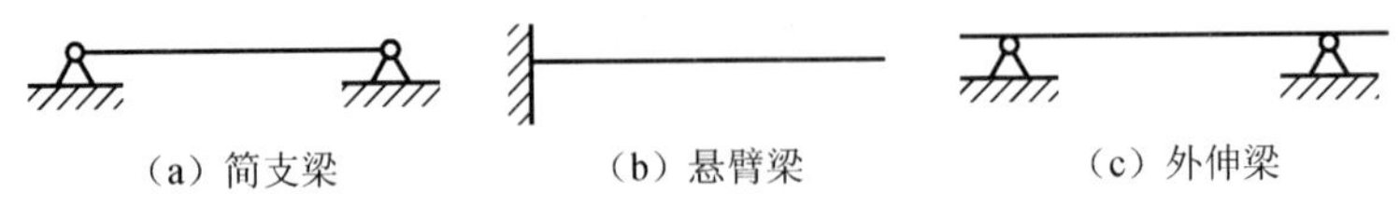

（a）简支梁　（b）悬臂梁　（c）外伸梁

图 3-22　梁的基本形式

作用在梁上的载荷有以下 4 种简化形式，如图 3-23 所示。

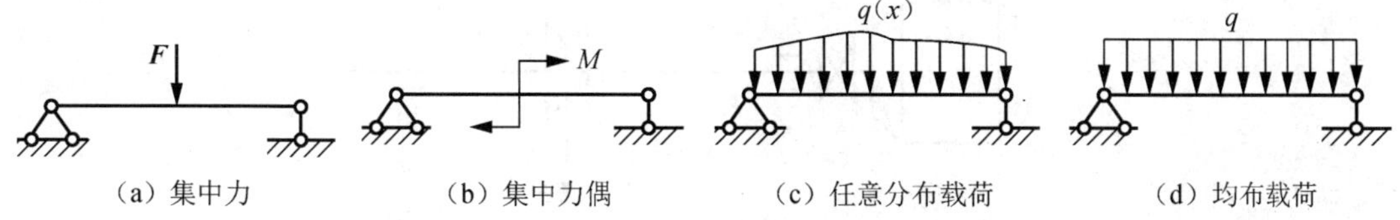

图 3-23 载荷的简化

3. 提高抗弯能力的方法

（1）梁的截面形状

梁的截面形状有圆形、矩形、槽形、工字形等，如图 3-24 所示。选用合理的截面，调节截面几何形状，可达到提高强度和节省材料的目的。同样大小的截面积，做成槽形和工字形比圆形和矩形抗弯能力强。汽车的大梁由槽钢制成，铁路的钢轨制成工字形，都是从提高抗弯能力和节省材料方面来考虑的。

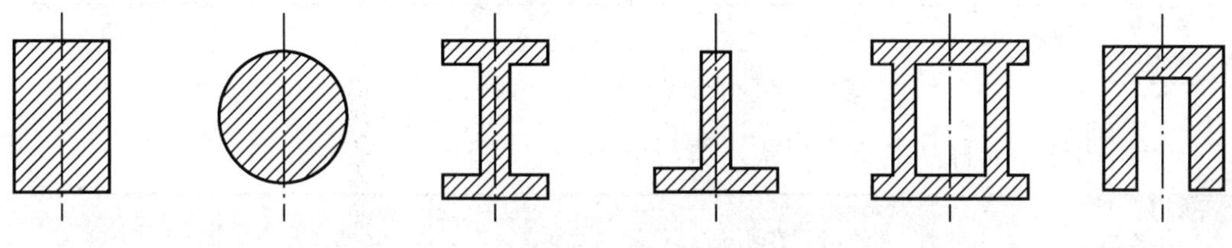

图 3-24 梁的截面形状

（2）合理布置载荷

在结构允许的条件下，将集中载荷变为均布载荷，或将集中载荷靠近支座，都可提高其抗弯能力。

适当调整梁的支座位置，也可降低最大弯矩值，如简支梁通过向内移动支座变为外伸梁。

（3）采用变截面梁

汽车上用的钢板弹簧就是变截面梁的应用。同样，工程上常见的阶梯轴，可大量节省材料，设计也更加合理。

*3.2.4 组合变形简介

前面几节分别研究了拉伸（压缩）、剪切、扭转、弯曲 4 种基本变形的强度问题。但在工程实际中，很多杆件往往同时发生两种或两种以上的变形，称为组合变形。

图 3-25 所示是弯扭组合变形的例子。当电动机带动带轮旋转时，带轮上的带分别产生松边张力和紧边张力，二力共同作用在带轮上，对轴产生一横向力 F，使轴产生弯曲变形。同时电动机对轴产生的力偶矩 M 使轴发生扭转变形。因此，传动轴将产生弯扭组合变形。

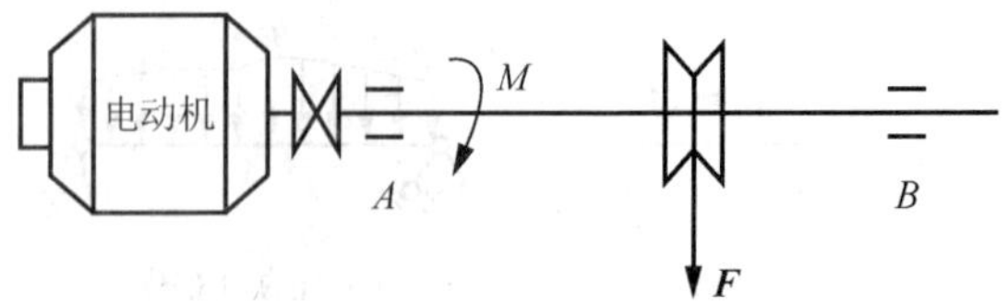

图 3-25　轴的弯扭组合变形

有些构件即使有足够的强度，但若变形过大，仍不能正常地工作。例如，若齿轮轴变形过大，将造成齿轮和轴承的不均匀磨损，降低构件的使用寿命，并引起噪声。吊车梁若变形过大，在行驶时会发生激烈的振动，影响正常工作，甚至脱轨。因此，对某些构件除要求有足够的强度外，还要求有足够的抵抗变形的能力，这种能力称为刚度。

强度、刚度（有的构件还要考虑稳定性问题）是保证构件工作安全可靠的基本问题。

巩固

根据构件的 3 种基本变形形式，填写下表。

形式	图例及受力简图	受力特点	变形特点
剪切与挤压	键　轴　轮　M　F　n　F_Q 轴与轮毂的键连接 受剪切的零件是（　　），受挤压的零件是（　　）		
扭转	A　B　传动轴　电动机　M 传动轴		

续表

形式	图例及受力简图	受力特点	变形特点
弯曲	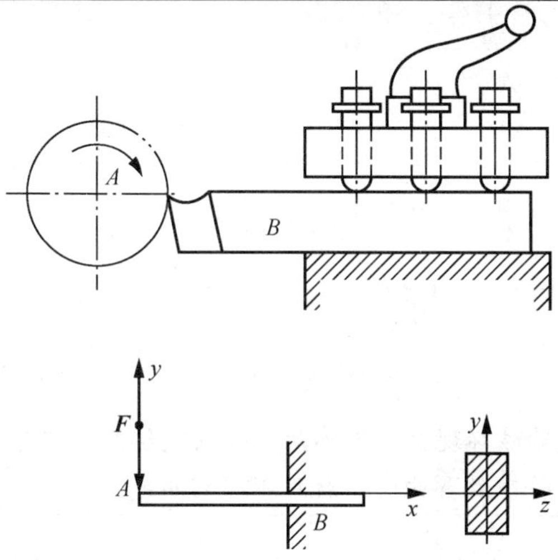 A B y F A B x y z 车刀		

*3.3 疲劳强度与压杆稳定

学习导入

前述研究的都是静载荷作用下的强度问题。所谓静载荷，是指由零缓慢地增加到某一值后保持不变（或变动很小）的载荷。在工程中，尤其是在机械工程中，有许多构件承受随时间周期性变化的应力，在这种应力作用下零件发生的是疲劳破坏。

对于细长杆除了强度、刚度失效外，还可能发生稳定失效。工程中的柱、桁架中的压杆、重型货车中的卸料撑杆、压缩机与内燃机中的连杆等，在有压力存在时，都有可能发生失稳而丧失承载能力。

知识与技能

3.3.1 疲劳强度

例如，单向传动齿轮中的一对齿，如图 3-26（a）所示，在啮合过程中，自开始接触到彼此脱离，齿根部的弯曲应力经历了自零逐渐增到某一最大值再逐渐减小至零的过程，齿轮每转一圈，齿根上的弯曲应力便重复一次 $0 \rightarrow \sigma_{max} \rightarrow 0$ 这一应力变化过程。若以横坐标表示时间 t，纵坐标表示齿根处弯曲正应力，则应力随时间变化的曲线如图 3-26（b）所示。这种随时间做周期性变化的应力称为交变应力。

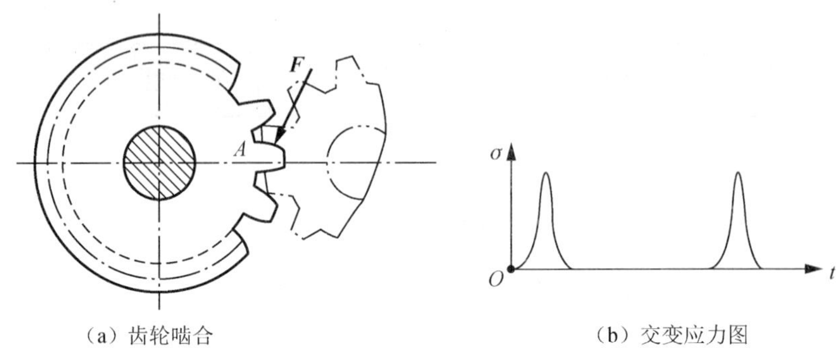

（a）齿轮啮合　　（b）交变应力图

图 3-26　齿轮传动

在日常生活中，也常常遇到疲劳破坏现象。例如，一根细铁丝，我们无法一次用手将它折断，但是当我们不断往复将铁丝弯曲时，就可以将它折断。

疲劳破坏的解释一般是，当交变应力的大小超过一定限度时，经过多次循环后，在构件的应力最大处或材料的缺陷处产生很细的裂纹，形成裂纹源。随着应力循环次数的增加，裂纹的不断扩大，构件横截面的有效面积逐渐缩小。当横截面面积减小到一定程度时，由于一个突然的振动和冲击，使构件突然断裂。因此，疲劳破坏的过程，实际就是裂纹的产生、发展，直至构件最后断裂的全部过程。

金属的疲劳破坏与很多因素有关，可通过改善零件的结构形状、避免应力集中、改善表面粗糙度、进行表面热处理和表面强化处理来提高金属材料的疲劳强度。

3.3.2　压杆稳定

受轴向拉伸的直杆，无论杆的尺寸如何，都可用强度计算公式进行强度的计算。但受轴向压缩的直杆，如果是细长杆则可能出现不能保持压杆原有直线平衡状态而突然变弯的现象，这称为压杆直线状态的平衡丧失了稳定性，简称压杆失稳。例如，一根宽30mm、厚 5mm 的矩形截面的杆件，对其施加轴向压力，如图 3-27 所示。设材料的抗压强度极限 $\sigma_b = 40\text{MPa}$，由试验可知，当杆很短时（设高为 30mm），如图 3-27（a）所示，杆件能承受的压力为

$$F=\sigma_b A=40\times30\times5\text{N}=6000\text{N}$$

但是，如果杆长为 1m，则只需 30N 的压力，杆就会变弯，若压力再增大，杆将产生显著的弯曲变形而失去工作能力，如图 3-27（b）所示。这说明，细长杆受压时，丧失工作能力不是因为强度不够，而是由于其轴线偏离原平衡状态所致。

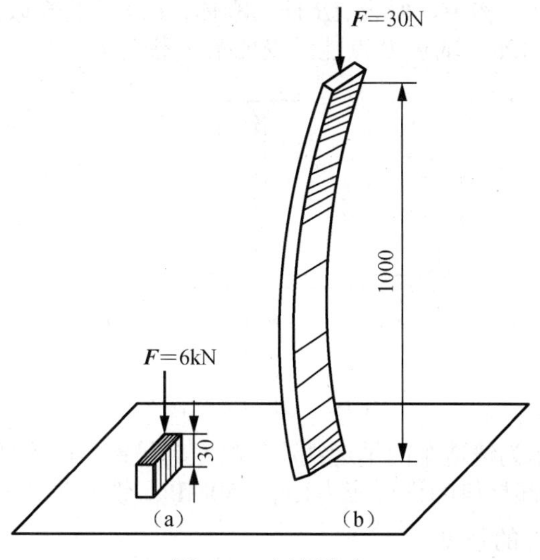

图 3-27　压杆稳定

思考与练习

一、简答

1．内力与外力有何区别？有何联系？
2．何为截面法？它与构件静力分析中的“分离体”有何不同？
3．极限应力和许用应力有何区别？有何联系？
4．压缩和挤压有何区别？举例说明。
5．剪切变形的特点是什么？
6．在什么样的外力作用下会产生扭转变形？变形的特点是什么？
7．平面弯曲的特点是什么？

二、分析计算

1．试用截面法计算图 3-28 所示各杆指定截面上的轴力。

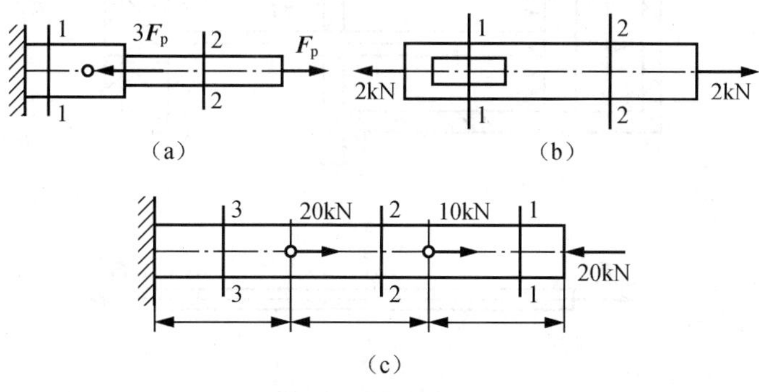

图 3-28　计算轴力

2．如图 3-29 所示结构中，假设 AB 杆为刚体，CD 杆的横截面面积 $S=5\text{cm}^2$，材料的许用应力$[\sigma]=160\text{MPa}$。试求 B 点能承受的最大载荷 F。

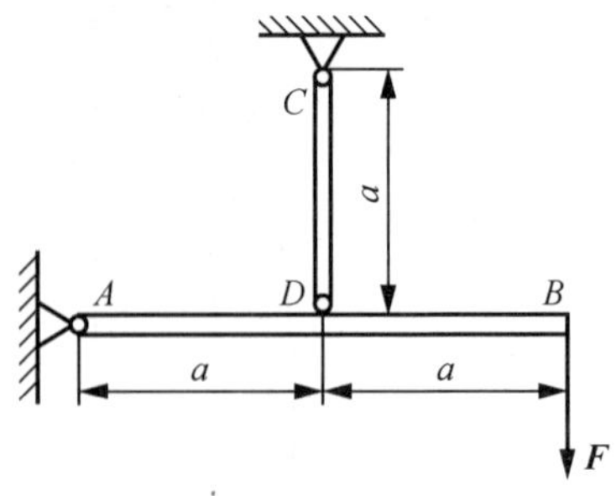

图 3-29　求最大载荷 F

3．如图 3-30 所示为铸造车间吊运铁液包的双套吊钩。吊钩杆部横截面为矩形，$b=25\text{mm}$，$h=50\text{mm}$，杆部材料的许用应力$[\sigma]=50\text{MPa}$，铁液包自重 8kN，最多能容 30kN 重的铁液。试校核吊杆的强度。

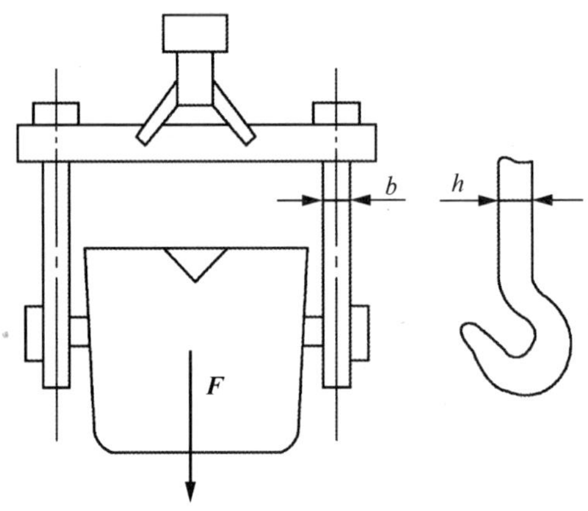

图 3-30　求吊杆强度

4．如图 3-31 所示为气体夹具。已知气缸内径 $D=140\text{mm}$，缸内气压 $p=0.6\text{MPa}$，活塞杆材料为 20 钢，$[\sigma]=80\text{MPa}$。试设计活塞杆的直径。

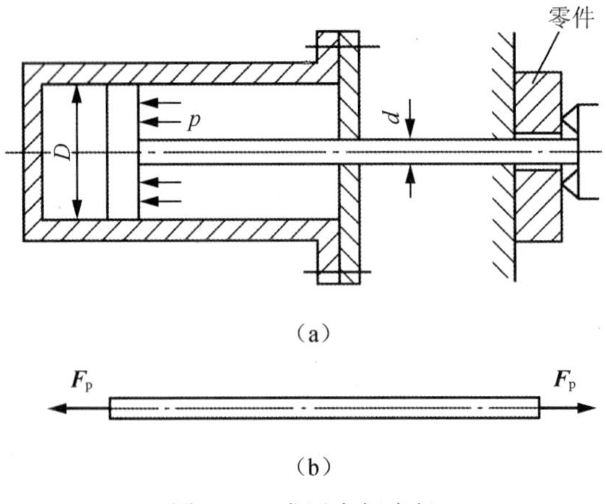

图 3-31　求活塞杆直径

单元4

机械工程材料

概要及目标

◎ 概要

机械工程的各类产品，大多是由种类繁多、性能各异的工程材料通过加工制成零件构成的，所以工程材料是各类产品制造的基础。在机械产品的制造中，正确选材是关键的环节之一，各种材料的性能不同，用途也不同。为了正确地选择和使用材料，必须掌握和了解常用工程材料的分类、牌号、性能、应用范围及热处理等有关基础知识。

材料种类繁多，在机械工程中常用的材料有钢铁材料、有色金属材料和非金属材料。

◎ 知识目标

1. 理解常用碳素钢的分类、牌号、性能和应用。
2. 了解铸铁的分类、牌号、性能和应用。
3. 了解钢热处理的目的、分类和应用。
4. 了解常用有色金属材料的分类、牌号、性能和应用。
5. 了解工程塑料等非金属材料的特性、分类和应用。

◎ 技能目标

根据有关要求，能正确选用常用机械工程材料。

4.1 钢铁材料

学习导入

在金属材料中应用非常广泛的是钢铁材料，而纯铁的强度、硬度很低，生产上很少用纯铁制造零件。在机械制造工业中，应用最广泛的钢铁材料是铁碳合金，其基本组元是铁和碳两种元素，钢铁材料是钢和铸铁的统称。

钢是以铁为主要元素，碳含量一般在 2.11%以下，并含有其他元素的铁碳合金。铸铁是碳含量大于 2.11%的铁碳合金。碳含量 2.11%通常是钢和铸铁的分界线。

根据化学成分，钢分为碳素钢（非合金钢）和合金钢两大类。

知识与技能

4.1.1 碳素钢

碳素钢简称碳钢，是碳含量 w_C 小于 2.11%的铁碳合金。它还含有少量的硫（S）、磷（P）、锰（Mn）、硅（Si）等杂质，其中硫、磷是炼钢时由原料进入钢中，炼钢时难以除尽的有害杂质。硫有热脆性（高温时变脆），磷有冷脆性（低温时变脆）。锰、硅是在炼钢加入脱氧剂时带入钢中的，是有益元素（提高强度和硬度）。

碳素钢有多种分类方法，常用的分类方法如表 4-1 所示。

表 4-1　碳素钢的分类

分类方法	类　型
按钢的碳含量分类	低碳钢：碳含量 w_C ≤0.25%
	中碳钢：碳含量 w_C >0.25%～0.6%
	高碳钢：碳含量 w_C ≥0.6%
按钢的质量分类	普通钢：硫含量 w_S ≤0.035%，磷含量 w_P ≤0.035%
	优质钢：硫含量 w_S ≤0.030%，磷含量 w_P ≤0.030%
	高级优质钢：硫含量 w_S ≤0.020%，磷含量 w_P ≤0.025%
按钢的用途分类	碳素结构钢：用于制造金属结构、零件
	碳素工具钢：用于制造刃具、量具和模具
按脱氧程度不同分类	沸腾钢：脱氧程度不完全的钢
	镇静钢：脱氧程度完全的钢
	半镇静钢：脱氧程度介于沸腾钢和镇静钢之间的钢

提　示

在实际使用中，钢厂在给钢的产品命名时，往往将用途、成分、质量这三种分类方法结合起来。例如，将钢称为优质碳素结构钢、高级优质碳素工具钢等。

1. 碳素结构钢

凡用于制造机械零件和各种工程结构件的钢都称为结构钢。根据质量分为普通碳素结构钢和优质碳素结构钢。

（1）普通碳素结构钢

普通碳素结构钢冶炼容易，不消耗贵重的合金元素，价格低廉，性能能满足一般工程结构、日常生活用品和普通机械零件的要求，所以是各类钢中用量最大的一类。

碳素结构钢的牌号由以下 4 部分组成：

1）屈服点字母 Q——屈服点"屈"字汉语拼音首字母。

2）屈服点数值（单位为 MPa）。

3）质量等级符号：规定 A、B、C、D 级四级，从 A～D 依次提高，质量等级反映了钢中有害杂质（S、P）含量的多少。

4）脱氧方法符号：F——沸腾钢、Z——镇静钢、TZ——特殊镇静钢。通常 Z 和 TZ 则予以省略。

例如，Q235—AF 表示屈服强度 $\sigma_s \geqslant 235$MPa，质量等级为 A 级，脱氧方法为沸腾钢的碳素结构钢，如图 4-1 所示。

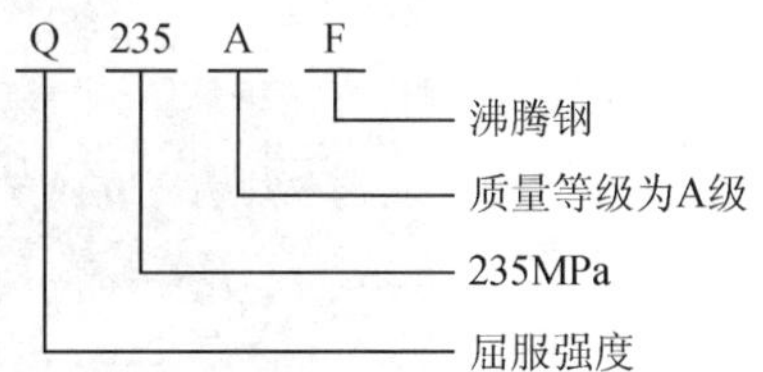

图 4-1　普通碳素结构钢牌号说明

这类钢主要用于焊接、铆接、栓接构件。这些构件在常温有冲击载荷条件下工作，可选用相应牌号的 B 级钢；在低温有冲击载荷条件下工作或重要的焊接构件可选用 C、D 级钢。在各牌号钢中，Q235 应用最多。图 4-2 是普通碳素结构钢的应用实例。

（a）螺栓

（b）建筑棚架

图 4-2　普通碳素结构钢的应用

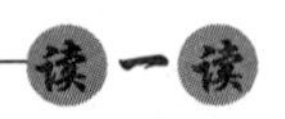

国家体育场“鸟巢”结构用钢均采用“Q460”钢材，该钢是一种低合金高强度钢，要求最低屈服强度的数值应达到 460MPa。也就是说，钢材所受应力达到该值时将会发生塑性变形。这个强度在普通碳素结构钢中算是高强度的，比一般钢材都高，从而保证“鸟巢”结构稳定。

（2）优质碳素结构钢

这类钢中有害杂质元素硫、磷较少，质量优良。大多数优质碳素结构钢用于制造机械零件，可以进行热处理以改善和提高其力学性能。

优质碳素结构钢的牌号用两位数字表示，该两位数字表示钢中平均碳含量的万分数。例如，45 表示平均碳含量为 0.45%的钢，称为 45 钢。如果在碳含量数字后面加“A”，则表示高级优质钢；加“F”，表示沸腾钢；锰含量较高时（锰含量为 0.7%～1.0%），则在碳含量后面加锰元素符号“Mn”。例如，20Mn 表示平均碳含量为 0.20%的较高锰含量钢，称为 20 锰钢。

图 4-3 是优质碳素结构钢的应用实例。

（a）曲轴

（b）齿轮

图 4-3　优质碳素结构钢的应用（中碳钢）

常用牌号的优质碳素结构钢的力学性能和用途如表 4-2 所示。

表 4-2　常用牌号的优质碳素结构钢的力学性能和用途

牌号	σ_s/MPa	σ_b/MPa	δ/%	ψ/%	A_k/J	HBS（热轧）	用　途
10	205	335	31	55	—	137	软钢。强度低，塑性好，用于制造冷轧钢板、深冲压件
15	225	375	27	55	—	143	低碳钢。强度低，塑性、焊接性好，用于制造冲压件、焊接件。例如，经渗碳淬火可提高表面硬度和耐磨性，用于高速、重载、受冲击件
20	245	410	25	55	—	156	

续表

牌号	σ_s/MPa	σ_b/MPa	δ/%	ψ/%	A_k/J	HBS（热轧）	用途
30	295	490	21	50	63	179	中碳钢。调质后具有良好的力学性能，用于受力较大的重要件。例如，在表面淬火，可提高表面硬度和耐磨性，用作高速重载重要件，如齿轮零件等
35	315	530	20	45	55	197	
45	355	600	16	40	39	229	
55	380	645	13	35	—	255	
65	410	695	10	30	—	255	高碳钢。经淬火，中、低温回火，弹性或耐磨性高，用作弹性件或耐磨件，如弹簧、板簧等

注：摘自 GB/T 699—1999。

2. 碳素工具钢

碳素工具钢用于制造刃具、模具、量具，这些工具都要求高硬度和高耐磨性。工具钢的碳含量 w_C 都在 0.7%以上，都是优质或高级优质高碳钢。其牌号是拼音字母“T”加数字表示，其中 T 表示碳素工具钢，数字表示平均碳含量的千分数，如 T8 表示平均碳含量为 0.8%的碳素工具钢。若为高级优质碳素钢则在牌号后加“A”，如 T10A 表示平均碳含量为 1.0%的高级优质碳素工具钢。图 4-4 是碳素工具钢的应用实例。

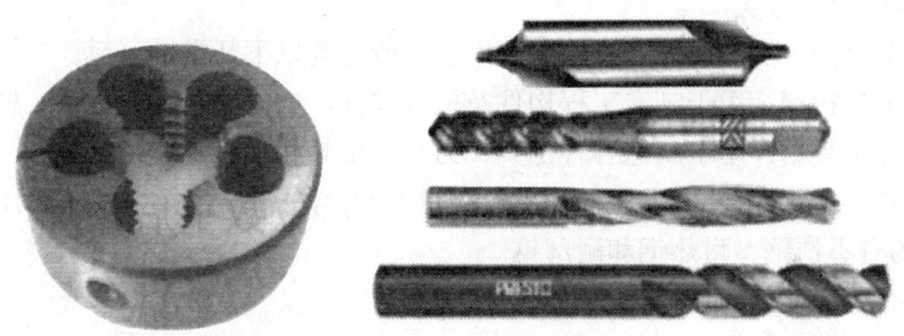

图 4-4 碳素工具钢板牙、丝锥及钻头

常用碳素工具钢的牌号、碳含量、力学性能及用途如表 4-3 所示。

表 4-3 碳素工具钢的牌号、碳含量、力学性能及用途

牌 号	碳含量/%	退火后的硬度 HBS（HBW）不大于	淬火后的硬度 HRC 不小于	应用举例
T7、T7A	0.65～0.74	187	62	凿子、模具、锤头、钻头、木工工具及钳工装配工具等受冲击、需较高硬度和耐磨性的工具
T8、T8A	0.75～0.84	187	62	
T9、T9A	0.85～0.94	192	62	刨刀、冲模、丝锥、板牙、手工锯条及卡尺等受中等冲击的工具和耐磨机件
T10、T10A	0.95～1.04	197	62	
T11、T11A	1.05～1.14	207	62	
T12、T12A	1.15～1.24	207	62	钻头、锉刀、刮刀等不受冲击而要求极高硬度的工具和耐磨机件
T13、T13A	1.25～1.34	217	62	

练一练

解释下列碳素钢牌号的含义并说明它们属于哪种钢材：
Q215、20、T8 A。

4.1.2 合金钢

随着工业生产和科学技术的不断发展，对钢材的某些性能提出了更高的要求。例如，对大型重要的结构零件，要求具有更高的综合力学性能；对切削速度较高的刀具要求更高的硬度、耐磨性和红硬性（即在高温时仍能保持高硬度和高耐磨性）；大型电站设备、化工设备等不仅要求高的力学性能，而且还要求具有耐蚀、耐热、抗氧化等特殊物理、化学性能。碳素钢即使经过热处理也不能满足这些要求，于是产生了合金钢。

合金钢就是在碳素钢的基础上加入其他元素的钢，加入的其他元素就称为合金元素。常用的合金元素有硅（Si）、锰（Mn）、铬（Cr）、镍（Ni）、钨（W）、钼（Mo）、钒（V）、钛（Ti）、铝（Al）、硼（B）及稀土元素（Re）等。

1. 合金钢的分类和牌号

（1）合金钢的分类

1）合金钢的分类方法很多，按主要用途一般分为以下几类。

① 合金结构钢：用于制造工程构件及机械零件，如齿轮、连杆、轴、桥梁等。

② 合金工具钢：用于制造各种工具、刃具、量具和模具。

③ 特殊性能钢：用于制造具有特殊的物理、化学、力学性能要求的钢，在机械制造中常用的有不锈钢、耐热钢和耐磨钢。

2）按合金元素的含量分为以下几类。

① 低合金钢：合金元素总含量＜5%。

② 中合金钢：合金元素总含量为 5%～10%。

③ 高合金钢：合金元素总含量＞10%。

（2）合金钢牌号表示方法

合金结构钢的牌号采用两位数字加元素符号再加数字表示。前面的两位数字表示钢平均碳含量的万分数，元素符号表示钢中所含的合金元素，而后面数字表示该元素平均含量的质量分数。当合金元素含量小于 1.5%时，牌号中只标明元素符号，而不标明含量，如果含量大于 1.5%、2.5%、3.5%等，则相应地在元素符号后面标出 2、3、4 等。图 4-5（a）是 60Si2Mn 合金结构钢牌号说明。

合金工具钢的牌号表示方法与合金结构钢相似，其区别在于用一位数字表示平均碳含量的千分数，当碳含量大于或等于 1.00%时则不予标出。图 4-5（b）是 9SiCr 合金工具钢牌号说明。

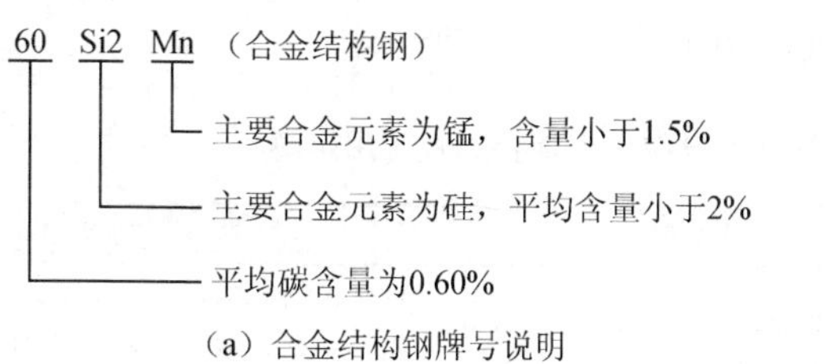

（a）合金结构钢牌号说明

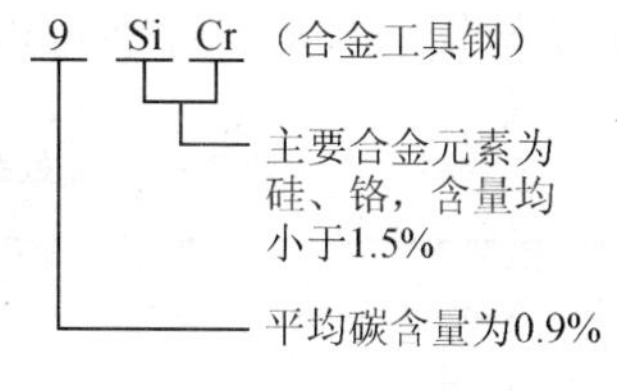

（b）合金工具钢牌号说明

图 4-5 合金钢牌号说明

除此之外，还有一些特殊专用钢，为表示钢的用途在钢号前面冠以汉语拼音，而不标出碳含量。例如，GCr15 为滚珠轴承钢，“G”为“滚”的汉语拼音首字母。还应注意，在滚珠轴承钢中，铬元素符号后面的数字表示铬含量的千分数，其他元素仍用百分数表示，如 GCr15SiMn，表示铬含量为 1.5%，硅、锰含量均小于 1.5%的滚珠轴承钢。

合金钢一般都为优质钢。合金结构钢若为高级优质钢，则在钢号后面加“A”，如 38CrMoAlA。合金工具钢一般都为高级优质钢，所以其牌号后面不再标“A”。

2. 合金结构钢

合金结构钢是用于制造各类工程结构件和各种机器零件的钢。通常按具体用途和热处理特点不同，又可分低合金结构钢、合金渗碳钢、合金调质钢、合金弹簧钢及滚动轴承钢等。其应用实例如图 4-6～图 4-9 所示。

图 4-6 低合金结构钢的应用（容器）

图 4-7 合金渗碳钢的应用（凸轮轴）

图 4-8 合金调质钢的应用（连杆）

图 4-9 滚动轴承钢的应用（滚动轴承）

合金结构钢的分类、性能特点及应用范畴如表 4-4 所示。

表 4-4　合金结构钢的分类、性能特点及应用范畴

分　类	性能特点	应用范畴
低合金结构钢	具有较高的强度和屈强比、耐蚀性，良好的焊接性，较低的缺口敏感性和冷弯后的时效敏感性	目前低合金结构钢广泛用于桥梁、车辆、船舶、容器、建筑钢筋、结构件等，如图 4-6 所示的容器
合金渗碳钢	由低碳合金结构钢经渗碳、淬火、低温回火的处理后获得。具有“表硬心韧”的性能，同时具有优良的耐磨性和耐疲劳性	用于制造承受强烈冲击载荷和摩擦磨损的零件，如图 4-7 所示内燃机的凸轮轴
合金调质钢	这类钢属于中碳钢，经调质、表面淬火和化学热处理后具有良好综合力学性能，能承受重载荷、耐冲击，具有良好的渗透性和耐磨性	用于制造承受重载荷、耐冲击和具有良好综合力学性能的重要零件，如图 4-8 所示内燃机的连杆
合金弹簧钢	弹簧钢一般碳含量高于调质钢，是经淬火、中温回火后获得的特殊质量合金结构钢，它具有高弹性极限和屈强比，足够的塑性、韧性和疲劳强度，还有较高的渗透性	主要用于制造机动车辆如汽车、拖拉机的各种弹簧或减振元件
滚动轴承钢	这类钢经淬火、低温回火后具有高而均匀的硬度和耐磨性、高抗拉强度和接触疲劳强度、高的弹性极限，足够的韧性和对大气的耐蚀能力	主要用于制造各种滚动轴承的内、外套圈及滚动体，如图 4-9 所示，也可用于制造各种工具的耐磨零件

3. 合金工具钢

碳素工具钢淬火后，虽能达到高的硬度和耐磨性，但因为它的淬透性差、红硬性差（只能在 200°C 以下保持高硬度），因此模具、量具及刃具大多要采用合金工具钢制造。合金工具钢按用途可分为刃具钢、模具钢和量具钢。其应用实例如图 4-10～图 4-12 所示。

图 4-10　合金刃具钢的应用（铣刀）

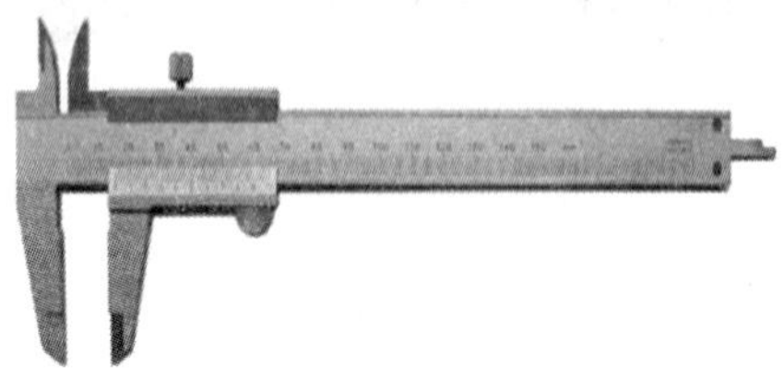

图 4-11　合金量具钢的应用（游标卡尺）

（a）冷作模具（冲压模）

（b）热作模具（塑料膜）

图 4-12　合金模具钢的应用

常用合金工具钢的性能和用途如表 4-5 所示。

表 4-5 常用合金工具钢的性能和用途

类别		牌号	特性	用途
合金刃具钢	低合金刃具钢	9SiCr	高硬度、高耐磨性、高淬透性、变形小	冷冲模、板牙、丝锥、钻头、铰刀、拉刀、齿轮铣刀
		CrWMn		精密丝杠、丝锥等
	高速钢	W18Gr4V	高热硬性、高硬度、高耐磨性、高强度	车刀、钻头、铣刀、铰刀等刀具，还用作板牙、丝锥、扩张钻、拉丝模、锯片等
		W6Mo5Gr4V2		插齿刀、铣刀、丝锥、钻头等
合金模具钢	冷变形模具钢	9SiCr、GCr15	高硬度耐磨性、高淬透性、强度韧性好、变形小	小尺寸、形状简单、受力不大的模具
		Cr12、Cr12MoV		截面大、负荷大的拉丝模、冷冲模、冷剪刀、细纹滚模等
	热变形模具钢	5CrNiMo	高温下强度韧性高，耐磨性及抗热疲劳性好	大热锻模、尺寸大的压铸模及热挤压模
		3Cr2W8V		
合金量具钢		CrMn、CCr15	高硬度、高耐磨性、高的尺寸稳定性和足够的韧性	游标卡尺、千分尺、塞规、高精度量规或块规
		CrWMn		高精度、形状复杂的量规或块规

解释下列合金钢牌号的含义并说明它们属于哪种钢材：

20CrMnTi、40Cr、60Si2Mn、9CrSi、W18Gr4V。

4.1.3 铸铁

铸铁是碳含量大于 2.11%的铁碳含金。铸铁与碳素钢主要的不同是，铸铁含碳、硅量较高（一般碳含量为 2.5%～4.0%，硅含量为 0.8%～3%），并且锰、硫、磷杂质元素的含量也比碳素钢高。有时也加入一定量的其他合金元素，获得合金铸铁，以改善铸铁的某些性能。

铸铁具有良好的铸造性、耐磨性、减振性和切削加工性，生产简单，价格便宜，经合金化后具有良好的耐热性或耐蚀性。因此，铸铁在工业生产中获得了广泛应用。若按质量分数计算，在各类机械中，铸铁件占 40%～70%，在机床和重型机械中，则可达 60%～90%。由于铸铁的塑性、韧性较差，只能用铸造工艺方法成形零件，而不能用压力加工方法成形零件。

根据碳在铸铁中的存在形式，一般可将铸铁分为白口铸铁、灰铸铁、可锻铸铁和球墨铸铁。白口铸铁断口呈白亮色，性能硬而脆，不易切削加工，通常称为生铁，在机械工业中很少直接应用。

1. 灰铸铁

灰铸铁断口呈暗灰色，因此得名。灰铸铁实质上是在碳素钢的基体上分布着一些片状石墨。由于石墨的强度、硬度较低，塑性、韧性极差，所以石墨的存在相当于钢中分布着许多裂纹和“空洞”，起到割裂基体的作用，严重降低了铸铁的抗拉强度。但石墨对铸铁的抗压强度影响不大。

石墨虽然降低了铸铁的抗拉强度和塑性，但也给铸铁带来了一系列其他的优越性能，如优良的铸造性能，良好的切削加工性，良好的减摩性和减振性，因而被广泛地用来制作各种承受压力和要求消振性的床身、机架、结构复杂的箱体、壳体和经受摩擦的导轨、缸体等。

灰铸铁的牌号以 HT 加数字表示，其中 HT 分别是“灰”和“铁”的汉语拼音首字母，代表灰铸铁，数字表示其最低抗拉强度（MPa）。

常用灰铸铁有 HT200、HT300、HT350 等，应用实例如图 4-13～图 4-15 所示。

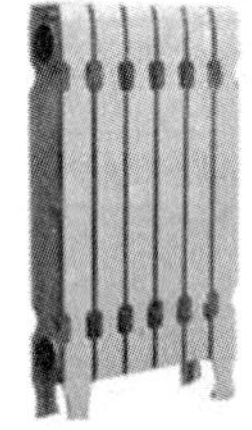

图 4-13　灰铸铁暖气片

图 4-14　灰铸铁机床床身

图 4-15　灰铸铁阀体

2. 可锻铸铁

可锻铸铁是将一定成分的白口铸铁经过退火处理，使渗碳体分解，形成团絮状石墨的铸铁。由于石墨呈团絮状，大大减轻了对基体的割裂作用。与灰铸铁相比，可锻铸铁不仅有较高的强度，而且有较好的塑性和韧性，并由此得名“可锻”，但实际上并不可锻。

可锻铸铁的牌号分别由代号“KTH”（黑心可锻铸铁）、“KTZ”（珠光体可锻铸铁）和两组数字组成，第一组数字表示最低抗拉强度，第二组数字表示最低伸长率。

在球墨铸铁出现之前，可锻铸铁曾是铸铁中性能最好的。但由于生产效率低、生产成本高，故现在有被球墨铸铁取代的趋势。

可锻铸铁的应用实例如图 4-16 所示。

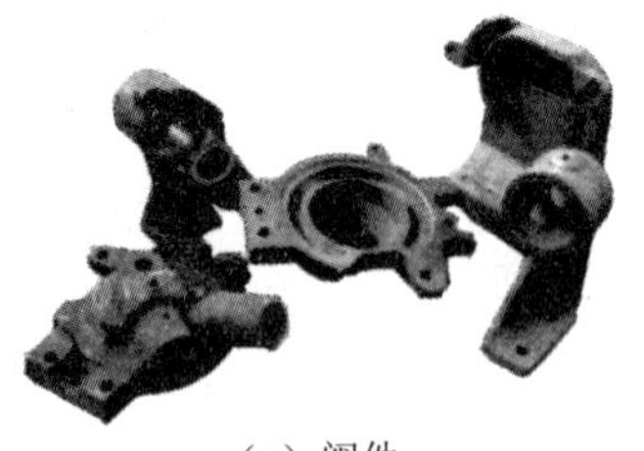

（a）阀件

（b）变管接头

图 4-16　可锻铸铁的应用

3. 球墨铸铁

球墨铸铁是指石墨以球状形式存在的铸铁。球墨铸铁的获得是在浇注前向铁水中加入适量的球化剂和孕育剂，即进行球化处理，浇注后可使石墨呈球状分布的铸铁。由于石墨呈球状分布在基体上，对基体的割裂作用降到最小，可以充分发挥基体的性能，所以球墨铸铁的力学性能比灰铸铁和可锻铸铁都高。球墨铸铁兼有铸铁和钢的优点，因而得到广泛应用。它可以用来代替碳素钢、合金钢、可锻铸铁等材料，制成受力复杂，强度、硬度、韧性和耐磨性要求较高的零件，如柴油机曲轴、减速器齿轮及轧钢机轧辊等。

球墨铸铁的牌号由 QT 加两组数字组成。QT 分别是“球”与“铁”的汉语拼音首字母，代表球墨铸铁，两组数字分别表示最低抗拉强度和最低伸长率。

常用球墨铸铁有 QT450—10、QT500—7、QT600—3 等。其应用实例如图 4-17 所示。

（a）模板

（b）曲轴

图 4-17 球墨铸铁的应用

解释下列铸铁牌号的含义：

HT300、QT500—7。

巩固

填写下表。

类别		典型牌号	牌号含义	性能	用途
		Q235		塑性、韧性较高，强度较低	一般工程结构，普通机械零件
		45		碳的质量分数不同，力学性能不同	尺寸小、受力小的各类结构零件
		T10		硬度、耐磨性好，热硬性差	低速、手动工具
		Q345		良好塑性、焊接性，高强度	各种重要工程结构

续表

类　别		典型牌号	牌号含义	性　能	用　途
		20CrMnTi		表面硬、心部韧	受强烈冲击的摩擦零件
		40Cr		良好综合性能	重载的受冲击零件
		60SiZMn		高弹性极限	大尺寸重要弹簧
		GCr15		高硬度、高耐磨性	滚动轴承元件及工模具
		9siCr		60～65HRC	低速刃具、简单量具
		W18Cr4V		63～66HRC，热硬性 600℃	高速刀具及模具等
		Cr12		62～64HRC	冷作模具
		5CrMnMo		40～50HRC	热作模具
		CrWMn		60～65HRC	高精度量具
		HT250		抗拉强度、韧性低，减振、减摩、抗压	形状复杂的中低载零件
		QT600—3		力学性能远高于灰铸铁	形状复杂、性能高的零件
		KTH450—06		较高塑韧性	薄壁类小铸件

4.2　钢的热处理

学习导入

热处理是改善金属材料的使用性能和加工性能的一种重要的工艺方法，在机械制造中，大部分的重要零件都必须进行热处理。

钢的热处理是指采用适当方式将钢或钢制工件进行加热、保温和冷却，以获得预期的组织结构与性能的工艺。

热处理的目的是显著提高钢的力学性能，发挥钢材的潜力，提高工件的使用性能和使用寿命。还可以消除毛坯（如铸件、锻件等）中的缺陷，改善其工艺性能，为后续工序做热处理组织准备。

热处理工艺的种类很多。根据加热和冷却方法不同，工业生产中常用的热处理工艺分类如图 4-18 所示。

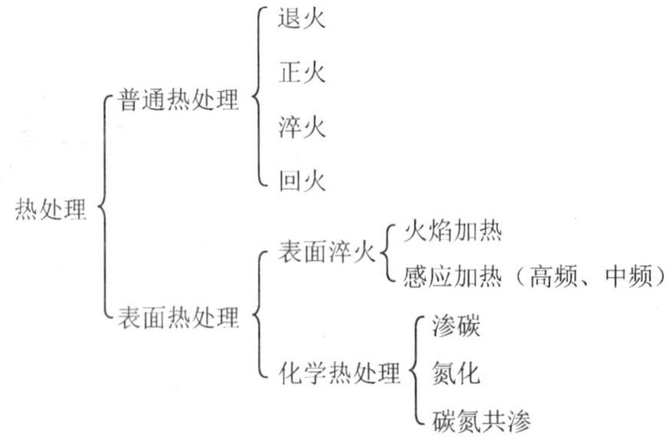

图 4-18　热处理工艺分类

常用热处理工艺可分为预先热处理和最终热处理两类。预先热处理是消除坯料、半成品的某些缺陷，为后续的冷加工和最终热处理做组织准备。退火与正火主要用于钢的预先热处理，其目的是为了消除和改善前一道工序所造成的某些组织缺陷及内应力，也为随后的切削加工及热处理做好组织和性能上的准备。对于一般铸件、焊接件及一些性能要求不高的工件，退火和正火也可做最终热处理。淬火和回火主要用于钢的最终热处理，使工件获得所要求的性能。

热处理的方法虽然很多，但任何热处理工艺都是由加热、保温和冷却三个阶段组成的，其主要工艺参数是加热温度、保温时间和冷却速度。因此，热处理工艺通常用如图 4-19 所示的“温度—时间”为坐标的工艺曲线来表示，称为热处理工艺曲线。图中的临界温度（临界点）是指在固体状态下，将金属加热到能进行相变（相是指合金中成分与性能均匀一致的组成部分，相与相之间有明显的界面，界面两侧的各相具有不同的性能）的温度。

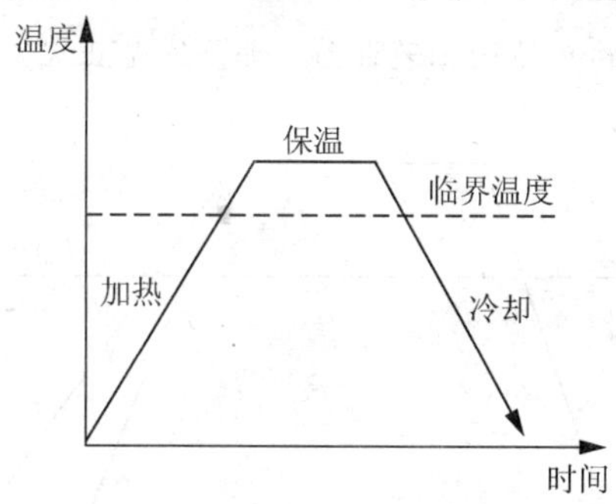

图 4-19 热处理工艺曲线

知识与技能

4.2.1 钢的退火、正火、淬火和回火

1. 退火

退火是将钢件加热到临界温度以上 30～50℃，保持一定时间，然后缓慢冷却（一般随炉冷却）的热处理工艺。

一般退火都是零件的预先热处理，机械零件经过锻造、锻压、焊接等加工后，会存在内应力、组织粗大、不均匀等缺陷，经过退火后，这些缺陷可以得到改善。所以退火的目的是降低钢的硬度，便于切削加工，细化内部组织，提高钢的力学性能，消除残余内应力等。

2. 正火

正火是将钢件加热到临界温度以上 30～50℃，保持一定时间后出炉，在空气中冷却的热处理工艺。

正火和退火两者的目的基本相同，但正火冷却速度比退火快，是成本较低和生产率较高的热处理工艺。由于正火后组织的力学性能较好，可作为普通结构零件或大型、复杂零件的最终热处理。而且操作简便，生产周期短，成本低，在可能的条件下宜用正火代替退火。

正火主要用于低碳钢，可提高强度、硬度，改善切削加工性能。

3. 淬火

淬火是将钢件加热到临界温度以上 30～50℃，保持一定时间，然后快速冷却的热处理工艺。最常见的有水（盐水）冷淬火、油冷淬火等。

淬火的目的是提高钢的硬度、强度和耐磨性。钢在淬火后，必须配以适当的回火，才能获得理想的力学性能。钢的强度、硬度、耐磨性、弹性、韧性等，都可以利用淬火与回火使之大大提高，所以淬火是强化钢材的重要热处理工艺。

议一议

图 4-20 是正火与退火的热处理工艺曲线，哪条线是正火？哪条线是退火？为什么？

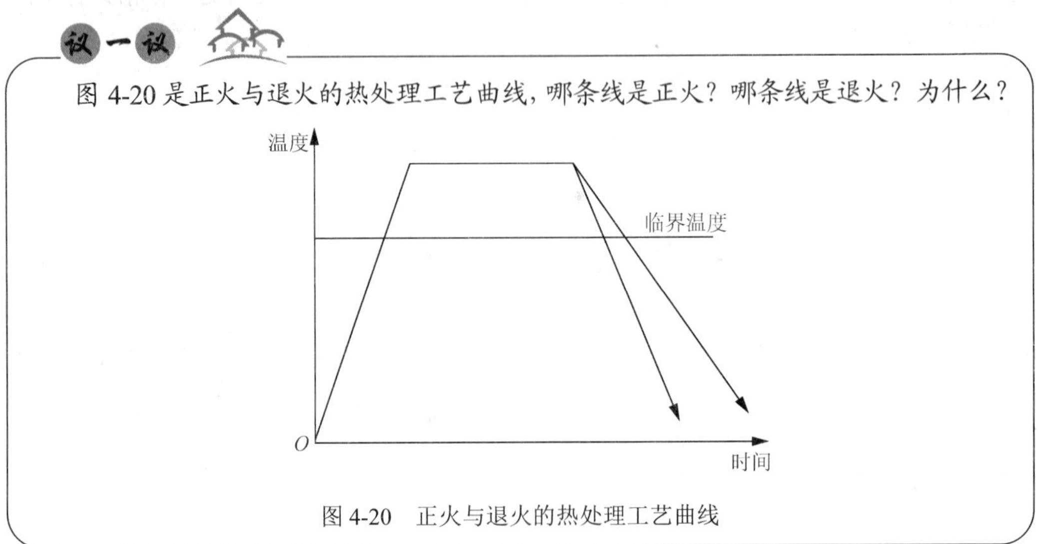

图 4-20　正火与退火的热处理工艺曲线

4. 回火

将钢件在淬火后重新加热到临界温度以下某一温度，保温一定时间后冷却到室温的热处理工艺，称为回火。

淬火后的钢处于高应力状态，硬而脆，韧性差，而且组织也不稳定，不能直接应用，必须及时回火，否则工件会有断裂的危险。淬火后回火的目的是减少或消除工件淬火时产生的内应力，防止工件开裂和变形，调整钢件的内部组织和性能，稳定零件在使用过程中的尺寸和形状。回火是热处理工艺的最后一道工序。

淬火后的钢件根据对其力学性能的要求，配以不同温度的回火。按回火温度范围，可将回火分为低温、中温、高温回火。

（1）低温回火

淬火钢件在 250℃以下回火称为低温回火。其目的是降低淬火内应力，提高韧性，并保持高硬度和耐磨性。低温回火主要用于表面要求硬而耐磨的零件，如刀具、量具、冷作模具、滚动轴承等。

（2）中温回火

淬火钢件在 350～500℃回火称为中温回火。其目的是使淬火钢件具有高的弹性极限、屈服强度和适当的韧性，淬火内应力基本消除。中温回火主要用于弹性零件（如弹簧、发条）和热锻模具等。

（3）高温回火

淬火钢件在500～650℃回火称为高温回火。其目的是获得硬度、强度、韧性、塑性等综合力学性能较好的钢件。高温回火广泛用于汽车、拖拉机、机床等承受较大载荷的结构零件，如连杆、齿轮、轴类、高强度螺栓等。

生产中常把淬火加高温回火的热处理工艺称为调质处理。调质处理后的力学性能（强度、韧性）比相同硬度的正火处理好。

调质一般作为最终热处理，但也作为表面淬火和化学热处理的预先热处理。调质后的硬度不高，便于切削加工，并能获得较低的表面粗糙度值。

除了以上三种常用回火方法外，某些精密的工件，为了保持淬火后的硬度及尺寸的稳定性，常进行低温（100～150℃）长时间（10～50h）保温的回火，称为时效处理。

正火、淬火、回火在汽车变速齿轮加工中的应用如图 4-21 所示。

备料 ⇨ 锻造 ⇨ 正火 ⇨ 机械加工 ⇨ 淬火及低温回火

⇨ 磨削等其他加工

图 4-21 汽车变速齿轮加工工艺路线图

早在公元前 770 年，我国古人在生产实践中就已发现，钢铁会由于温度和加压变形的影响而发生性能上的变化。因此铁器农具和钢铁兵器逐渐被使用，为了提高钢的硬度，淬火工艺又得到了迅速的发展。河北省易县燕下都出土的两把剑和一把戟，其显微组织说明是经过淬火处理过。

4.2.2 钢的表面热处理

生产中的某些零件，如齿轮、花键轴、活塞销等，其表面要求有高的硬度和耐磨性，而心部却要求一定的强度和足够的韧性。采用一般淬火、回火工艺无法达到这种要求，这时需要进行表面热处理，以达到强化表面的目的。

常用的表面热处理方法有表面淬火和化学热处理两种。

1. 表面淬火

表面淬火是仅对工件的表面层进行淬火，而心部保持未淬火状态。它是通过快速加热，使钢件表面层很快达到淬火温度，在热量来不及传到中心时就立即冷却，实现表面淬火。常用的有火焰表面淬火、感应加热表面淬火。

火焰表面淬火是用乙炔—氧或煤气—氧的混合气体燃烧的火焰，喷射在零件表面上，快速加热，使工件表面层迅速地达到淬火温度，而后立即喷水进行冷却的一种方法。

火焰表面淬火适用于碳素钢和合金结构钢。火焰淬火的设备简单，速度快，变形小，适用于局部磨损的工件，如轴、齿轮、轨道等，用于特大件更为经济有利。但火焰表面淬火容易过热，淬火效果不稳定，因而在使用上有一定局限性。

感应加热表面淬火是把工件放在感应器（变磁场）中，依靠工件表面产生感应电流，使工件表面瞬时升到淬火温度，并立即喷水冷却，使之获得淬硬表层的热处理工艺。这种处理异常迅速（几秒或几十秒），而且硬度高，氧化变形小，操作简单，容易机械化、自动化，适用于大批量生产，如齿面淬火。

2. 化学热处理

化学热处理是将工件置于适当的活性介质中加热、保温、冷却的方法，使一种或几种元素渗入钢件表层，以改变钢件表面层的化学成分、组织和性能的热处理工艺。与表面淬火相比，化学热处理不仅改变了钢件表面的组织，而且表面化学成分也发生了变化。

化学热处理工艺种类较多，一般根据渗入钢件表面元素来命名。渗入的元素不同，钢件表面性能不同。在机械制造业中，常用的化学热处理方法有渗碳、渗氮、碳氮共渗等。

化学热处理主要用于中低碳钢及合金钢。

表面淬火与化学热处理是两种常用的表面热处理的方法，它们的主要区别是什么？

巩固

填写下表。

类别	名　称		工 艺 参 数	硬　度	用　途
			加热：适当温度； 冷却：随炉缓慢冷却	170～230HBW	铸、锻、焊后消除缺陷、降低硬度、利于切削
			加热：适当温度； 冷却：空气中冷却	230～320HBW	比退火生产率高，成本低，作用相近，优先选用
			加热：适当温度； 冷却：水、油等介质中快速冷却	30～50HRC 60～65HRC	为回火做组织准备
			150～250℃	58～64HRC	工具、滚动轴承、渗碳及表面淬火件
			350～500℃	35～50HRC	弹簧、模具
			500～650℃	24～38HRC	重要结构件，如轴、齿轮
			加热：高频、中频、工频感应加热； 冷却：水冷	48～55HRC （220～250HBW）	中碳非合金钢、中碳合金钢的轴类、齿轮类零件

续表

类别	名　　称	工 艺 参 数	硬　　度	用　　途
		900～950℃高碳介质中保温3～5h后取出进行淬火加低温回火	58～64HRC，35～45HRC	低碳非合金钢、低碳合金钢的受冲击和强烈摩擦的重要零件
		500～570℃含活性氮的介质中长时间保温后空冷	68～72HRC（250～280HBW）	要求高硬度、高精度的零件

4.3 有色金属材料

学习导入

在工业生产中应用的材料，除钢铁材料以外的金属材料，统称为有色金属。目前有色金属的产量和用量虽不及钢铁材料多，但由于它们具有某些独特性能和优点，而使其成为现代工业生产中不可缺少的材料。

知识与技能

4.3.1 铝及铝合金

1. 纯铝

纯铝是一种银白色的金属。它具有下列特性：

1）质轻、密度较小，是轻金属之一，常用作各种轻质结构材料的基本组元。

2）导电、导热性良好，导电性仅次于银和铜。

3）耐大气腐蚀性能好。

4）塑性好，易于承受各种压力加工而制成多种型材与制品。但强度、硬度较低，故工业上常通过合金化来提高其强度，用作结构材料。

纯铝分为高纯度铝和工业纯铝。高纯度铝又称化学纯铝，其纯度可达 99.99%，主要用于科学研究和某些特殊用途。工业纯铝的纯度不及高纯度铝，其常见杂质为铁和硅。这类铝主要用于制成管、棒、线等型材及配制铝合金的原料。

2. 铝合金

由于纯铝的强度很低，不宜用来制作结构零件。在铝中加入适量的硅、铜、镁、锰等合金元素，可以得到较高强度的铝合金，且仍具有密度小、耐蚀性好、导热性好的特点。铝合金按其成分和工艺特点可分为形变铝合金和铸造铝合金。

（1）形变铝合金

形变铝合金按其主要性能和用途，分为防锈铝（代号 LF）、硬铝（代号 LY）、超硬铝（代号 LC）和锻铝（代号 LD）。

1）防锈铝。它是铝-锰或铝-镁系合金。这类合金的强度高于纯铝，并有良好的塑性，耐蚀性较好，主要用于制造耐蚀性强的容器、防锈及受力小的构件，如油箱、导管及日用器具等。

2）硬铝。它是铝-铜-镁系合金。这类合金经过适当热处理后，强度、硬度显著提高，但耐蚀性不如纯铝，常用于制造飞机零部件及仪表零件。

3）超硬铝。它是铝-铜-镁-锌系合金。这类合金通过适当热处理后，强度、硬度较高，是铝合金中强度最高的，主要用于制造飞机上受力较大的结构件，如飞机大梁。

4）锻铝。它是铝-铜-镁-硅系合金。其力学性能与硬铝相近，但具有较好的锻造性能，故称锻铝，主要用于制作航空仪表工业中形状复杂、要求强度高的锻件。

（2）铸造铝合金

铸造铝合金是指具有较好的铸造性能，宜于用铸造工艺生产铸件的铝合金。根据化学成分，铸造铝合金可分为铝-硅系、铝-铜系、铝-镁系、铝-锌系铸造铝合金，其中铝-硅系铸造铝合金应用最为广泛。

铸造铝合金具有优良的铸造性能，耐蚀性好，用于制造轻质、耐蚀、形状复杂的零件，如活塞、仪表外壳、发动机缸体等。

4.3.2 铜及铜合金

1. 纯铜

纯铜是玫瑰红色，外观为紫红色，俗称紫铜。由于纯铜是用电解法制造出来的，又名电解铜。它具有良好的导电性、导热性、耐蚀性，强度不高，硬度很低，塑性较好，易于冷、热压力加工。由于纯铜价格昂贵，为贵重金属，一般不做结构零件，主要用于制作导电材料及配制铜合金的原料。

工业上使用的纯铜，铜含量为99.5%～99.95%。其牌号有T1、T2、T3、T4四种。T为“铜”字汉语拼音首字母；数字为顺序号，顺序号越大，杂质含量越高。

2. 铜合金

根据主加元素不同，铜合金可分为黄铜、青铜、白铜。在工业上最常用的是黄铜和青铜。

（1）黄铜

黄铜是以锌为主加元素的铜合金，因色黄而得名。黄铜敲起来音响很好，又叫响铜，因此锣、铃、号等都是用黄铜制造的。黄铜又分为普通黄铜和特殊黄铜。

1）普通黄铜。仅由铜和锌组成的铜合金称为普通黄铜。其牌号用H加数字表示，H代表黄铜，数字为铜含量的百分数，如H70表示平均铜含量为70%的铜锌合金。

普通黄铜中常用的牌号有H80，颜色呈美丽的金黄色，又称金黄铜，可作为装饰品；H70，又称三七黄铜，它具有较好的塑性和冷成形性，用于制造弹壳、散热器等，故有弹壳黄铜之称；H62，又称四六黄铜，是普通黄铜中强度最高的一种，同时又具有好的热塑性、切削加工性、焊接性和耐蚀性，价格较便宜，故工业上应用较多，如制造弹簧、

垫圈、金属网等。

2）特殊黄铜。在普通黄铜中加入其他合金元素所组成的铜合金，称为特殊黄铜。常加入的元素有锡、硅、铅等，分别称为锡黄铜、硅黄铜、铅黄铜等。加入合金元素是为了改善黄铜的使用性能或工艺性能（耐蚀性、切削加工性、强度、耐磨性等）。特殊黄铜的牌号用H加主加元素的化学符号和数字表示，其数字分别表示铜和加入元素的百分数。例如，HPb59—1表示铅黄铜，平均铜（Cu）含量为59%，铅（Pb）含量为1%，其余为锌。常用的特殊黄铜有铅黄铜（HPb59—1），主要用于制造大型轴套、垫圈等；锰黄铜（HMn58—2），主要用于制造在腐蚀条件下工作的零件，如气阀、滑阀等。

（2）青铜

青铜是指除黄铜、白铜（以镍为主加元素的铜合金）以外的铜合金。按化学成分不同，分为普通青铜（锡青铜）、特殊青铜（无锡青铜）两类。

锡青铜是人类历史上应用最早的一种合金，我国文物中的钟、鼎、镜、剑等就是由这种合金制成的。锡青铜具有耐磨、耐蚀和良好铸造性能，用于制造蜗轮、轴承和弹簧及工艺品等，其牌号表示方法为Q（“青”字汉语拼音首字母）加主加元素的化学符号、含量百分数和数字（其他加入元素的百分数）。例如，QAl5表示w_{Al}=5%，余量为铜的铝青铜。铸造青铜的牌号用“铸”字汉语拼音首字母Z和基体金属的化学元素符号Cu，以及主加化学元素和辅加元素符号、名义百分含量的数字组成，如ZCuSn10P1表示锡质量分数w_{sn}为10%，磷质量分数w_P为1%，余量为铜的铸造锡青铜。

特殊青铜的力学性能、耐磨性、耐蚀性，一般优于普通青铜，而铸造性能不及普通青铜，主要用于制造高强度耐磨零件，如轴承、齿轮等。

如图4-22所示为中国古代使用的青铜鼎。因其外观呈青黑色，所以称为青铜。

图4-22　古代青铜鼎

后母戊鼎（原名“司母戊鼎”）是中国商代后期（公元前14世纪至公元前11世纪）王室用的青铜方鼎，属商殷祭器。1939年3月19日，在河南省安阳市出土，因其腹部著有“后母戊”三字而得名，是商朝青铜器的代表作，体积庞大，花纹精巧，造型精美，重达875kg，与古文献记载制鼎的铜锡比例基本相符。后母戊鼎充分显示出商代青铜铸造业的生产规模和技术水平。

（3）白铜

白铜是铜镍合金，因色白而得名。它的表面很光亮，不易锈蚀，主要用于制造精密仪器仪表中耐蚀零件及电阻器、热电偶等。

4.3.3 其他有色金属材料

1. 滑动轴承合金

在滑动轴承中，制造轴瓦及其内衬的合金，称为轴承合金。

根据滑动轴承的工作条件，轴承合金必须具有高的抗压强度和疲劳强度，足够的塑性和韧性，良好的磨合能力、减摩性和耐磨性，除此还要容易制造、价格低廉。

轴承材料不能选高硬度的材料，以免轴颈受到磨损；也不能选软的金属，防止承载能力过低。因此轴承合金的组织是软基体上分布硬质点（图 4-23），工作时软基体受磨损而凹陷，硬质点则凸出以支承轴颈，使轴和轴瓦的接触面积减少，而凹坑能储存润滑油，同时软基体能镶嵌外来硬物，保护轴颈不被擦伤。但这种组织承载能力低，属于这类组织的有锡基和铅基轴承合金。在硬基体上分布着软质点的组织能承受较高的载荷，但磨合性差，属于这类组织的有铜基和铝基合金。

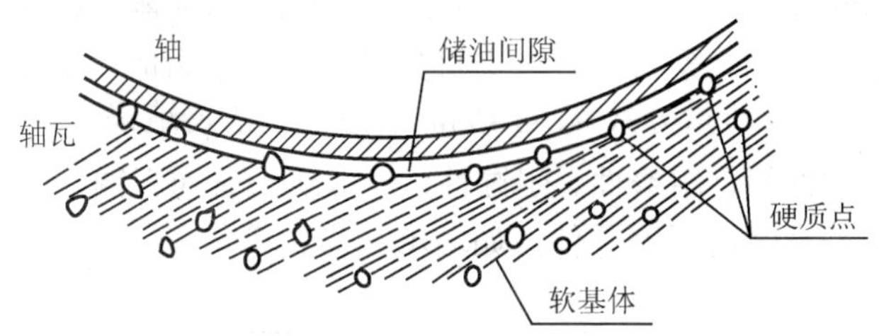

图 4-23 轴承合金的理想组织示意图

轴承合金牌号用“Z”（“铸”字汉语拼音首字母）加上基体合金元素符号、主要合金元素符号和主要合金元素的质量百分数表示。

（1）锡基轴承合金（锡基巴氏合金）

1）特点：锡基轴承合金是指以锡为基础，加入锑、铜等元素组成的合金。这类轴承合金具有膨胀系数小，导热性、耐蚀性、韧性好，但疲劳强度较差，成本较高，工作温度应低于 150℃等特点。

2）用途：常用于制造重要的轴承，如汽轮机、发动机、压缩机等的高速轴承。

3）常用牌号：ZSnSb1 1Cu6 等。

（2）铅基轴承合金（铅基巴氏合金）

1）特点：铅基轴承合金是指以铅为基础，加入锑、锡、铜等元素组成的合金。这类轴承合金力学性能不如锡基轴承合金，且摩擦因数较大，但价格便宜，其工作温度不超过 120℃。

2）用途：主要用于中低速、中低载荷的滑动轴承，如汽车、拖拉机的曲轴轴承，电动机、空压机、减速器的轴承等。

3）常用牌号：ZPbSb16Sn16Cu2 等。

（3）铝基轴承合金

1）特点：铝基轴承合金是指以铝为基础，加入锑、镁或锡、铜等元素组成的合金。其具有密度小，导热性和耐蚀性好，疲劳强度高等特点，并且原料丰富，价格低廉。

2）用途：广泛应用于高速、重载下工作的汽车、拖拉机及柴油机轴承等。但它的线膨胀系数大，运转时容易与轴咬合使轴磨损，但可通过提高轴颈硬度、加大轴承间隙和降低轴承与轴颈表面粗糙度值等方法来解决。

3）常用牌号：铝锑镁轴承合金、高锡铝基轴承合金，如高锡铝基轴承合金ZAlSn6Cu1Ni1。

（4）铜基轴承合金（铅青铜）

1）特点：铅青铜是以铅为主加元素的铜基合金，因其适于制作轴承，故又称铜基轴承合金。铜基轴承合金具有高的抗疲劳强度，良好的耐热、耐磨和耐蚀性，并能在较高温度（300～320℃）下工作。

2）用途：用于制造高速、重载荷下工作的轴承，如航空发动机、高速柴油机轴承和其他高速重载轴承。

3）常用牌号：ZCuPb30。

2. 硬质合金

硬质合金是将难熔的高硬度的碳化钨（WC）、碳化钛（TiC）和钴、镍等金属粉末经混合、压制成形，再在高温下烧结制成的一种粉末冶金材料。硬质合金具有硬度高、热硬性高、耐磨性好、抗压强度高、良好的耐蚀性和抗氧化性等性能。常用的硬质合金有钨钴类硬质合金、钨钴钛类硬质合金和通用硬质合金三类。

1）钨钴类硬质合金。其牌号用“YG＋数字”表示，数字为含钴量的百分数。钨钴类硬质合金主要用于加工铸铁等脆性材料。

2）钨钴钛类硬质合金。其牌号用“YT＋数字”表示，数字为碳化钛含量的百分数。这类硬质合金适于加工塑性材料。

3）通用硬质合金。这类硬质合金适于加工各种钢材，特别对于不锈钢、耐热钢、高锰钢等难加工材料，效果很好，它也可以代替钨钴类硬质合金加工铸铁等脆性材料。其牌号用“YW＋顺序号”表示。

巩固

填写下表。

名　称	性能及特点	种　类
铝及铝合金		
铜及铜合金		
轴承合金		

续表

名　称	性能及特点	种　类
硬质合金		

*4.4　非金属材料

学习导入

在机械制造业中，绝大部分产品是用金属材料制成的，也有应用非金属材料的。由于非金属材料来源广泛，易成形，又具有某些特殊性能，因而其应用已日趋广泛。

非金属材料种类繁多，在机械工程中常用的有工程塑料、复合材料、橡胶、陶瓷等。

知识与技能

4.4.1　工程塑料

工程塑料是一类以天然或合成树脂为主要成分，在一定的温度和压力下塑制成形，并在常温下保持其形状不变的材料。

1. 塑料的分类

1）通常根据塑料受热后的性能分为热塑性塑料和热固性塑料。

① 热塑性塑料。热塑性塑料是一类可以反复通过提高温度使之软化，降低温度使之硬化的材料。常用的热塑性塑料有尼龙、聚乙烯、有机玻璃等。这类塑料的优点是加工成形简便，具有较高的力学性能，缺点为耐热性和刚性较差。

② 热固性塑料。这类塑料的特点是加热时软化，可以塑造成形，但固化后再加热将不再软化，因此不能重复塑制。常用的热固性塑料有酚醛树脂、环氧树脂、氨基塑料等。这类塑料具有耐热性高、受热不易变形、价廉等优点，缺点是生产率低、强度一般不太好，废品和碎屑不能再次利用。

工程塑料通常是指热塑性塑料，但也包括极少数的热固性塑料。

2）按照塑料的应用情况也可将塑料分为通用塑料、工程塑料和特种塑料。

① 通用塑料。这类塑料主要是指产量特别大、价格低、应用范围广的一类塑料。常用的有聚乙烯、聚氯乙烯、聚丙烯、酚醛树脂等，主要用来制造日常生活用品、包装材料和工农业生产用的一般机械零件。

② 工程塑料。工程塑料常指在工程技术中做结构材料的塑料。这类塑料具有较高的强度或具有耐高温、耐腐蚀、耐辐射等特殊性能，因而可部分代替金属材料。常用的工程塑料有聚酰胺（尼龙）、聚甲醛、ABS、有机玻璃等。

③ 特种塑料。它是指具有特殊性能和特种用途的塑料，如耐高温塑料、医用塑料等。

随着塑料工业的发展，目前已有许多塑料可以通过物理或化学方法进行改性与增强，其应用范围不断扩大，故通用塑料与工程塑料之间已无严格界限。

2. 塑料的特性

塑料的种类很多，性能各不相同，但它们也有很多共性。

1）质轻、密度小。塑料的密度仅为钢铁的 1/8～1/4，一般为 0.82～2.2g/cm^3。

2）电绝缘性好。塑料的电阻很高，是很好的绝缘材料。

3）耐热性好。塑料是耐酸、碱腐蚀的优良材料，如聚四氟乙烯在“王水”中加热也很稳定，有“塑料王”之称。

4）力学性能不高。塑料的力学性能比金属材料低，受温度的影响很大。无冷变形强化效果，一般不适于制造负荷大的零件。但塑料的比强度高（材料强度和密度的比值），很适宜制造复合材料。

5）有优良的耐磨、减摩和自润滑性。大多数塑料摩擦因数小，耐磨性好，能在完全没有润滑的条件下有效的工作，这是许多金属材料所不能比拟的。

6）有优良的消声性和吸振性。用塑料制造的轴承和齿轮在高速运转时，可大大减小噪声和降低振动。

塑料的成形比金属简单。一般可采用注射、浇注、压塑、挤出、烧结和吹塑成形；此外，塑料还可进行机械切削加工、喷涂和电镀。

塑料的缺点是力学性能低，耐热性比金属材料差（一般不超过 300℃），导热性差和易老化等。

3. 塑料在机械工程上的应用举例

现在，每年塑料的产量按体积计算已超过钢铁，主要用作绝缘材料、建筑材料、工业结构材料和零件、日用品等。

1）可用来制作一般结构件，如壳体、盖板、框架、手柄、手轮、垫片、导管、紧固件等。

2）可制作耐磨传动零件，如齿轮、凸轮、涡轮、齿条、联轴器等。

3）可制作减摩、自润零件，如活塞环、密封圈、填料、轴承、衬套、滑动导轨及其他一些承受滑动摩擦的零件。

4）制作电器绝缘零件，如灯座、开关、插头、接线板、配电盘、电子元件、电线电缆绝缘包皮、录音磁带及其他绝缘体。

5）制作耐蚀件，如化工容器、管道、储槽、泵、阀、鼓风机及其他耐蚀件。

6）制作透明件，如仪表壳、灯罩、液面计、风挡等。

7）制作其他构件，如泡沫塑料用于翻砂模样、保温绝热构件、坐垫、包装材料等。

4.4.2 复合材料

复合材料是由两种或两种以上性能不同的材料组成的，各自保留其优点，是一种具有单一材料无法比拟的综合力学性能的新型工程材料。

复合材料根据不同的基体和不同的增强材料，可分为塑料基复合材料、金属基复合材料、橡胶基复合材料和陶瓷基复合材料等。

目前在工业中用得较多的是塑料基复合材料。它是以玻璃纤维、碳纤维和硼纤维为增强材料，具有比强度高、抗疲劳性能好、抗高温性能好、减振、减摩、耐磨等特性，广泛用于飞机、船舶的结构件；机械和化工工业也常用来制造发动机壳体、轴承、齿轮、管道、泵、阀门、储槽及各种容器。

复合材料对雷达回波很小，可制造隐形飞机。

波音767客机采用了3t碳纤维–芳纶纤维复合增强塑料，使波音767客机在使用性能方面不低于波音727客机，而质量却远远低于波音727客机，燃料消耗比波音727客机节省了30%以上。

4.4.3 其他非金属材料

1. 橡胶

橡胶是一种具有高弹性的高分子材料，这种性能只有橡胶才具备，是其他材料所不能代替的。

橡胶可分为两大类：天然橡胶和合成橡胶。天然橡胶主要由橡胶树刮下来的乳汁经过化学处理制得。橡胶树只适宜于热带和亚热带生长，因此天然橡胶的产量受地理条件的限制。合成橡胶的出现为橡胶工业的发展和橡胶制品的应用打开了新的途径。目前合成橡胶有20多个品种，橡胶制品已达五万多种。它广泛用作需要高弹性、很好的耐磨性或绝缘性的零部件。

2. 陶瓷

陶瓷是无机非金属固体材料，一般可分为传统陶瓷和特种陶瓷两大类。

传统陶瓷是黏土、长石和石英等天然原料，经粉碎、成形和烧结制成，主要用于日用品、建筑、卫生及工业上的低压和高压电瓷、耐酸和过滤制品。

特种陶瓷是以各种人工化合物（如氧化物、氮化物等）制成的陶瓷，常见的有氧化铝瓷、氮化硅瓷等。这类陶瓷主要用于化工、冶金、机械、电子工业、能源和某些新技术领域等，如制造高温器皿、电绝缘及电真空器件、高速切削刀具、耐磨零件、炉管、热电偶保护管及发热元件等。例如，氮化硅（Si_3N_4）和氮化硼（BN）有接近金刚石的硬度，是比硬质合金更优良的刀具材料。因为它们不但在室温下不氧化，即使在1000℃以

上的高温也不氧化，仍能保持很高的硬度。

陶瓷具有硬度高、抗压强度大、耐高温、抗氧化、耐磨损和耐蚀性能好等特点。但质脆、受力后不易产生塑性变形，经不起敲打碰撞，急冷急热时性能较差。

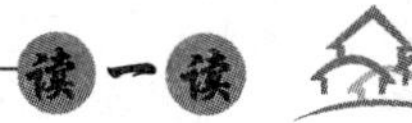

我国古代的陶瓷制品工艺水平很高，目前出土的古文物中有大量精美、保存完好的陶瓷制品。西方国家对我国的最早认知就是从陶瓷开始的。英文“China”即陶瓷的含义。

另外，陶瓷微粒也可以弥散分布在金属基体中，经压制成形及高温烧结（即粉末冶金法）后即可获得硬质合金材料，成为一种优良的工具材料。

4.5 工程材料的选用

学习导入

在机械制造中，要获得合格的零件，需要从结构设计、材料选择、热处理、毛坯制造及切削加工等方面进行综合考虑，才能达到预期效果。而合理选材是保证产品质量的一个重要因素。

知识与技能

选材的一般原则首先是在满足使用性能的前提下，再考虑工艺性、经济性。

1. 使用性能

材料的使用性能是指机械零件（或构件）在正常工作情况下材料应具备的性能，包括力学性能、物理性能和化学性能。对一般机械零件来说，主要考虑其力学性能。通常在分析零件工作条件和失效形式的基础上，提出力学性能要求。对非金属材料制成的零件（或构件）还应注意其工作环境，因为非金属材料对温度、光、水、油等的敏感程度比金属材料大得多。例如：对于承受冲击载荷、循环载荷的零件，如锤杆、锻模、连杆等，其失效形式主要是过量变形与疲劳断裂，要求综合力学性能好（σ_b、σ_{-1}、δ、A_K较高）。常选用中碳钢或中碳合金钢进行调质或正火处理，也可选用球墨铸铁进行正火或等温淬火处理。对于承受载荷不大，摩擦较大的零件，如量规、顶尖、钻套等，其失效形式主要是磨损，要求耐磨性好。可选用高碳钢和高碳合金钢进行淬火和低温回火处理以获得高硬度、高耐磨性。

对于承受交变载荷的零件，如曲轴、齿轮、滚动轴承、弹簧等，其失效形式主要是疲劳破坏，要求疲劳强度高。对承受载荷较大的零件常选用淬透性较高的合金钢，进行调质处理，还可进行表面淬火、喷丸、滚压等处理，提高疲劳强度。

对于承受交变载荷且摩擦较大的零件，如机床中重要齿轮和主轴、汽车变速齿轮等，其失效形式主要是磨损与断裂，要求外硬内韧，有较好的耐磨性和较高的疲劳强度。可选用中碳钢或中碳合金钢，经正火或调质后再进行表面淬火处理。对于承受大冲击载荷和要求硬度、耐磨性更好，热处理变形小的精密零件，可选用专门的氮化用钢，进行渗氮处理。

2. 工艺性能

工艺性能是指所选用的材料能否保证顺利地加工制造成零件。例如，某些材料仅从零件的使用要求来看是完全合适的，但无法加工制造或加工制造很困难，成本很高，这些都属于工艺性能不好。材料工艺性能的好坏，对决定零件加工的难易程度、生产效率、成本等方面起着十分重要的作用，是选材时必须同时考虑的另一个重要因素。工艺性能根据材料的加工方法不同，主要包括铸造性能、锻压性能、焊接性、切削性能、热处理工艺性等。

3. 经济性

选用材料时，经济性不仅考虑材料本身的价格高低，还应考虑加工费、管理费等零件制造总成本。对一些重要、精密、加工复杂的零件及使用周期长的工模具，还应考虑其使用寿命，综合比较经济性。一般地讲，在满足零件使用性能的前提下，尽量优先选用价格低廉、加工性能好的铸铁和碳素钢，必要时选用合金钢，而且尽量采用我国资源丰富的元素组成的合金钢种（如锰钢、锰硅钢等），少采用含铬、镍的合金钢种。

巩固

填写下表。

工程材料的选用原则	要　求
使用性能	
工艺性能	
经济性	

思考与练习

一、简答

1. 随着钢中碳的质量分数的增加，钢的力学性能有何变化？为什么？

2．解释下列钢牌号的含义并说明它们属于哪种钢材：

Q235、20Cr、CrWMn、GCr15、W6Mo5Cr4V2。

3．将下列材料与其用途用连线联系起来。

4Cr13　　20CrMnTi　　40Cr　　60Si2Mn

医疗器械　　汽车变速齿轮　　轴承滚珠　　弹簧　　机器中的转轴

4．铸铁有哪些类型？说明 HT200、QT450—10 表示的含义。

5．已知机床床身、机床导轨、内燃机用气缸套及活塞环、凸轮轴等零件均采用铸铁制造，试根据零件的工作条件及性能要求，提出各零件适于采用的铸铁类型。

6．什么是热处理？一般热处理工艺有哪三个阶段？

7．正火与退火的主要区别是什么？生产中如何选择正火与退火？

8．淬火的目的是什么？常用的淬火介质有哪些？

9．表面热处理的方法有哪些？它们有何区别？各适用于哪些场合？

10．分析下列工件的使用性能要求，请选择淬火所需要的回火方法：

（1）45 钢的小尺寸轴（要求具有良好的综合力学性能）。

（2）60 钢的弹簧。

（3）T12 钢的锉刀。

11．简述铝及铝合金的性能特点和主要用途。铝合金是怎样分类的？各有何特点？

12．铜合金分为几类？青铜有何特点？主要应用在什么地方？

13．塑料有哪两类？各有何特点？

14．塑料与金属材料相比有哪些不同点？

15．复合材料、橡胶、陶瓷各有什么特点？在生产中有哪些用途？

二、实践

同学们组织几个调查小组，开展常用工程材料的市场销售情况调查，认识常用工程材料的种类、牌号和性能，了解其价格、使用及生产厂家等情况。

单元5 常用机构

概要及目标

◎ 概要

各种机械的形式、构造及用途虽然各不相同，但它们都是由一些机构所组成的。在机器或机械设备中，机构是用来传递运动和力的构件系统。组成机构各构件之间的相对运动有平面运动和空间运动。其中，以平面机构中的四杆机构、凸轮机构、棘轮机构和槽轮机构等应用最为广泛。

◎ 知识目标

1. 了解平面运动副及其分类。
2. 熟悉平面四杆机构的基本类型、特点、应用和判定。
3. 了解凸轮机构的组成、特点、分类和应用。
4. 了解棘轮机构和槽轮机构的组成、特点和应用。

◎ 技能目标

1. 具有识别平面机构的能力。
2. 具有测绘较简单的平面机构的能力。
3. 能够根据所学知识，分析实际机构的工作原理。

5.1 机构的组成及机构运动简图

学习导入

机构是机器的基本组成部分，机械系统要完成复杂的运动，一般都需要一个或多个机构来实现。机构是用来传递运动和力的构件系统，它由若干构件组成，各个构件之间又按照某种方式连接起来，从而实现预期的运动和动力传递。

知识与技能

5.1.1 构件与运动副

所有构件都在同一平面或相互平行的平面内运动的机构称为平面机构，否则称为空间机构。目前工程中常见的机构大多数属于平面机构，本章主要讨论平面机构。

1. 构件

组成机构的各相对运动的实体，称为构件。它是机构的运动单元，可由一个或多个零件组成。

机构中的构件按其运动性质通常分为3类（图5-1）：

1）固定件（机架）：用于支承活动构件的构件。

2）原动件（主动件）：由外界输入已知运动规律的构件。

3）从动件：随原动件的运动而运动的活动构件，其中完成工作动作的从动件又称为执行构件。

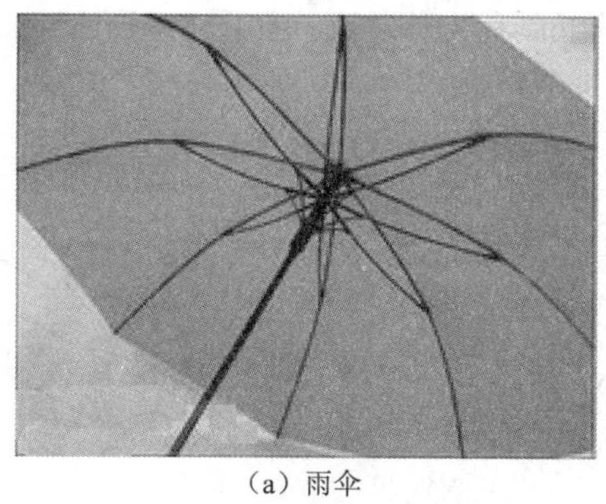

（a）雨伞

从动件
A
执行件
（从动件）
B
C
主动件
机架

（b）机构运动简图

图5-1 雨伞及其骨架

任何一个机构中，必有一个构件被相对地看作固定件。例如，气缸体虽然跟随汽车运动，但在研究发动机的运动时，仍把气缸体当作固定件。在活动构件中必须有一个或几个原动件，其余的都是从动件。

2. 运动副

为了使各构件间具有一定的相对运动，构件之间必定要以某种方式连接起来。这种使两构件直接接触并能产生一定形式的相对运动的连接称为运动副。按照两构件接触形式不同，可将运动副分为高副和低副。

（1）高副

两构件通过点或线接触组成的运动副称为高副。图 5-2（a）中的车轮与钢轨；图 5-2（b）中的凸轮与从动件；图 5-2（c）中的轮齿与轮齿分别在接触处组成高副。

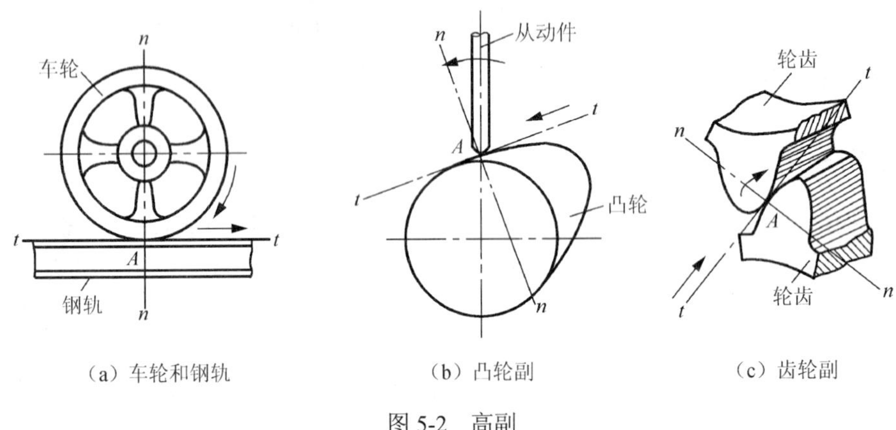

（a）车轮和钢轨　（b）凸轮副　（c）齿轮副

图 5-2　高副

（2）低副

两构件通过面接触组成的运动副称为低副。平面机构中的低副分为转动副和移动副两种。

1）转动副：两构件可做相对转动的低副称为转动副或铰链。如图 5-3（a）所示的轴与轴承的连接；图 5-3（b）所示的铰链连接均为转动副。

2）移动副：两个构件可做相对移动的低副称为移动副，如图 5-4 所示。

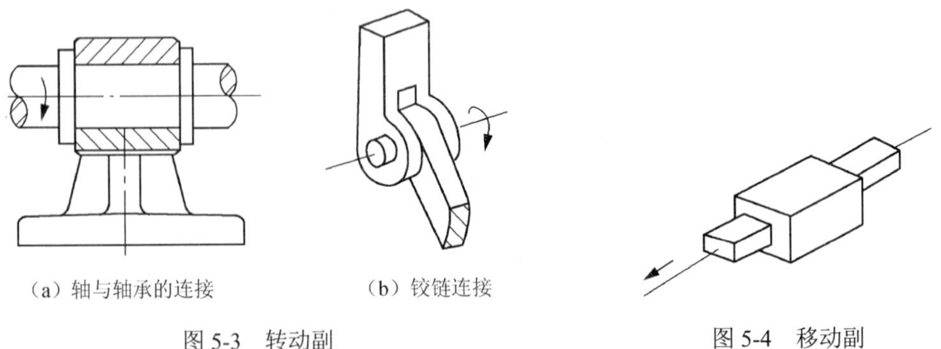

（a）轴与轴承的连接　（b）铰链连接

图 5-3　转动副

图 5-4　移动副

提　示

运动副是构件间构成的一种具有相对运动的连接，“副”就是成对的意思。理解这个概念要注意两点：一是“连接”（直接接触）；二是“可动”。

低副和高副相比较，接触形式有什么不同？哪一种接触压力小、耐磨损？

5.1.2 平面机构运动简图

实际构件的外形和结构往往很复杂，在研究机构运动时，为了便于分析，可以不考虑与运动无关的因素（如构件外形、运动副具体构造），仅用简单的线条和规定的符号来表示构件和运动副，并按一定比例画出各运动副间相对位置，这样的图形称为机构运动简图。

1. 运动副的表示方法

转动副的表示方法如图 5-5 所示，转动副用圆圈表示。若组成转动副的两构件都是活动件，则用图 5-5（a）表示；若其中有一个为机架，则用图 5-5（b）和图 5-5（c）表示。

移动副的表示方法如图 5-6 所示。

高副的表示方法如图 5-7 所示，在图中应当画出两构件接触处的曲线轮廓。

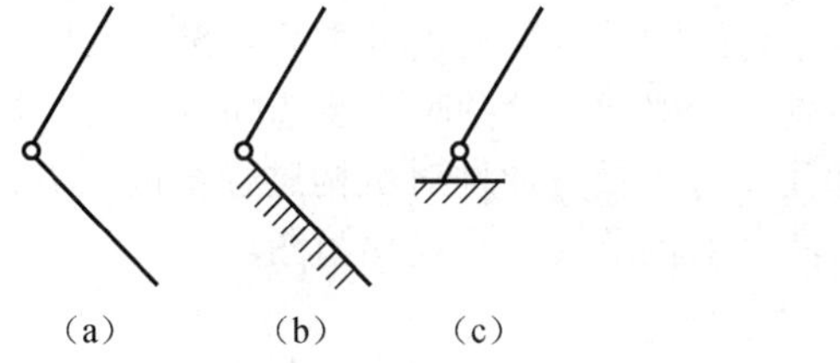

（a） （b） （c）

图 5-5 转动副的表示方法

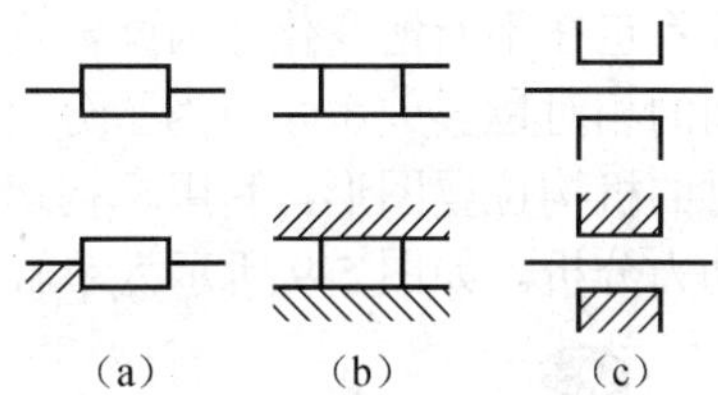

（a） （b） （c）

图 5-6 移动副的表示方法

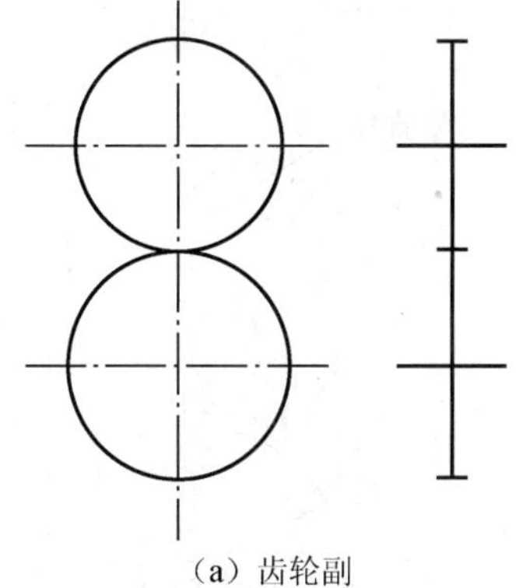

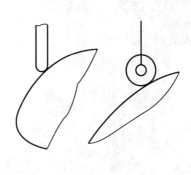

（a）齿轮副 （b）凸轮副

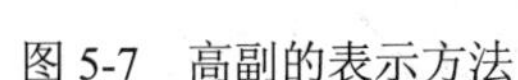

图 5-7 高副的表示方法

2. 构件的表示方法

图 5-8 为常见构件的表示方法。图 5-8（a）表示参与两个转动副的构件；图 5-8（b）表示参与一个转动副和一个移动副的构件；图 5-8（c）表示参与 3 个转动副的构件；如果两个转动副之间将组成另一个转动副，可用图 5-8（d）表示。

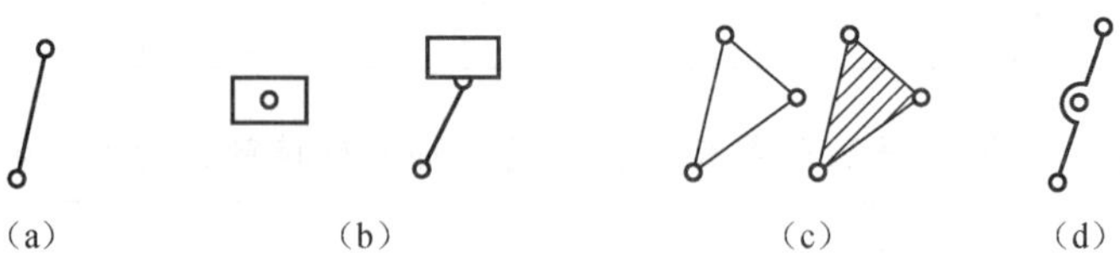

图 5-8　构件表示方法

3. 绘制平面机构运动简图

绘制平面机构运动简图的步骤如下：

1）分析机构的组成和运动情况，找出原动件、从动件和固定件。

2）确定机构的构件数目、运动副的类型和数目。

3）选择投影面，对于平面机构，可直接选择构件的运动平面作为投影面。

4）从原动件开始，按运动传递顺序，以一定比例绘制平面机构运动简图，比例尺为

$$\mu_l=\frac{\text{实际构件尺寸（m）}}{\text{图上构件尺寸（mm）}}$$

需要指出的是，工作时机构是在不停的运行的，各构件之间和各运动副之间的相对位置关系也在不断地变化。因此，机构运动简图只能是表达机构某一瞬时各构件和运动副之间的相对位置关系。但为了分析方便，一般地，绘图时不要选择执行构件处于特殊位置时的机构位置图形。利用机构运动简图可以很方便地对机构进行结构分析、运动分析和动力分析。如图 5-9 所示为单缸汽油发动机及其机构运动简图。

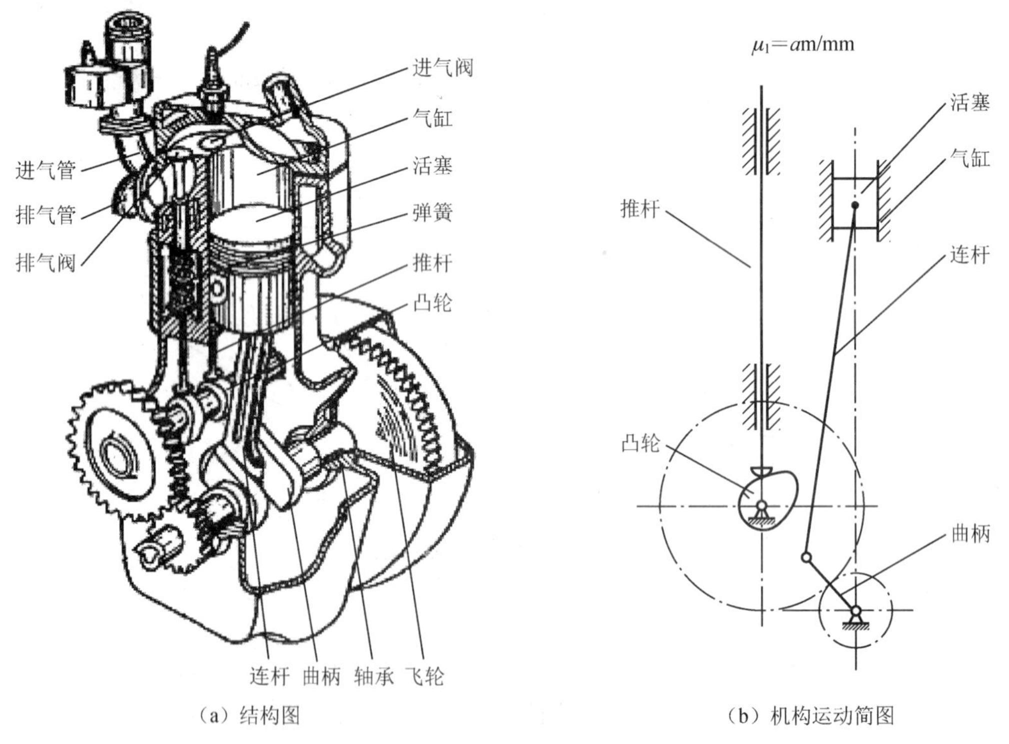

图 5-9　单缸汽油发动机及其机构运动简图

巩固

填写下表。

<table>
<tr><th colspan="3">名　称</th><th>概　念</th><th>绘制一机构运动简图
并标注说明</th></tr>
<tr><td colspan="3">构件</td><td></td><td rowspan="9"></td></tr>
<tr><td rowspan="3">分类</td><td colspan="2">固定件（机架）</td><td></td></tr>
<tr><td colspan="2">原动件（主动件）</td><td></td></tr>
<tr><td colspan="2">从动件</td><td></td></tr>
<tr><td colspan="3">运动副</td><td></td></tr>
<tr><td rowspan="3">分类</td><td colspan="2">高副</td><td></td></tr>
<tr><td rowspan="2">低副</td><td>转动副</td><td></td></tr>
<tr><td>移动副</td><td></td></tr>
</table>

5.2 平面连杆机构

学习导入

平面连杆机构是由若干个构件和低副组成的平面机构。平面连杆机构的类型很多，最常见的是由 4 个构件组成的平面四杆机构。其中全部运动副都是转动副和含有一个移动副的四杆机构应用最为广泛。

知识与技能

5.2.1 铰链四杆机构

平面四杆机构中的 4 个构件都通过转动副（铰链）连接而成的机构，称为铰链四杆机构，如图 5-10 所示。

1. 铰链四杆机构的组成

在铰链四杆机构（图 5-10）中，固定不动的构件 4 称为机架；与机架用转动副相连的构件 1 和 3 称为连架杆，其中能做整周转动的连架杆称为曲柄，不能做整周回转、只能摆动的连架杆称为摇杆；不与机架直接连接的构件 2 称为连杆。

2. 铰链四杆机构的类型

在铰链四杆机构中，机架和连杆总是存在的，按曲柄的存在情况分为 3 种类型：曲柄摇杆机构、双曲柄机构和双摇杆机构。

（1）曲柄摇杆机构

两连架杆分别为曲柄和摇杆的铰链四杆机构称为曲柄摇杆机构，如图 5-11 所示。其中 *AB* 为曲柄，并做等速转动；*CD* 为摇杆，将在 C_1C_2 范围内做变速往复摆动。

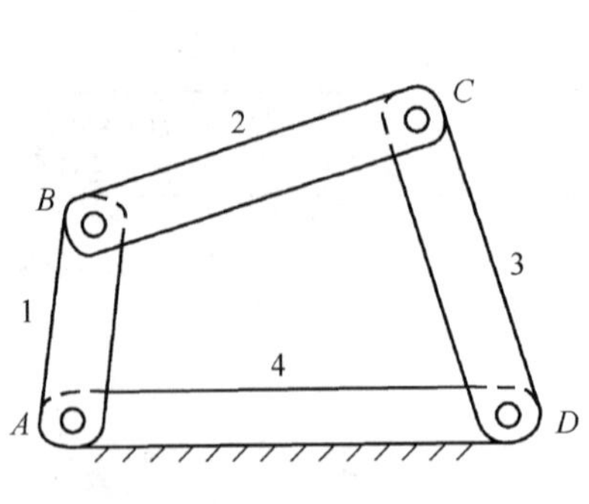

图 5-10　铰链四杆机构

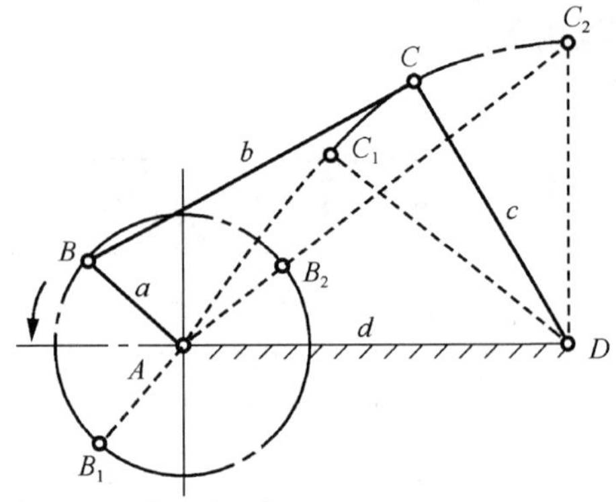

图 5-11　曲柄摇杆机构

曲柄摇杆机构在生产中应用很广泛。如图 5-12 所示的颚式破碎机，是以曲柄 *AB* 为主动件，当曲柄 *AB* 等速转动时，通过连杆 *BC* 带动摇杆 *CD* 做往复摆动压碎石块。图 5-13 所示是缝纫机的踏板机构，它以踏板（摇杆）作为主动件，而曲轴（曲柄）为从动件，将踏板（摇杆）的往复摆动变为曲轴（曲柄）的连续转动。图 5-14 所示的搅拌器是曲柄摇杆机构连杆曲线的运用，在平面连杆机构中，连杆上任意一点的轨迹称为连杆曲线，工程上常利用它来完成预期的工艺动作或预期的运动规律。

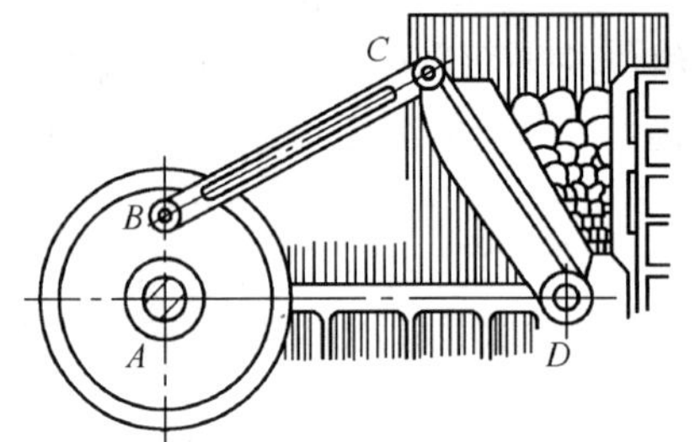

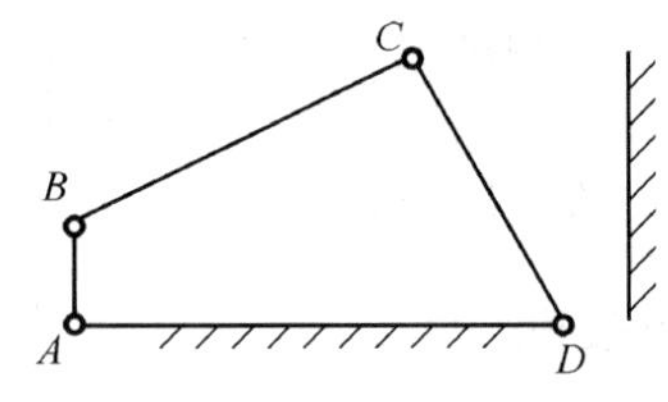

图 5-12　颚式破碎机

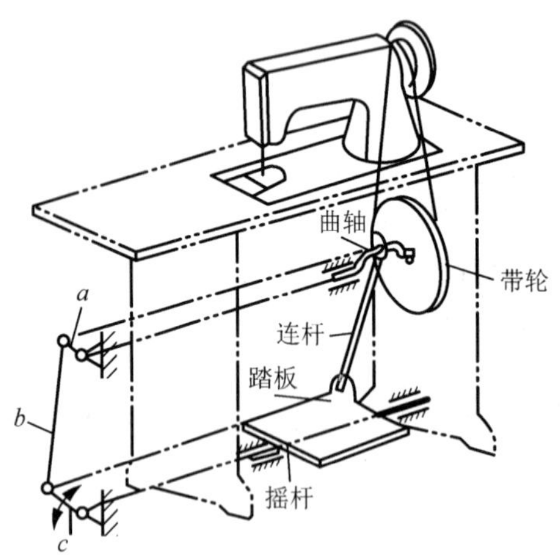

图 5-13　缝纫机的踏板机构

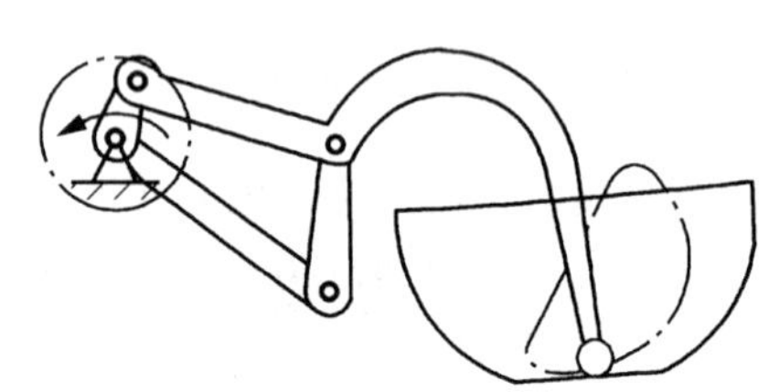

图 5-14　搅拌器

（2）双曲柄机构

两连架杆均为曲柄的铰链四杆机构称为双曲柄机构。该机构能将主动曲柄的整周转动转换成从动曲柄的整周转动。双曲柄机构的应用如下：

1）两曲柄相等、同向。连杆与机架的长度相等，两个曲柄长度相等且转向相同的双曲柄机构称为平行双曲柄机构，如图 5-15 所示。平行双曲柄机构的运动特点是两曲柄旋转方向相同、角速度相等且连杆平动。路灯检修车座斗升降机构（图 5-16）应用了连杆平动的特点，而图 5-17 所示的机车车轮联动机构则应用了两曲柄旋转方向相同且角速度相等的特点。

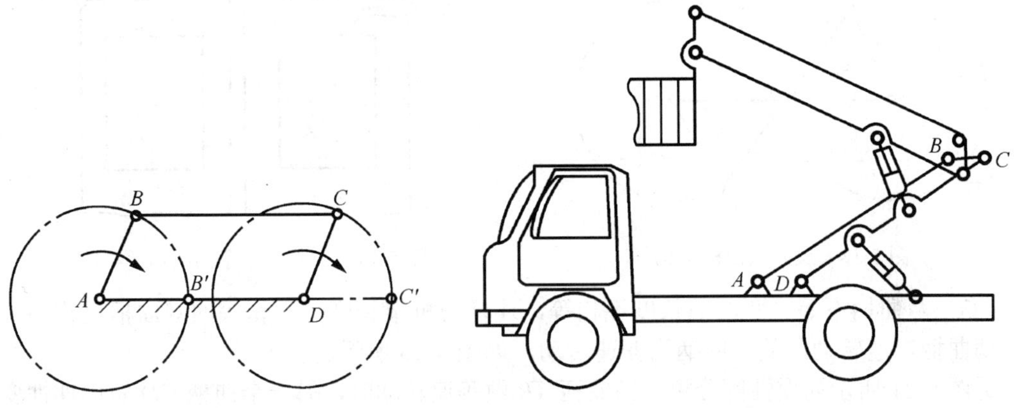

图 5-15　平行双曲柄机构　　　　图 5-16　路灯检修车座斗升降机构

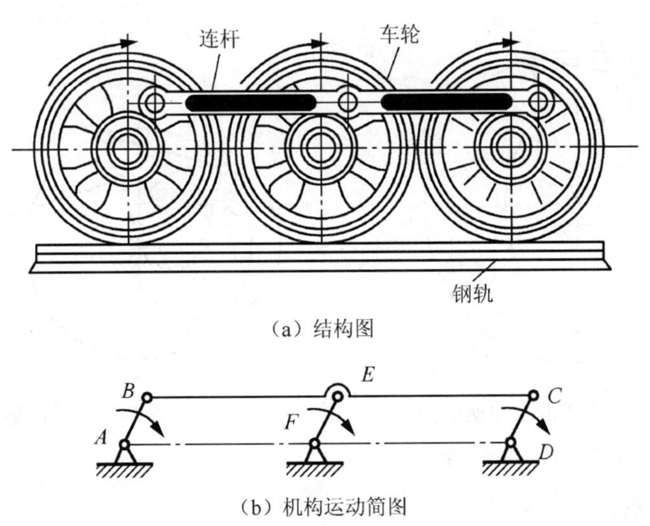

图 5-17　机车车轮联动机构

2）两曲柄相等、反向。连杆与机架的长度相等、两个曲柄长度相等但转向相反的双曲柄机构称为反向双曲柄机构，如图 5-18 所示。反向双曲柄机构的运动特点是两曲柄旋转方向相反、角速度不相等。

图 5-19 所示为公共汽车车门的启闭机构，当主动曲柄 *AB* 转动时通过连杆 *BC* 使从

动曲柄 *CD* 朝反向转动，从而保证两扇车门能同时开启和关闭到预定位置。

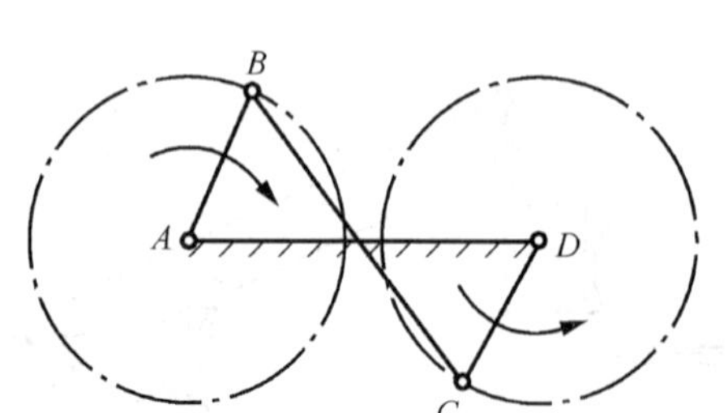

图 5-18　反向双曲柄机构

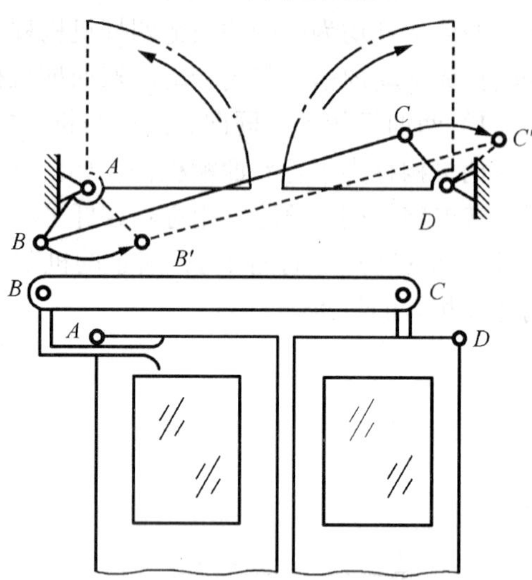

图 5-19　公共汽车车门的启闭机构

3）两曲柄不等。两曲柄长度不相等，连杆与机架长度也不相等的双曲柄机构中，主动曲柄等速转动，从动曲柄为变速转动，如图 5-20 所示。

图 5-21 所示为惯性筛分机，当曲柄 *AB* 做等速转动时，另一个曲柄 *CD* 做周期性变速转动，*EF* 杆连接物料和 *CD* 杆，利用 *CD* 的变速转动和物料的惯性达到筛分目的。

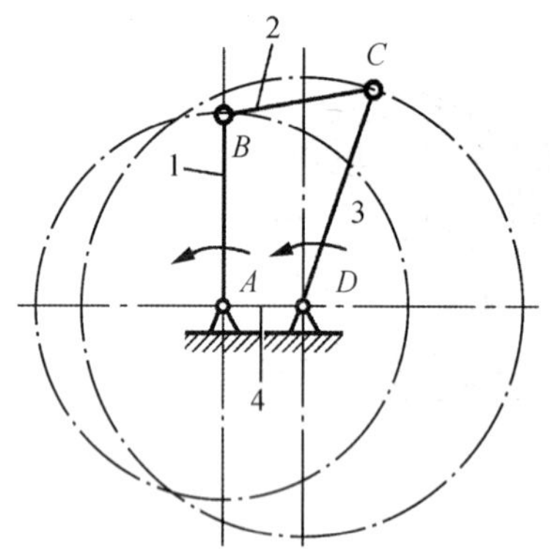

图 5-20　两曲柄不等的双曲柄机构

1、3—连架杆；2—连杆；4—机架

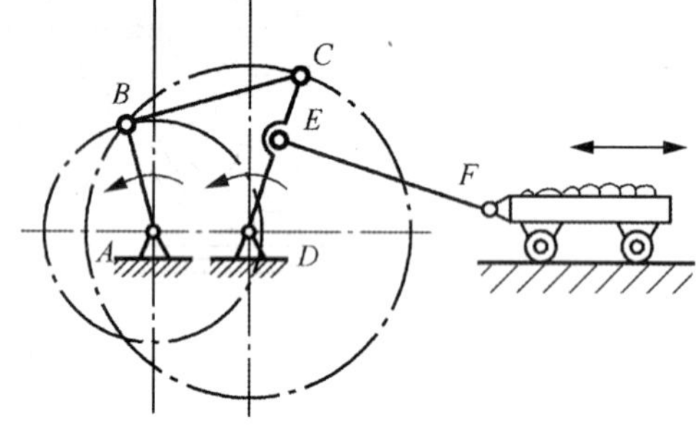

图 5-21　惯性筛分机

（3）双摇杆机构

两连架杆均为摇杆的铰链四杆机构称为双摇杆机构。该机构能将主动摇杆的往复摆动转换成从动摇杆的往复摆动，如图 5-22 所示。

图 5-23 所示为港口用起重吊车，吊车的移动轨迹近似水平线，以避免重物不必要的升降而消耗能量。

图 5-24 所示为自卸载货汽车的翻斗机构，*AD* 为固定杆，当液压缸输入压力油时活塞杆向右伸出，使 *AB* 和 *CD* 向右摆动，从而使车斗货物卸下。

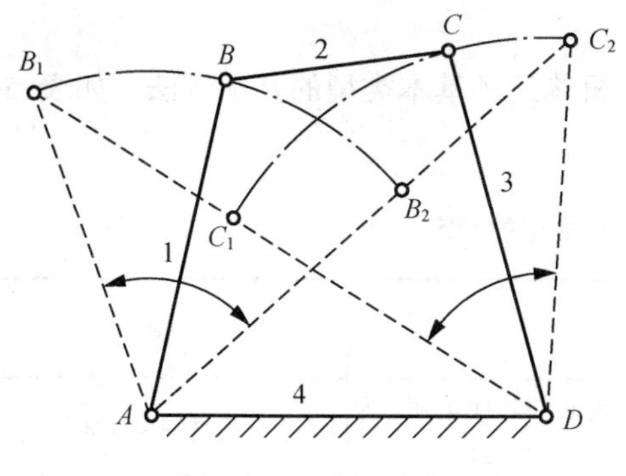

图 5-22 双摇杆机构

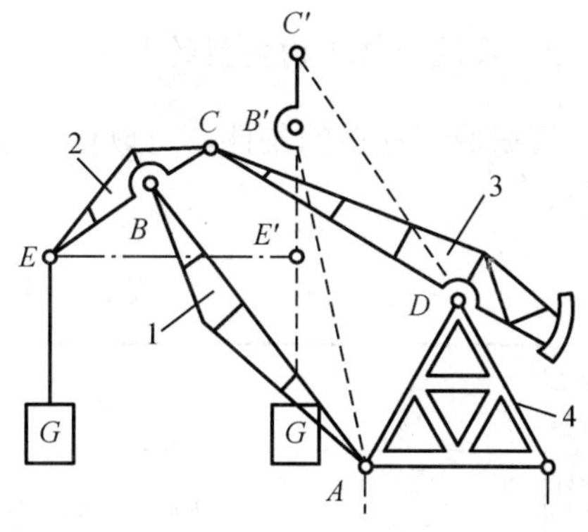

图 5-23 港口起重吊车

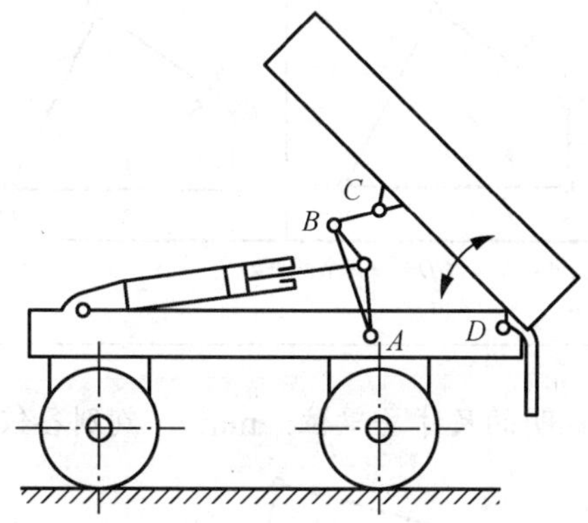

图 5-24 自卸载货汽车的翻斗机构

1. 在三种类型的铰链四杆机构中，两个连架杆的运动形式有什么不同，三种类型的铰链四杆机构划分的主要是根据什么？

2. 根据三种铰链四杆机构的运动特点，举例说明机构中是利用哪个杆件的运动来满足工作需要的？

5.2.2 铰链四杆机构类型的判定

1. 曲柄存在的条件

铰链四杆机构三种基本类型的区别主要在于机构中是否有曲柄及有几个曲柄，而机构中是否能有做整周旋转的曲柄，取决于各构件长度之间的关系及哪个构件作机架，通过对铰链四杆机构的运动形式分析可知，曲柄存在的条件如下：

1）连架杆与机架中必有一个是最短杆（称为最短杆条件）。

2）最短杆与最长杆长度之和必小于或等于其余两杆长度之和（称为杆长之和条件）。

这两个条件必须同时满足，否则铰链四杆机构中无曲柄存在。

2. 铰链四杆机构类型的判定

根据曲柄存在的条件，可以推出铰链四杆机构三种基本类型的判别方法，如表 5-1 所示。

表 5-1 铰链四杆机构类型的判定

杆长之和条件	满 足			不 满 足
最短杆条件	满足（最短杆邻杆为机架）	满足（最短杆为机架）	不满足（最短杆对面杆为机架）	任意杆为机架
类型	曲柄摇杆机构	双曲柄机构	双摇杆机构	双摇杆机构
简图	C B A D	C B A D	C B A D	B C A D

注：*AB*——最短杆；*AD*——最长杆；*BC*、*CD*——其余两杆。

试根据图 5-25 中所标明的尺寸（单位：mm），判别各铰链四杆机构的类型。

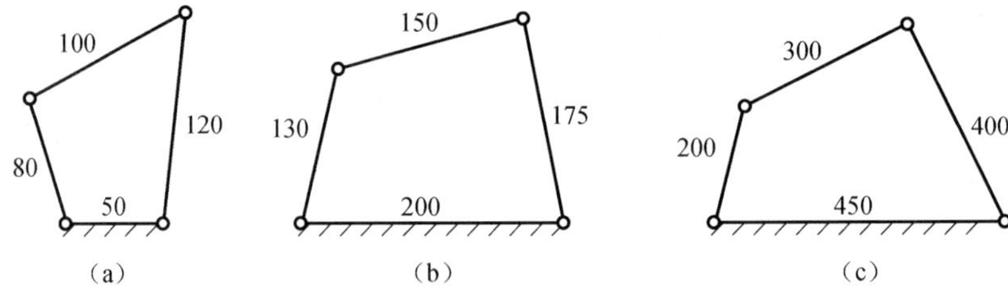

图 5-25 判断铰链四杆机构的类型

解：1. 机构中最短杆与最长杆长度之和与其余两杆长度之和相比较：

$$50+120=170<80+100=180$$

满足杆长之和条件，也满足最短杆条件，有曲柄存在。根据铰链四杆机构类型的判别方法，当以最短杆 50 mm 为机架时，构成双曲柄机构。

2. 机构中最短杆与最长杆长度之和与其余两杆长度之和相比较：

$$130+200=330>150+175=325$$

不满足杆长之和条件，无曲柄存在。根据铰链四杆机构类型的判别方法，只能构成双摇杆机构。

3. 机构中最短杆与最长杆长度之和与其余两杆长度之和相比较：

$$200+450=650<300+400=700$$

满足杆长之和条件，也满足最短杆条件，有曲柄存在。根据铰链四杆机构类型的判别方法，当以最短杆 200 为连架杆（即以相邻的最长杆 450 为机架）时，构成曲柄摇杆机构。

根据曲柄存在的条件（最短杆条件和杆长之和条件），只能判定机构是否有曲柄存在，只有当明确了哪个杆件是机架后，才能具体确定是什么类型的铰链四杆机构。

根据图 5-25 所示的三个铰链四杆机构的杆长尺寸，准备 12 个图钉和 12 条硬纸板，按照图中的长度尺寸做成实物，然后使它们运动起来，看看它们的运动情况。

5.2.3 含有一个移动副的四杆机构

前面分析的曲柄摇杆机构可以实现转动与摆动的转换。如果需要实现转动与移动的转换，则需要采用含有移动副的四杆机构。常见的含有一个移动副的四杆机构有曲柄滑块机构、曲柄摇块机构、导杆机构和定块机构。

1. 曲柄滑块机构

如图 5-26 所示，由曲柄 *AB*、连杆 *BC*、滑块 *C* 和机架组成的平面连杆机构，称为曲柄滑块机构，根据滑块导路的中心线是否通过曲柄的回转中心，可分为对心曲柄滑块机构［图 5-26（a)］和偏置曲柄滑块机构［图 5-26（b)］，其中 *e* 为偏心距。

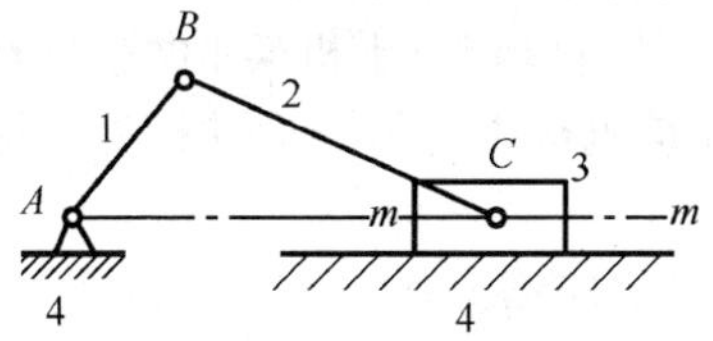

（a）对心曲柄滑块机构

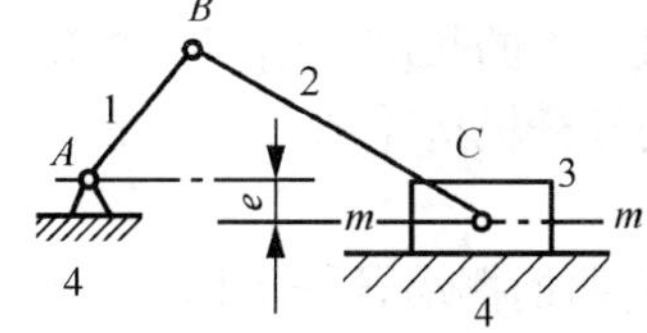

（b）偏置曲柄滑块机构

图 5-26 曲柄滑块机构

曲柄滑块机构可将回转运动转换为往复直线运动，也可做相反的转换，故广泛应用于内燃机、空气压缩机、冲床等机器中。

图 5-27 所示是曲柄滑块机构在冲床中的应用。曲柄旋转时，通过连杆带动冲压头（即滑块）做往复直线运动，使工件受到挤压。

2. 曲柄摇块机构

在图 5-26（a）所示的曲柄滑块机构中，如果将构件 2 固定为机架，就构成曲柄摇块机构，如图 5-28 所示。常用于汽车吊车等摆动缸式液（气）动机构中，如图 5-29 所示。

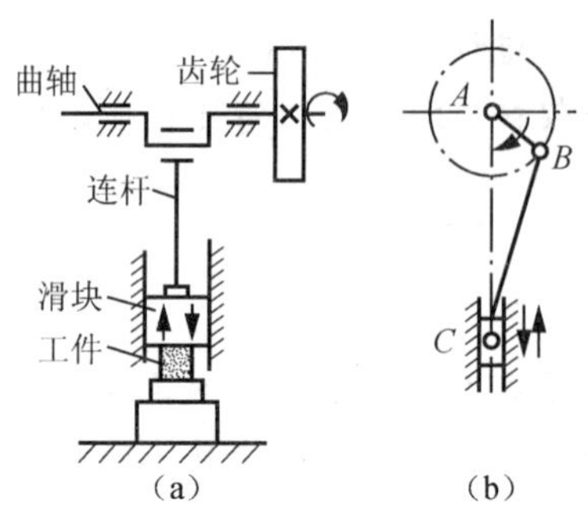

图 5-27　冲床中的曲柄滑块机构

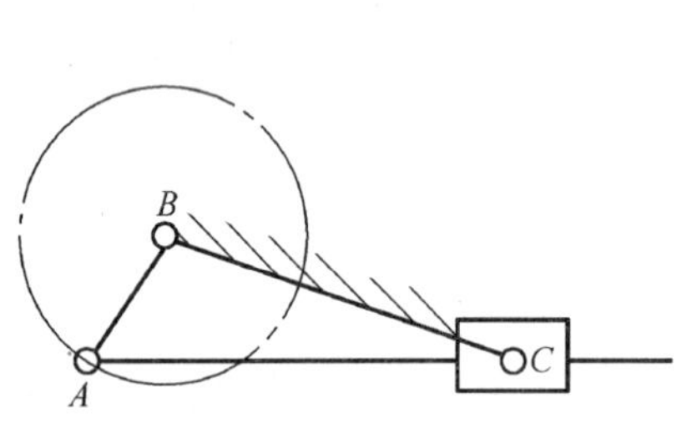

图 5-28　曲柄摇块机构

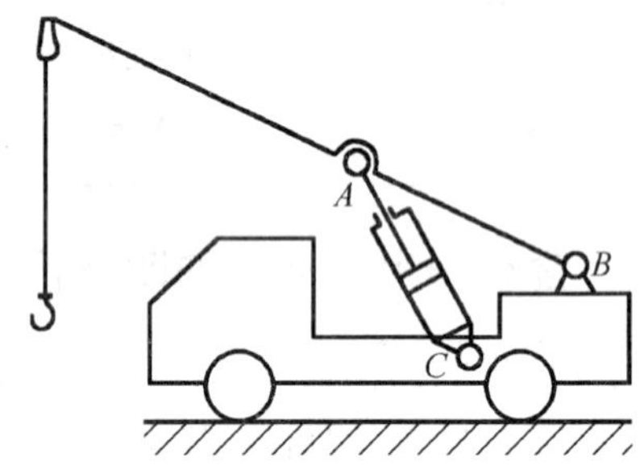

图 5-29　汽车吊车

3．导杆机构

在图 5-26（a）所示的曲柄滑块机构中，如果将构件 1 固定为机架，就构成导杆机构，如图 5-30 所示。若杆件 2 的长度小于机架 1 的长度，可以相对于机架 1 做整圆周转动，但导杆 4 只能做摆动，此机构称为曲柄摆动导杆机构［图 5-30（a）］。若杆件 2 的长度大于机架 1 的长度，则杆件 2 和导杆 4 都可以相对于机架 1 做整周转动，该机构称为曲柄转动导杆机构［图 5-30（b）］。导杆是机构中与另一运动构件（滑块）组成移动副的连架杆。

图 5-31 为曲柄摆动导杆机构在牛头刨床中的应用。

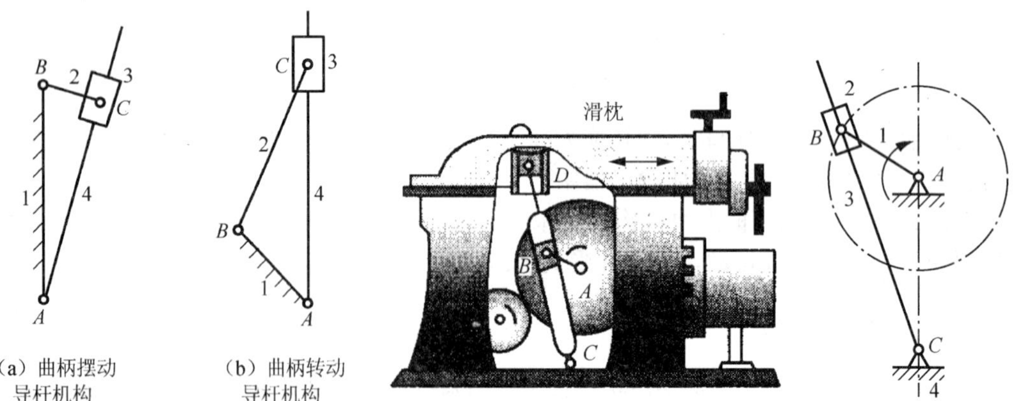

图 5-30　导杆机构

图 5-31　牛头刨床中的导杆机构

4. 定块机构

在图 5-26（a）所示的曲柄滑块机构中，如果将构件 3 固定为机架，就构成定块机构，如图 5-32（a）所示。杆件 1 的长度小于杆件 2 的长度。这种机构一般以杆件 1 为主动构件，杆件 2 绕 *C* 点摆动，导杆 4 相对于构件 3 做往复移动，构件 3 为机架，即固定块，所以称为定块机构。

图 5-32（b）所示为定块机构在一种手动抽水机中的应用。

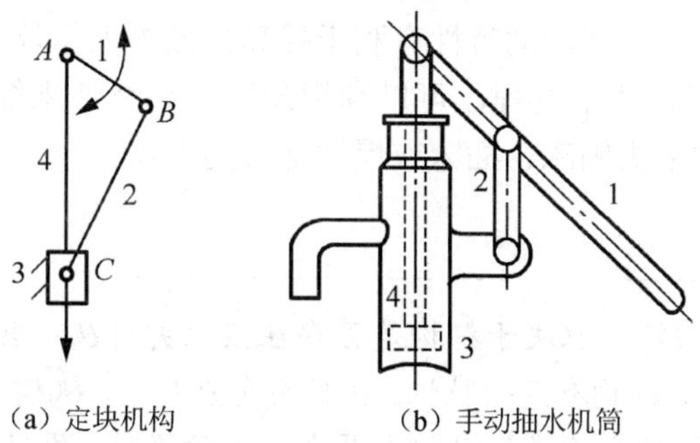

图 5-32　定块机构及其应用

*5.2.4　平面四杆机构的基本特性

1. 急回特性

在图 5-33 所示的曲柄摇杆机构中，曲柄 *AB* 为原动件并做等速转动，从动件摇杆 *CD* 做变速的往复摆动。曲柄 *AB* 转动一周中两次与连杆 *BC* 共线，分别在 B_1AC_1 和 AB_2C_2 位置，它们之间所夹的锐角 θ 称为极位夹角，这时摇杆 *CD* 分别处于两极限位置 C_1D 和 C_2D，摇杆的两极限位置之间的夹角 ψ 称为摇杆摆角。

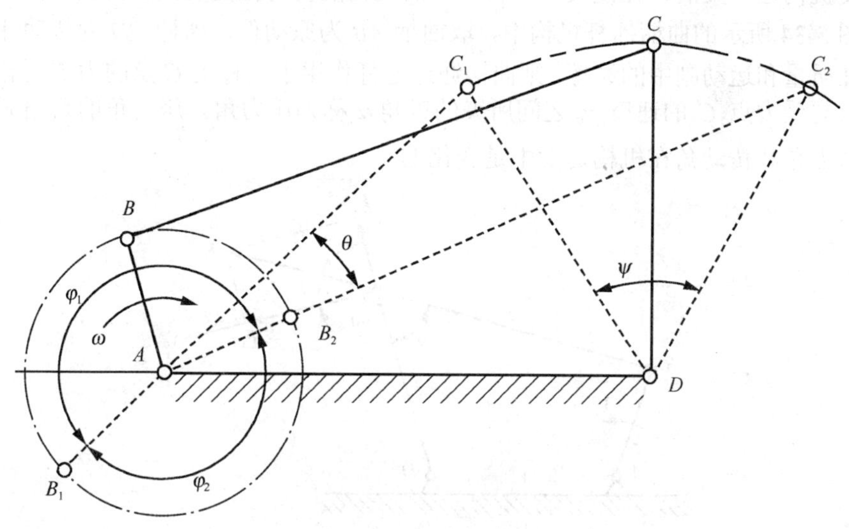

图 5-33　曲柄摇杆机构的急回特性

在进程中，当曲柄 AB 由位置 AB_1 顺时针转过角度 $\varphi_1=180^\circ+\theta$ 至位置 AB_2 时，则摇杆 CD 由位置 C_1D 摆动到位置 C_2D，摆角为 ψ，所需时间为 t_1；在回程中，当曲柄 AB 由位置 AB_2 继续转过角度 $\varphi_2=180^\circ-\theta$ 回至位置 AB_1 时，摇杆 CD 由位置 C_2D 又摆回到位置 C_1D，摆角仍为 ψ，所需时间为 t_2。如果曲柄的角速度 ω 一定，曲柄进程和回程所经过的时间分别为 $t_1=\varphi_1/\omega$，$t_2=\varphi_2/\omega$，由于 $\varphi_1>\varphi_2$，显然 $t_1>t_2$，也就是说，摇杆的回程时间比进程时间短，由 $v_1=\overset{\frown}{C_1C_2}/t_1$，$v_2=\overset{\frown}{C_2C_1}/t_2$，$\overset{\frown}{C_2C_1}=\overset{\frown}{C_1C_2}$，知 $v_2>v_1$，即摇杆的回程速度比进程速度快，这种特性称为机构的急回特性。

曲柄摇杆机构摇杆的急回运动特性有利于提高机械的工作效率。机械在工作中往往具有工作行程和空回行程两个过程，可以利用急回运动特性来缩短机械的空回行程时间，提高生产效率，如牛头刨床、插床或惯性筛等的工作。

机构是否具有急回特性取决于机构是否存在极位夹角 θ，当 $\theta=0$ 时，机构没有急回特性；当 $\theta>0$ 时，机构有急回特性。极位夹角 θ 越大，机构的急回特性也越明显。

反映急回特性的极位夹角是从动件在两个极限位置时，原动件所在两个位置间所夹的锐角，这里的从动件可以是摇杆、滑块，也可以是导杆，还可以是曲柄等其他构件，原动件也是一样，应视具体机构而定。据此，还可以分析其他机构（如曲柄滑块机构、摆动导杆机构等）的急回特性。

2. 传力特性

（1）压力角和传动角

实际生产对平面连杆机构的要求，一是能实现预定的运动规律，二是有较好的传力性能，使机构运转灵活、轻便及效率较高。而机构的传力性能与其压力角有关。

在图 5-34 所示的曲柄摇杆机构中，取曲柄 AB 为原动件，摇杆 CD 为从动件。若忽略各构件质量和运动副中的摩擦，则曲柄通过连杆作用于摇杆上 C 点的力 $\boldsymbol{F}$ 是沿 BC 方向的，它与受力点 C 的速度 $\boldsymbol{v}_c$ 之间所夹的锐角 α 称为压力角。压力角的余角 γ 称为传动角。压力角和传动角在机构运动中是变化的。

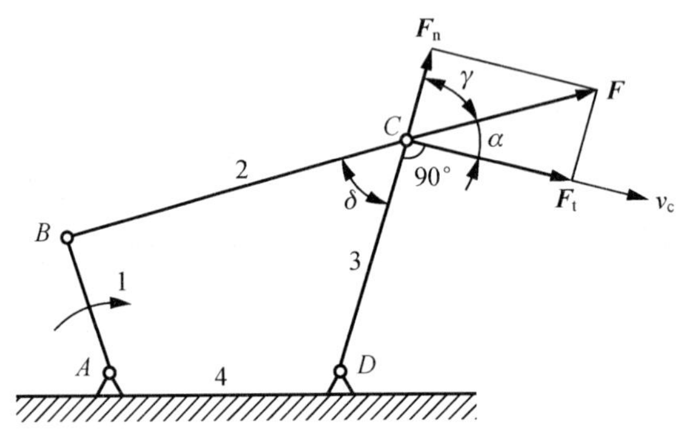

图 5-34　曲柄摇杆机构的压力角

力 $\boldsymbol{F}$ 沿 $\boldsymbol{v}_C$ 方向的分力 $\boldsymbol{F}_t=\boldsymbol{F}\cos\alpha$，是推动从动件运动的有效分力；而沿摇杆轴心线方向的分力 $\boldsymbol{F}_n=\boldsymbol{F}\sin\alpha$，会增大运动副中的摩擦和磨损，对机构传动不利，故称为有害分力。显然，压力角或传动角的大小是判别机构传力性能好坏的一个重要参数。压力角 α 越小或传动角 γ 越大，有效分力 F_t 越大，对机构的传动越有利。

（2）死点

在图 5-34 所示的曲柄摇杆机构中，若以摇杆 *CD* 作为主动件，曲柄为从动件，则当摇杆处于两极限位置 C_1D 和 C_2D 时，连杆 *BC* 与曲柄 *AB* 仍将出现两次共线。这时，由于摇杆 *CD* 通过连杆 *BC* 施加给曲柄 *AB* 的力通过铰链 *A* 的中心，因此，无论施加多大的力也不能使曲柄转动，机构出现“顶死”现象或从动曲柄的转动方向不能确定，此时机构的位置称为死点位置。

对于传递运动和动力的机构来说，死点是有害的。为了使机构顺利通过死点，而又不改变从动件原有的运动方向，一般是利用机构的惯性力加以克服（如安装飞轮），也可采用多组相同的机构错开排列方式（如汽车的多缸发动机）或增设辅助机构等方法解决。

在某些场合也可以利用死点来实现工作要求。图 5-35 所示飞机起落架就是利用死点工作的例子。当从动摇杆摆动到 *AB* 位置时，摇杆将飞机轮放下处于着陆位置；当从动摇杆摆动到 *AB′* 位置时，摇杆使飞机轮处于收起位置。在飞机着陆时，尽管机轮所受的地面冲击力很大，但由于摇杆 *DC* 和连杆 *BC* 共线，即 *B*、*C*、*D* 三点在一条直线上，机构处于死点位置，机轮不会折回，起落架不会收起，飞机可以安全着陆。

如图 5-36 所示为钻床夹具，当要夹紧工件时，先将手柄（即杆 *BC*）用力 $\boldsymbol{F}_1$ 按下，待工件夹紧后除去力 $\boldsymbol{F}_1$，此时构件 *BC* 和 *CD* 共线。当工件被钻削时，作用在夹具压头上的反力 $\boldsymbol{F}_2$，通过 *BC* 传给 *CD* 杆的作用力通过了 *D* 点，致使无论反力 $\boldsymbol{F}_2$ 有多大，也不能使构件 *CD* 转动，机构处于死点位置，工件始终处于被夹紧状态。

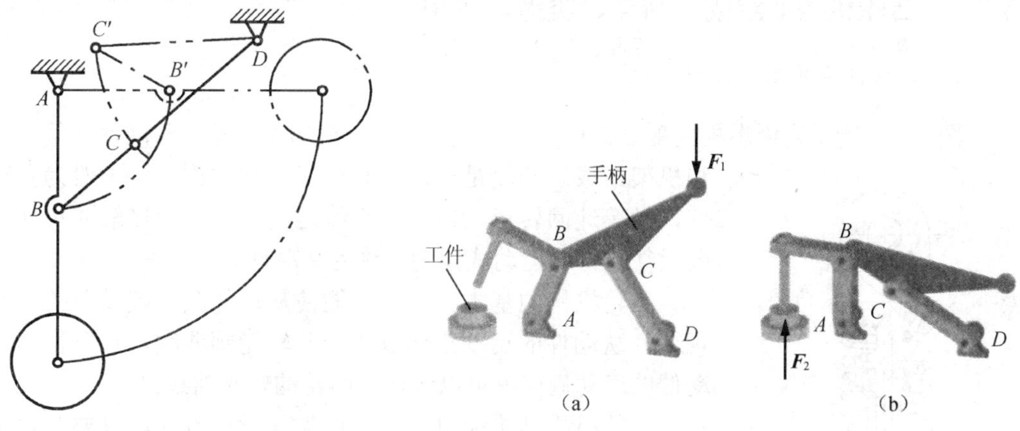

图 5-35　飞机起落架　　　　图 5-36　钻床工件夹紧机构

提　示

反映传力特性的压力角和传动角都是分析从动件的，所以在具体机构分析时，首先要明确原动件和从动件。至于是用压力角还是用传动角，以分析或度量方便为准。

巩固

填写下表。

平面连杆机构		曲柄（有无）	摇杆或摇块（有无）	导杆（有无）
曲柄摇杆机构				
双曲柄机构				
双摇杆机构				
曲柄滑块机构				
曲柄摇块机构				
定块机构				
导杆机构	摆动导杆机构			
	转动导杆机构			

5.3 凸轮机构

学习导入

凸轮机构是一种常用的高副机构，可实现各种复杂的运动要求，而且结构简单、紧凑，广泛应用于各种自动机械和操纵控制装置中。

知识与技能

5.3.1 凸轮机构的组成、特点、类型与应用

1. 凸轮机构的组成、特点

图 5-37 所示为内燃机的配气机构，由图可知，凸轮机构由凸轮、从动件（气门）和机架组成。凸轮是一个具有曲线轮廓的构件，一般为主动件，做等速回转运动或往复直线运动，与凸轮接触的构件一般做往复直线运动或摆动，称为从动件。

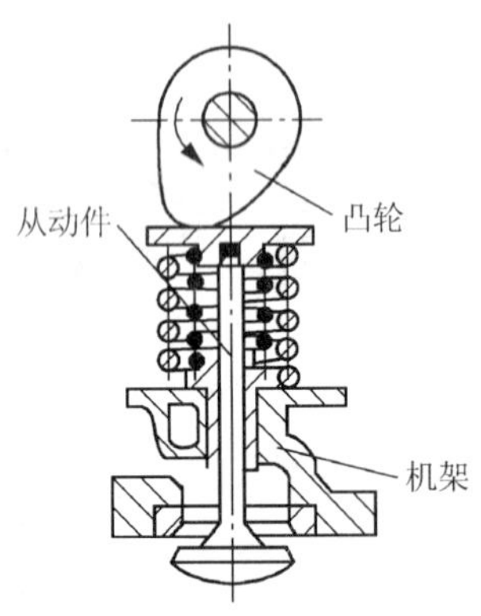

图 5-37 内燃机的配气机构

凸轮机构的基本特点在于能使从动件获得较复杂的运动规律。从动件的运动规律取决于凸轮轮廓曲线，只要根据从动件的运动规律就可以设计出凸轮的轮廓曲线。

凸轮机构结构简单、工作可靠、设计方便，只要凸轮轮廓设计正确，就可以使从动件获得所需要的运动，广泛用于各种调节机构或控制机构中。但因凸轮轮廓与从动件间是点接触或线接触的高副，接触应力较大，易磨损，因而不易承受重载或冲击载荷。

2. 凸轮机构的基本类型

由于凸轮的形状和从动件的结构形式、运动方式不同，凸轮机构有不同的类型，如表5-2所示。

表5-2 凸轮机构的类型

类型	名称	简图			
按凸轮形状分类	盘形凸轮		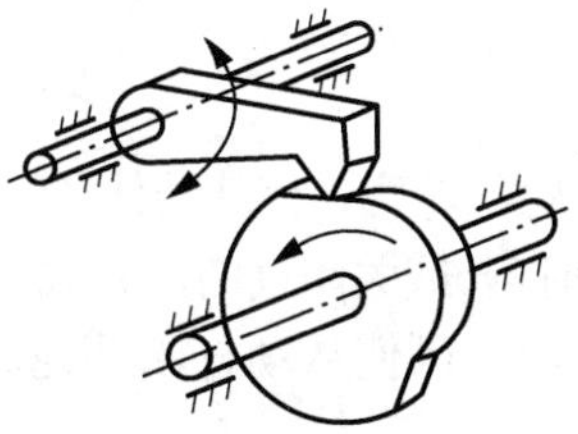		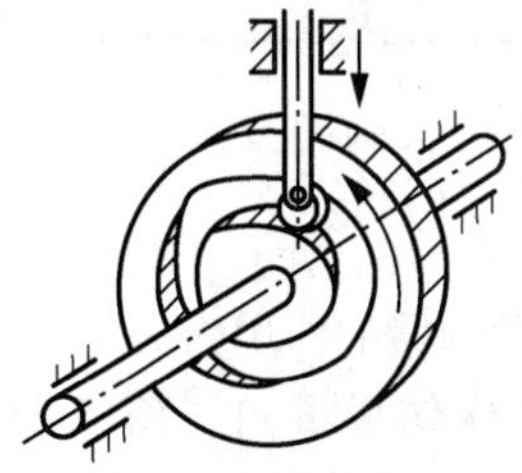 （槽形凸轮）
	移动凸轮		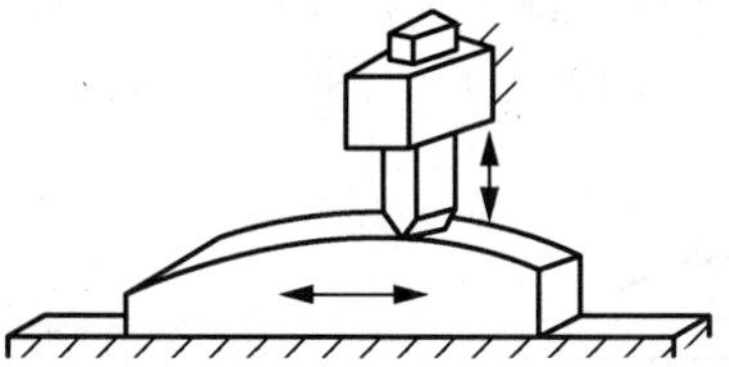		
	圆柱凸轮		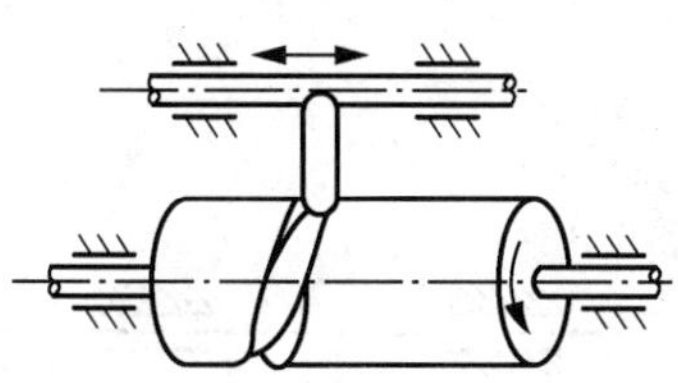		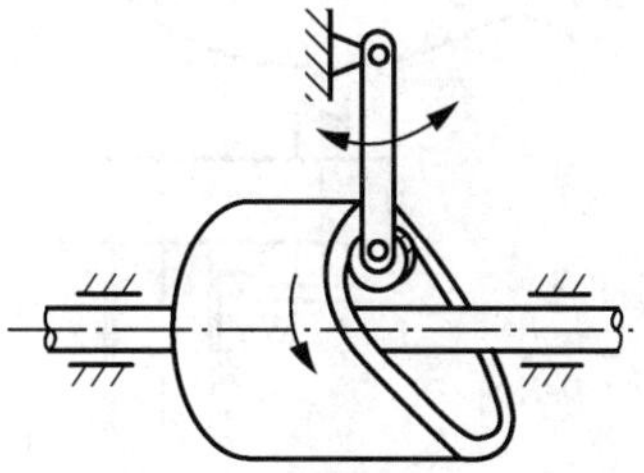 （端面凸轮）
按从动件结构形式及运动形式分类	尖顶从动件	移动从动件	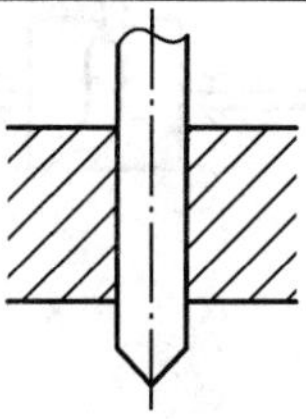	摆动从动件	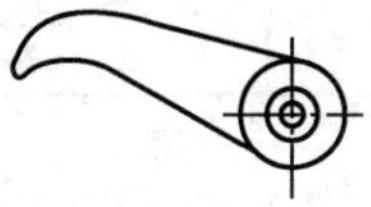
	滚子从动件		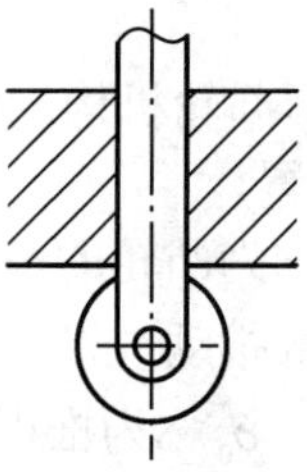		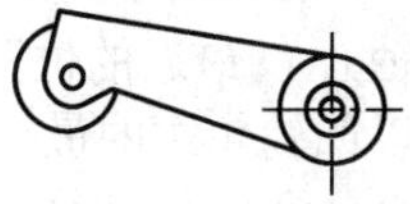

续表

类型	名称	简图			
按从动件结构形式及运动形式分类	平底从动件	移动从动件	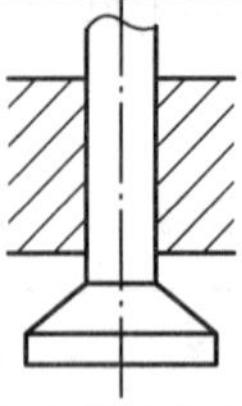	摆动从动件	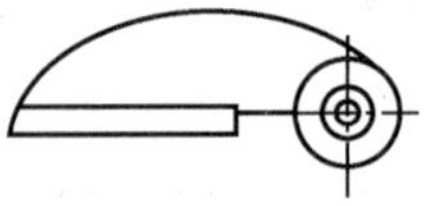

3. 凸轮机构的应用

1）如图 5-37 所示，当凸轮转动时，依靠凸轮的轮廓，使从动件（气门）向下移动打开气门，借助弹簧的作用力关闭，实现按预定时间打开或关闭气门，完成内燃机的配气动作。

2）车床仿形机构（图 5-38）采用移动凸轮，可使从动杆沿凸轮轮廓运动，带动刀架进退，完成与凸轮轮廓曲线相同的工件外形的加工。

3）图 5-39 所示为凸轮送料机构。当带凹槽的圆柱凸轮转动时，通过槽中的滚子可驱使从动件做往复运动。凸轮每转一周，一个毛坯就被从动件从储料器中推出，送到加工位置。

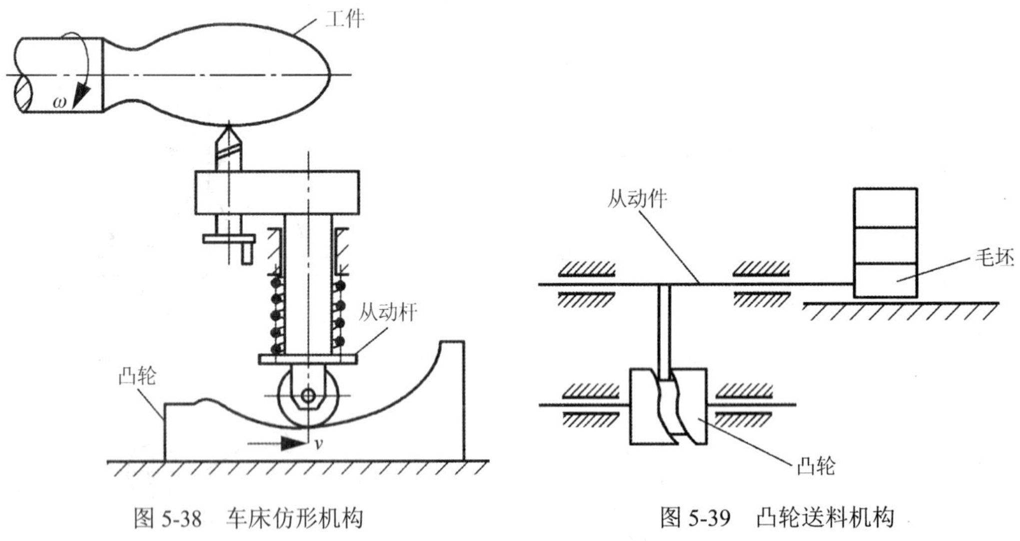

图 5-38　车床仿形机构　　图 5-39　凸轮送料机构

5.3.2　凸轮机构的运动过程及有关参数

图 5-40（a）所示为对心直动尖顶从动件盘形凸轮机构。图示位置是从动件尖顶位于离凸轮轴心 O 最近的位置，此位置 A 为起始位置。

图中以凸轮轮廓的最小向径为半径所做的圆称为凸轮的基圆，基圆半径用 r_b 表示。当凸轮逆时针转过 δ_0 角时，从动件尖顶被凸轮轮廓推动，以一定运动规律由距回转中心最近位置 A 到达最远位置 B，这个过程称为推程，δ_0 称为推程角。这时，从动件所走过的距离 h 称为行程。当凸轮继续回转 δ_1 角时，从动件的尖顶由 B 到 C，在最远位置停留不动，δ_1 称为远停程角。凸轮继续转 δ_2 角时，从动件在重力或弹簧的作用下，以一定运

动规律由 C 下降至最低点 D，这个过程称为回程，δ_2 称为回程角。当凸轮再继续转 δ_3 角时，从动件在最近位置停下来，δ_3 称为近停程角。凸轮每转一周，从动件均重复上述过程。

当凸轮匀速转动时，其转角 δ 与时间成正比，若以横坐标代表凸轮转角 δ（或时间 t），以纵坐标代表从动件的转移 s，则可画出从动件的位移 s 与凸轮转角 δ 的关系曲线，如图 5-40（b）所示，称为从动件的位移曲线。位移曲线能直观反映出从动件的运动规律。

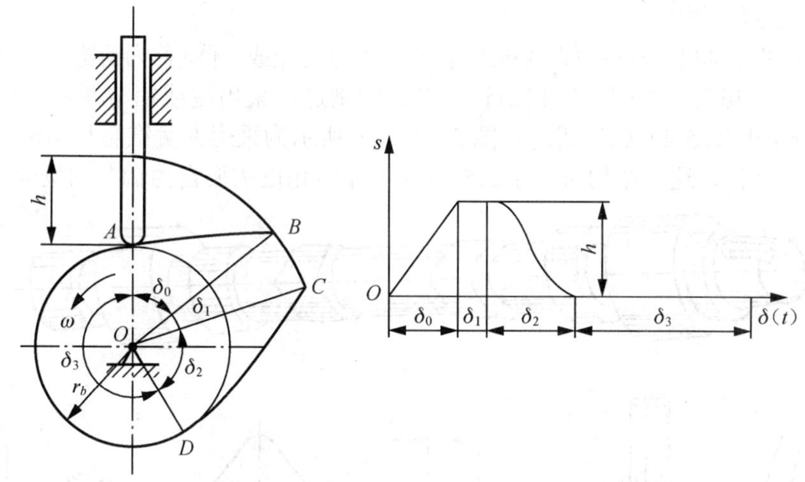

（a）对心直动尖顶从动件盘形凸轮机构　　（b）位移曲线

图 5-40　对心直动尖顶从动件盘形凸轮机构及位移曲线

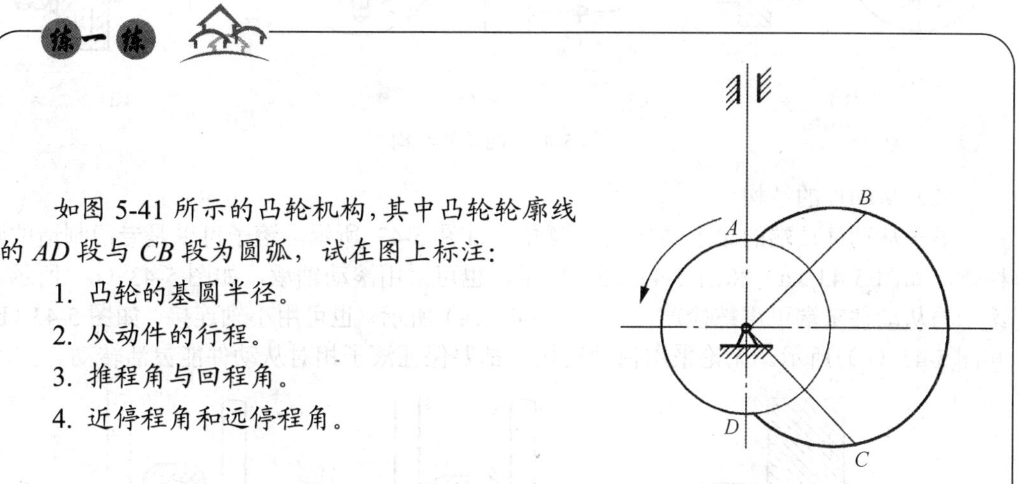

如图 5-41 所示的凸轮机构，其中凸轮轮廓线的 AD 段与 CB 段为圆弧，试在图上标注：

1. 凸轮的基圆半径。
2. 从动件的行程。
3. 推程角与回程角。
4. 近停程角和远停程角。

图 5-41　凸轮机构

*5.3.3　凸轮的常用材料和结构

1. 材料及热处理

由于凸轮机构是高副机构，并且受冲击载荷，其主要失效形式为磨损和疲劳点蚀，因此要求凸轮和从动件接触端的材料要有足够的接触强度和耐磨性。

凸轮在一般情况下，可用合金钢 45Cr、40Cr 淬火。在轻载时，选优质灰铸铁；中载时选用 45 钢调质。滚子常与凸轮采用相同的材料。

2. 凸轮机构的结构

（1）凸轮的结构

当凸轮的轮廓尺寸与轴的直径相近时，凸轮与轴可做成一体，称为凸轮轴，如图 5-42（a）所示。当尺寸相差较大时，应将凸轮与轴分别制造，采用键或销将两者连接起来，如图 5-42（b）和图 5-42（c）所示。图 5-42（d）所示为采用弹簧锥套与螺母将凸轮和轴连接起来的结构，这种结构可用于凸轮与轴的相对角度需要自由调节的场合。

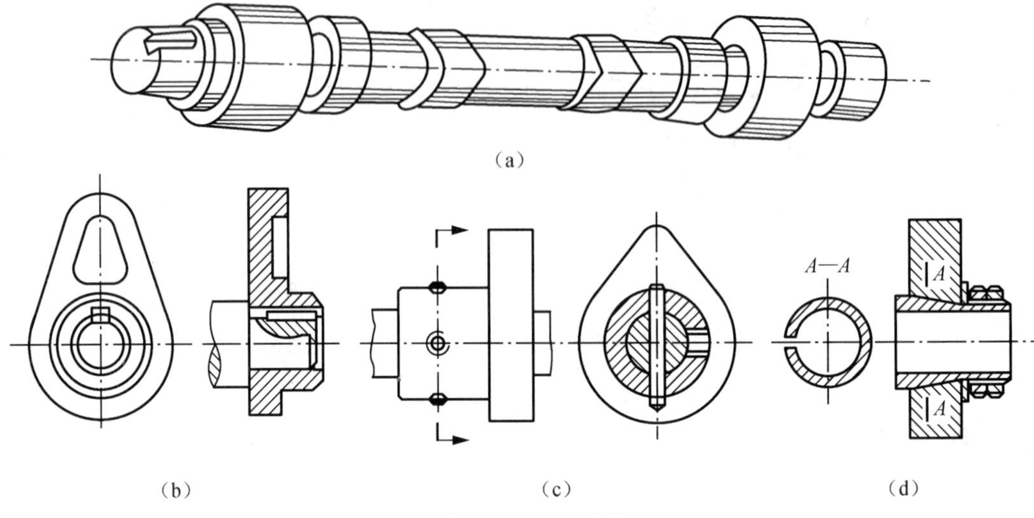

图 5-42　凸轮的结构

（2）从动件的结构

滚子从动件顶端的滚子结构及连接方式如图 5-43 所示。滚子可以是专门制造的圆柱体，如图 5-43（a）和图 5-43（b）所示，也可采用滚动轴承，如图 5-43（c）所示。滚子与从动件末端可用螺栓连接，如图 5-43（a）所示，也可用小轴连接，如图 5-43（b）和图 5-43（c）所示。无论采用何种连接，都要保证滚子相对从动件能灵活转动。

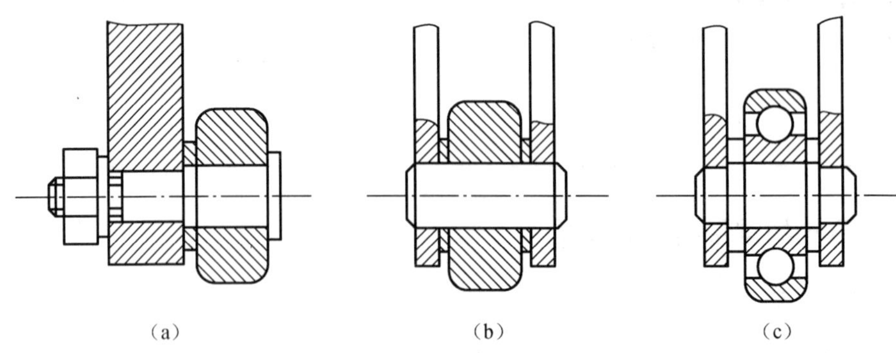

图 5-43　滚子从动件的结构

巩固

将各种形状的凸轮和各种结构形式的从动件进行组合，按照×××从动件×××凸轮机构的形式命名，将组合后的凸轮机构的名称填入下表。

简　图	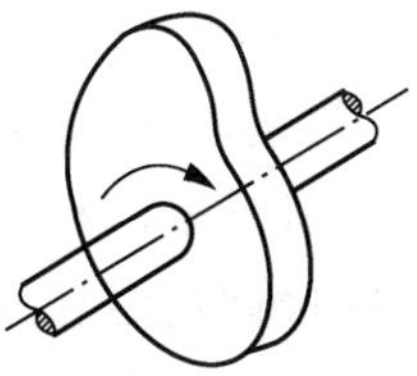	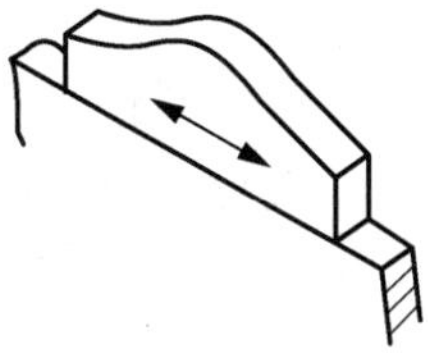	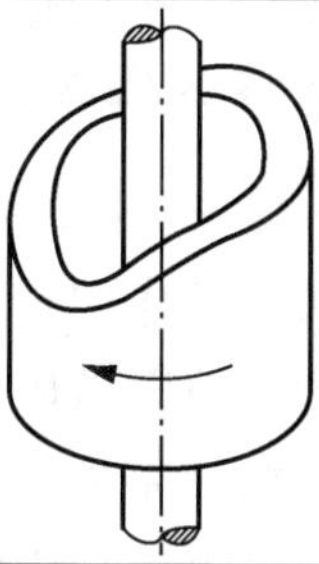
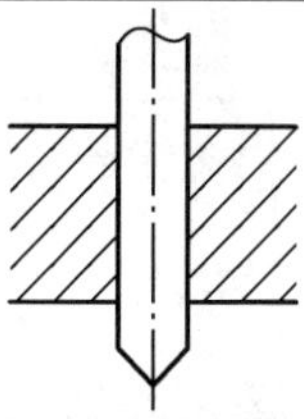			
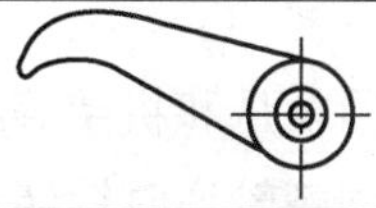			
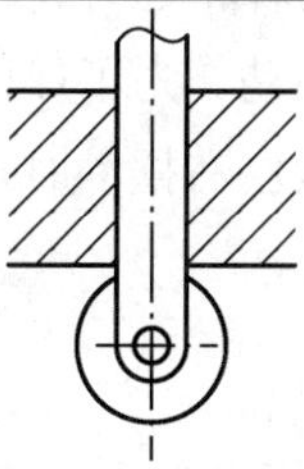			
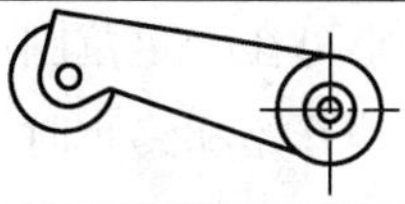			
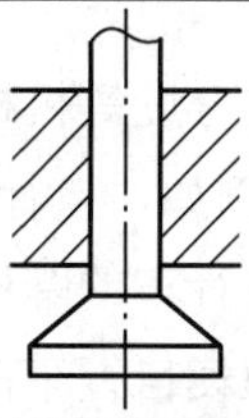			
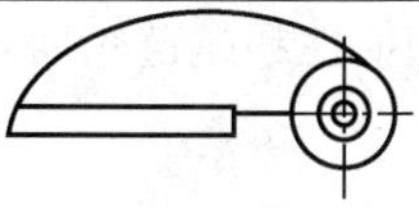			

*5.4 间歇运动机构

任务导入

将主动件的均匀转动转换为时转时停的周期性运动的机构，称为间歇运动机构。在实际工作中，需要做时转时停间歇运动的机构有很多，如自动化生产线上的送料运动、电影放映机送片运动、牛头刨床工作台的横向进给运动等，均可通过间歇运动机构来完成。

间歇运动机构类型很多，这里只分析常用的棘轮机构和槽轮机构。

知识与技能

5.4.1 棘轮机构

1. 棘轮机构的组成与工作原理

棘轮机构如图 5-44 所示。该机构由棘轮、驱动棘爪、摇杆、止回棘爪和机架等组成。当摇杆向左摆动时，安装在摇杆上的棘爪嵌入棘轮的齿槽内，推动棘轮逆时针转过一角度；当摇杆向右摆动时，棘爪便在棘轮的齿背上滑过，棘轮静止不动。为了保证棘轮的静止可靠和防止棘轮反转，安装有止回棘爪。这样，当摇杆连续做左右摆动时，棘轮便做单向的间歇运动。为了使棘爪紧贴棘轮，往往要加上弹簧。

2. 棘轮机构的特点和应用

棘轮机构的优点是结构简单、制造方便、运动可靠，棘轮转角大小可在一定范围内调节。其缺点是在回程时，棘爪在棘轮齿背上滑过会产生噪声；在运动开始和终止时产生冲击，运动平稳性较差，且轮齿易磨损，故常用在低速、轻载的场合。

棘轮机构的单向间歇运动特性常用于机械的送进、制动、超越和转位分度等机构中。棘轮机构也可完成超越运动（即从动件的速度超过了主动件的运动）。例如，自行车后轴处的飞轮实际上是一个内啮合的棘轮机构，如图 5-45 所示。当蹬动自行车的踏板时，链条带动内圈具有棘齿的链轮顺时针转动，通过棘爪使后轴转动，从而驱使自行车前进。当自行车前进时，如果不蹬踏板（即链轮的转速为 0），后轮轴则借助惯性超越链轮而转动，同时带动棘爪在棘轮齿背上滑过，实现自行车自动滑行。

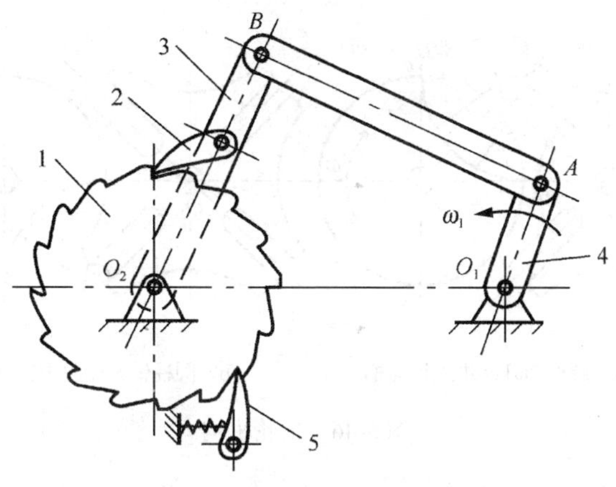

图 5-44 棘轮机构

1—棘轮；2—驱动棘爪；3—摇杆；4—曲柄；5—止回棘爪

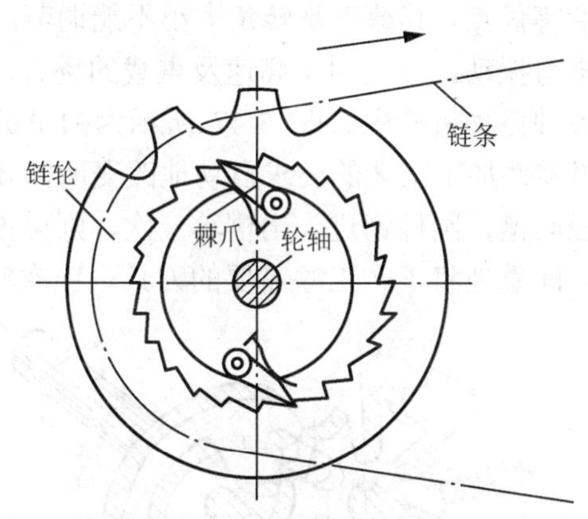

图 5-45 自行车后轴处的飞轮

5.4.2 槽轮机构

1. 槽轮机构的组成与工作原理

槽轮机构又称马尔他机构，如图 5-46 所示。它是由带圆柱销的拨盘与带径向槽的槽轮及机架组成的。拨盘为主动件，槽轮为从动件。拨盘以等角速度做连续回转，槽轮则时而转动，时而静止。当圆柱销未进入槽轮的径向槽时，由于槽轮的内凹圆弧被拨盘的外凸圆弧卡住，故槽轮静止不动。当圆柱销刚刚进入槽轮径向槽时［图 5-46（a)］，槽轮的内凹弧开始被松开，槽轮受圆柱销的驱使而转动。当圆柱销在另一边离开径向槽时［图 5-46（b)］，槽轮的内凹弧开始被卡住，槽轮静止不动，直至圆柱销再一次进入槽轮的另一个径向槽时，又重复上述的运动。

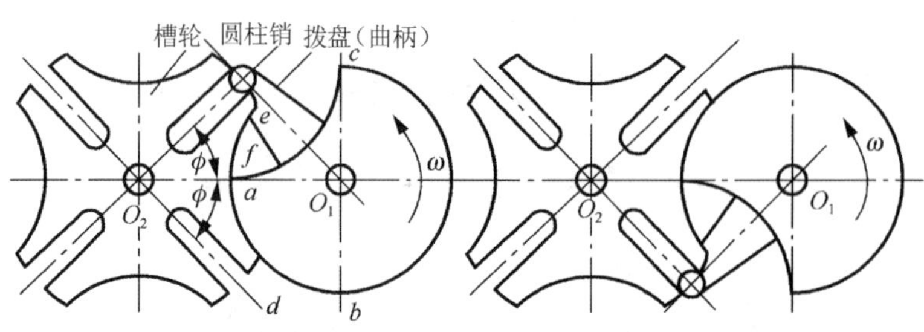

（a）圆柱销开始进入径向槽　　（b）圆柱销开始脱离径向槽

图 5-46　槽轮机构

2. 槽轮机构的特点和应用

槽轮机构具有结构简单、转位迅速、工作可靠、传动平稳、效率较高及从动件能在较短时间内转过较大角度等优点。其缺点是转角大小不能调节，制造与装配精度要求较高，高速时机构产生冲击与振动，不适用于高速及重载的场合。

槽轮机构一般用于各种自动机构中。图 5-47 所示为槽轮机构在自动机床刀架转位装置中的应用。为了按照零件加工工艺的要求自动地改变所需要的刀具，采用了槽轮机构。此槽轮上开有 6 条径向槽，圆柱销进、出槽轮一次，则可推动槽轮转 60°，这样刀架上就可以装 6 种刀具，间歇地将下一工序需要的刀具，依次转换到工作位置上。

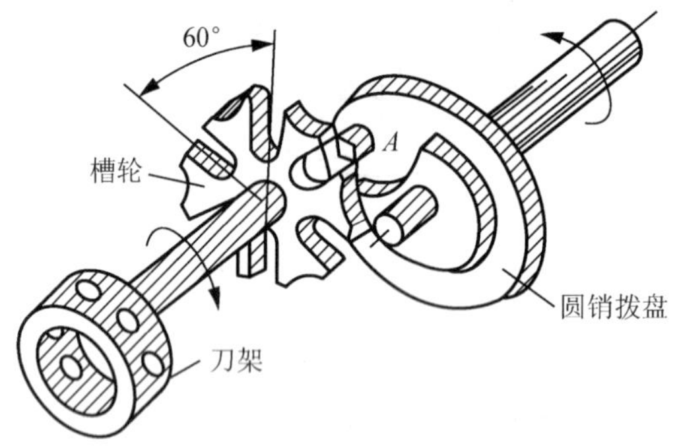

图 5-47　刀架转位机构

实训　机构观察分析与机构运动简图测绘

1. 实训目的

1）进一步熟悉平面运动副的分类及其表示方法。

2）通过对常用机构工作过程的观察，了解机构的特征及其运动和动力传递过程。

3）加深理解平面连杆机构的基本类型、演化过程及构件的运动特征。

4）通过机构运动简图的绘制，提高学生的观察分析能力，培养从实际机构中测绘

机构运动简图的技能。

2. 实训设备和工具

各种机构实物（如牛头刨床、缝纫机、内燃发动机等）或模型，工具包括螺钉旋具、扳手、游标卡尺、钢直尺、分规等。

3. 实训要求

1）能够理解平面连杆机构的相互转化，通过对机构运动过程的观察，了解我们身边常见的四杆机构。

2）通过观察机构运动过程能判断其基本类型。

3）能够根据机构的结构特点及运动规律绘制其机构运动简图。

4. 实训内容

（1）熟悉常用运动副的代表符号

理解高副、低副的含义，熟悉常用高副、转动副和移动副的表达方法。明确固定件和活动件表达方式的区别。

（2）认识平面连杆机构的基本类型

01 认识铰链回杆机构。

全部用转动副组成的平面四杆机构称为铰链四杆机构，如图 5-48 所示。铰链四杆机构分为 3 种基本形式：曲柄摇杆机构［图 5-48（a）和图 5-48（b）］、双曲柄机构［图 5-48（c）］和双摇杆机构［图 5-48（d）］。

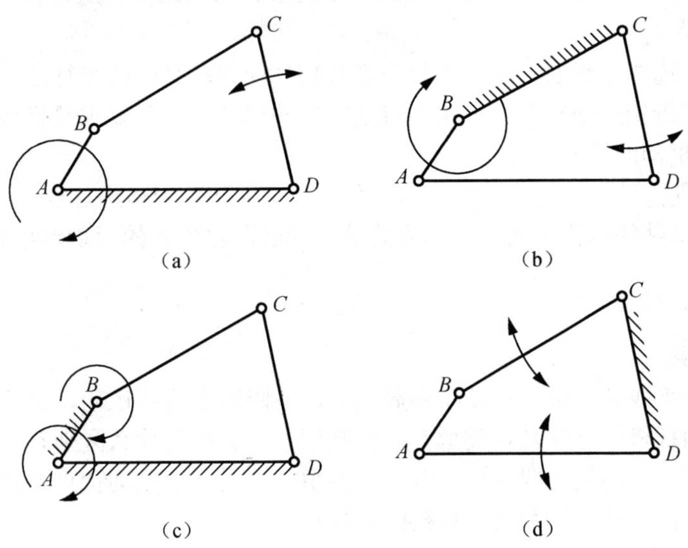

图 5-48　铰链四杆机构的基本形式

自选一组 4 个杆长的杆件，组合成一个铰链四杆机构，观察此机构的运动，看其是否有曲柄。并分别以不同的构件为机架，观察其运动情况。

根据现有的机构实物模型，演示各构件的运动，分析所采用的机构的类型及其运动特点。

02 认识含一个移动副的四杆机构。

2）含有一个移动副的四杆机构如图 5-49 所示，通过转换不同的构件为机架可形成 4 种类型：曲柄滑块机构［图 5-49（a)］、导杆机构［图 5-49（b)］、曲柄摇块机构［图 5-49（c)］和定块机构［图 5-49（d)］。

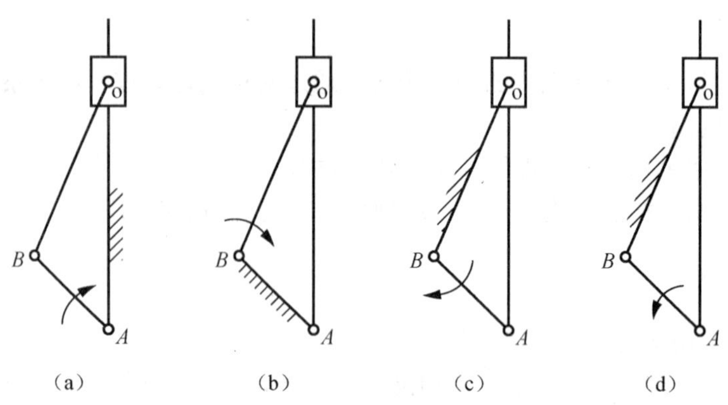

图 5-49　曲柄滑块机构向导杆机构的演化

观察各类型的运动特点，理解运动和动力的传递过程。

（3）绘制机构运动简图

任选两个机构的实物动画绘制其机构简图，绘制方法如下：

01 观察实际机构的动画模型，找出主动件和所有从动件。

02 从主动件开始，按运动传递的顺序观察各运动副的性质，并确定构件和运动副的数目和位置。

03 合理选择投影面（通常选择与多数构件的运动平面相平行的平面为投影面）。

04 绘制机构运动简图（本实训可绘制机构示意图，不要求严格按比例绘制）。

（4）凸轮机构的组成及应用

根据现有的凸轮机构的实物或模型，分析其运动和动力传递过程，判定所采用的凸轮的类型、从动件的结构形式及运动方式等，理解凸轮机构的运动过程和特点。

5. 思考题与实训报告

（1）思考题

1）两构件组成转动副、移动副和高副时，各限制了哪些运动，保留了哪些运动？

2）铰链四杆机构有哪几种类型？怎样判别？各类型有什么区别？

3）含有一个移动副的四杆机构有几种类型？各类型的运动特点如何？

4）比较平面连杆机构和凸轮机构的优缺点。

（2）实训报告

1）分析实训中所见到的运动副类型，并分别用运动副符号表示。

2）试列举出在实训中观察到的 3 个平面四杆机构的实例名称和功用，并用机构运动简图表示。

思考与练习

一、简答

1．什么是运动副？根据两构件的接触形式，运动副分为哪两类？

2．什么是平面连杆机构？

3．铰链四杆机构由哪些构件组成？它们的特征如何？

4．什么是铰链四杆机构？它有哪几种基本类型？

5．铰链四杆机构曲柄存在的条件是什么？如何根据构件尺寸关系判定铰链四杆机构的类型？

6．什么是机构的急回特性？什么是死点位置？

7．工程上如何克服死点状态？其在工程上的应用有哪些？

8．什么是凸轮？凸轮机构由哪几个基本构件组成？

9．按凸轮的形状分类，凸轮机构有哪几种类型？

10．举例说明凸轮机构的应用。

11．何谓间歇运动？常用的间歇运动机构有哪些？

12．试述棘轮机构的组成及特点。

13．试述槽轮机构的组成及应用。

二、分析计算

1．在图 5-50 所示的铰链四杆机构中，已知 $\overline{AB}=550\text{mm}$、$\overline{BC}=450\text{mm}$、$\overline{CD}=350\text{mm}$、$\overline{DA}=200\text{mm}$。试问：以 *AB*、*BC*、*CD*、*DA* 为机架时，分别得到什么类型的机构？

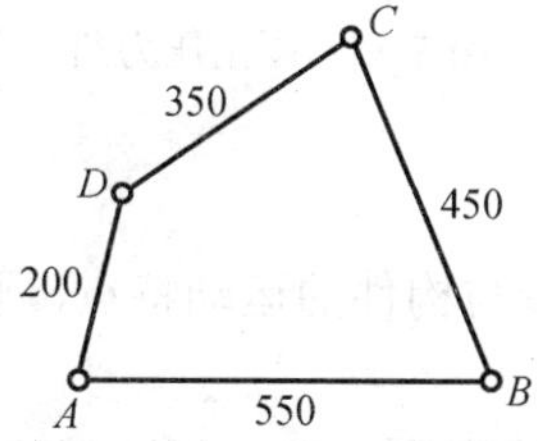

图 5-50 铰链四杆机构简图一

2．如图 5-51 所示的四杆机构，各杆尺寸为 $\overline{AB}=150\text{mm}$、$\overline{BC}=200\text{mm}$、$\overline{CD}=400\text{mm}$、$\overline{DA}=500\text{mm}$。试问：

① 该机构属于何种类型？

② 写出 *AB*、*BC*、*CD*、*DA* 四杆的名称。

③ 以哪个构件为主动件会出现死点，用作图法求该机构的死点位置。

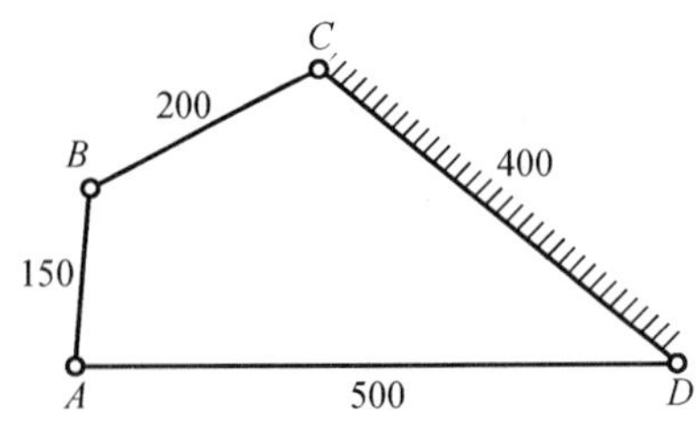

图 5-51　铰链四杆机构简图二

3．绘制如图 5-52 所示自卸汽车的机构运动简图，并指出该机构中数字所对庆的名称。

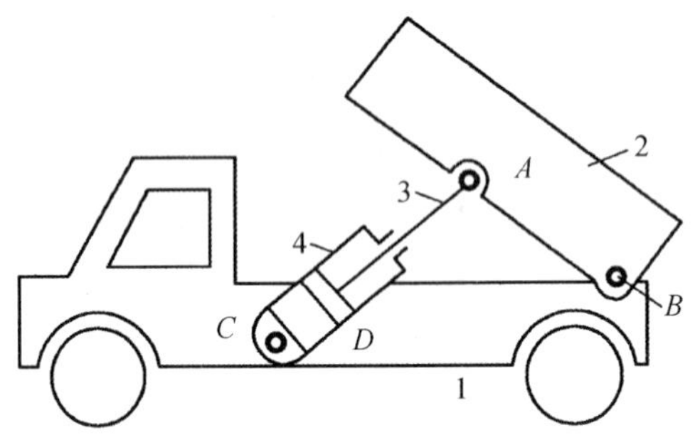

图 5-52　自卸汽车机构运动简图

4．画出图 5-53 所示机构位置的压力角。

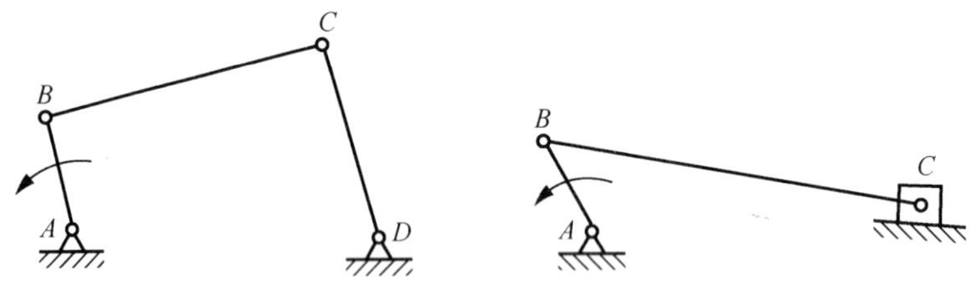

图 5-53　画出压力角

三、实践

1．分析下面机械中机构类型与构件的运动特点，画出机构运动简图并叙述机构的工作原理。

火车车轮、公交汽车车门、汽车刮水器、抓玩具的机械手、家用缝纫机、垃圾车、翻斗车、起重机、清障车、搅拌机、升降台（如路灯检修车）、牛头刨床、插床等。

2．观察实物，如钉鞋机、缝纫机、内燃机配气机构等。画出所观察到的凸轮机构的机构运动简图，叙述每种凸轮机构的工作原理。

单元6

连　接　件

概要及目标

◎ 概要

机器都是由许多零部件按一定的方式连接而成的。例如，一辆小汽车大约有两万个零件，其制造大体上可分为零件的加工和装配两个阶段。首先，按零件图要求制造出合格的零件，其次按装配图的要求组装成若干部件，形成发动机、底盘、车身和电气 4 个基本部分，最后在总装配线上组装成整台汽车。连接的类型很多，本章主要学习：键连接与销连接、螺纹连接、弹性连接、联轴器与离合器。

◎ 知识目标

1. 了解连接的种类、特点和应用场合。
2. 理解平键连接的结构与标准。
3. 了解螺纹连接的主要参数、类型、应用、结构和防松方法。

◎ 技能目标

1. 能够正确选用普通平键连接和螺纹连接及具体的螺纹连接件。
2. 会正确拆装螺纹连接、键连接。

6.1 键连接与销连接

学习导入

为了可靠地传递运动和转矩，轴上零件必须与轴有可靠的周向固定，使机器能正常的工作。周向固定的方式有键连接、花键连接和销连接等。

知识与技能

6.1.1 键连接

键连接主要用作轴上零件的周向固定并传递转矩，有的兼做轴上零件的轴向固定，还有的在轴上零件沿轴向移动时起导向作用。

按照结构特点和工作原理，键连接可分为平键连接、半圆键连接和楔键连接等。

1. 平键连接

平键是矩形截面的连接件，其主要尺寸为键宽 b、键高 h 和键长 L，如图 6-1（a）所示。平键连接的结构如图 6-1（b）所示，键的上表面为非工作面，它与轮毂键槽底面有间隙。键的两侧面为工作面，工作时靠键与键槽之间的挤压传递运动和转矩。装配时，通常先将键嵌入轴的键槽内，再将轮毂上的键槽对准轴上的键，把盘形零件装在轴上，构成平键连接。平键连接结构简单，工作可靠，拆装方便，对中良好，但不能实现轴上零件的轴向固定。

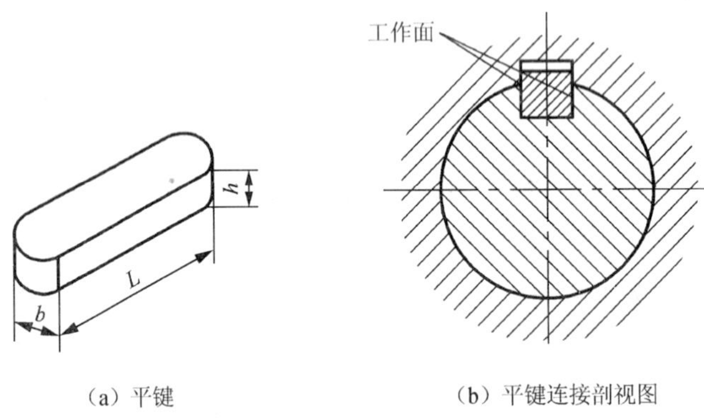

（a）平键　　（b）平键连接剖视图

图 6-1　平键连接

平键按用途不同分为普通平键、导向平键和薄型平键 3 种。

（1）普通平键

普通平键用于静连接，轴与轮毂间无相对轴向移动。端部形状分为圆头（A 型）、

平头（B 型）和单圆头（C 型）3 种形式，如图 6-2 所示。轮毂上的键槽是开通的，一般用插刀（图 6-3）或拉刀加工。圆头普通平键，轴上的键槽用端铣刀在立式铣床上加工，如图 6-4（a）所示，键槽两端为半圆形，其优点是键在键槽中的固定较好，常用于轴中部的连接；平头普通平键，轴上的键槽用盘形铣刀在卧式铣床上加工，如图 6-4（b）所示，其缺点是键在键槽中的轴向固定不好，当键的尺寸较大时，需要用紧定螺钉把键压紧在轴上的键槽当中，以防松动，常用于轴端部或轴中部的连接；单圆头普通平键常用于轴端部的连接。

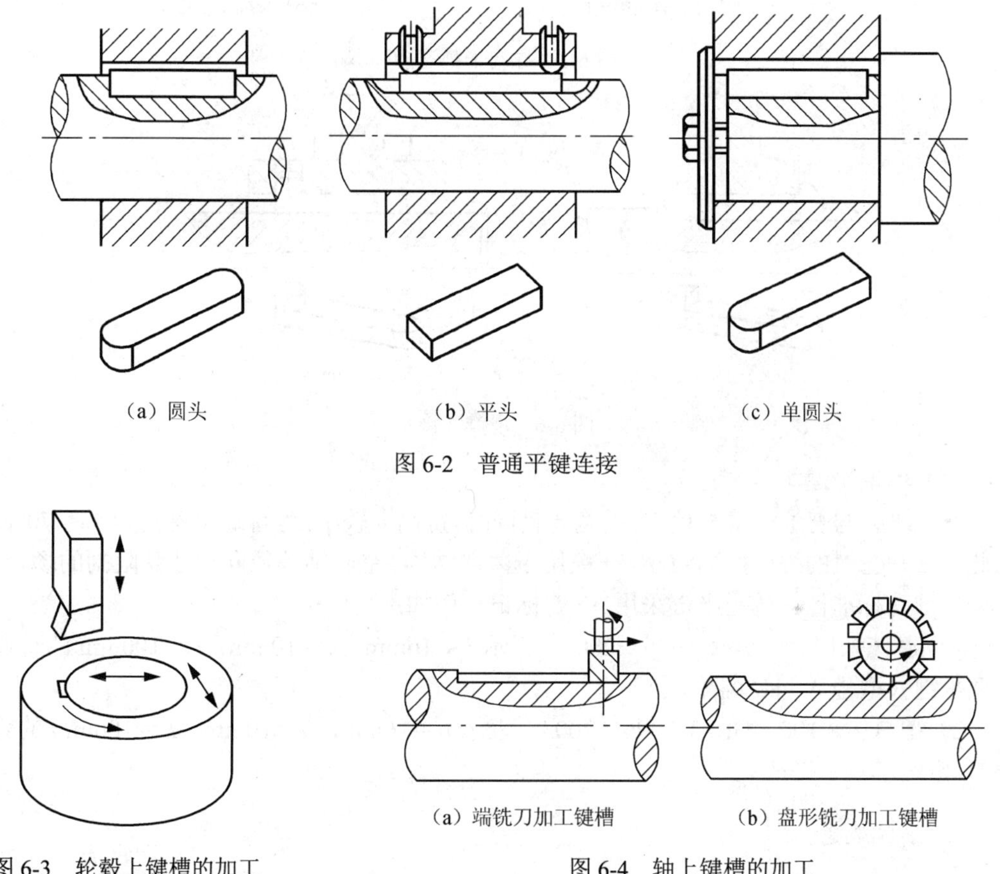

（a）圆头　（b）平头　（c）单圆头

图 6-2　普通平键连接

图 6-3　轮毂上键槽的加工

（a）端铣刀加工键槽　（b）盘形铣刀加工键槽

图 6-4　轴上键槽的加工

（2）导向平键

导向平键用于动连接，轴与轮毂间有相对轴向移动，如图 6-5 所示。其端部结构有圆头（A 型）、平头（B 型）两种。导向平键连接是将键用螺钉固定在轴上的键槽中，轴上零件能沿导向平键做轴向滑移。为了拆卸方便，在键的中部制有起键用的螺钉孔。导向平键连接适用于轴上零件的轴向移动量不大的场合，如变速器中的滑移齿轮。

当轴上零件的轴向移动量很大时，导向平键很长，不易制造，这时可采用滑键，如图 6-6 所示。滑键连接是将滑键固定在轮毂上，并与轮毂一起在轴上的长键槽中滑动。

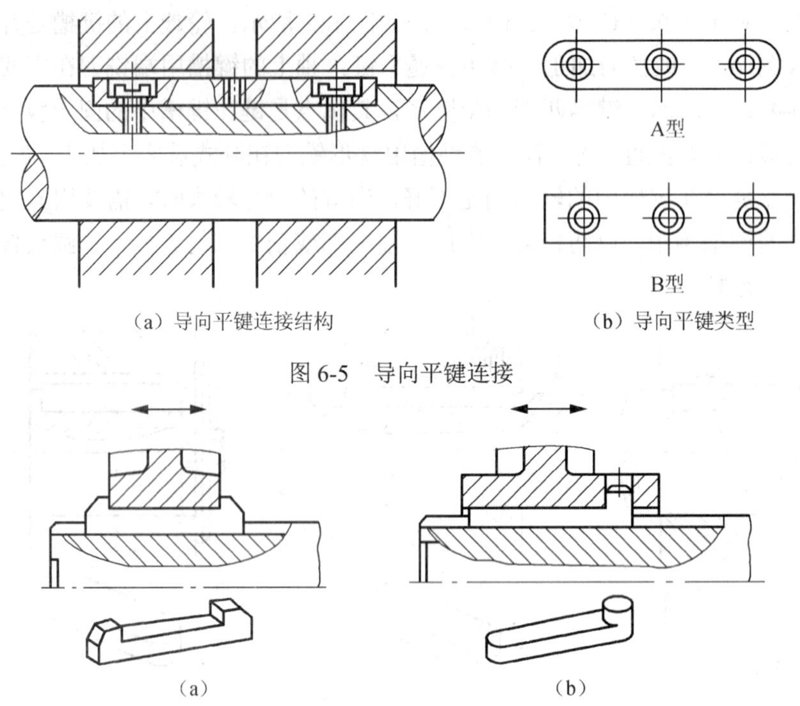

（a）导向平键连接结构　　（b）导向平键类型

图 6-5　导向平键连接

（a）　　（b）

图 6-6　滑键连接

（3）薄型平键

薄型平键与普通平键相比，当键宽 b 相同时，键高 h 较小，为普通平键的 60%～70%。因此对轴和轮毂的强度削弱较小，一般用于薄壁结构、空心轴等径向尺寸受限制的场合。

平键是标准件，普通平键采用 $b\times L$ 标记。例如：

1）键 16×100　GB/T 1096—2003，表示 $b=16$mm，$h=10$mm，$L=100$mm 的普通 A 型平键（型号 A 可省略不注）。

2）键 B16×100　GB/T 1096—2003，表示 $b=16$mm，$h=10$mm，$L=100$mm 的普通 B 型平键。

2. 平键选择

平键选择包括类型选择和尺寸选择两个方面。

（1）类型选择

一般应考虑传递转矩的大小，轴上零件轴向是否有移动及移动距离大小，对中性要求和键在轴上的位置等因素，并结合各种键的特点加以分析选择。

（2）尺寸选择

普通平键的键宽 b 和键高 h 按键所在轴径 d 查标准选定。键长 L 根据轮毂长度选择，一般略短于毂长，导向平键应按轮毂的长度及滑动距离而定。键的长度还须符合标准规定的长度系列。

平键尺寸公差及平键连接配合种类的选择如表 6-1 所示。

表 6-1 平键尺寸公差及平键连接配合种类

键（基轴制）			键 槽		
配合尺寸	非配合尺寸		较松键连接	一般键连接	较紧键连接
b	h	L			
h9	h11	h14	导向平键	一般情况	传递重载荷、冲击载荷及双向传递转矩

普通平键和键槽的尺寸如表 6-2 所示。

表 6-2 普通平键和键槽的尺寸

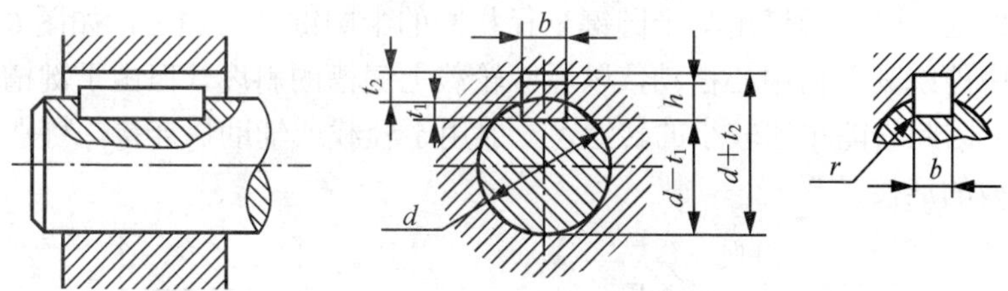

（摘自 GB/T 1095—2003、GB/T 1096—2003、GB/T 1097—2003）

轴	键			宽度 b					深 度				半径 r	
公称轴径 d	b（h9）	h（h11）	L（h14）	松连接 轴 H9	松连接 毂 D10	一般连接 轴 N9	一般连接 毂 Js9	紧连接 轴和毂 P9	轴 t_1 公称尺寸	轴 t_1 极限偏差	毂 t_2 公称尺寸	毂 t_2 极限偏差	最小	最大
>10～12	4	4	8～45	−0.030 0	+0.078 0.030	0 −0.030	±0.015	−0.012 −0.042	2.5	+0.1 0	1.8	+0.1 0	0.08	0.16
>12～17	5	5	10～56						3.0		2.3		0.16	0.25
>17～22	6	6	14～70						3.5		2.8			
>22～30	8	7	18～90	−0.036 0	+0.098 0.040	0 −0.036	±0.018	−0.015 −0.051	4.0	+0.20 0	3.3	+0.20 0		
>30～38	10	7	22～110						5.0		3.3		0.25	0.40
>38～44	12	8	28～140	−0.043 0	+0.120 +0.050	0 −0.043	±0.0215	−0.018 −0.061	5.0		3.3			
>44～50	14	9	36～160						5.5		3.8			
>50～58	16	10	45～180						6.0		4.3			
>58～65	18	11	50～220						7.0		4.4			
L 系列	…，16，18，20，22，25，28，32，36，40，45，50，56，63，70，80，90，100，110，125，…													

注：1.（$d-t_1$）和（$d+t_2$）两组组合尺寸的极限偏差按照相应的 t_1 和 t_2 的极限偏差选取，但（$d-t_1$）的极限偏差值应取负号（−）。

2. 在工作图中，轴槽深用 t_1 或（$d-t_1$）标注，毂槽深用 t_2 或（$d+t_2$）标注。

减速器低速轴安装齿轮处的直径为 d=40mm，齿轮轮毂宽 B=40mm，采用圆头平键（A 型），试查表确定键的尺寸。

解： 查表 6-2，由 d=40mm，查得键的尺寸 b=12mm，h=8mm。由齿轮轮毂宽 B=40mm，查表 6-2，取键的长度 L=36mm，略小于毂长且符合键的长度系列。

标记为键 12×36　GB 1096—2003。

键槽的尺寸可以从表 6-2 中查得。轴的键槽尺寸为 $d-t_1=40-5.0=35$（mm）；齿轮的键槽尺寸为 $d+t_2=40+3.3=43.3$（mm）。

键槽尺寸应分别标注在轴和齿轮的零件工作图上（略）。

3. 半圆键连接

半圆键的上表面为平面，两侧面呈半圆形平面［图 6-7（a）］，轴上加工出的键槽也呈半圆形。半圆键连接结构如图 6-7（b）所示，与平键工作原理一样，半圆键也以键的两侧面为工作面。轴上键槽用与半圆键半径相同的半圆键铣刀加工，如图 6-8 所示。半圆键在键槽中能绕其几何中心摆动，以适应轮毂上键槽的斜度，但由于键槽较深，削弱了轴的强度，因此只能传递较小的转矩，一般用于轻载或辅助性连接，特别适用于锥形轴端部与轮毂的连接。

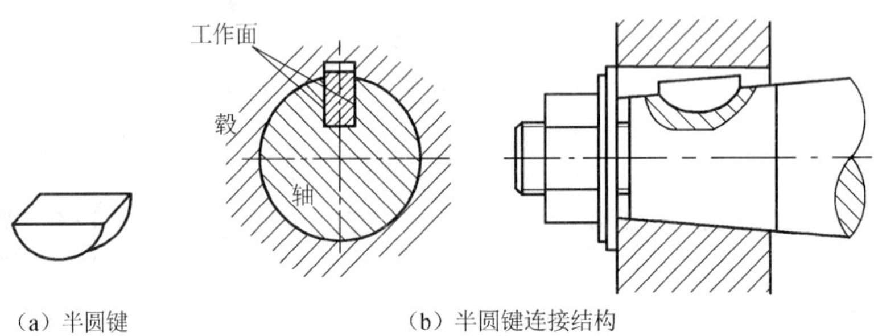

（a）半圆键　　（b）半圆键连接结构

图 6-7　半圆键连接

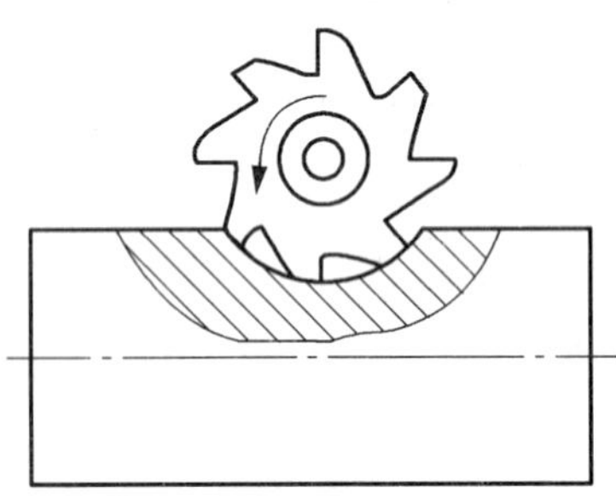

图 6-8　轴上半圆键槽的加工

4. 楔键连接

楔键的上表面和轮毂的键槽底面有 1∶100 的斜度。楔键的上、下表面是工作面，而键的两个侧面是非工作面，键与键槽的两个侧面留有间隙，如图 6-9 所示。在进行装配的时候，将楔键沿轴线打入到轴和毂的槽内，其工作面上会产生很大的楔紧力。工作时，主要依靠楔键的上、下表面与轮毂和轴之间的摩擦力来传递转矩，并能承受单方向的轴向力。由于楔紧力会使轴毂产生偏心，故楔键连接多用于对中性要求不高、载荷平稳、转速较低的场合。

楔键分为普通楔键和钩头楔键两种。装配时，对圆头（A 型）普通楔键，先把键装入轴槽，再打紧轮毂，如图 6-10（a）所示；对平头（B 型）普通楔键，轮毂安装到合适的位置后再把键打进轮毂槽中，如图 6-10（b）所示。钩头楔键的钩头是为了拆卸键用的，如图 6-10（c）所示。

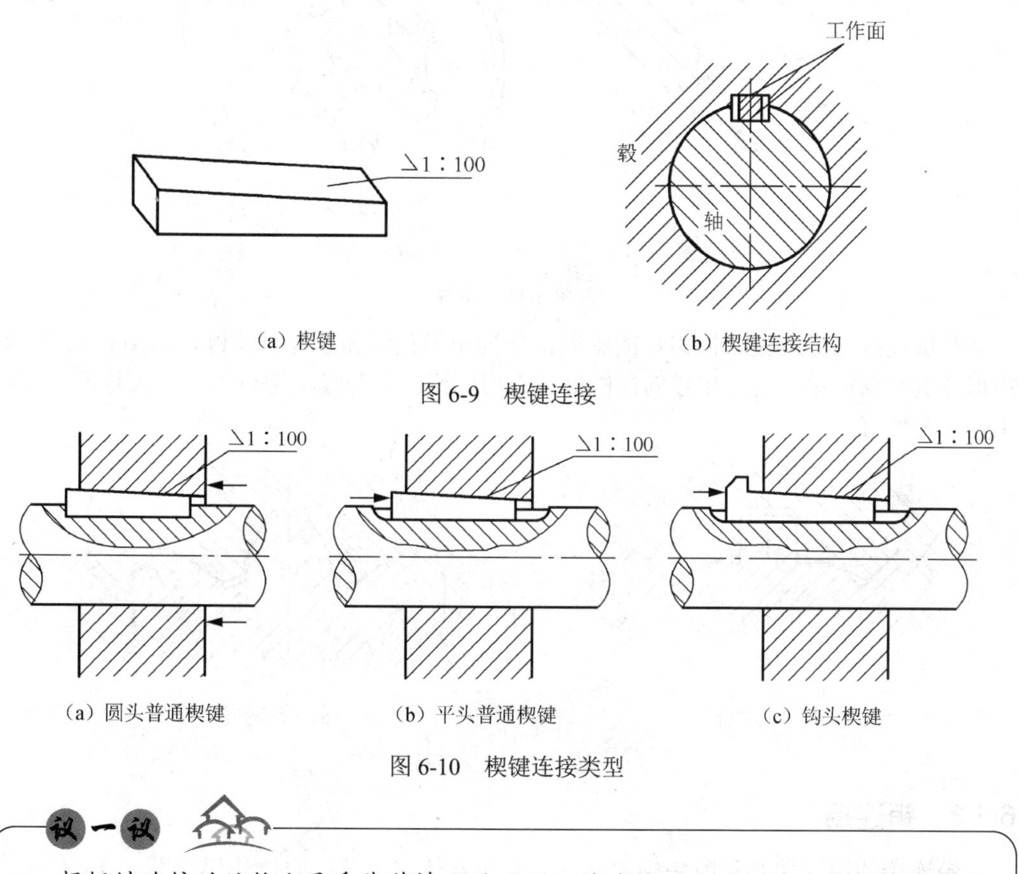

（a）楔键　　（b）楔键连接结构

图 6-9　楔键连接

（a）圆头普通楔键　　（b）平头普通楔键　　（c）钩头楔键

图 6-10　楔键连接类型

议一议

根据键连接的结构和承受载荷情况的不同，键连接可分为松键连接和紧键连接。平键、半圆键为松键连接，楔键为紧键连接，议一议这两类键连接的工作面和装配特点有何不同？

6.1.2　花键连接

花键连接由轴上加工出的外花键和轮毂孔上加工出的内花键组成，如图 6-11 所示。它是平键连接在数目上的发展。花键连接具有键齿数多，承载能力强，键槽较浅，应力集中小，对轴毂的强度削弱小，键齿分布均匀，受力均匀，轴上零件与轴的对中性好、导向性好等优点。花键连接的缺点是加工复杂，需专用设备，成本较高。因此，花键连接用于定心精度要求高和载荷较大的场合。

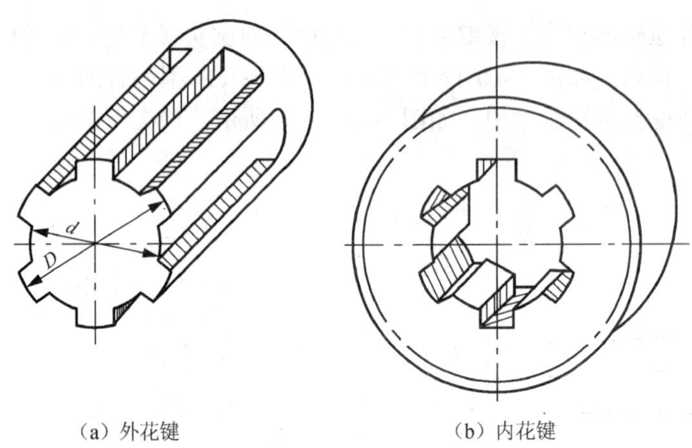

（a）外花键　　（b）内花键

图 6-11　花键

花键连接已标准化，按齿形的不同，分为矩形花键和渐开线花键，如图 6-12 所示。矩形花键齿形简单，精度和导向性能好，应用广泛；渐开线花键可用加工齿轮的方法加工，工艺性好。

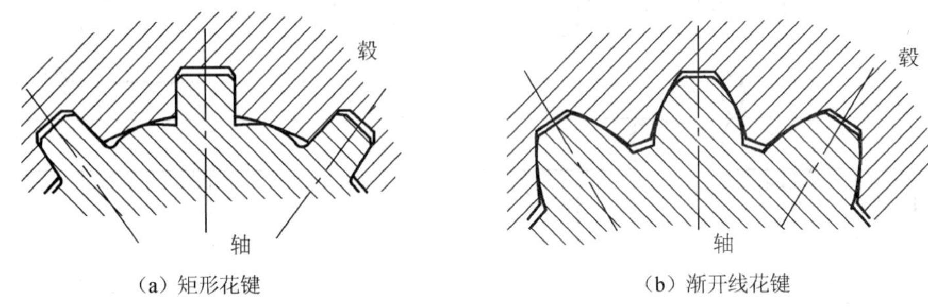

（a）矩形花键　　（b）渐开线花键

图 6-12　花键连接

6.1.3　销连接

销连接的用途主要是用来确定零件间的相互位置，即起定位作用［图 6-13（a)］，此时销一般不承受载荷，应用时通常不少于两个。另外，销连接还可以承受不大的载荷，用来传递横向力或转矩，如图 6-13（b）所示；销连接也可用来起过载保护作用，当连接过载时，销被切断，从而保护被连接件不致损坏，如图 6-13（c）所示。

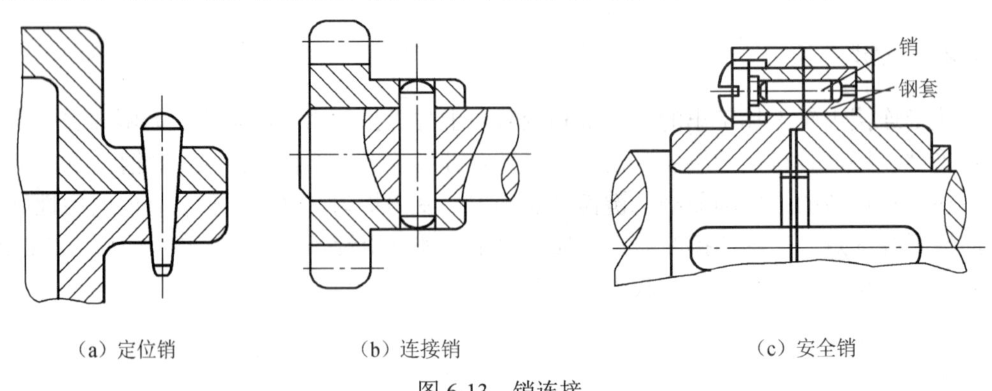

（a）定位销　　（b）连接销　　（c）安全销

图 6-13　销连接

销也是标准件，按形状分为圆柱销、圆锥销和异形销 3 类，如图 6-14 所示。圆柱销靠过盈与销孔配合，为保证定位精度和连接的紧固性，不宜经常装拆，主要用于定位，也用作连接销和安全销。圆锥销具 1∶50 的锥度，小端直径为标准值，自销性能好，定位精度高，主要用于定位，也可作为连接销。圆柱销和圆锥销的销孔均需铰制。异形销种类很多，其中开口销工作可靠，拆卸方便，常与槽形螺母合用，来锁定螺纹连接件。

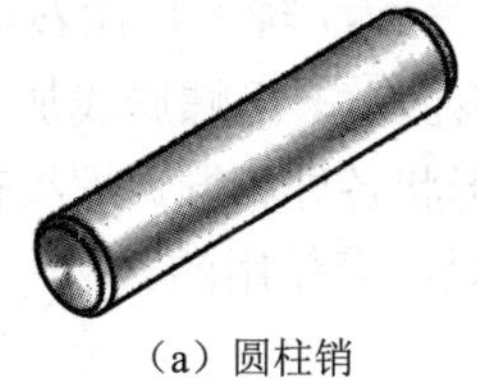
（a）圆柱销

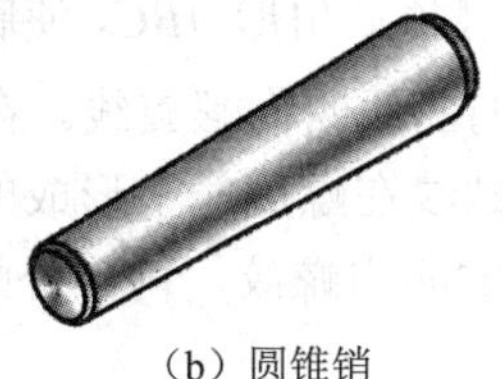
（b）圆锥销

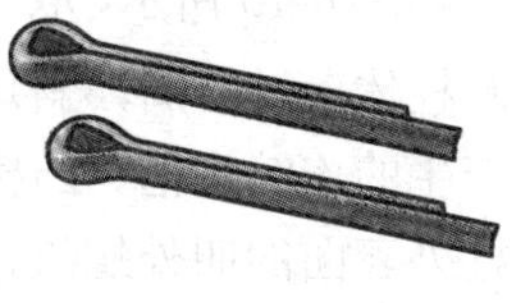
（c）开口销

图 6-14　常用销的类型

巩固

填写下表。

类　型		共同点（工作面、对中性、轴向或周向固定）	结构特点	应用特点
松键	普通平键			
	导向平键			
	半圆键			
	花键			
紧键	楔键			

6.2 螺 纹 连 接

学习导入

机械设备都是由不同的零部件组合而成的，其相关零部件的连接既需要牢固，又需要在维修和更换配件时容易拆卸，这就对零部件之间的连接提出了基本要求，既连接牢靠又拆装方便，螺纹连接就具备上述要求。

螺纹连接是用螺纹零件（如螺栓和螺母）将两个或两个以上的零件相对固定起来构成一种可拆卸的连接。这种连接具有结构简单、装卸方便、连接可靠、价格低廉及类型多样等优点，在机械制造和工程结构中应用甚广。大多数螺纹零件均已标准化。

观察门与门框的连接方式，以及课桌的面与课桌的架的连接方式，注意二者之间的区别。机械连接分为动连接和静连接，门与门框的连接是动连接，课桌的面与课桌的架的连接是静连接；机械连接还分为可拆和不可拆连接，上述二者都是可拆连接。

知识与技能

6.2.1 螺纹的基本知识

1. 螺纹的形成

如图 6-15 所示，取一张硬纸折成直角三角形 *ABC*，使底边 $AC=\pi d_2$，绕一直径为 d_2 的圆柱体旋转一周，斜边 *AB* 所形成的曲线叫作螺旋线。在圆柱表面上，沿螺旋线加工所产生的连续沟槽、凸棱称为螺纹。螺纹在螺旋线上形成的剖面形状各处相同。螺纹在圆柱外表面的叫外螺纹，在孔内表面的叫内螺纹。内、外螺纹都是配套使用的。

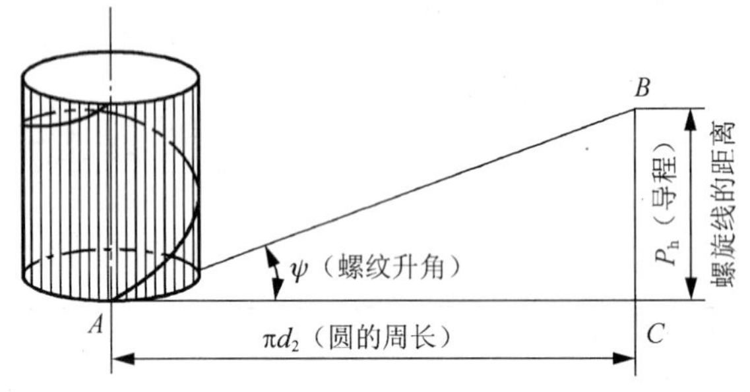

图 6-15 螺旋线形成

（1）单线螺纹与多线螺纹

单线螺纹（$n=1$）为一条螺旋线形成的螺纹，如图 6-16（a）所示。若由两条或两条以上、在轴向等距分布的螺旋线所形成的螺纹称为多线螺纹，如图 6-16（b）所示，n 为螺纹线数（$n=2$、3、4、…）。单线螺纹一般用于连接，其他螺纹多用于传动。

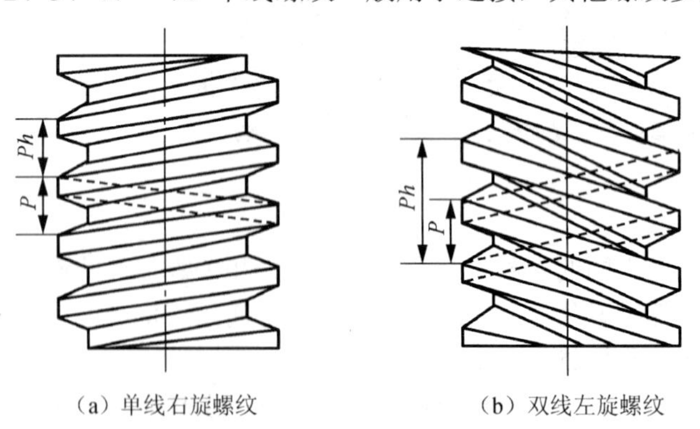

图 6-16 螺纹的线数和旋向

（2）螺纹旋向

螺纹旋向是螺旋线在圆柱面上的旋转方向。按照螺纹旋向不同，可以分为右旋螺纹和左旋螺纹。连接常用右旋螺纹。螺纹旋向判别方法如下：将螺纹竖直，圆柱体正面的螺旋线向右上升的为右旋螺纹，如图 6-16（a）所示；向左上升的为左旋螺纹，如图 6-16（b）所示。

（3）螺纹升角ψ

形成螺旋线的直角三角形斜边AB与底边AC之间的夹角ψ称为螺纹升角，如图6-15所示。

如图 6-15 所示，圆柱螺纹可展成一斜面，螺纹升角ψ相当于斜面的斜角，如以滑块代替螺母，则螺纹副的工作类似于滑块沿斜面上升或下降。如果静摩擦因数为f，则$\tan\phi=f$，式中ϕ称为摩擦角。当$\psi\leqslant\phi$时，不论螺母承载重量有多大，螺母都不会自动下降。螺纹结构一般都有这种自锁性，这是螺纹结构的优越性之一，对保证螺纹结构可靠、安全地工作有着重要意义。摩擦角大小取决于静摩擦因数，摩擦角一定时，螺纹升角越小，螺纹连接的自锁性越好。

2. 螺纹的主要参数

螺纹的主要参数如图 6-17 所示。

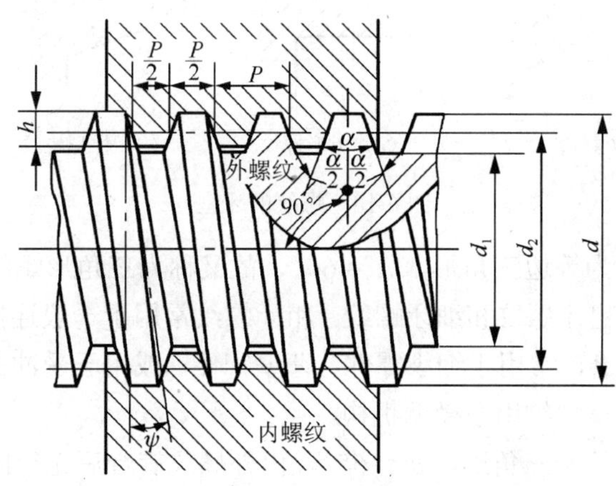

图 6-17 螺纹的主要参数

（1）大径D、d

与外螺纹牙顶或内螺纹牙底相重合的假想圆柱面的直径称为大径，内螺纹大径代号是D，外螺纹大径代号是d。在标准中定为公称直径。

（2）小径D_1、d_1

与外螺纹牙底或内螺纹牙顶相重合的假想圆柱面的直径称为小径。内螺纹小径代号是D_1，外螺纹小径代号是d_1。

（3）中径D_2、d_2

中径是指一个假想圆柱的直径，该圆柱的母线通过牙型上沟槽和凸起宽度相等的地方，内螺纹中径代号是D_2，外螺纹中径代号是d_2。

（4）螺距P

螺距是相邻两牙在中径线上对应两点间的轴向距离。

（5）导程 P_h

导程是同一条螺旋线上的相邻两牙在中径线上对应两点间的轴向距离，$P_h = nP$。

（6）牙型角 α、牙型半角 $\alpha/2$

在螺纹牙型上，连接牙顶和牙底的侧表面称为牙侧，相邻两牙侧间的夹角 α 称为牙型角。牙侧与螺纹轴线的垂线间的夹角 $\alpha/2$ 称为牙型半角。

3. 螺纹的种类、特点和应用

按照螺纹牙型的不同，螺纹可分为普通螺纹、管螺纹、矩形螺纹、梯形螺纹、锯齿形螺纹等，如图 6-18 所示。除矩形螺纹外，其余螺纹均已标准化。除管螺纹采用英制（以每英寸牙数表示螺距）外，其余螺纹均采用米制。

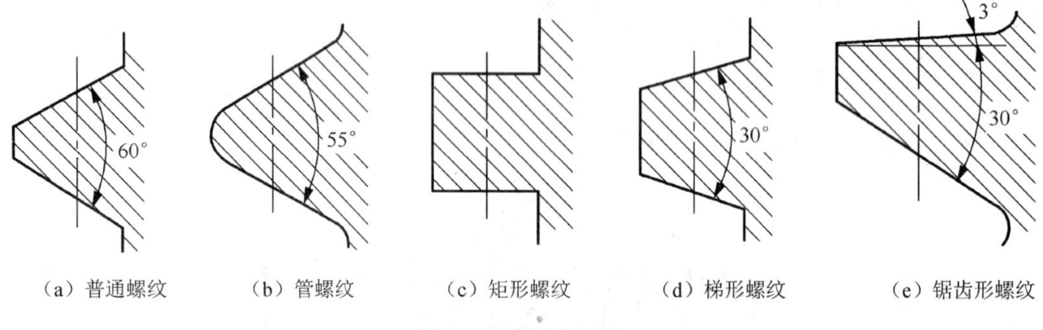

（a）普通螺纹　（b）管螺纹　（c）矩形螺纹　（d）梯形螺纹　（e）锯齿形螺纹

图 6-18　螺纹的牙型

普通螺纹的牙型为等边三角形，$\alpha = 60°$，故又称为三角形螺纹。对于同一公称直径，按螺距大小分为粗牙螺纹和细牙螺纹。粗牙螺纹常用于一般连接；细牙螺纹自锁性好，强度高，但不耐磨，常用于细小零件、薄壁管件，或用于受冲击、振动和变载荷的连接，有时也作为调整螺纹用于微调机构。

管螺纹的牙型为等腰三角形，$\alpha = 55°$，内外螺纹旋合后无径向间隙，用于有紧密性要求的管件连接。

矩形螺纹、梯形螺纹、锯齿形螺纹常用于螺旋传动，如图 6-19 所示。

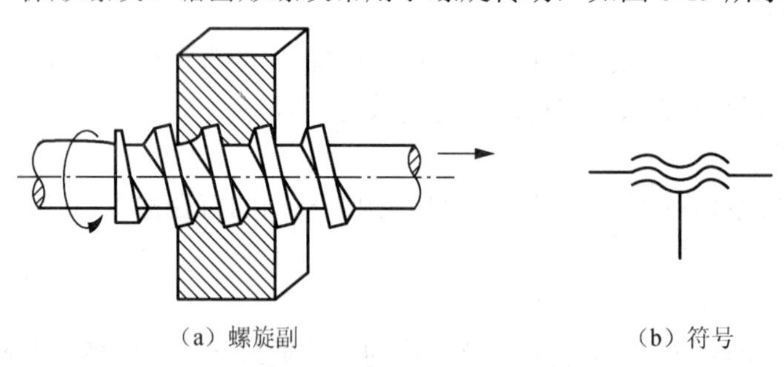

（a）螺旋副　（b）符号

图 6-19　螺旋传动

螺距与导程的概念都是螺纹牙在中径线上对应两点间的轴向距离，两者有什么不同？在什么情况下相同？

6.2.2 螺纹连接的基本类型和常用螺纹连接件

1. 螺纹连接的基本类型

螺纹连接的基本类型有螺栓连接、双头螺柱连接、螺钉连接和紧定螺钉连接4种，它们的构造、特点和应用如表6-3所示。

表6-3 螺纹连接的基本类型

类型	螺栓连接	双头螺柱连接	螺钉连接	紧定螺钉连接
构造	普通螺栓连接　铰制孔用螺栓连接			
特点及应用	普通螺栓连接：穿过被连接件的通孔，与螺母组合使用，装拆方便，成本低，不受被连接件材料的限制。其广泛用于传递轴向载荷且被连接件厚度不大，能从两边进行安装的场合。 铰制孔用螺栓连接：螺栓穿过被连接件的铰制孔并与之过渡配合，与螺母组合使用，适用于传递横向载荷或需要精确固定被连接件的相互位置的场合	双头螺柱的一端旋入较厚被连接件的螺纹孔中并固定，另一端穿过较薄被连接件的通孔，与螺母组合使用，适用于被连接件之一较厚，材料较软且经常装拆、连接紧固或紧密程度要求较高的场合	螺钉穿过较薄被连接件的通孔，直接旋入较厚被连接件的螺纹孔中，不用螺母，结构紧凑，适用于被连接件之一较厚，受力不大，且不经常装拆、连接紧固或紧密程度要求不太高的场合	紧定螺钉旋入一被连接件的螺纹孔中，并用尾部顶住另一被连接件的表面或相应的凹坑中，固定它们的相对位置，还可传递不大的力或转矩

普通螺栓连接和铰制孔用螺栓连接这两类螺纹连接具有不同的结构特点和受力特点，对于前者，螺栓杆与被连接件孔壁之间有间隙，杆与孔的加工精度要求较低，

当受横向载荷时，靠螺栓拧紧后在被连接件接合面间产生的摩擦力来平衡工作载荷；对于后者，螺栓杆与被连接件孔壁之间无间隙，杆与孔的加工精度要求较高，靠接触表面受挤压、接合面处螺栓杆受剪切来平衡工作载荷。

2. 常用螺纹连接件

螺纹连接件的种类繁多，主要有螺栓、双头螺柱、螺钉、紧定螺钉、螺母、垫圈等，它们都是标准件，常用螺纹连接件的结构特点和应用如表 6-4 所示。

表 6-4　常用螺纹连接件的结构特点和应用

类型	图例	结构特点及应用
六角头螺栓	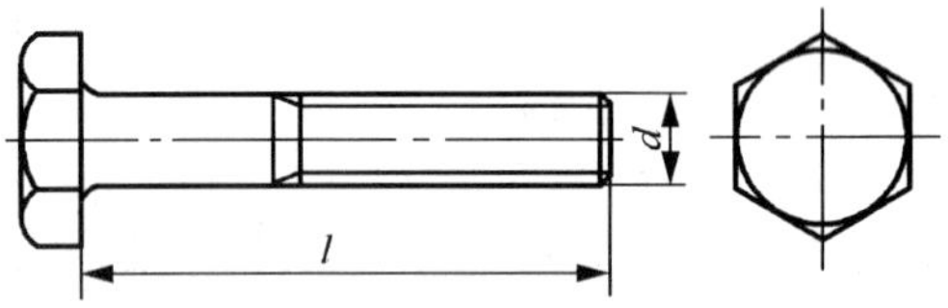 d　l	螺栓种类很多，应用最广。螺栓杆部可制出一段螺纹或全螺纹；螺纹可用粗牙或细牙；头部有各种不同形状，最常见的是六角头，包括标准六角头和小六角头。一般情况下使用标准六角头，在空间尺寸受到限制的地方使用小六角头螺栓
双头螺柱	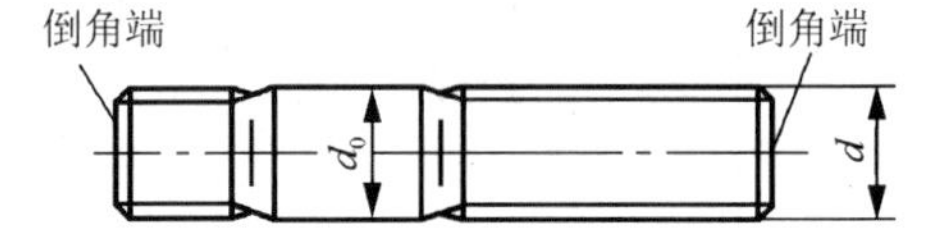 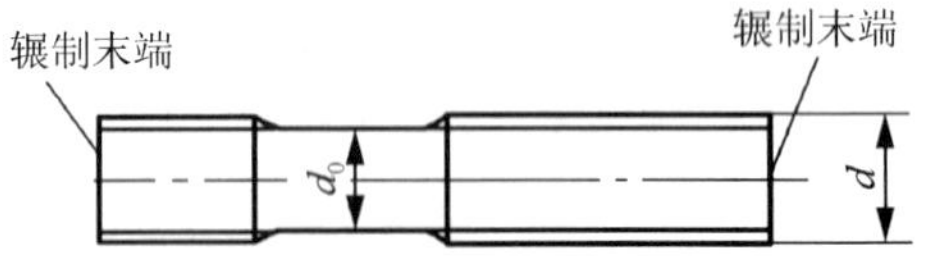 倒角端　倒角端　d_0　d A型 辗制末端　辗制末端　d_0　d B型	双头螺柱的两端都制有螺纹，两端螺纹可相同或不同。一般情况短端配合较紧，旋入被连接件的螺纹孔中，长端配合放松，用来安装螺母
螺钉	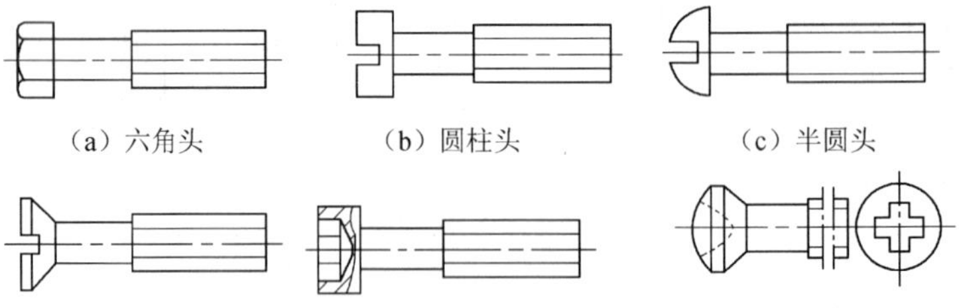 （a）六角头　（b）圆柱头　（c）半圆头 （d）沉头　（e）内六角孔　（f）十字槽	螺钉的头部有各种形状，通常以其头部的形状来命名，如盘头（半圆头）螺钉、圆柱头螺钉、沉头螺钉和内六角圆柱螺钉等。十字槽螺钉头部强度高，对中性好，易于实现自动化装配；内六角螺钉能承受较大的扳手力矩，连接强度高，可代替六角头螺栓，用于要求结构紧凑的场合

续表

类型	图例	结构特点及应用
紧定螺钉	(a) 锥端　(b) 平端　(c) 圆柱端	紧定螺钉的头部多为一字槽，其末端形状常用的有锥端、平端和圆柱端。锥端适用于被顶紧零件的表面硬度较低或不经常拆卸的场合；平端接触面积大，不伤零件表面，适用于被顶紧零件的表面硬度较高或经常拆卸的场合；圆柱端压入轴上的凹坑中，适用于紧定空心轴上的零件位置
六角螺母	(a) 标准型　(b) 薄型	螺母是和螺栓相配套的标准零件，其外形有六角形、圆形、方形及其他特殊的形状；其厚度有厚、标准和扁之分，其中以标准的应用最广
垫圈	65°～80° (a) 平垫圈　(b) 弹簧垫圈	垫圈品种最多，应用最广。最常见的有平垫和弹簧垫两种。平垫圈的目的主要是为了增加支承面积，对支承面起保护作用，同时也有一定的放松效果；弹簧垫圈主要用于防松，凡是有振动的地方未采用其他防松措施时，原则上都应该加装弹簧垫

6.2.3 螺纹连接的预紧与防松方法

1. 螺纹连接的预紧

实际应用的螺纹连接，在装配时一般需要拧紧，使连接在承受工作载荷之前预先受到力的作用，这个预先作用力称为预紧力。预紧的目的在于增强连接的可靠性、紧密性和防松能力，预紧力要适度。对于一般连接，采用普通扳手，如图 6-20 所示，由操作者凭经验来控制预紧力的大小；对于较重要的普通螺栓连接，可采用测力矩扳手或定力矩扳手来控制预紧力，如图 6-21 所示；对于预紧力控制有精确要求的螺栓连接，可采用测量螺栓伸长量的方法来控制预紧力的大小。

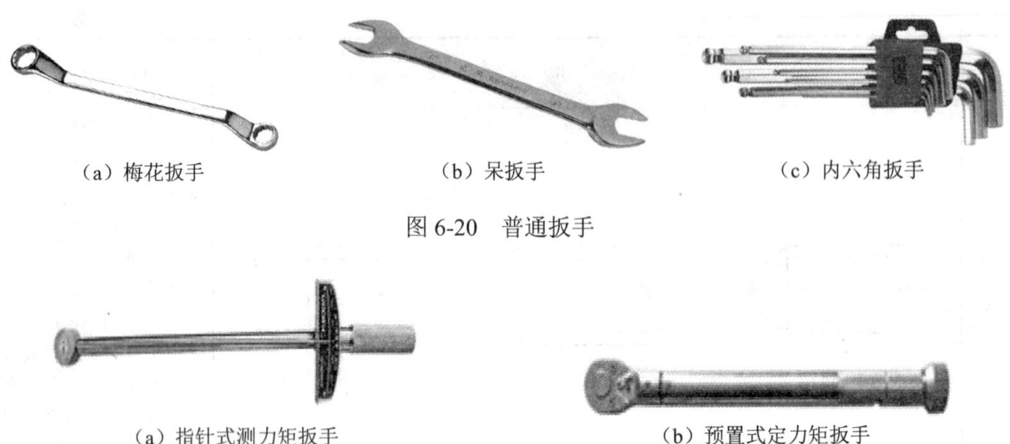

（a）梅花扳手　（b）呆扳手　（c）内六角扳手

图 6-20　普通扳手

（a）指针式测力矩扳手　（b）预置式定力矩扳手

图 6-21　力矩扳手

拧紧成组的螺栓连接时，应根据被连接件的形状与螺栓的分布情况，按照一定的顺序分次逐步拧紧（一般分 2 或 3 次），拧紧时应注意施力均匀，以防止螺栓受力不一致，甚至造成变形。长方形布置的成组螺栓，拧紧的顺序先从中央开始，逐步向两边对称扩展进行；圆形布置的成组螺栓连接，应按一定交叉方向拧紧；方形布置的成组螺栓连接，必须对称拧紧，如图 6-22 所示。

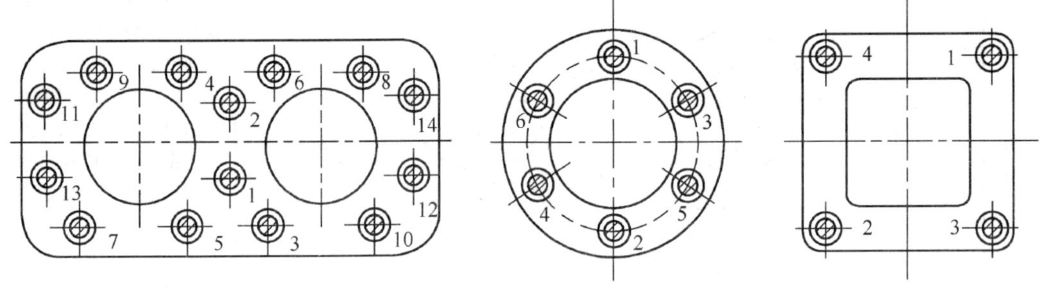

图 6-22　拧紧螺栓顺序示例

对于铸锻焊件等粗糙表面，应加工成凸台、沉头座或采用球面垫圈，支承面倾斜时应采用斜面垫圈，如图 6-23 所示。这样可使螺栓轴线垂直于支承面，避免承受偏心载荷。图 6-23 中尺寸 E 要保证扳手所需的活动空间。

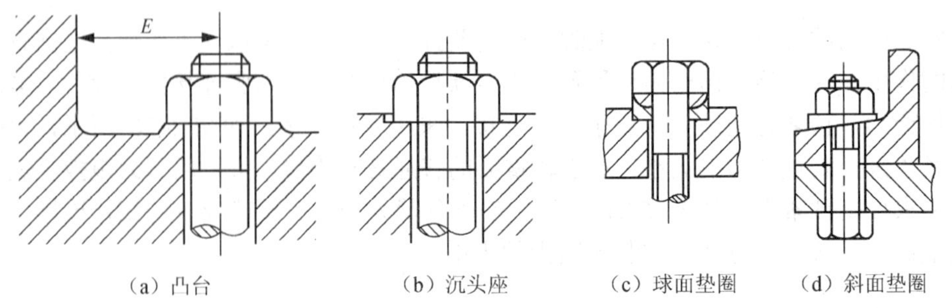

（a）凸台　（b）沉头座　（c）球面垫圈　（d）斜面垫圈

图 6-23　避免螺栓承受偏心载荷的措施

2. 螺纹连接的防松

松动是螺纹连接中最常见的失效形式之一，通常采用的标准螺纹连接件满足自锁条件，在受静载荷或温度变化不大时，一般不会自行松脱。但受冲击、振动或变载荷及温度变化大时，螺纹连接有可能自行松脱，这会引起机器工作的不正常甚至引发重大事故。为了保证连接的安全可靠，对螺纹连接要采取必要的防松措施。防松的根本问题在于防止螺旋副发生相对转动。按其工作原理，螺纹连接的防松可分为摩擦力防松、机械防松和不可拆防松 3 种。螺纹连接的防松方法、特点及应用如表 6-5 所示。

表 6-5 螺纹连接的防松方法、特点及应用

防松方法		结构形式	特点和应用
摩擦力防松	对顶螺母	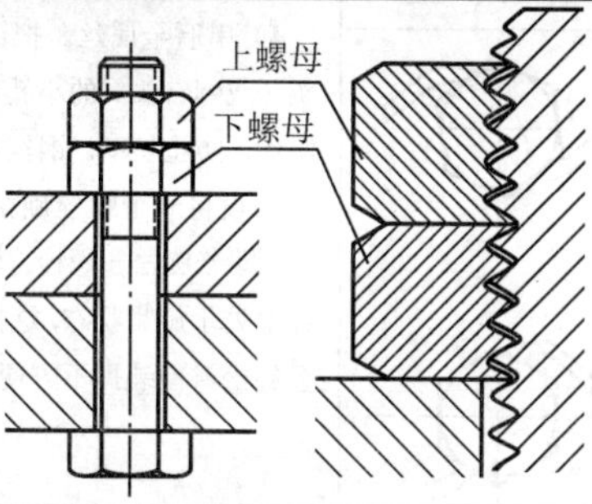 上螺母 下螺母	这种防松方法的原理是，不论连接所受载荷如何变化，使螺旋副中都存在一定的正压力，从而产生防止螺旋副相对转动的摩擦阻力。这种方法适用于机械外部静止构件的连接，以及防松要求不严格的场合。常用的有对顶螺母防松、弹簧垫圈防松等方法。对顶螺母防松效果较好，弹簧垫圈防松效果次之
	弹簧垫圈	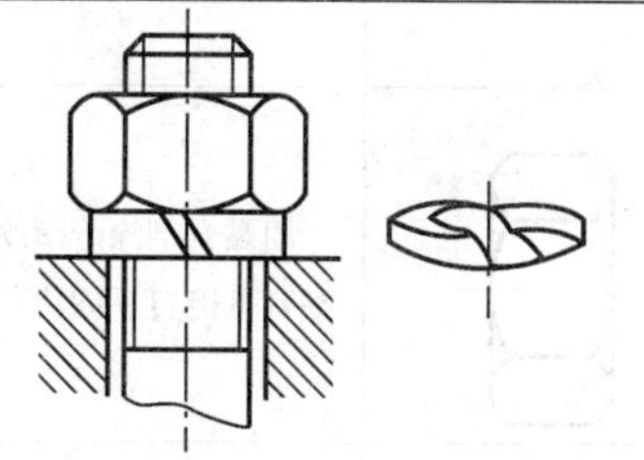	
机械防松	开口销与开槽螺母	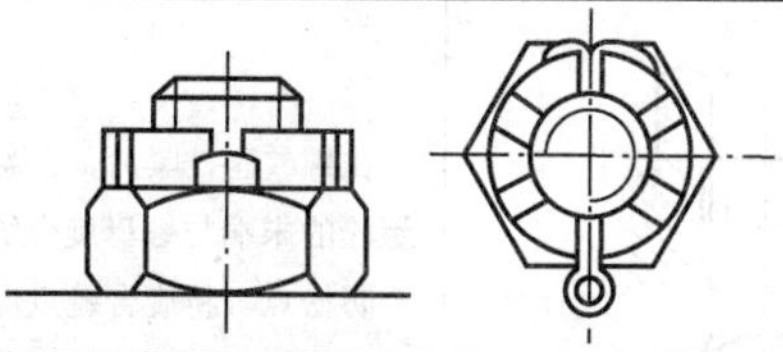	机械防松是借助各种止动元件（开口销、止动垫片、金属丝等），直接防止螺旋副的相对转动。这种装置工作可靠，应用广泛，但装拆麻烦。这种方法适用于机械内部运动构件的连接，以及防松要求较高的场合。 1）开口销与开槽螺母。采用开槽螺母，并且在螺栓尾部钻一小孔。螺母拧紧后，将开口销插入螺栓孔与螺母槽中，并将开口销尾部掰开与螺母侧面贴紧，靠开口销阻止螺栓与螺母的相对转动而防松
	六角螺母止动垫圈	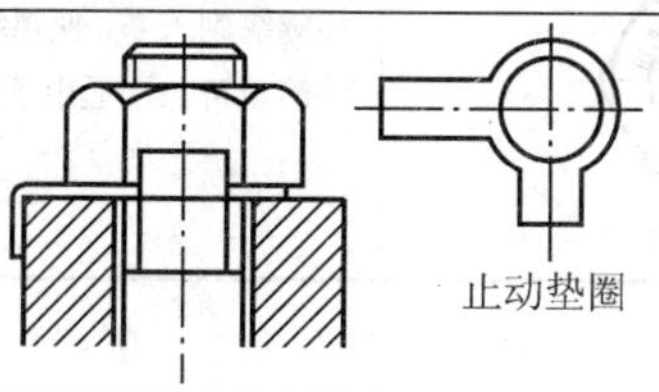 止动垫圈	

续表

防松方法		结构形式	特点和应用
机械防松	圆螺母与止动垫圈	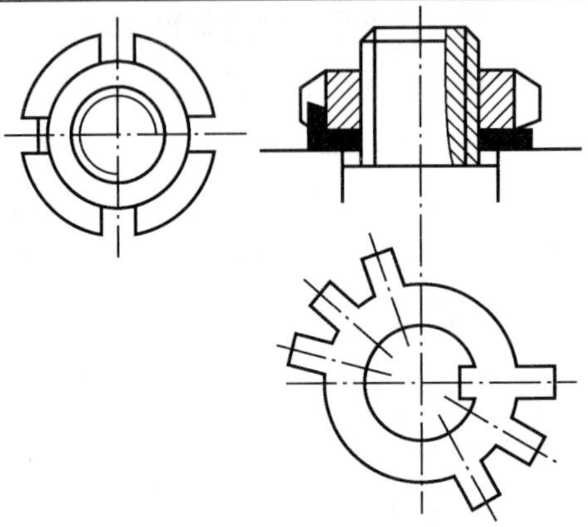	2）六角螺母与止动垫圈。将垫圈的一耳向下折弯放入被连接零件的槽内，另一耳向上折起与螺母一侧面贴紧，但不可贴在螺母的棱角处，否则不会很好地起到防松作用。 3）圆螺母与止动垫圈。这种垫圈有几个外翅和一个内翅，内翅放入螺栓（或轴）的纵向槽内，拧紧螺母后将垫圈的一个外翅弯入到圆螺母的一个缺口中，便可锁紧。 4）串联金属丝。把钢丝连续穿入每个螺栓头（或螺钉头）的小孔，将其串联起来，相互制约，防止松动。钢丝穿入方向要对，正确的是假设将一个螺栓旋松，钢丝应处在拉紧状态，即若旋松一螺栓，与其左右相邻的两个螺栓要处于旋紧状态，这样该螺栓受到牵制便不会旋松，但装拆不方便
	串联金属丝	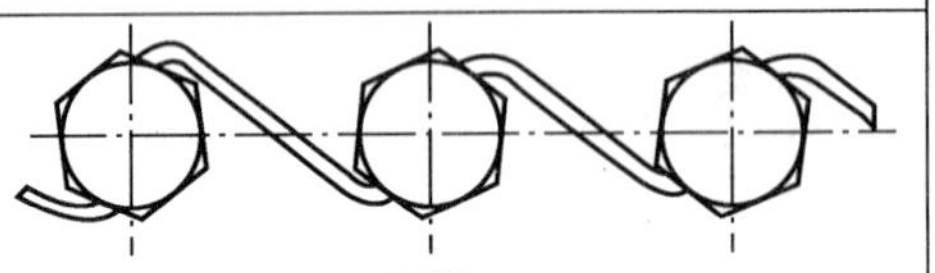 正确 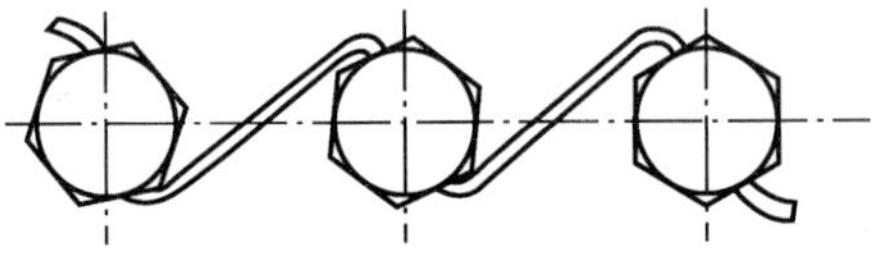 错误	
不可拆防松	黏合剂防松	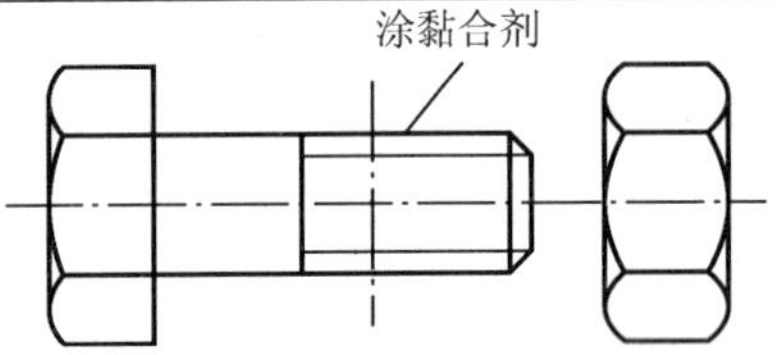 涂黏合剂	用黏合剂涂于螺纹旋合表面，拧紧螺母后，黏合剂能自行固化，防松效果好，但不便拆卸
	冲点防松	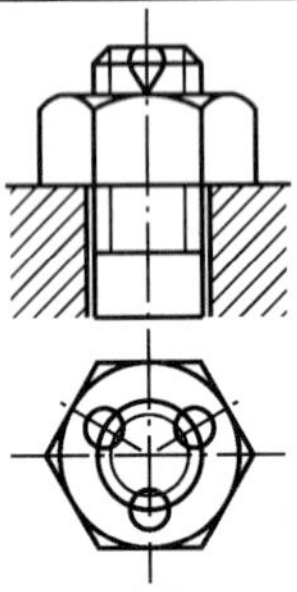 冲点 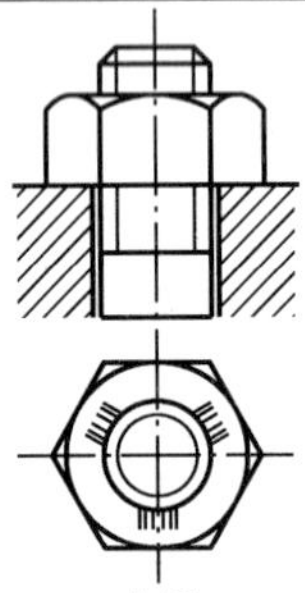　点焊	在螺纹副拧紧后，把螺栓伸出部分铆死，在螺栓的末端与螺母旋合缝处采用冲头冲 2～3 个防松点、将旋合缝点焊 2～3 点等措施，破坏螺纹副关系，使螺纹连接不可拆卸。这种方法简单可靠，适用于装配后不再拆开的连接

实地查看日常生活中或机械设备上使用的各种防松措施，并分析其工作原理。

巩固

1）分析连接螺纹、传动螺纹的牙型，并填写下表。

种　类	连 接 螺 纹	传 动 螺 纹
牙型		

2）总结螺纹主要参数符号的名称、含义，并填写下表。

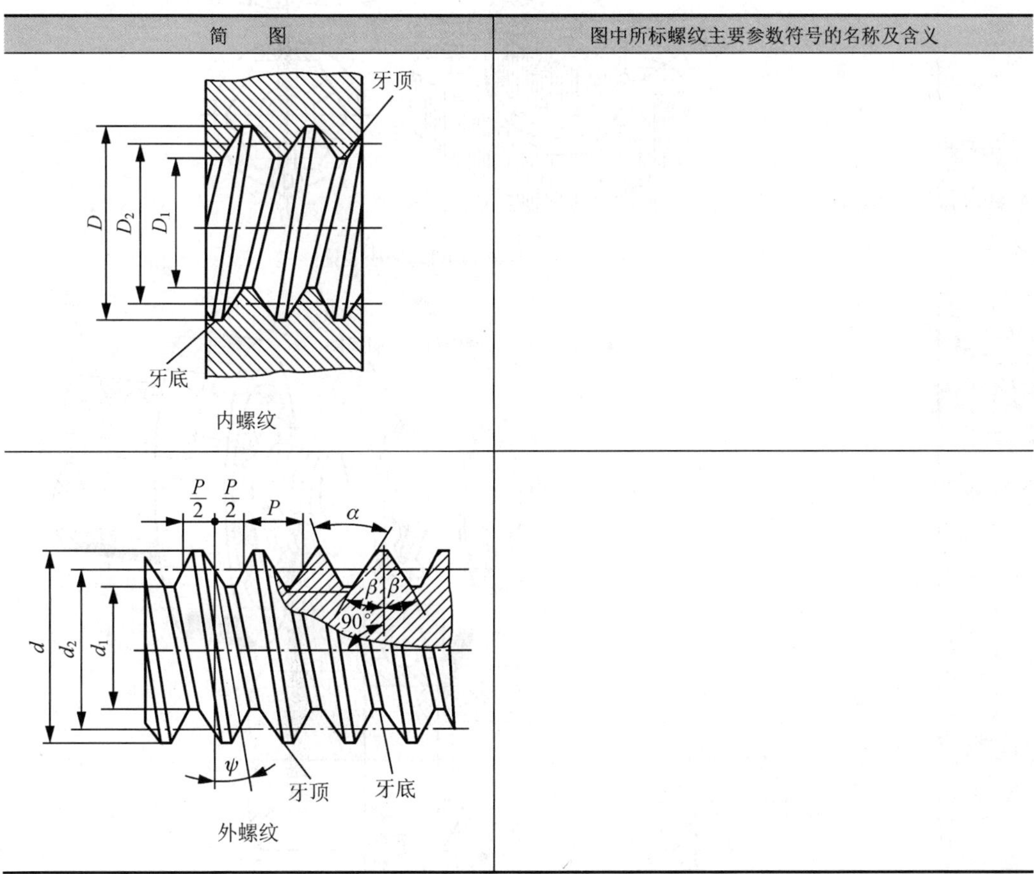

简　图	图中所标螺纹主要参数符号的名称及含义
内螺纹	
外螺纹	

3）分析防松装置的类型，并填写下表。

<table>
<tr><td>防松装置</td><td> 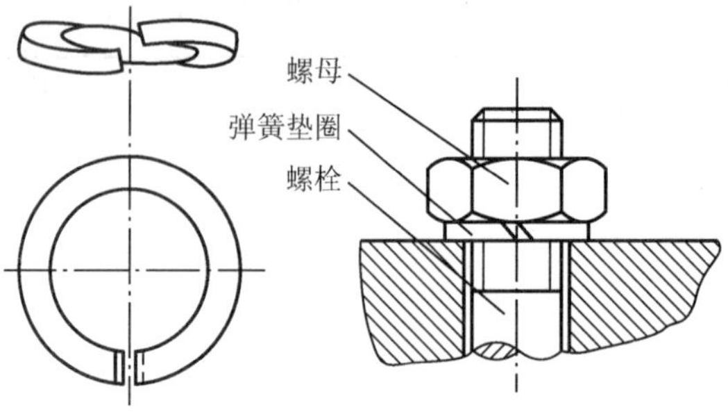螺母
弹簧垫圈
螺栓
（a）弹簧垫圈防松装置 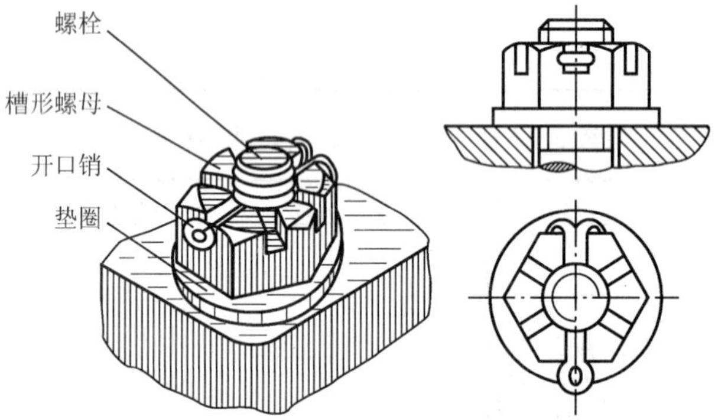
螺栓
槽形螺母
开口销
垫圈
（b）开口销与开槽螺母防松装置 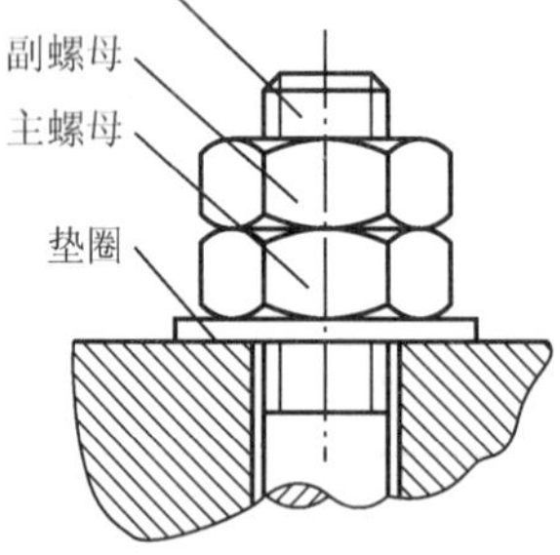
螺栓
副螺母
主螺母
垫圈
（c）对顶螺母防松装置 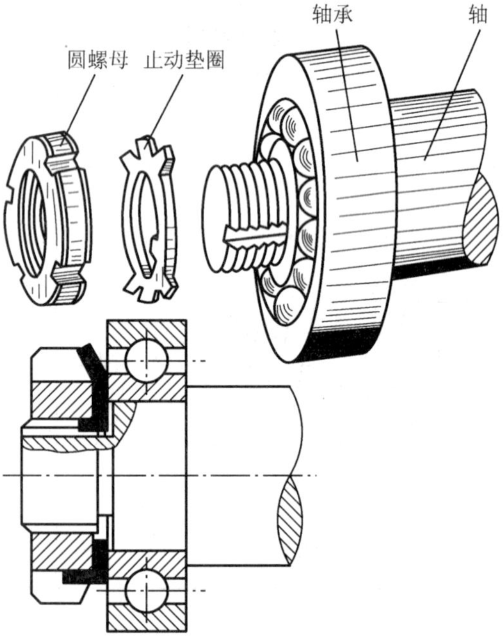
轴承
轴
圆螺母
止动垫圈
（d）圆螺母和止动垫圈防松装置</td></tr>
<tr><td>分析</td><td>图（a）、（b）、（c）所示的防松装置中，属于摩擦力防松的是（　　　），属于机械防松的是（　　　）</td></tr>
</table>

*6.3 弹 性 连 接

学习导入

受载后产生变形，卸载后通常立即恢复原有形状和尺寸的零件，称为弹性零件。它是利用材料的弹性和结构特点，在产生或恢复变形时实现动能与变形能的相互转换。这种依靠弹性零件实现被连接件在有限相对运动时仍保持固定联系的动连接，称为弹性连接。

知识与技能

观察日常生活中或机械设备上广泛使用的各种弹簧，如关房门用的螺旋拉伸弹簧、火车车厢下的螺旋压缩弹簧、汽车车厢下的板弹簧、机械式钟表中的发条弹簧等，它们承受载荷的情况有什么不同？

6.3.1 弹性连接的功能

1）缓冲吸振，以改善被连接件的工作平稳性，如汽车、火车车厢下的减振弹簧和各种缓冲器用的弹簧所构成的弹性连接。

2）控制运动，以适应被连接件的工作位置变化，如离合器中的弹簧及内燃机上阀门弹簧所构成的弹性连接。

3）储能输能，以提供被连接件运动所需动力，如机械式钟表中的发条弹簧所构成的弹性连接。

4）测量载荷，以标志被连接件所受外力的大小，如测力器和弹簧秤中的弹簧所构成的弹性连接。

6.3.2 弹簧的类型

弹簧是广泛应用于各种机械中的一种弹性元件。弹簧的种类很多，若按照其所承受的载荷性质进行划分，可分为拉伸弹簧、压缩弹簧、扭转弹簧和弯曲弹簧等；若按照弹簧的形状进行划分，又可分为螺旋形弹簧、板弹簧、盘簧、碟形弹簧和环形弹簧等。表 6-6 中列出的是部分弹簧的基本形式。

表 6-6　弹簧的基本形式

类　型		变　形	简　图	特点及应用
螺旋形弹簧	圆柱螺旋拉伸弹簧	拉伸	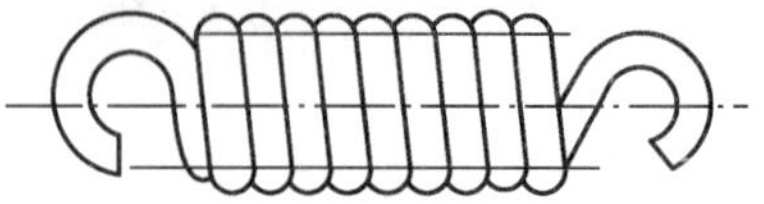	螺旋弹簧是用金属弹簧丝按螺旋线卷绕而成的，结构简单，制造方便，可以有较大的变形位移。 螺旋弹簧按受载情况可分为圆柱螺旋拉伸弹簧、圆柱螺旋压缩弹簧、圆锥螺旋压缩弹簧和圆柱螺旋扭转弹簧等。其中拉伸和压缩弹簧应用最为广泛，扭转弹簧主要用于各种装置的压紧和蓄能。圆锥弹簧尺寸紧凑，稳定性好，多用于承受大载荷和减振的场合
	圆柱螺旋压缩弹簧	压缩	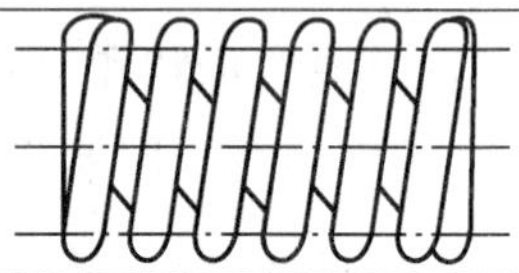	
	圆锥螺旋压缩弹簧	压缩	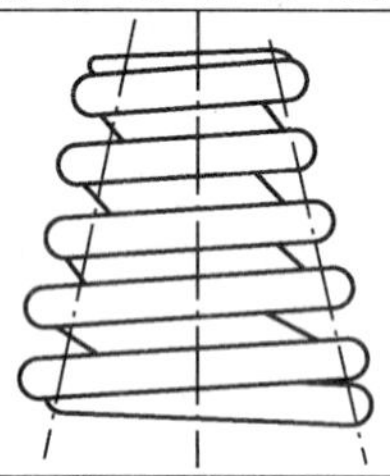	
	圆柱螺旋扭转弹簧	扭转	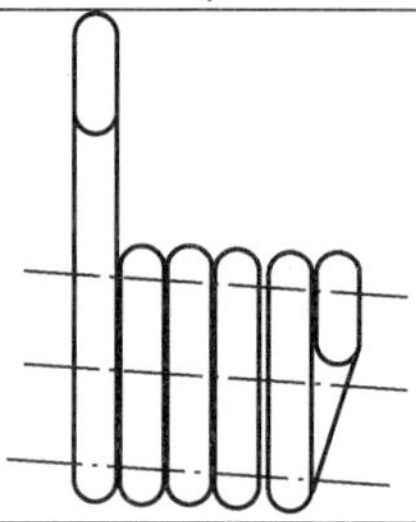	
其他形弹簧	板弹簧	弯曲	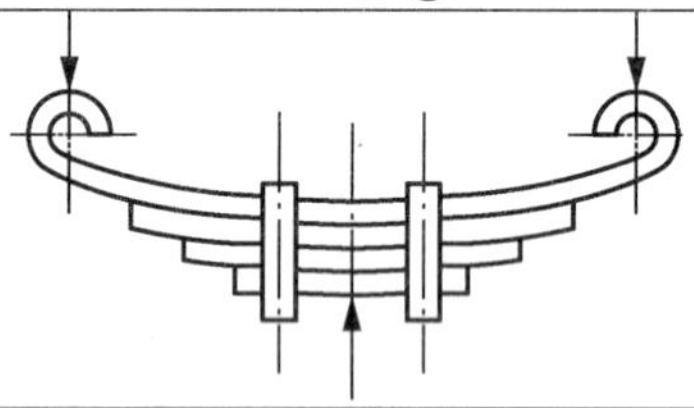	板弹簧由若干长度不等的条状钢板叠合而成，常用作车辆减振弹簧。 盘簧由钢带盘绕而成，常用作仪器、钟表的储能装置。 碟形弹簧由冲压成形的截锥钢板组成，刚性大，能承受冲击，吸收振动，常用作缓冲弹簧
	盘簧	扭转	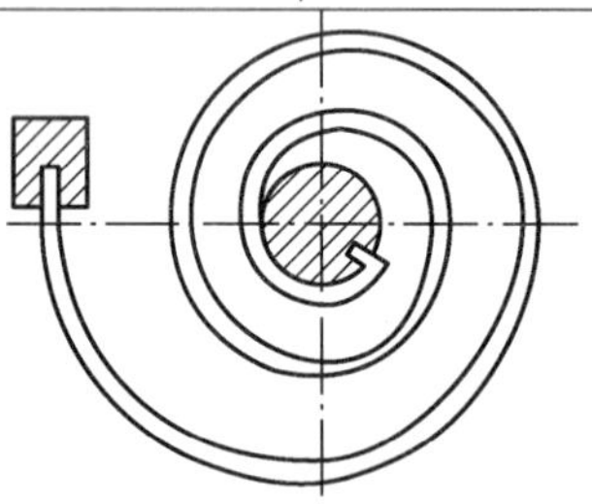	
	碟形弹簧	压缩	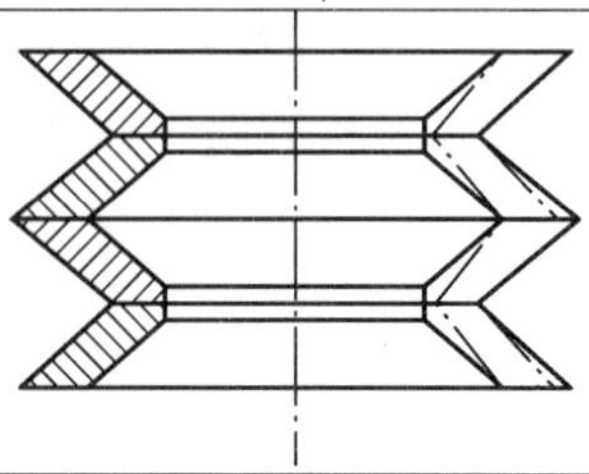	

6.4 联轴器与离合器

学习导入

联轴器和离合器是机械传动中常用的部件，主要用来将轴与轴连接在一起，使它们一同旋转并传递运动和转矩，有些场合也可将它们作安全装置使用。

二者的区别是，用联轴器连接的两轴只有当机器停车后拆开联轴器，才能使两轴分离。而用离合器连接的两轴则可在机器运转过程中随时使两轴分离和接合，满足机器能空载起动，起动后又能随时接通、中断的要求，以完成传动系统的换向、变速、调整、停止等工作。

在图6-24所示的卷扬机中，电动机的轴和减速器的输入轴是通过联轴器连接的，减速器的输出轴是通过离合器与卷筒的轴连接的。电动机通过传动系统驱动卷筒回转，如果不安装离合器，要想使卷筒停止转动，则必须关闭电动机。

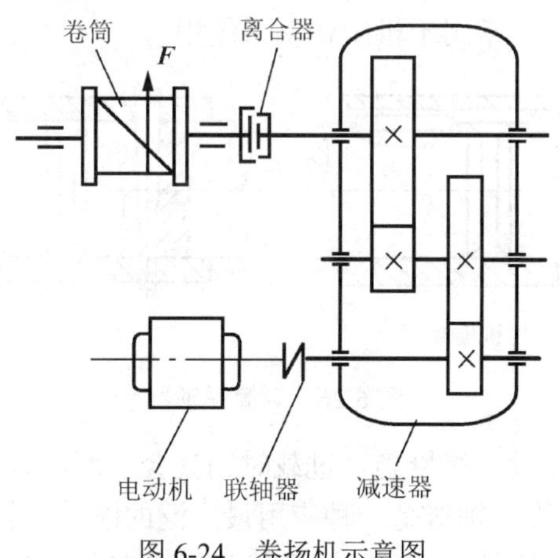

图6-24 卷扬机示意图

知识与技能

6.4.1 联轴器

1. 联轴器的分类

联轴器所连接的两根轴，由于制造、安装误差或受载变形及温度变化等因素，会引起被连接的两轴不能严格对中，出现轴线相对位移和偏斜，这将使机器的工作情况恶化，因此要求联轴器应具有补偿轴线位移的能力。另外，在有冲击、振动的场合，还要求联轴器具有缓冲和吸振的能力。

联轴器类型较多，其中大多数已标准化，常用联轴器分类如图 6-25 所示。

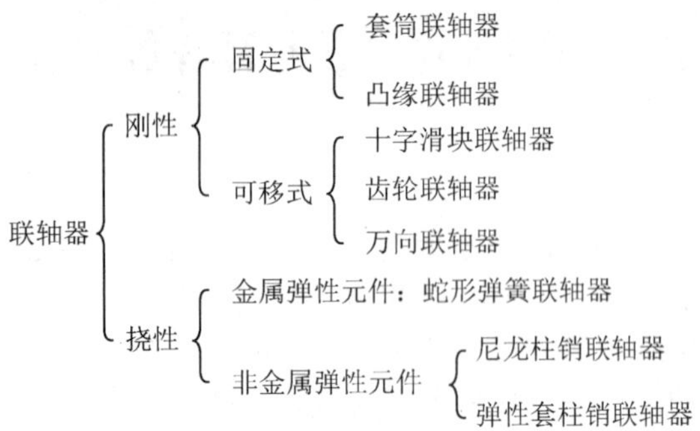

图 6-25　联轴器分类

2. 常用联轴器的结构、特点和应用

（1）刚性固定式联轴器

这种联轴器要求两轴严格对中，并在工作时不发生相对位移。

1）套筒联轴器。套筒联轴器是用一个套筒，通过键或销等零件把两轴相连接，如图 6-26 所示。套筒联轴器的结构简单，径向尺寸小，但传递转矩较小，不能缓冲、吸振，装拆时需做轴向移动。常用于机床传动系统中。

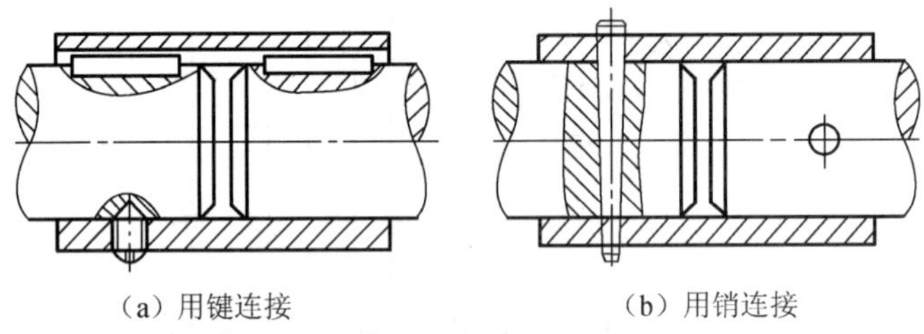

（a）用键连接　　（b）用销连接

图 6-26　套筒联轴器

另外，如果销的尺寸设计得恰当，过载时销就会剪断，因此也可用作安全联轴器。

2）凸缘联轴器。凸缘联轴器是一种应用最广泛的刚性联轴器，如图 6-27 所示。它由两个半联轴器通过键及连接螺栓组成。凸缘联轴器有两种对中方法：一种是用配合螺栓连接对中，如图 6-27（a）所示；另一种是用两半联轴器的凹、凸圆柱面（榫肩）配合对中，如图 6-27（b）所示。后者制造方便。

凸缘联轴器结构简单，对中精度高，传递转矩较大，但不能缓冲和吸振。一般用于转矩较大、载荷平稳、两轴对中性好的场合。

（2）刚性可移式联轴器

刚性可移式联轴器的类型很多，如十字滑块联轴器、齿轮联轴器等，这里仅介绍十字滑块联轴器的工作原理。

十字滑块联轴器由两个端面开槽的半联轴器和中间两面都凸榫的圆盘组成。其中，中间圆盘两端面上的凸榫相互垂直，可以分别嵌入半联轴器相应的凹槽，如图 6-28 所示。凸榫可在半联轴器的凹槽中滑动，利用其相对滑动来补偿两轴之间的位移。

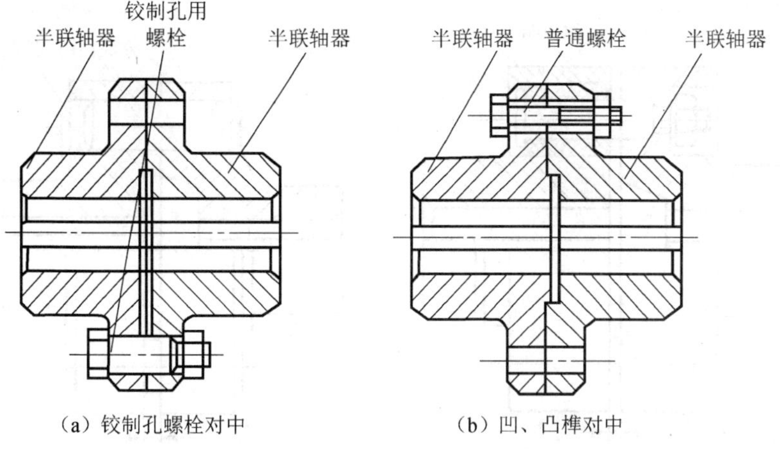

图 6-27 凸缘联轴器

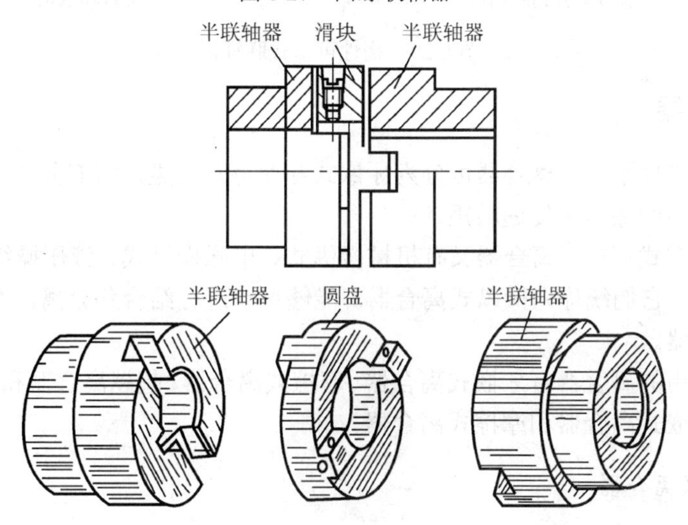

图 6-28 滑块联轴器

为避免过快磨损及产生过大的离心力，轴的转速不可过高。十字滑块联轴器主要用于没有剧烈冲击载荷而又允许两轴线有一定径向位移的低速轴的连接。

（3）挠性可移式联轴器

挠性可移式联轴器的特点是在两半联轴器间有弹性元件连接，因此可允许有微小的角度和综合位移。这类联轴器主要有弹性套柱销联轴器［图 6-29（a）］、尼龙柱销联轴器［图 6-29（b）］等。这里仅介绍弹性套柱销联轴器。

弹性套柱销联轴器的构造与凸缘联轴器相似，只是用套有弹性套的柱销代替了连接螺栓。弹性套的变形可以补偿两轴的径向位移和角位移，并且有缓冲吸振作用。

弹性套柱销联轴器结构简单，成本较低，装拆方便，适用于转速较高、有振动和经常正反转、起动频繁的场合。

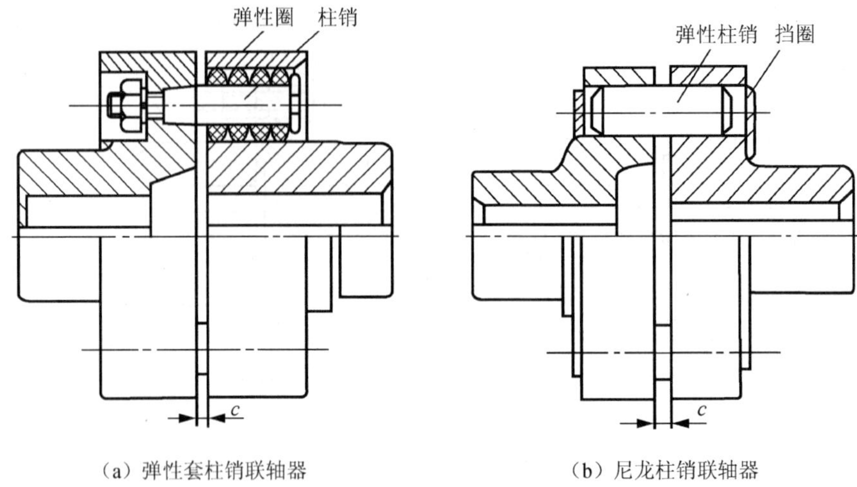

（a）弹性套柱销联轴器　　（b）尼龙柱销联轴器

图 6-29　挠性可移式联轴器

*6.4.2　离合器

根据工作原理不同，离合器可分为牙嵌式和摩擦式两类，它们分别用牙（齿）的啮合和工作表面的摩擦力来传递转矩。

按照操纵方式不同，离合器又有机械操纵式、电磁操纵式、液压操纵式和气动操纵式等各种形式。它们统称为操纵式离合器。能够自动进行结合和分离，不需人来操纵的称为自动离合器。

工业中常用的离合器有牙嵌式离合器、摩擦式离合器、超越离合器和安全离合器等。下面只介绍牙嵌式离合器和摩擦式离合器。

1. 牙嵌式离合器

牙嵌式离合器是一种啮合式离合器，如图 6-30 所示，它主要由端面带牙的两个半离合器组成，通过啮合的齿来传递转矩。其中，左侧的半离合器装在主动轴上，右侧的半离合器则利用导向平键安装在从动轴上，沿轴线移动。滑环可移动右侧的半离合器，使两半离合器接合或分离。

牙嵌式离合器结构简单，尺寸小，工作时无滑动，并能传递较大的转矩，故应用较广。其缺点是运转中接合有冲出或噪声，必须在两轴转速差很小或停车时进行接合或分离。

2. 摩擦式离合器

依靠主、从动半离合器接触表面间的摩擦力来传递转矩的离合器统称摩擦式离合器。

摩擦式离合器可分为单盘片、多盘片和圆盘 3 类，其中以圆盘摩擦式离合器应用最广。图 6-31 所示为一单片圆盘摩擦式离合器。滑环左移使从动盘（用导向平键安装在从动轴上）与主动盘（安装在主动轴上）接触并压紧，从而产生摩擦力将主动轴的转矩和运动传递给从动轴。

这种离合器结构简单，散热性好，但传递的转矩较小。为了传递较大的转矩，可采用多片圆盘摩擦式离合器。

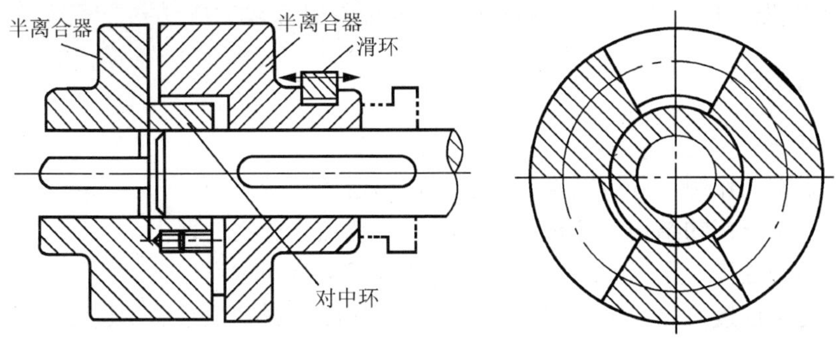

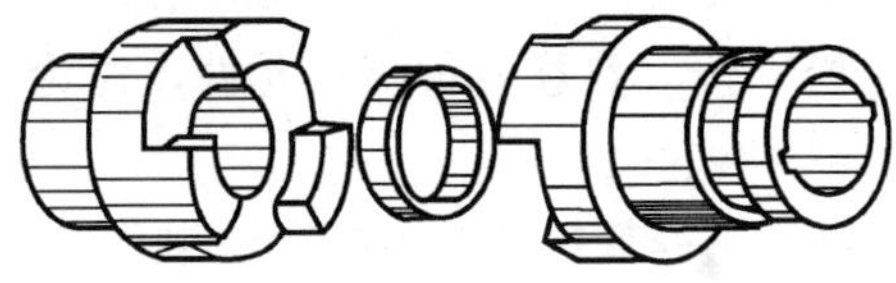

图 6-30　牙嵌式离合器

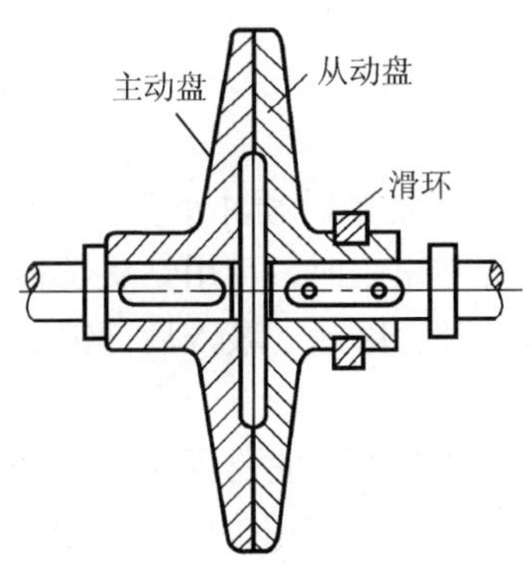

图 6-31　摩擦式离合器

实训　螺纹连接、键连接的拆装

1. 实训目的

1）通过拆装，进一步巩固、掌握所学内容。

2）增加对螺纹连接、键连接的结构特点、工作原理的感性认识。

3）进一步了解螺纹连接、键连接在机械中的应用，激发学习兴趣。

4）熟悉螺纹连接、键连接的拆装程序及工具的正确使用。

5）培养动手能力，为今后从事此类工作奠定基础。

2. 实训设备和工具

汽车变速器、机床主轴箱、减速器等，各种常用拆装工具。

3. 实训要求

（1）键连接

1）认识键的作用，分析键是如何实现传递运动和转矩的。

2）观察键连接的结构，分析并讨论其连接特点与选用的理由。

3）拆卸键连接，正确使用各种工具，详细记录拆卸过程。

4）装配键连接，体会键与键槽配合的松紧程度，详细记录装配过程。

（2）螺纹连接

1）认识螺纹牙型、旋向和线数，讨论其特点与应用。

2）拆装螺纹连接的防松部位，熟悉各种防松元件，讨论防松的意义、每种防松方法的特点与其应用场合。

3）拆装多个螺栓的连接，掌握拧松或拧紧螺母的顺序（用图表示），学会正确使用扳手及其他拆卸工具。

4. 实训内容

01 销连接的拆装。

拆卸销钉时可用冲子冲出（冲锥销时须冲小头）。冲子的直径要比销钉直径小，打冲时要猛而有力。当销钉弯曲打不出来时，可用钻头钻掉销钉，所用钻头直径要比销钉直径稍小，以免钻伤孔壁。装配时，用锤子敲入后，销子的大小端可稍露出被连接件的表面。

圆柱定位销在拆去被定位的零件后，它常保留在本体上，必须拆下时，可用一个直径小于销孔的金属棒将销子用锤子击出或用尖嘴钳拔出。装配时，应在销的外表面涂以全损耗系统用油，然后用铜棒将销子轻轻打入孔中。圆柱定位销装入后尽量不要拆，以免影响定位精度和连接的可靠性。

02 键连接的拆装。

① 平键连接的拆装。轴与轮毂的配合常采用过渡配合或间隙配合。拆去轮毂后，键一般保留在轴上，如果键的工作面良好且不需更换，可不必拆卸；如果键已经损坏，可用扁錾将键錾出；当键松动时，可用尖嘴钳拔出。滑键上一般都有专门供拆卸用的螺纹孔，可用适合的螺钉旋入孔中，顶住键槽底面，把键顶出来。当键在槽中配合很紧而又必须拆出，且需要保存完好时，可在键上钻孔、攻螺纹，然后用螺钉把它顶出来。这时，键上虽然加工了一个螺纹孔，但对键的使用并无影响。

装配时要注意键与键槽都要有较小的表面粗糙度，要保证键与键槽的配合要求，键装入轴槽中应与槽底贴紧，键长方向与轴槽要有 0.1mm 的间隙，键的顶面与轮毂槽之间要有 0.3～0.5mm 的间隙。

② 楔键连接的拆装。楔键的上、下面均为工作面，装入后会使轴产生偏心，因此

在精密装配中很少采用。拆卸楔键时，必须注意拆卸方向，用冲子从键较薄的一端向外冲出。如果楔键带有钩头，可用钩子拉出来；如果没有钩头，可在端面加工螺纹孔，拧上螺钉将键拉出。

装配时，楔键的上、下工作表面与键槽的上、下两面贴合要好，一般要进行研磨。楔键的侧面与键槽应有一定的间隙。

03 螺纹连接的拆装。

普通的螺纹连接只要用各种扳手回旋即可拆卸。

5. 实训报告

1）写出一种键连接、螺纹连接的拆卸与装配全过程，分析并说明选用该键连接和螺纹连接的理由。

2）按大致比例画出该种键连接和螺栓连接的结构剖面草图。

思考与练习

一、简答

1. 键的作用是什么？键有哪些？各种键在连接上有何特点？
2. 平键和楔键在结构和工作原理上有何不同？为什么平键应用最广？
3. 导向平键连接和滑键连接有什么相同点和不同点？
4. 图 6-32 所示双联滑移齿轮与轴之间可采用哪些键连接？各有哪些优缺点？

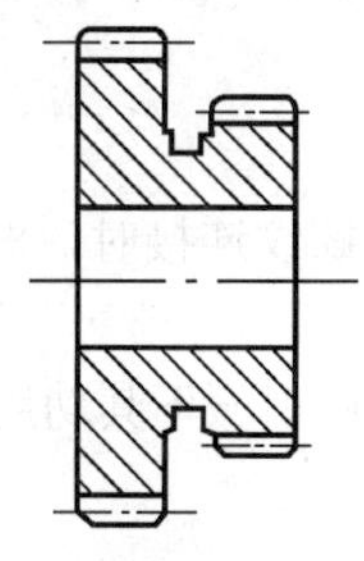

图 6-32 双联滑移齿轮与轴的连接

5. 试述平键与楔键的装配方法。
6. 什么情况下用花键连接？
7. 销有哪些类型？其应用如何？
8. 螺纹的主要参数有哪些？螺距与导程有什么不同？
9. 螺纹按牙型分为哪几种？各有何特点？分别用在什么场合？
10. 螺纹连接的基本类型有哪些？各种类型的特点和应用如何？
11. 螺纹连接件有哪些？
12. 螺纹连接为什么要考虑防松？常用的防松方法有哪些？

13．弹簧的功用有哪些？弹簧常用类型及其应用如何？

14．联轴器和离合器的功用有何相同点和不同点？

15．刚性可移式联轴器和弹性联轴器的特点和用途有何不同？

16．固定式联轴器与可移式联轴器有何区别？各适用于什么工作条件？

17．弹性套柱销联轴器、尼龙柱销联轴器各有何优缺点？

18．离合器应满足哪些基本要求？

19．牙嵌式离合器与摩擦式离合器有何区别？较高转速时应采用哪类离合器？

二、实践

1．键连接、螺纹连接的拆装练习见实训部分。

2．图 6-33 所示的机体与机座 *A* 处及机座与基础 *B* 处之间采用螺纹连接，若两处连接都受轴向及横向载荷，且均不需经常拆卸。试选出较好的螺纹连接方案。

3．图 6-34 中螺栓的拧紧顺序（用数字表示）是否合理？如不合理应如何改正？

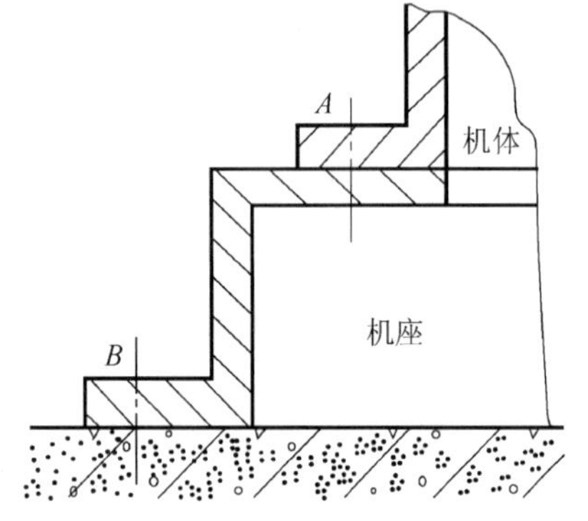

图 6-33　螺纹连接示例

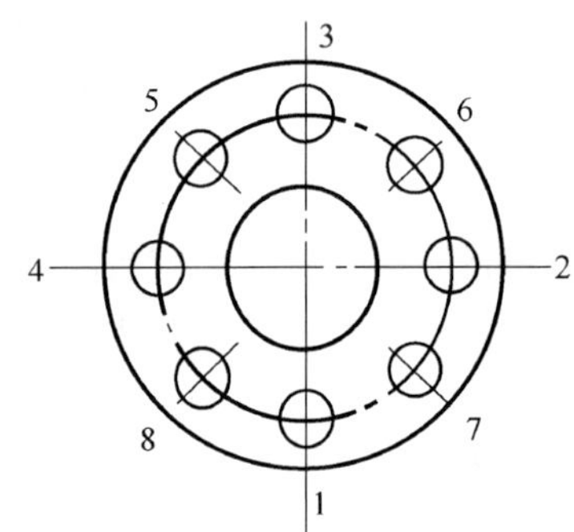

图 6-34　螺栓拧紧顺序示例

4．讨论或请教工人师傅，拆卸螺纹连接时，对于锈蚀的螺母和折断的螺钉采用什么措施拆卸？

5．观察汽车联轴器和离合器，认识一下其功用和所属的种类。

单元7

支承零部件

概要及目标

◎ 概要

轴和轴承都是传动机构中的重要零件。它们在机构中起到支承其他零件的作用，因此将轴和轴承统称为支承零部件。轴直接支承旋转零件（如齿轮、带轮、凸轮等）和轴上其他零件以传递运动和动力。轴承能够支承轴及轴上零件，保证轴的回转精度，减少回转轴与支承零部件间的摩擦和磨损。

为减少零部件之间的摩擦，要选择合理的润滑方式，同时要合理地进行密封，防止润滑油泄露。

◎ 知识目标

1. 了解轴的分类、结构和应用。
2. 了解滑动轴承的工作特点和应用。
3. 熟悉滚动轴承的构造、结构特性、代号及类型。
4. 了解机械的润滑和密封。

◎ 技能目标

1. 能够初步分析轴和轴上零件的定位和固定。
2. 会正确安装、拆卸轴承。

7.1 轴

学习导入

机器上所安装的旋转零件，如齿轮、带轮、联轴器和离合器等都必须用轴来支承，并通过轴来传递运动和转矩，才能正常工作，因此轴是机械中不可缺少的重要零件。轴一般要有足够的强度、合理的结构和良好的工艺。

知识与技能

7.1.1 轴的分类与常用材料

1. 轴的分类

（1）按承受载荷的不同分类

根据承受载荷的不同进行分类，轴可分为3种类型。

1）心轴。只承受弯矩的轴（仅起支承转动零件的作用，不传递动力）称为心轴。按其是否转动又分为转动心轴（图7-1）和固定心轴（图7-2）。

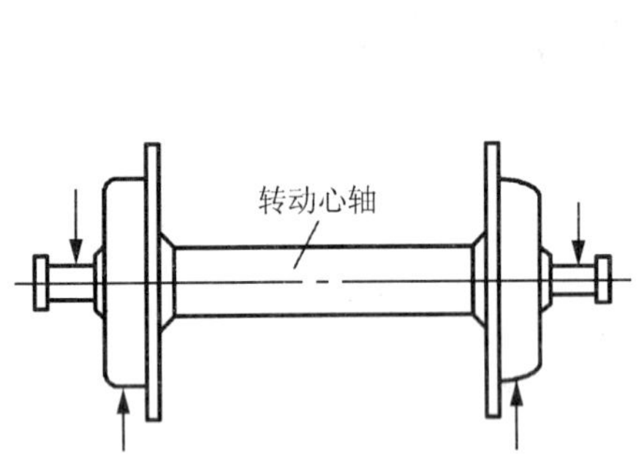

图7-1 火车车轮与轴

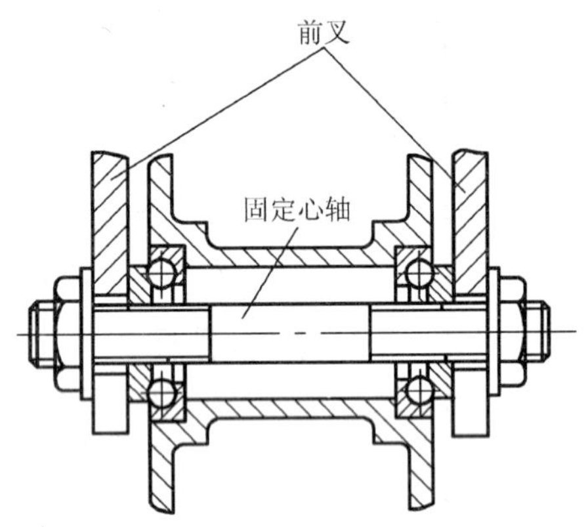

图7-2 自行车前轴

2）传动轴。只承受转矩的轴（只传递运动和动力）称为传动轴。例如，汽车变速器到后桥所用的轴就是传动轴，如图7-3所示。

3）转轴。同时承受弯矩和转矩的轴（既支承转动零件又传递运动和动力）。例如，减速器中支承齿轮的轴就是机械中最常见的转轴，如图7-4所示。

（2）按轴线的几何形状分类

根据轴线的几何形状的不同，轴分为3种类型。

1）直轴。直轴是一般机械中最常用的轴，按其外形不同可分为光轴（图7-5）和阶梯轴（图7-6）。阶梯轴便于轴上零件的装拆和固定，又能节省材料和减轻质量，所以应用广泛。

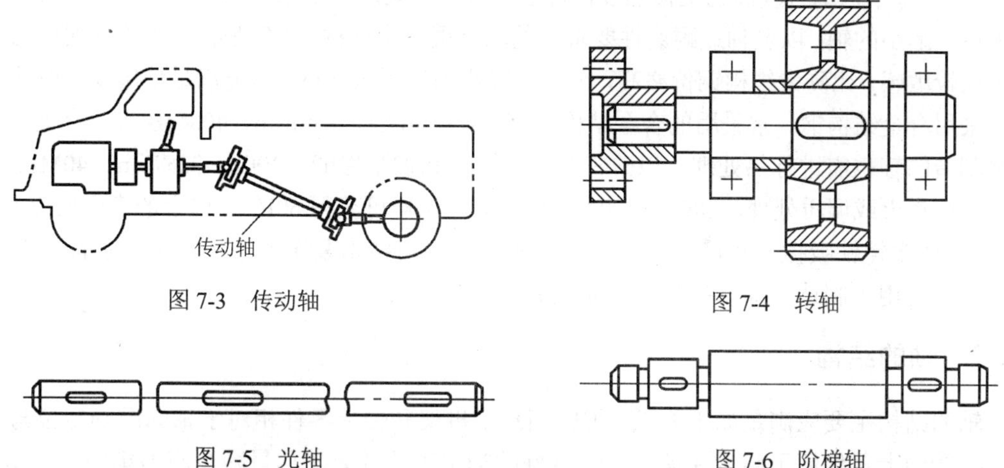

图 7-3　传动轴

图 7-4　转轴

图 7-5　光轴

图 7-6　阶梯轴

2）曲轴。曲轴（图 7-7）主要用于往复式机械（如曲柄压力机、内燃机）等需要将回转运动和往复直线运动相互转换的机械中。

3）软轴。软轴（图 7-8）由于具有良好的挠性，用于有特殊需要的场合（如管道疏通机、电动工具等）。

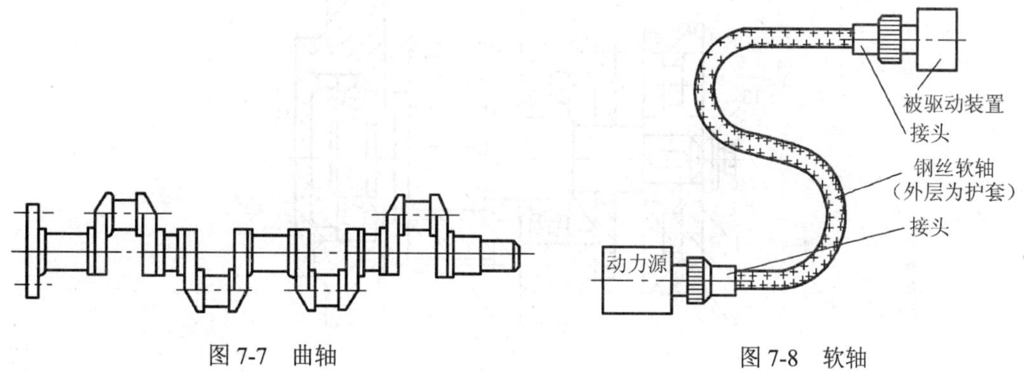

图 7-7　曲轴

图 7-8　软轴

由于直轴在各种机器上被广泛应用，本节主要讨论常用的直轴。

2. 轴的常用材料

轴是机械中的重要零件，因此轴的材料应具有足够的强度、刚度和韧性，对应力集中敏感性要小，与轴上零件有相对滑动处还应有一定的耐磨性。

轴的常用材料主要有优质碳素结构钢和合金结构钢，其次是球墨铸铁。

1）优质碳素结构钢有较好的综合力学性能，可以通过热处理方法提高强度和耐磨性，对应力集中的敏感性差，价格比合金结构钢低廉，因此被广泛采用。常用的有 35、40、45、50 优质碳素钢；应用最多的是 45 钢；一些不重要或受力较小的轴可用 Q235、Q255、275 等普通碳素结构钢。为了改善切削性能，提高综合力学性能，碳素结构钢需要进行正火或调质处理。

2）合金结构钢有较高的机械强度，淬透性好，热处理变形小。形状复杂的轴，要求淬火后变形小的轴，以及轴颈耐磨性要求高的轴宜采用这种材料。但是合金结构钢对应力集中比较敏感，比碳素结构钢价格高，因此一般优先选用碳素钢，不能满足使用要求时才考虑采用合金结构钢。常采用的合金结构钢有 20Cr、40Cr、35SiMn、40MnB 等。合金结构钢制造的轴也需进行热处理，以改善其力学性能和切削性能。40Cr、35SiMn、40MnB 钢应进行正火或调质处理，20Cr 钢先渗碳后淬火，这样可获得 60HRC 以上的表面硬度。

3）球墨铸铁吸振、耐磨，对应力集中不敏感，可铸造复杂的毛坯，力学性能与铸钢相近，常用于制造如曲轴等形状复杂的轴。

7.1.2　轴的结构

轴的结构主要应满足如下要求：①轴相对于机架和轴上零件相对于轴的准确定位与固定。②轴上零件便于装拆和调整。③良好的加工工艺性。④尽量减少应力集中。

1. 轴的组成部分

图 7-9 所示为阶梯轴的典型结构。在此重点讨论阶梯轴的结构。

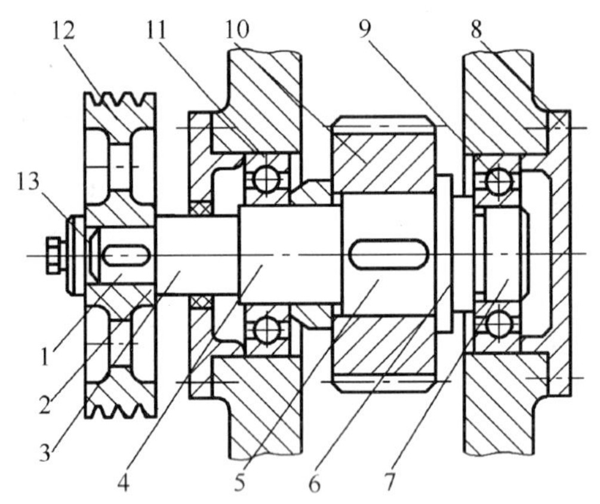

（a）结构示意图

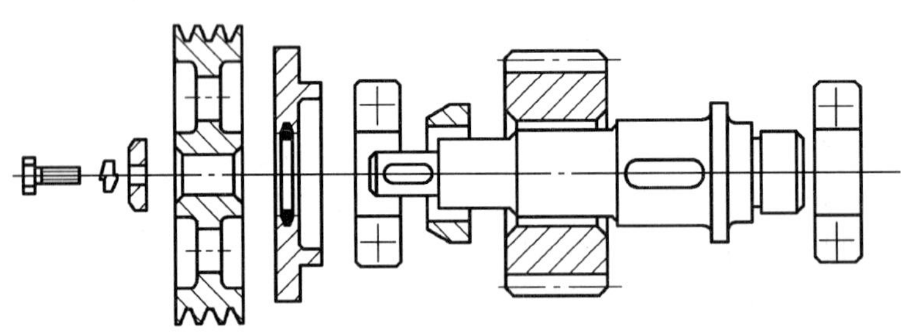

（b）结构拆分图

图 7-9　阶梯轴的典型结构

1、5—轴头；2—轴肩；3—轴身；4、7—轴颈；6—轴环；8—轴承盖；9—滚动轴承；10—齿轮；11—套筒；12—带轮；13—轴端挡圈

1）轴头：轴上安装旋转零件的轴段，用于支承传动零件。

2）轴肩：轴两段不同直径之间形成的台阶端面，用于确定轴承、齿轮等轴上零件的轴向位置。

3）轴颈：轴上安装轴承的轴段，用于支承轴承。

4）轴身：连接轴头和轴颈部分的非配合轴段。

5）轴环：直径大于其左右两端直径的轴段，作用与轴肩相同。

练一练

据图7-10在表7-1内填写轴的结构要素名称及作用。

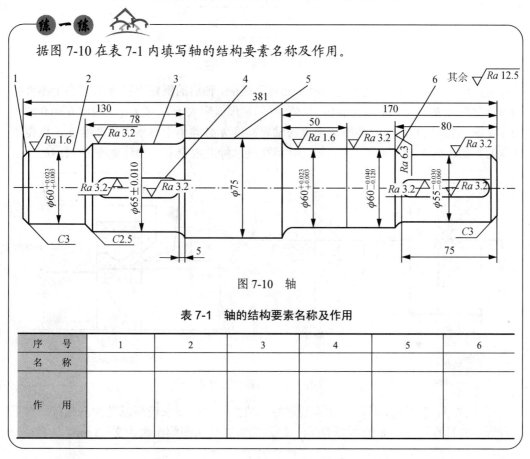

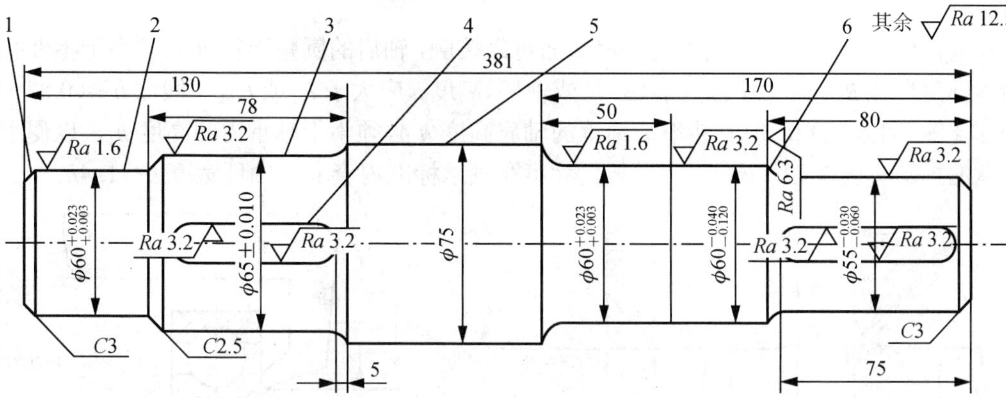

图7-10　轴

表7-1　轴的结构要素名称及作用

序　号	1	2	3	4	5	6
名　称						
作　用						

2. 轴上零件的固定方法

（1）轴上零件的轴向定位与固定

轴上零件的轴向定位与固定是为了使轴上零件准确而可靠地位于规定的位置，保证机器的正常运转。

1）轴肩与轴端挡圈。用于轴端零件的轴向固定，通常采用轴肩与轴端挡圈，如图7-11所示。应注意轴端面与零件端面需留出2～3mm距离，以便固定。

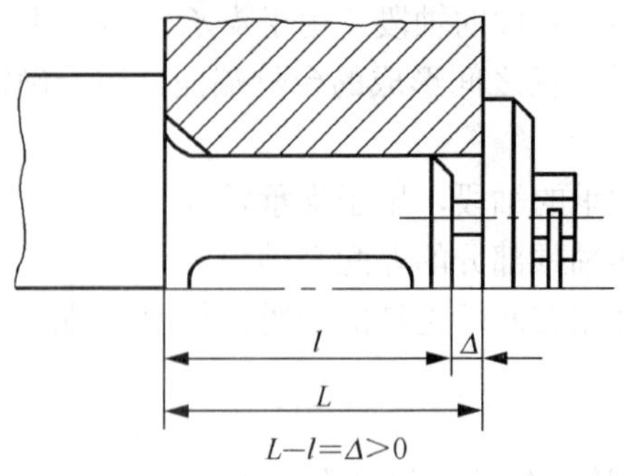

图 7-11　轴肩与轴端挡圈

为保证轴上零件的端面能与轴肩平面可靠接触，轴肩的圆角半径 R 必须小于零件孔端的圆角半径 R_1 或零件倒角 C_1，轴肩（或轴环）高度 h 应大于 R_1 或 C_1，一般取 $h \geqslant (0.07 \sim 1)\ d$［图 7-12（a）］，但安装滚动轴承的轴肩高度 h 必须小于轴承内圈高度 h_1，以便于轴承的拆卸［图 7-12（b）］，此安装尺寸可在轴承标准内查取。轴环宽度 $b \approx 1.4h$。

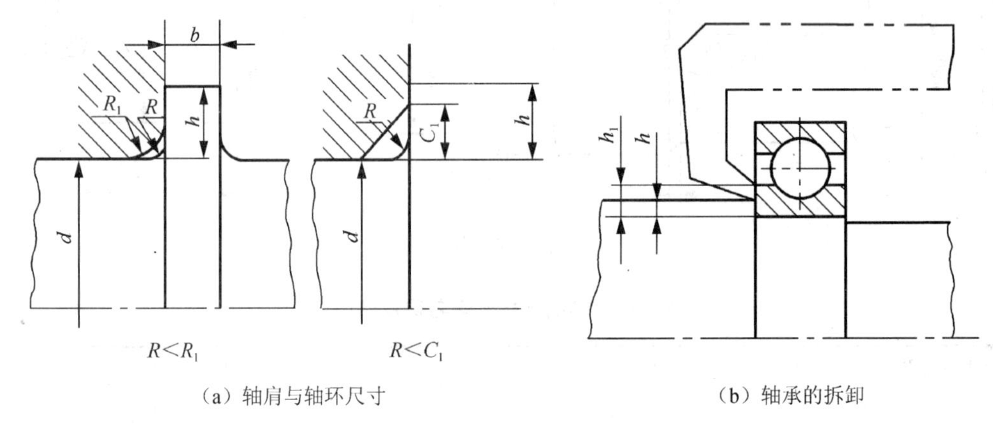

（a）轴肩与轴环尺寸　　　（b）轴承的拆卸

图 7-12　轴肩与轴环的尺寸

2）圆锥面与轴端挡圈。如果轴上零件与轴的同轴度要求较高或受冲击载荷，常采用圆锥面与轴端挡圈，如图 7-13 所示。轴端面与零件端面的距离为 2～3mm。

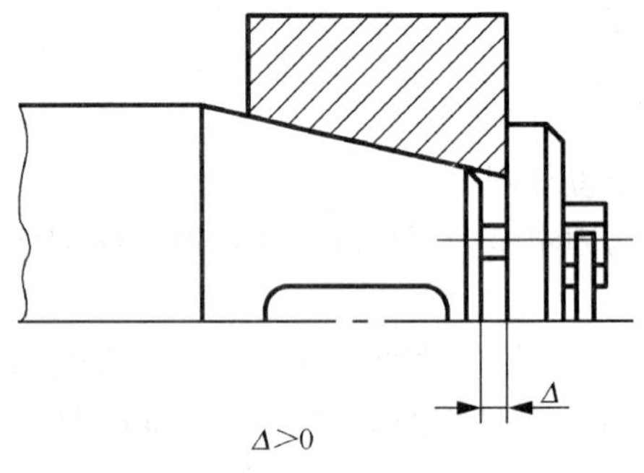

图 7-13　圆锥面与轴端挡圈

3）轴肩与圆螺母。圆螺母常用于零件在轴承间距离较大，且允许切制螺纹的轴段，

如图 7-14 所示为轴肩与圆螺母对轴上零件的轴向固定，它可以承受较大的轴向力，由于有止动垫圈，故能可靠地防松。其缺点是对轴的强度有较大的削弱。

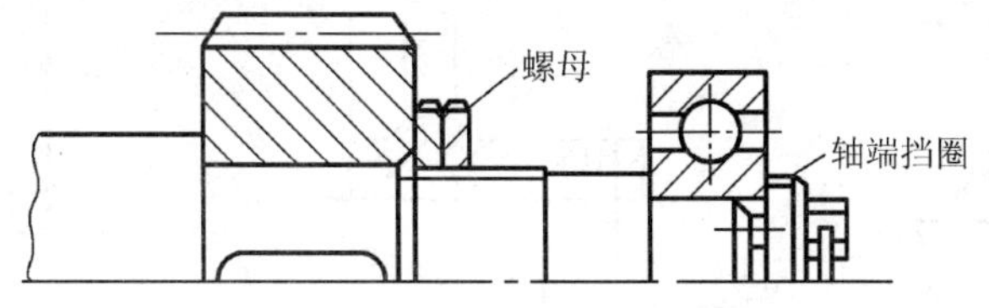

图 7-14　轴肩与圆螺母

4）轴肩、套筒与轴端挡圈。当两个零件相隔距离不大时，可采用套筒定位，如图 7-15 所示。轴肩、套筒与轴端挡圈对齿轮、轴承进行轴向固定，这种方法能承受较大的轴向力，且定位可靠、结构简单、装拆方便，还可减少轴的阶梯数量和避免因切制螺纹而削弱轴的强度。

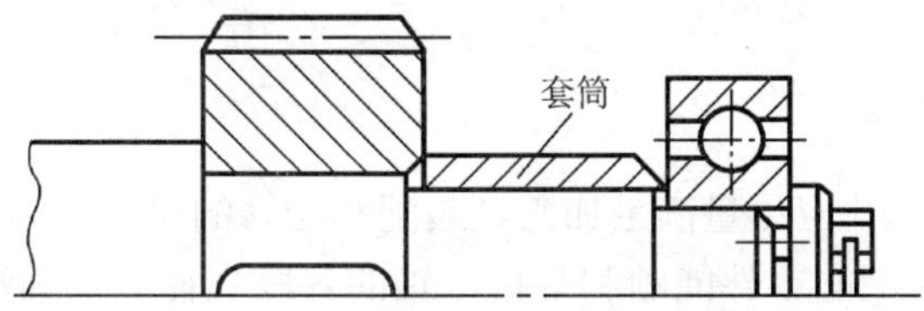

图 7-15　轴肩、套筒与轴端挡圈

5）轴肩与弹性挡圈。用于轴向力很小，或仅仅为了防止零件偶然沿轴向移动的场合，轴肩与弹性挡圈对轴承进行了固定，如图 7-16 所示。

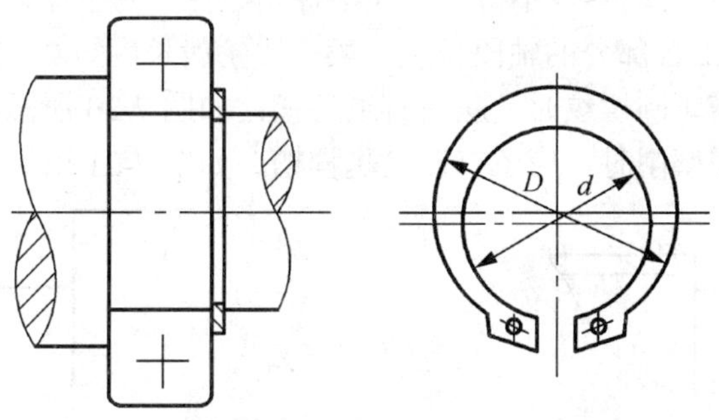

图 7-16　轴肩与弹性挡圈

6）紧定螺钉。紧定螺钉还可兼做周向固定，如图 7-17 所示。

（2）轴上零件的周向固定

轴上零件的周向固定是为了防止零件与轴产生相对转动，并承受转矩。常用的固定方法有以下几种。

1）键连接和花键连接。

2）过盈配合。过盈配合可同时做轴向固定，并且选择不同种类的过盈配合可获得不同的连接强度。过盈配合结构简单，固定可靠，承载能力大，受交变载荷和冲击载荷的能力大，但配合表面要求高，配合处有应力集中，装拆不便。

3）其他方法。用圆锥销和紧定套来固定可实现周向和轴向双向固定，如图 7-18 和图 7-19 所示。

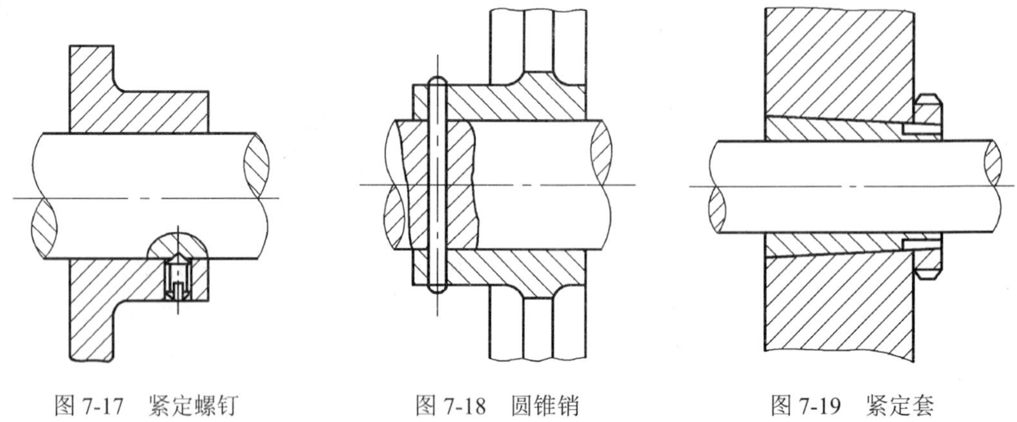

图 7-17　紧定螺钉　　图 7-18　圆锥销　　图 7-19　紧定套

3. 轴的结构工艺性

轴的结构形状和尺寸应尽量满足加工、装配和维修的要求，为此常用以下措施。

1）为保证阶梯轴上的零件能顺利装拆，轴的各段直径应从轴端起逐段加大，形成中间大、两头小的阶梯形轴。轴的台阶数要尽可能少，轴肩高度尽可能小。滚动轴承处的轴肩高度应小于轴承内圈的高度，以便拆卸。

2）确定各段长度时，应尽可能使结构紧凑，同时要保证零件所需的滑动距离、装配或调整所需的空间，转动零件不得与其他零件相碰撞。为了保证轴向定位可靠，与齿轮和联轴器等零件相配合部分的轴段长度一般应比轮毂长度短 2～3mm。

3）当某一轴段需车制螺纹时，应留有退刀槽，如图 7-20 所示。

4）当某一轴段需磨削时，应留有砂轮越程槽，如图 7-21 所示。

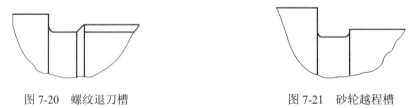

图 7-20　螺纹退刀槽　　图 7-21　砂轮越程槽

5）为了便于轴上零件的装配和去除毛刺，轴及轴肩端部一般均应制出 45° 的倒角。过盈配合轴段的装入端常加工出半锥角为 30° 的导向锥面，如图 7-22 所示。

6）为了便于加工，应使轴上直径相近处的圆角、倒角、键槽、退刀槽和越程槽等尺寸一致。

7）轴上所有键槽应沿轴的同一母线布置，如图 7-23 所示。

8）为了便于在轴加工过程中各工序的定位，轴的两端面上应做出中心孔。中心孔的尺寸参阅相关手册。

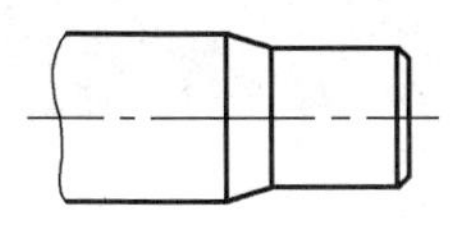

图 7-22　过盈配合圆锥面

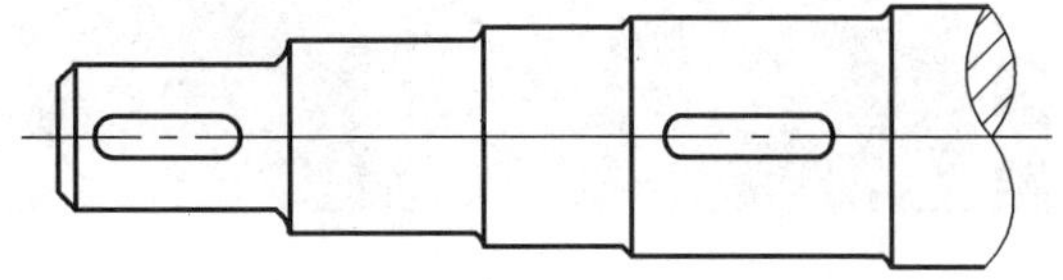

图 7-23　轴上键槽的布置

判断图 7-24 中轴上零件的定位方法是否正确？

1 处轴承内圈定位：

①轴向：轴肩。②周向：无。

2 处齿轮定位：

①轴向：轴环、套筒。②周向：A 型平键。

3 处联轴器定位：

①轴向：轴肩。②周向：A 型平键。

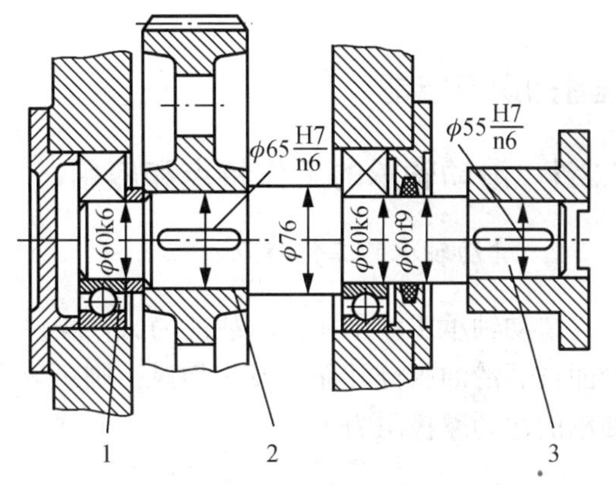

图 7-24　轴上零件的定位

巩固

填写下表。

轴上零件的固定方法		应用特点
轴向固定		结构简单，定位可靠，应用最广。其中，轴肩的圆角半径 R 必须小于零件孔端的圆角半径 R_1 或零件倒角 C_1，轴肩（或轴环）高度 h 应大于 R_1 或 C_1，轴环宽 $b=1.4h$
		避免削弱轴的强度并减少轴的阶梯数量，一般用于两零件间距较小的场合
		装拆方便，固定可靠。需在轴上切制螺纹，对轴的强度有削弱，一般应采用细牙螺纹，其大径小于套装零件的孔径
		只适于轴端且轴向力不大的部位
周向固定		以平键的应用最广，装拆方便，对中性好，只能周向固定
		能同时做周向和轴向周定。轴与轴承内圈主要采用过盈连接

7.2 滑动轴承

学习导入

轴承即支承轴的部件。按轴与轴承间摩擦的性质，轴承可分为滑动轴承和滚动轴承两类。滑动轴承工作时，轴与轴承间存在着滑动摩擦，为减少摩擦与磨损，在轴承内常加有润滑剂。

知识与技能

7.2.1 滑动轴承的工作特点和应用

1. 滑动轴承的工作特点

滑动轴承工作平稳，承载能力大，噪声较滚动轴承低，工作可靠。如果能保证滑动表面被润滑油膜分开而不发生接触，则可以大大减小摩擦，减轻磨损。但是，普通滑动轴承的起动摩擦阻力大。

2. 滑动轴承的应用

1）工作转速特别高的轴承，如磨床主轴。
2）承受极大的冲击和振动载荷的轴承，如轧钢机轧辊。
3）要求特别精密的轴承。
4）装配工艺要求轴承剖分的场合，如曲轴的轴承。
5）要求径向尺寸小的轴承。

*7.2.2 滑动轴承的结构与常用材料

1. 滑动轴承的结构

滑动轴承一般由轴瓦与轴承座构成。滑动轴承根据它所承受载荷的方向，可分为向心滑动轴承（主要承受径向载荷）和推力滑动轴承（主要承受轴向载荷）。常用向心滑动轴承的结构形式有整体式和剖分式两种。

（1）整体式向心滑动轴承

图 7-25 是一种常见的整体式向心滑动轴承，用螺栓与机架连接。轴承座孔内压入用减摩材料制成的轴瓦（或叫轴套），在轴承座顶部装有油杯，轴套上有进油孔，内表面开轴向油沟以便均匀分布润滑油。

整体式向心滑动轴承的最大优点是构造简单，但轴承工作表面磨损过大时无法调整轴承间隙；轴颈只能从端部装入，这对粗重的轴或具有中间轴颈的轴安装不便，甚至无法安装。为克服这两个缺点，可采用剖分式向心滑动轴承。

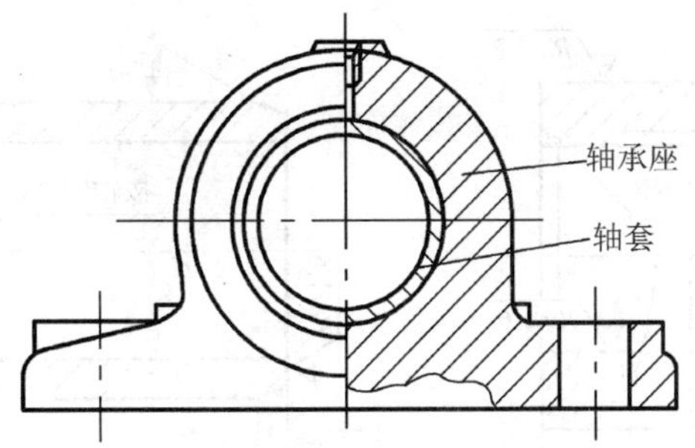

图 7-25　整体式向心滑动轴承

（2）剖分式向心滑动轴承

剖分式向心滑动轴承如图 7-26 所示，由轴承座、轴承盖、剖分轴瓦（分为上、下瓦）及连接螺栓等组成。轴承的剖分面应与载荷方向近于垂直，多数轴承剖分面是水平的，也有倾斜的。轴承盖与轴承座的剖分面常做成阶梯形，以便定位和防止工作时错动。轴瓦磨损后的轴承间隙可用减少剖分面处的金属垫片或刮配轴瓦金属的方法来调整。

剖分式向心滑动轴承装拆方便，轴瓦与轴的间隙可以调整，应用较广泛。

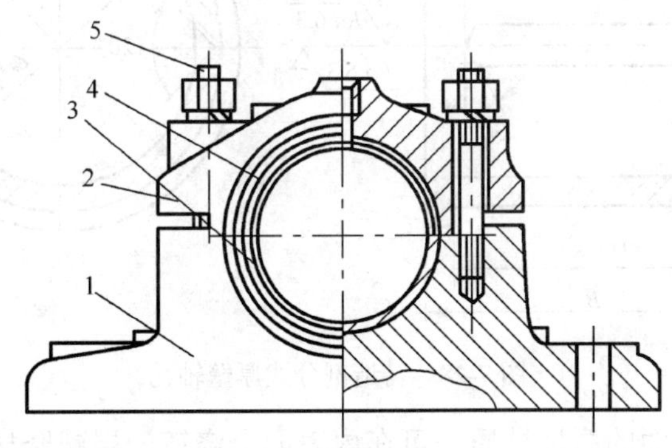

图 7-26　剖分式向心滑动轴承

1—轴承座；2—轴承盖；3、4—轴瓦；5—螺栓

2. 轴瓦结构

轴瓦是滑动轴承的重要组成部分。常用轴瓦分整体式和剖分式两种结构。

（1）整体式轴瓦

整体式轴瓦一般在轴瓦上开有油孔和油沟以便润滑，如图 7-27（a）所示，粉末冶金制成的轴套一般不带油沟，如图 7-27（b）所示。

（2）剖分式轴瓦

剖分式轴瓦由上、下两半瓦组成，上轴瓦开有油孔和油沟。如图 7-28 所示为铸造剖分式厚壁轴瓦。

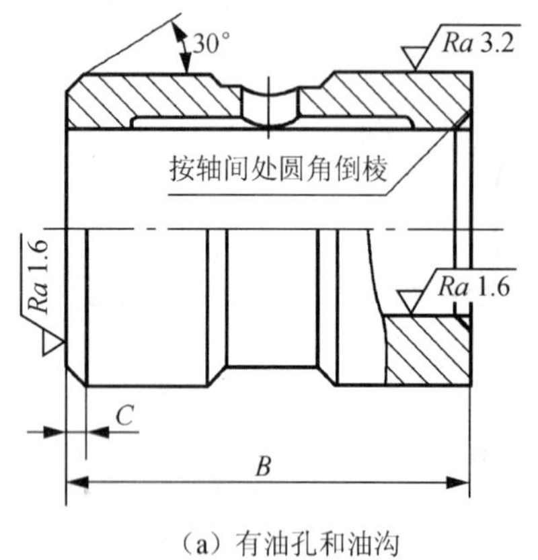

（a）有油孔和油沟

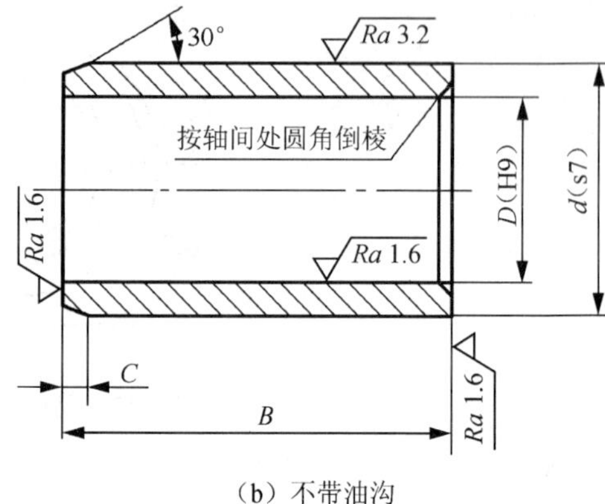

（b）不带油沟

图 7-27 整体式轴瓦

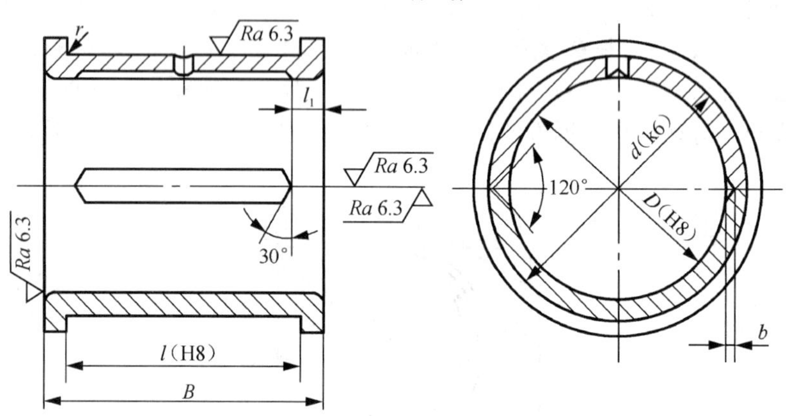

图 7-28 铸造剖分式厚壁轴瓦

为了改善轴瓦表面的摩擦性质，可在内表面上浇铸一层减摩材料（如轴承合金），称为轴承衬。轴瓦上的油孔用来供应润滑油，油沟的作用是使润滑油均匀分布。常见油沟的形状如图 7-29 所示，应开在非承载区。

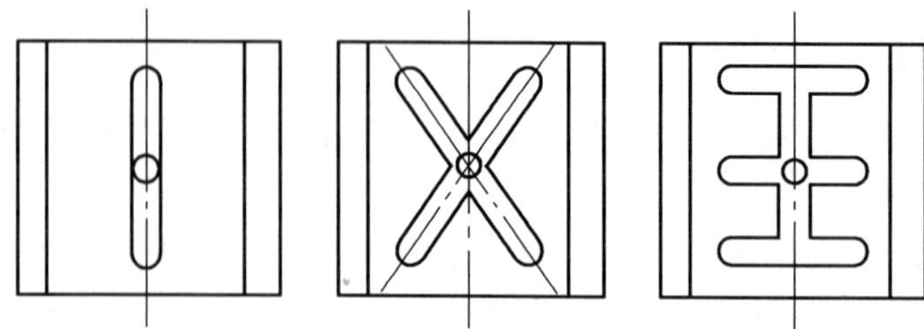

图 7-29 常见的油孔和油沟

3. 轴瓦材料

轴瓦是滑动轴承的重要零件，它直接与轴颈接触，其材料对于轴承的性能影响很大。轴瓦材料应满足下述要求：摩擦因数小；耐磨、耐蚀、抗胶合能力强；有足够的强度和

塑性；导热性好，线胀系数小。常用的轴瓦材料有以下几种。

1）轴承合金：常用的有锡基和铅基两种。锡基轴承合金以锡为软基体，体内悬浮着锑和铜的硬晶粒；铅基轴承合金以铅为软基体，体内悬浮着锡和锑的硬晶粒。这两种轴承合金中的硬晶粒抗磨能力强，软基体塑性好，抗胶合能力强，是较理想的轴承材料。

2）青铜：青铜轴瓦的强度高，承载能力大，耐磨性与导热性比轴承合金好，可在较高的温度下工作，但它的塑性差，不易磨合，与其相配的轴颈必须淬硬磨光。

3）粉末冶金材料：粉末冶金是用金属粉末烧结而成的轴承材料。它具有多孔性组织，利用虹吸作用，孔内能储存一定的润滑油，工作时随轴承温度的升高，油不断地从孔中挤到金属表面，从而润滑轴承；停车后，油又被吸回孔内，所以这种轴承又称为含油轴承。轴承一次浸油后可以使用较长时间，常用于不便加油的场合。

4）非金属材料：非金属轴瓦材料有石墨、橡胶、塑料、胶木等，其中以塑料应用最广。塑料摩擦因数小、塑性好、耐磨和耐蚀能力强，可用水、油及化学溶液润滑，但线膨胀系数大，容易变形。

7.3 滚动轴承

学习导入

滚动轴承是各类机器中广泛应用的重要部件，具有摩擦阻力小、易起动、对转速及工作温度的适用范围宽广、轴向尺寸小、润滑及维修保养方便等优点。滚动轴承已标准化，由专业工厂大批量生产，因此熟悉标准、正确选用是使用者的主要任务。

知识与技能

7.3.1 滚动轴承的构造、结构特性及类型

1. 滚动轴承的构造

典型的滚动轴承如图 7-30 所示，由外圈（座圈）、内圈（轴圈）、滚动体和保持架组成。内圈装在轴颈上与轴一起转动，外圈装在机座的轴承孔内，一般不转动。内圈外表面和外圈内表面都有凹槽式的滚道，滚动体沿滚道滚动，保持架将滚动体均匀隔开，防止滚动体挤压在一起，以减少滚动体之间的碰撞和磨损。

2. 滚动轴承的结构特性

（1）公称接触角 α

当滚动轴承承受纯径向载荷作用时，滚动体与外圈滚道接触点的公法线与轴承径向平面（垂直于轴线的平面）的夹角，称为公称接触角，如图 7-31 所示。它标志着轴承

承受轴向载荷和径向载荷的分配关系，公称接触角越大，滚动轴承承受轴向载荷的能力就越大。

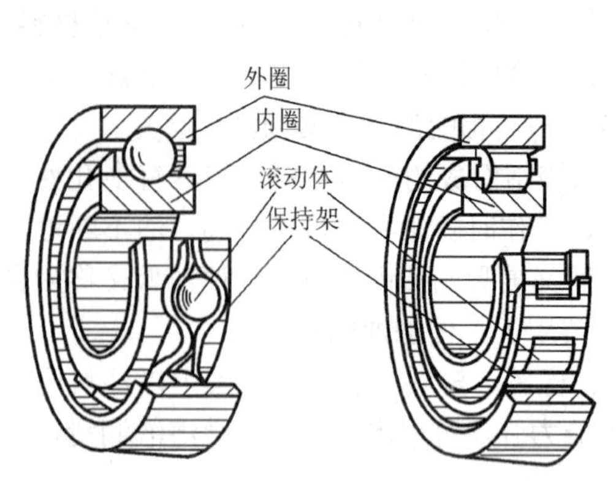

图 7-30　滚动轴承结构

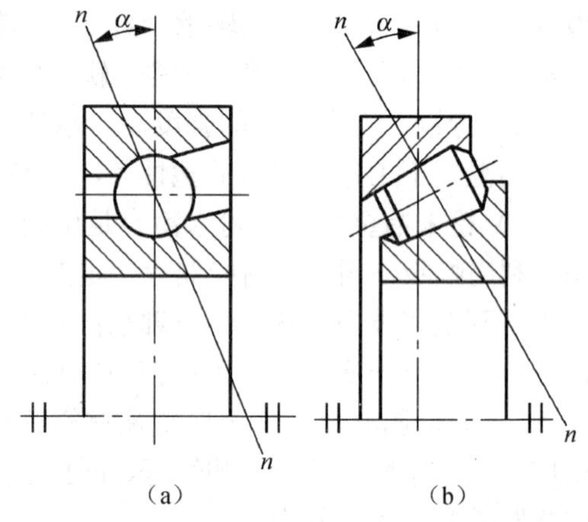

图 7-31　滚动轴承的公称接触角

（2）极限转速 n

在一定载荷、润滑条件下，轴承允许的最高转速称为极限转速。滚动轴承转速过高，温度升高，润滑边界油膜失效，轴承易产生胶合破坏。故在使用时轴承的转速应低于极限转速，轴承的极限转速在轴承手册中可以查到。

（3）角偏差 θ

轴承内、外圈轴线相对倾斜时所夹的锐角，称为角偏差，如图 7-32 所示。轴承安装误差或轴的变形等都会引起角偏差，角偏差越大，对轴承正常运转影响就越大。

（4）游隙

滚动体和内、外圈之间存在一定的间隙，因此，内、外圈之间可以产生相对位移。其最大偏移量称为游隙，径向移动量称为径向游隙，轴向移动量称为轴向游隙，如图 7-33 所示。

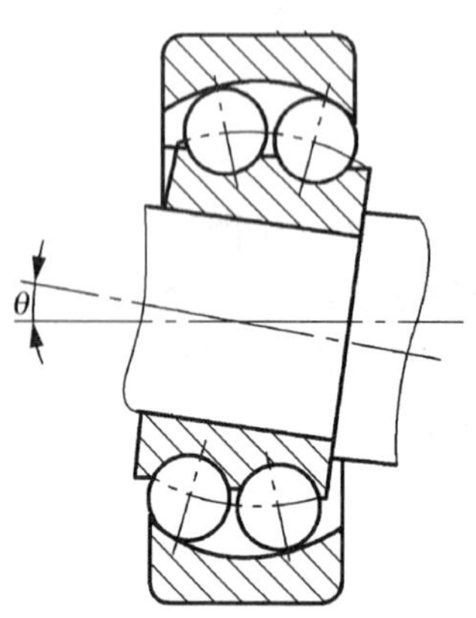

图 7-32　滚动轴承的角偏差

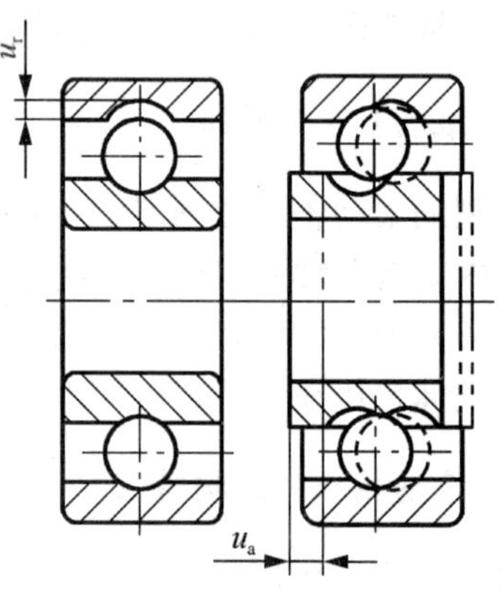

图 7-33　滚动轴承的游隙

3. 滚动轴承的类型

(1) 按其所能承受的载荷方向或公称接触角分类

1) 向心轴承。主要承受径向载荷作用的轴承，公称接触角$\alpha \leqslant 45$。向心轴承又分为径向接触轴承（$\alpha = 0°$）和可同时承受较小轴向载荷的向心角接触轴承（$0° \leqslant \alpha \leqslant 45°$）。

2) 推力轴承。主要承受轴向载荷的轴承，公称接触角$\alpha > 45°$。推力轴承又分为推力角接触轴承（承受轴向载荷的同时还可承受不大的径向载荷，$45° \leqslant \alpha \leqslant 90°$）和轴向接触轴承（只能承受轴向载荷的轴承，$\alpha = 90°$）。

(2) 按滚动体的形状分类

按滚动体的形状可分为球轴承和滚子轴承，滚子轴承中的滚子分圆柱滚子、圆锥滚子、球面滚子、滚针。各种滚动体的形状如图 7-34 所示。

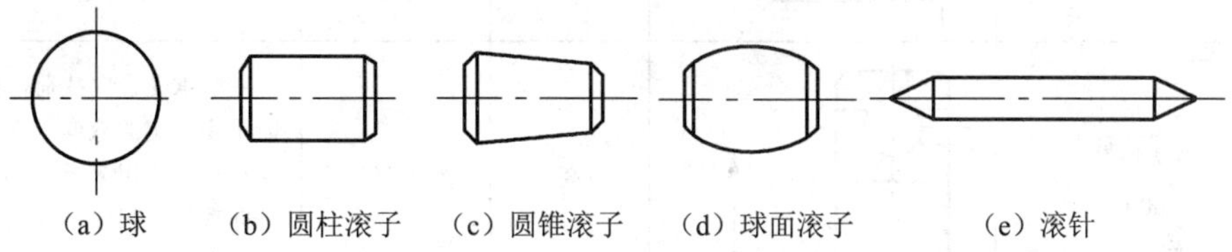

(a) 球　(b) 圆柱滚子　(c) 圆锥滚子　(d) 球面滚子　(e) 滚针

图 7-34　滚动体的形状

(3) 常用滚动轴承的类型、特性和应用

常用滚动轴承的类型、特性和应用如表 7-2 所示。

表 7-2　滚动轴承的类型、特性及应用

轴承名称、类型及代号	结构简图 承载方向	极限 转速比	允许角偏差	主要特性
调心球轴承 10000		中	2°～3°	主要承受径向载荷，同时也能承受较小的双向轴向载荷，能自动调心
调心滚子轴承 20000		低	0.5°～2°	能承受较大的径向载荷和少量的轴向载荷，具有调心性能
圆锥滚子轴承 30000	α	中	2′	能同时承受较大的径向和单向轴向载荷。公称接触角 11°～16°，内、外圈可分离，成对使用

续表

轴承名称、类型及代号	结构简图 承载方向	极限 转速比	允许角偏差	主要特性
推力球轴承： 单列 51000、 双列 52000		低	不允许	α=90°，只能承受单向（51000 型）或双向（52000 型）轴向载荷，不宜在高速时使用
深沟球轴承 60000		高	8′～16′	主要承受径向载荷，同时也能承受一定的双向轴向载荷。高转速时可用来承受不大的纯轴向载荷，极限转速高，抗冲击能力较差
角接触球轴承： 7000C（α=15°）、 7000AC（α=25°）、 7000B（α=40°）		高	8′～16′	能同时承受径向和单向轴向载荷，公称接触角越大，轴向承载能力也越大，通常成对使用
圆柱滚子轴承 N0000		较高	2′～4′	能承受较大的径向载荷，承载能力较深沟球轴承大，抗冲击能力较强，内、外圈可分离
滚针轴承 NA0000		低	不允许	只能承受径向载荷，承载能力大，径向尺寸小，摩擦因数大，内、外圈可分离

注：极限转速比是指同一尺寸系列 0 级精度的各类轴承脂润滑时的极限转速与深沟球轴承极限转速相比较。

7.3.2 滚动轴承的代号

按照《滚动轴承 代号方法》（GB/T 272—1993）的规定，滚动轴承代号由前置代号、基本代号和后置代号 3 段组构成，代号一般印刻在外圈端面上，其先后排列顺序如下：前置代号、基本代号、后置代号。

1. 基本代号

基本代号表示轴承的类型、结构和尺寸，是轴承代号的核心，一般由5个数字或字母加4个数字表示，基本代号组成顺序及其意义如表7-3所示，其中的“尺寸系列代号”的详细资料如表7-4所示。

表7-3 基本代号

类型代号	尺寸系列代号		内径代号					
用一位数字或一至两个字母表示，见表7-1	宽度系列代号	直径系列代号	通常用两位数字表示。$d>500$mm、$d<10$mm 及 $d=22$mm、28mm、32mm 的内径代号查手册。10mm≤$d<500$mm 的内径代号如下：					
	表示内径和外径相同、宽度（对推力轴承指高度）不同的系列。用一位数字表示	表示同一内径、不同外径的系列。用一位数字表示	内径代号	00	01	02	03	04～99
	尺寸系列代号连用，对多数轴承当宽度系列代号为0时可省略，圆锥滚子轴承和调心滚子轴承的宽度系列代号0应标出		内径/mm	10	12	15	17	代号×5

表7-4 尺寸系列代号

直径系列代号			向心轴承								推力轴承			
			宽度系列代号								高度系列代号			
			宽度尺寸依次递增→								高度尺寸依次递增→			
			8	0	1	2	3	4	5	6	7	9	1	2
直径系列	外径尺寸依次递增↓	7			17		37							
		8	—	08	18	28	38	48	58	68	—	—	—	—
		9	—	09	19	29	39	49	59	69	—	—	—	—
		0		00	10	20	30	40	50	60	70	90	10	
		1	—	01	11	21	31	41	51	61	71	91	11	—
		2	82	02	12	22	32	42	52	62	72	92	12	22
		3	83	03	13	23	33				73	93	13	23
		4	—	04	—	24	—	—	—	—	74	94	14	24
		5	—	—	—	—	—	—	—	—	—	95	—	—

注：“—”表示不存在此种组合。

2. 前置、后置代号

（1）前置代号

前置代号在基本代号段的左侧用字母表示。它表示成套轴承的分部件（如L表示可分离轴承的分离内圈或外圈；K表示滚子和保持架组件）。例如，LN207表示（0）2尺寸系列的单列圆柱滚子轴承的可分离外圈。没有分部件的不用标出。

（2）后置代号

后置代号为补充代号。轴承在结构形状、尺寸公差、技术要求等有改变时，才在基本代号右侧予以添加。一般用字母（或字母加数字）表示，与基本代号相距半个汉字距离（代号中有“—”、“/”符号的除外）。后置代号共分 8 组，常用的如表 7-5 所示。

表 7-5　滚动轴承的后置代号

第 1 组表示内部结构变化	如公称接触角为 15°、25° 和 40° 的角接触球轴承分别用代号 C、AC、B 来表示内部结构的不同
第 5 组为公差等级	滚动轴承公差共分六个精度等级，分别为 0 级、6 级、6X 级、5 级、4 级、2 级，其代号顺序为 / P0、/ P6、/ P6X、/ P5、/ P4、/ P2，依次由低级到高级，其中 / P0 为普通级，在轴承代号中省略不标
第 6 组为游隙	滚动轴承的游隙分为 1 组、2 组、0 组、3 组、4 组和 5 组共六个组别，其代号分别为 / Cl、/ C2、/ C0、/C3、/ C4、/ C5，其游隙数值依次增大，0 组游隙为基本游隙，在轴承代号中省略不标

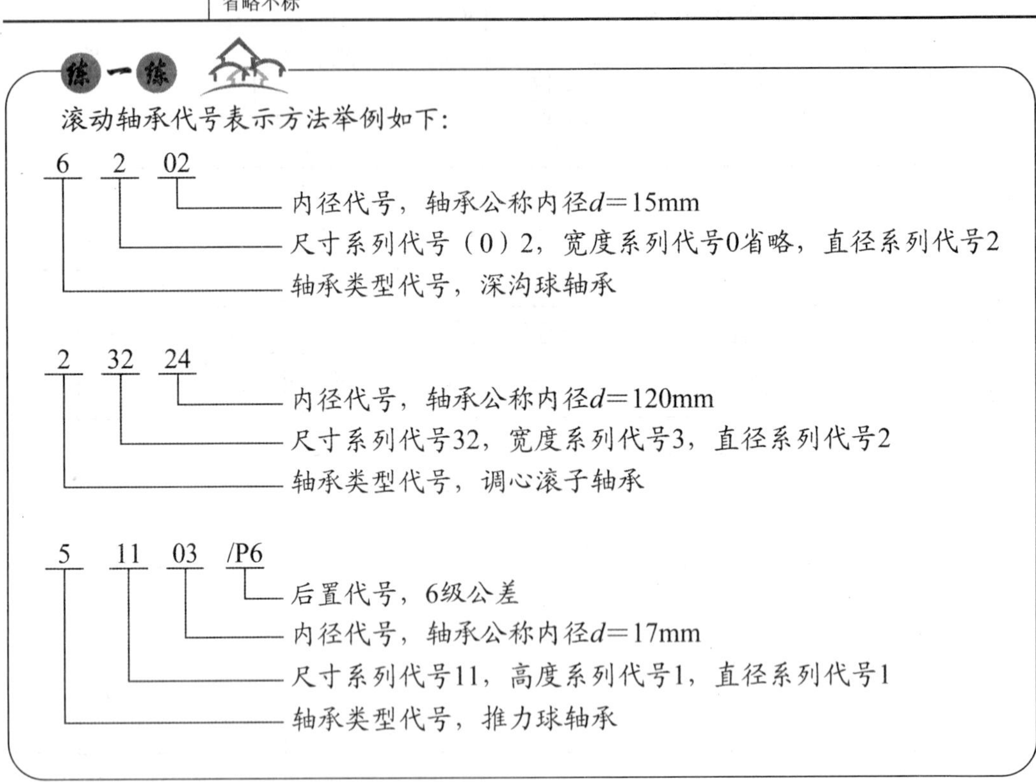

*7.3.3　滚动轴承的选择

根据滚动轴承各种类型的特点，在选用轴承时应从载荷的大小和方向，转速的高低，支承刚度及安装精度等方面考虑。选择时可参考以下几项原则。

1. 轴承的载荷

当载荷较大时应选用线接触的滚子轴承。球轴承为点接触，适用于轻载及中等载荷。当有冲击载荷时，常选用螺旋滚子或普通滚子轴承。

对于纯轴向载荷，选用推力轴承，而纯径向载荷常选用向心轴承。既有径向载荷又

承受轴向载荷时，若轴向载荷相对较小，选用向心角接触球轴承或深沟球轴承。当轴向载荷很大时，可选用向心轴承和推力轴承的组合结构。

2. 轴承的转速

转速较高时，宜用点接触的球轴承，一般球轴承有较高的极限转速。如有更高转速要求，选用超轻、特轻系列的轴承，以降低滚动体离心力的影响。

3. 刚性及调心性能要求

当支承刚度要求较大时，可采用成对的向心推力轴承组合结构或采用预紧轴承的方法提高支承刚度；当支承跨距大，轴的弯曲变形大，刚度较低或两个轴承座孔中心位置有误差时，应考虑轴承内、外圈轴线之间的角偏差，需要选用自动调心轴承。

4. 装拆的要求

采用带内锥孔的轴承，可以调整轴承的径向游隙，提高轴承的旋转精度，同时便于安装在长轴上；采用内、外套圈可分离的轴承，便于装拆。

此外，还应注意经济性，以降低产品价格，一般单列向心球轴承价格最低，滚子轴承较球轴承高，而轴承精度越高则价格越高。

练一练

如图7-35所示各轴，选择滚动轴承类型。

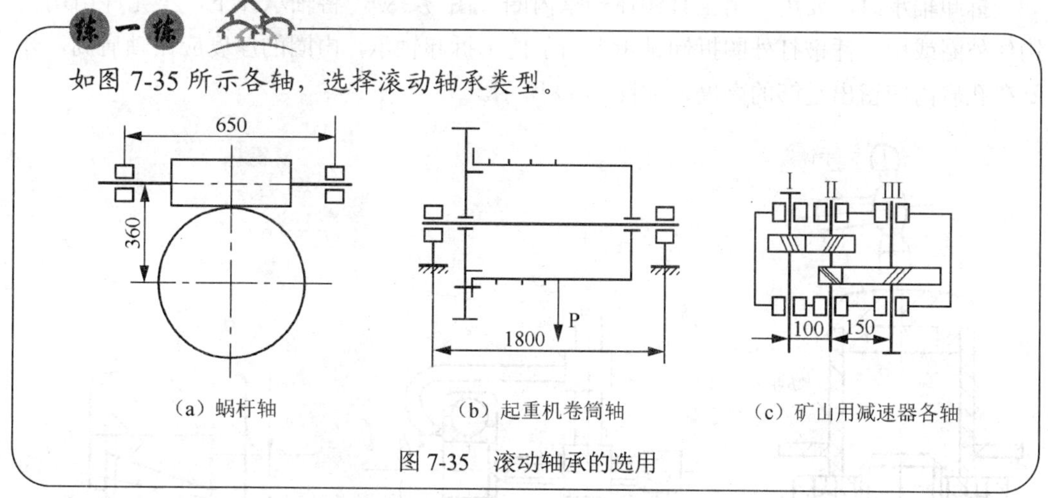

图7-35　滚动轴承的选用

7.3.4　滚动轴承的固定与拆装

1. 滚动轴承的固定方法

滚动轴承内、外圈的周向固定是靠内圈与轴间，以及外圈与机座孔间的配合来保证的。

轴承内圈的固定方法参见本章第7.1节部分。

轴承外圈的固定方法如图7-36所示。单向固定可用轴承端盖［图7-36（a）］，承

受单向载荷；双向固定可用孔肩与轴承端盖［图 7-36（b）］或孔肩与孔用弹性挡圈固定［图 7-36（c）］，承受双向载荷。

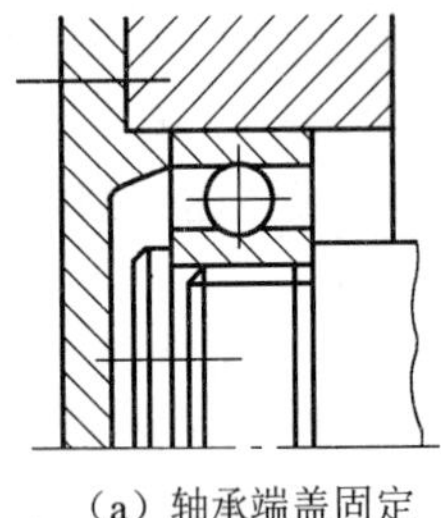

（a）轴承端盖固定

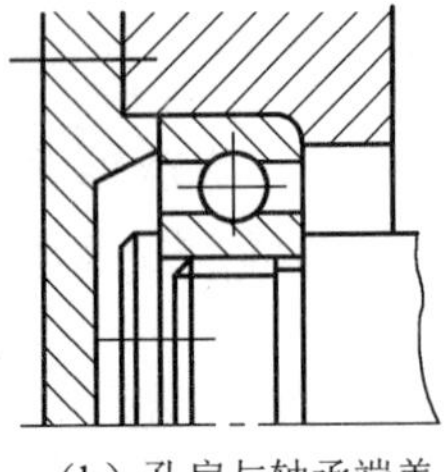

（b）孔肩与轴承端盖

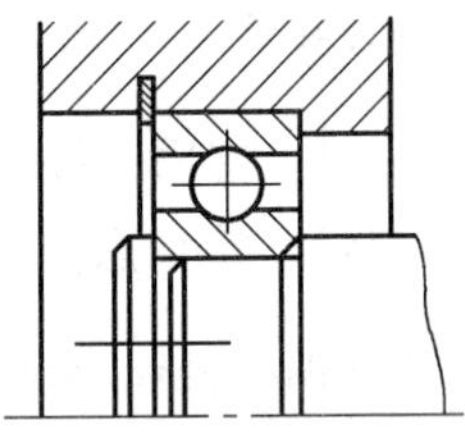

（c）孔肩与孔用弹性挡圈

图 7-36　滚动轴承外圈的固定

2. 滚动轴承的装拆

轴承的内圈与轴颈配合较紧，对大尺寸的轴承，可用压力机在内圈端面上加压装配。对中小尺寸的轴承可借助手锤和套筒安装，如图 7-37 所示。套筒对准内圈，手锤打击套筒，不能用手锤直接打击外圈，以防止轴承变形。对于配合较紧的轴承，为了提高装配质量，可把轴承放在油中加热（油温不超过 80～90℃），使轴承内孔胀大，然后装到轴颈上。

拆卸轴承时，要用专用工具钩住轴承内圈（图 7-38），将轴承卸下，不允许用钩头钩住外圈或用手锤敲打外圈拆卸轴承。为了便于拆卸轴承，内圈的厚度应比轴肩高，外圈在孔肩内应留出足够的高度，如图 7-39 所示。

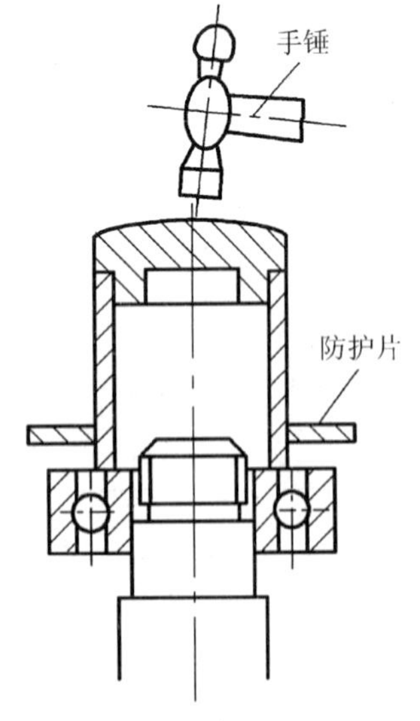

图 7-37　轴承的安装

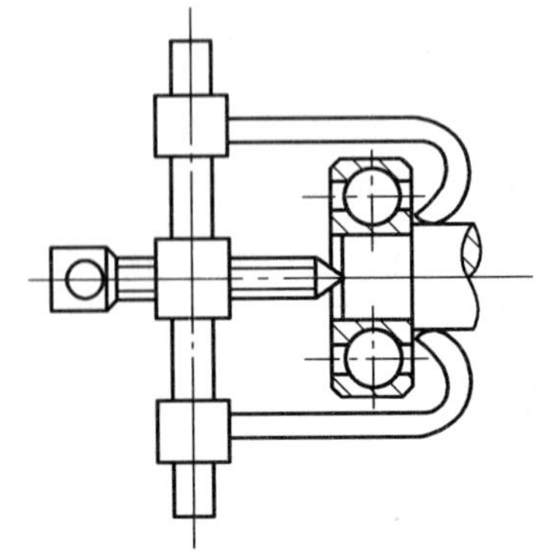

图 7-38　用专用工具拆卸轴承

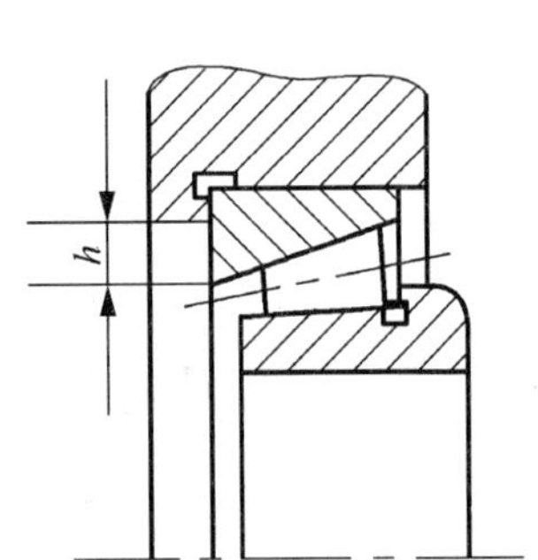

图 7-39　便于轴承拆卸的结构

巩固

与滑动轴承相比较，将滚动轴承的性能特点填入下表。

性　能	滚动轴承	滑动轴承
起动阻力		起动较费力
摩擦阻力、功率消耗、效率		摩擦因数较高，摩擦损失大
适用工作速度、使用寿命、噪声		使用寿命长，适于高速场合、噪声小
回转精度		运转精度高，工作平稳
承受冲击的能力		承载能力大且能承受冲击和振动载荷
尺寸		径向尺寸小、轴向尺寸大
安装、维护		安装精度要求低，轴瓦需经常更换，润滑及维护要求较高，维护成本高
标准化		较低

实训　轴系零部件的结构分析和拆装

1. 实训目的

1）通过分析轴系零件，进一步巩固、掌握所学知识。
2）加深对轴的结构认识并了解轴的工艺性要求。
3）进一步了解轴承的结构、作用及润滑、密封要求。
4）熟悉轴系零件的拆装顺序及工具的正确使用。
5）培养动手能力，激发学习兴趣。

2. 实训设备和工具

实习车间加工的典型阶梯轴、普通自行车若干台和各种常用拆装工具。

3. 实训要求

1）认识轴的作用，分析轴是如何支承零部件并传递运动和转矩的。
2）观察轴的结构，分析并讨论轴上零件的固定方法。
3）拆卸零部件，正确使用各种工具，详细记录拆卸过程。
4）装配轴上零部件，体会轴与轴承配合的松紧程度，详细记录装配过程。

4. 实训步骤

（1）轴系零部件结构分析

对车间加工的成品阶梯轴进行观察和分析，一般来说，在满足使用要求的前提下，轴的结构形式应尽量简化，使生产率高，成本低，并满足工艺性要求。

（2）自行车前、后轴的拆装

1）将自行车的前、后轮拆卸下来。

2）观察轴的结构及轴上轴承及其他部件的固定方式，认真观察各零部件的结构特点、装配关系，考虑合理的拆装顺序。

3）按顺序拆下各零部件并做记录，将拆下的零部件按一定顺序放置，以免丢失、损坏，以便于装配。

4）观察自行车轴的润滑及密封方式。

5）遵循“后拆卸的零件先装配”的原则，将自行车前后轴按一定顺序安装好，使其运转灵活。

5. 实训报告

1）写出自行车前后轴的拆卸和装配全过程。

2）分析并说明自行车前、后轴的区别及轴上零部件的固定方式，并说明理由。

思考与练习

一、简答

1. 试述轴的功用。
2. 根据所受载荷不同轴可分为哪几类？并举例说明。
3. 自行车的前轴、后轴、中轴分别属于什么类型的轴？
4. 轴的结构应满足哪几方面的要求？
5. 试述轴上零件轴向固定的目的，轴向固定方法有哪些？
6. 试述轴上零件周向固定的目的，周向固定方法有哪些？
7. 轴承分哪几种？何种情况下选用滑动轴承？
8. 滑动轴承分为哪几种？各有什么特点？对轴瓦材料有哪些要求？又有哪些常用材料？
9. 为保证滑动轴承工作时润滑良好，油孔和油沟应开设在轴瓦的什么位置？
10. 滚动轴承的基本结构由哪些零件组成？它与滑动轴承比较具有哪些应用特点？
11. 球轴承和滚子轴承各有什么特点？适用于哪些场合？
12. 滚动轴承选用时主要考虑哪些有关因素？
13. 对下列情况，试分析选用哪些类型的滚动轴承较为合理：

（1）主要承受径向力，而轴向力较小者。

（2）承受径向力，又承受较大轴向力，转速较高者。

（3）承受径向力，又承受较大轴向力，载荷较大者。

（4）承受纯轴向力。

14. 试说明下列轴承代号的含义：72211AC、LN308/P6x、62303、N2312、57108。

15．简述滚动轴承常用的固定方法。

16．滚动轴承的拆装有哪些注意事项？

二、实践

1．观察生产和生活中哪些地方使用了轴，并分析这些轴属于什么类型的轴，轴上有哪些零件？这些零件是如何固定的？将结果填入表7-6中。

表7-6　轴的应用

序号	机器名称	使用位置	轴的类型	轴上零件	零件固定方式
1					
2					
3					

2．观察生产和生活中哪些地方应用了轴承，把它们在机器中的位置、类型、固定方式填入表7-7中。

表7-7　轴承的应用

序号	机器名称	应用位置	轴承类型	固定方式
1				
2				
3				
4				
5				

3．指出图7-40中轴的结构错误（错误处用圆圈引出图外），说明原因并予以改正。

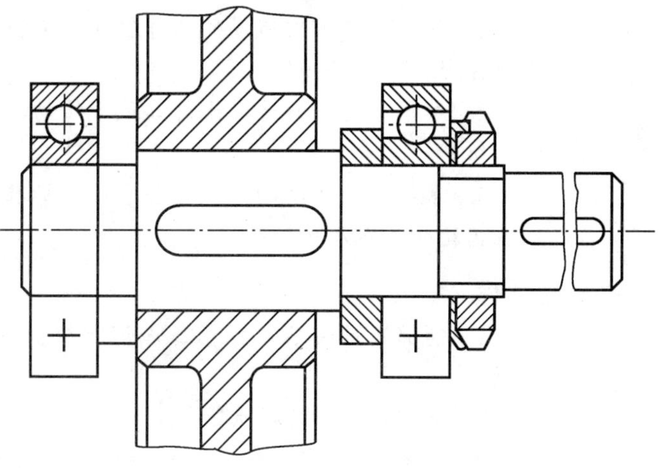

图7-40　查错改错

单元8

机械传动

概要及目标

◎ 概要

传动装置是大多数机器的组成部分，用于传递转矩、调节速度和改变运动形式。在现代工业中主要有机械传动、液压传动、气压传动和电气传动，其中机械传动是最基本的传动形式，实现从动力部分到执行部分的一系列运动转换和动力传递。

机械传动装置常用的有带传动、链传动、齿轮传动、蜗杆传动等，分属于啮合传动和摩擦传动。

◎ 知识目标

1. 了解几种常用传动的工作原理、类型、特点和应用。

2. 熟悉各传动的传动比计算及带传动、齿轮传动维护。

3. 掌握齿轮传动的正确啮合条件、标准直齿圆柱齿轮的基本尺寸计算。

◎ 技能目标

1. 能够正确安装、张紧、调试和维护 V 带传动。

2. 能够正确拆装减速器。

8.1 带 传 动

学习导入

带传动是一种常见的机械传动，由大、小两个带轮及张紧在带轮上的传动带组成，如图 8-1 所示。当主动轮由电动机驱动后，通过传动带带动从动轮一起转动。一般机床从电动机到主轴箱之间都是利用带传动来传递运动和动力的。

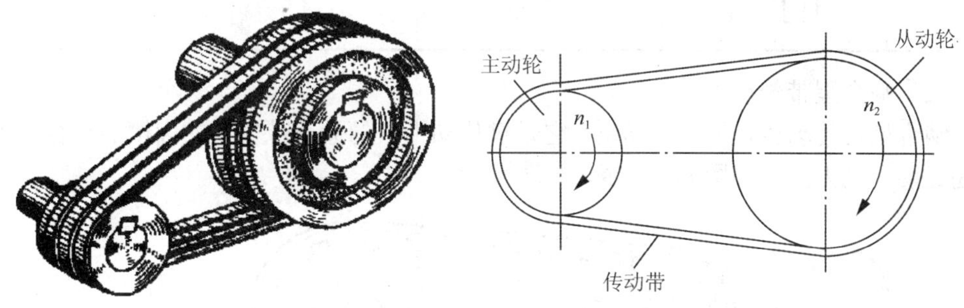

图 8-1 带传动

知识与技能

8.1.1 带传动的工作原理、类型、特点和应用

1. 带传动的工作原理及类型

根据传动原理的不同，带传动可分为摩擦型带传动和啮合型带传动两大类。本节着重讨论摩擦型带传动。

（1）摩擦型带传动

摩擦型带传动是利用传动带和带轮之间的摩擦力传递运动和动力的。摩擦型带传动中，按照带的截面形状不同，可分为以下几种，如表 8-1 所示。

表 8-1 摩擦型带传动的工作原理、类型、特点及应用

类型	截面图	特点及应用
平带传动		平带的截面为扁平矩形，工作时带的内面为工作面。平带传动结构最简单，质轻且绕曲性好，故多用于高速和中心距较大的传动
V 带传动		V 带传动又称三角带传动，带的截面形状为等腰梯形。工作时带的两侧面为工作面，与带轮的环槽侧面接触。在相同的带张紧程度下，V 带传动的摩擦力要比平带传动大约 70%，其承载能力比平带传动高，因而 V 带传动成为常用的带传动装置

续表

类型	截面图	特点及应用
多楔带传动		多楔带传动中带的截面形状为多楔形，其工作面为楔的侧面，它具有平带的柔软及 V 带的摩擦力大的优点，也可避免多根 V 带长度不等、传力不均的缺点
圆带传动		圆带传动中带的截面形状为圆形，仅用于载荷很小的传动，如仪器和缝纫机等家用机械中

（2）啮合型带传动

啮合型带传动也称同步带传动，它是靠传动带上的齿与带轮上的齿槽的啮合作用来传递运动和动力的，如图 8-2 所示。

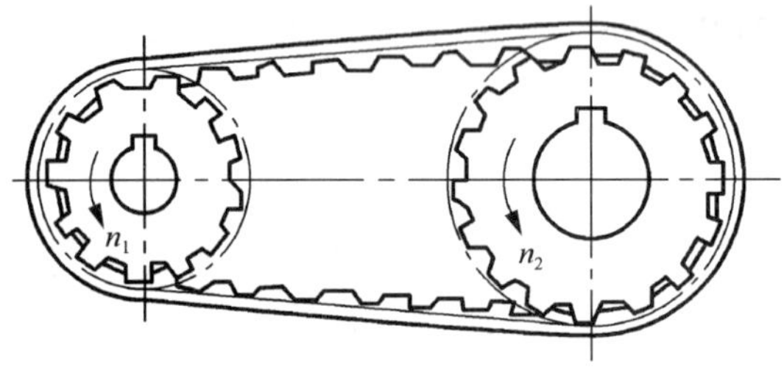

图 8-2 啮合型带传动

2. 带传动的使用特点

摩擦型带传动具有以下特点：

1）带有良好的挠性，能缓冲、吸振、传动平稳、无噪声。

2）当带传动过载时，带在带轮上打滑，防止其他机件的损坏，起到安全保护作用。

3）结构简单，制造、安装和维护方便。

4）带与带轮之间存在一定的弹性滑动，故不能保证恒定的传动比，传动精度和传动效率较低。

5）由于带工作时需要张紧，带对带轮轴有很大的压轴力。

6）带传动装置外廓尺寸大，结构不够紧凑。

7）带的使用寿命较短，需经常更换。

3. 带传动的应用

带传动是一种常见的、成本较低的动力传动装置，在生产和生活的各种机器中，如汽车、缝纫机、洗衣机、数控机床等方面广泛使用。由于带传动的效率和承载能力较低，故不适用于大功率传动。平带传动的传动功率小于 500kW，V 带传动的传动功率小于 700kW，带速一般为 5～30m/s。速度过低（1～5m/s 或以下）时，传动尺寸大而不经济；

速度过高时，离心力又会减小带对带轮的压紧程度，降低传动能力。同时，离心力会使带产生附加拉力的作用，降低带的使用寿命。

摩擦型带传动一般适用于功率不大且无需保证准确传动比的场合。在多级减速传动装置中，带传动通常置于与电动机相连的高速级。

啮合型带传动的平均传动比较准确，且传动比范围较大，速度较高，传递功率较大，传动效率较高，结构紧凑，多用于传动比要求准确的中、小功率的传动中，如数控机床、汽车发动机等传动。

根据摩擦型带传动的特点，议一议在机械传动系统中，为什么经常将V带传动布置在高速级？

4. 带传动的传动比

带传动的传动比是主动轮和从动轮的转速（或角速度）之比。不考虑带在轮上的弹性滑动，带传动的传动比计算公式为

$$i=\frac{n_1}{n_2}$$

式中：n_1——主动轮的转速（r/min）；

n_2——从动轮的转速（r/min）。

假设带传动正常工作时，带与带轮之间没有相对滑动，则带的速度与两带轮轮缘线速度相同，即

$$v=\frac{\pi d_{d1}n_1}{1000\times60}=\frac{\pi d_{d2}n_2}{1000\times60}(\mathrm{m/s})$$

式中：d_{d1}——主动轮的基准直径（mm）；

d_{d2}——从动轮的基准直径（mm）。

因此有

$$i=\frac{n_1}{n_2}=\frac{d_{d2}}{d_{d1}}$$

例 8-1 某车床的电动机转速为1440r/min，主动轮的基准直径为125mm，从动轮的转速为804r/min，求从动轮的基准直径是多少？

解：由带传动的传动比计算公式得

$$i=\frac{n_1}{n_2}=\frac{d_{d2}}{d_{d1}}=\frac{1440}{804}\approx1.79$$

所以有

$$d_{d2}=id_{d1}=1.79\times125\text{mm}=223.75\text{mm}$$

取标准值，从动轮的基准直径d_{d2}=224mm。

8.1.2 V 带的结构、标准及标记

1. V 带的结构、标准

V 带传动是由一条或数条（一般小于 10）V 带和 V 带轮所组成的摩擦传动。V 带安装在 V 带轮槽内，V 带的两侧面与带轮的两侧面接触，而与带轮的槽底不接触。

普通 V 带为无接头的环形带，其截面呈等腰梯形，两侧面为工作面，如图 8-3 所示，其结构由顶胶、抗拉体、底胶和包布组成。其中顶胶和底胶均由橡胶制成；包布由几层橡胶帆布制成，是带的保护层；抗拉体是承受负载拉力的主体，根据其材料的组成，可分为帘布结构和线绳结构两种。帘布结构抗拉强度高，制造方便，用于一般场合；而线绳结构比较柔软，适用于转速较高、带轮直径较小的场合。

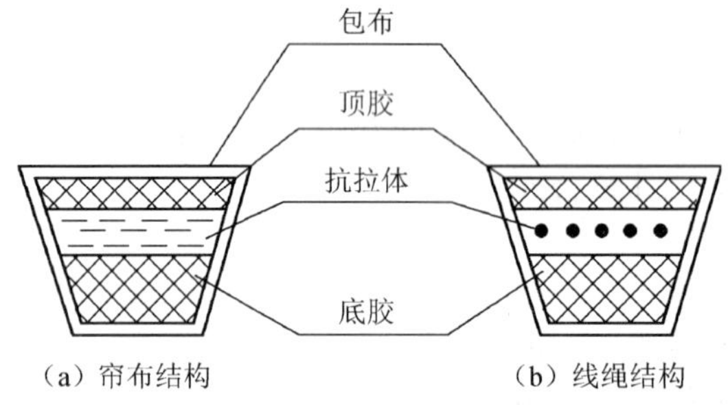

（a）帘布结构　　（b）线绳结构

图 8-3　普通 V 带的结构

我国生产的普通 V 带的尺寸已标准化，按截面尺寸由小到大分为 Y、Z、A、B、C、D、E 七种型号，其中 Y 型 V 带截面尺寸最小，E 型截面尺寸最大，其传递功率也最大，如表 8-2 所示。

表 8-2　普通 V 带截面尺寸

型别	Y	Z	A	B	C	D	E
b_p /mm	5.3	8.5	11	14	19	27	32
b/mm	6	10	13	17	22	32	38
h/mm	4	6	8	11	14	19	25
φ	40°						

当 V 带绕在带轮上产生弯曲时，顶胶层受拉伸长，底胶层受压缩短，其中必有一处既不受拉也不受压的中性层，称为节面，其宽度称为节宽，用 b_p 表示。带在轮槽中与节宽相应的槽宽称为轮槽的基准宽度，用 b_d 表示；带在此处的直径称为基准直径，用 d_d 表示，如图 8-4 所示。普通 V 带在规定张紧力下，位于带轮基准直径上的周线长度称为基

准长度（也称节线长度），用 L_d 表示，它用于带传动的几何尺寸计算和带的标记。普通V带基准长度系列如表8-3所示。

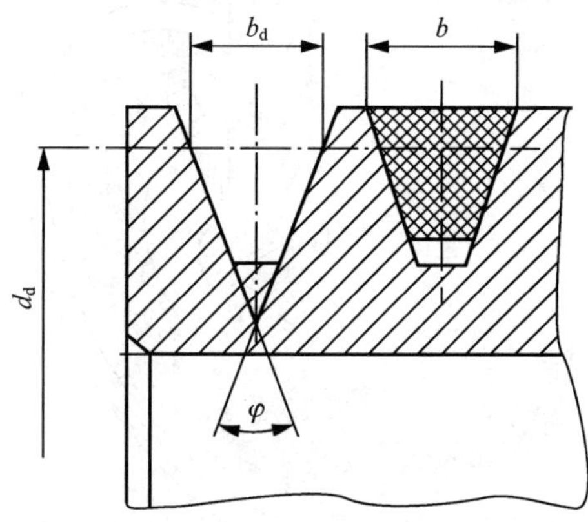

图8-4　V带带轮槽横截面

表8-3　普通V带的基准长度系列（GB/T 11544—1997）

（单位：mm）

基准长度 L_d 的基本尺寸									
	500	560	630	710	800	900	1000	1120	1250
	1400	1600	1800	2000	2240	2500	2800	3150	3550
	4000					…			

2. V带的标记

普通V带的标记由带型、基准长度和标准编号组成，印刷在带的外表面上。标记实例如下：

B2000　GB 11544—1997

含义为：B型普通V带，基准长度 L_d=2000mm，1997年国家标准。

8.1.3　带轮的结构、材料

1. 带轮的结构

带轮通常由轮缘、轮辐和轮毂组成，如图8-5所示。轮毂是带轮与轴配合的内圈，其轮毂内径等于轴的直径；带轮的外圈是轮缘，在轮缘上面有梯形槽，槽数及结构尺寸与所选的V带型号相对应；轮毂与轮缘连接的部分称为轮辐。

带轮的结构形式根据带轮直径决定，一般分为以下几种，如图8-6所示。

1）实心式：d_d＜150mm，如图8-6（a）所示。

2）腹板或孔板式：d_d=150～450mm，如图8-6（b）所示。

3）轮辐式：d_d＞450mm，如图8-6（c）所示。

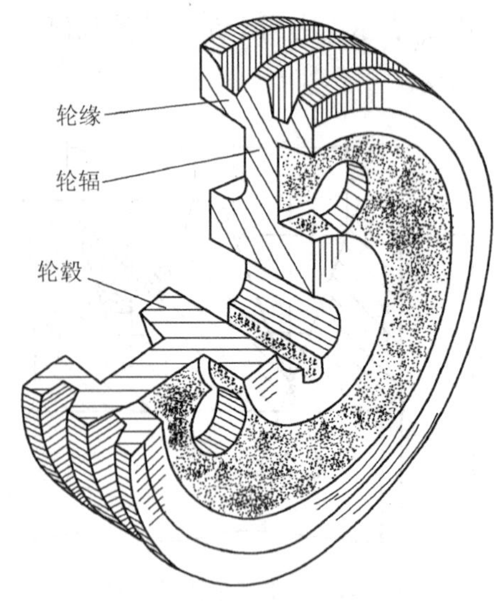

图 8-5　带轮的结构

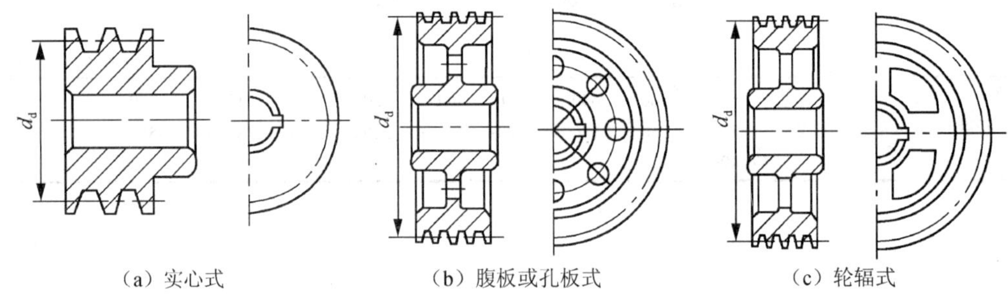

（a）实心式　　（b）腹板或孔板式　　（c）轮辐式

图 8-6　普通 V 带带轮的结构形式

2. 带轮的材料

带轮是带传动中的重要零件，它必须满足下列条件要求：质量分布均匀，安装对中性好，工作表面要经过精细加工，以减少磨损，质量尽可能轻，强度足够，旋转稳定。

带轮常用材料有灰铸铁、钢、铝合金和工程塑料。当带轮圆周速度 $v=15\sim30$m/s 时，常用 HT150 或 HT200 制造。转速较高时，用铸钢或轻合金，以减轻质量。低速转动 $v<15$m/s 和小功率传动时，常采用工程塑料。

8.1.4　V 带传动的张紧、安装与维护

1. 带传动的张紧

（1）张紧目的

1）根据带的摩擦传动原理，带必须在预张紧后，达到合适的初拉力才能正常工作。

2）传动带运转一定时间后，会产生永久变形使带松弛，使初拉力减小而降低带传动的工作能力，必须重新张紧。

（2）张紧方法

1）调整中心距。

① 定期张紧装置。一般利用调整螺钉来调整中心距。图 8-7（a）所示为移动式，电动机安装在滑轨上，调节时，松开螺母，旋动调节螺钉，将电动机沿滑轨推到合适的位置，再拧紧螺母，从而实现张紧。这种装置适用于水平或接近水平的带传动中。图 8-7（b）所示为摆动式，电动机固定在可调节的摆动架上，转动调节螺母，使摆动架绕固定支点顺时针摆动，将带张紧。这种装置适用于垂直或接近垂直的带传动中。

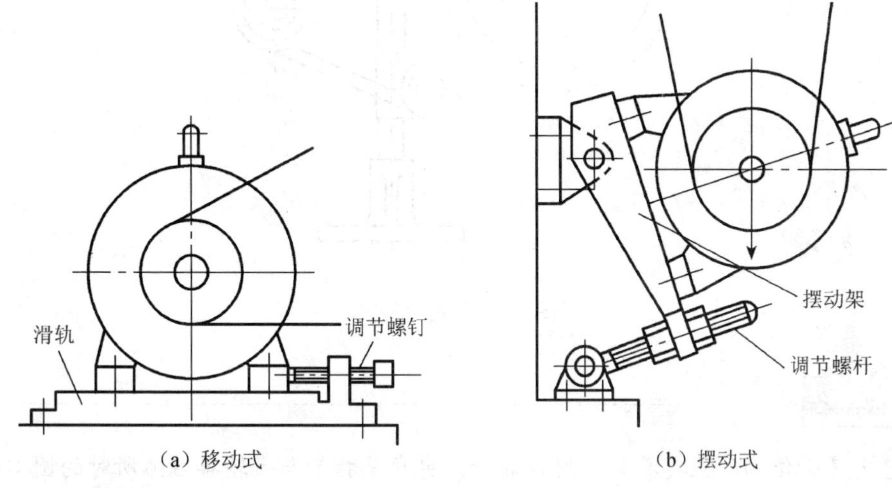

图 8-7 定期张紧装置

② 自动张紧装置。如图 8-8 所示，电动机固定在浮动的摆动架上，利用电动机和摆动架的自重使摆动架绕固定支点顺时针自动摆动，将带张紧。这种方法多用在中、小功率的带传动中。

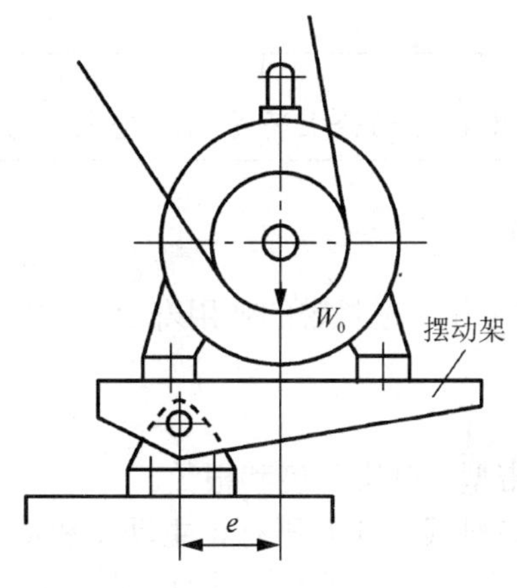

图 8-8 自动张紧装置

2）使用张紧轮。

当中心距不能调整时，可采用张紧轮定期将传动带张紧，如图 8-9 所示。对于 V 带

传动的张紧轮，其位置应安放在V带松边（即绕出主动轮的一边）内侧，尽量靠近大带轮的一边。这样可使V带传动时只受到单方向的弯曲；并且可使小带轮的包角不至于过分减小，即使小带轮与带有足够的接触面积，保证传动能力。

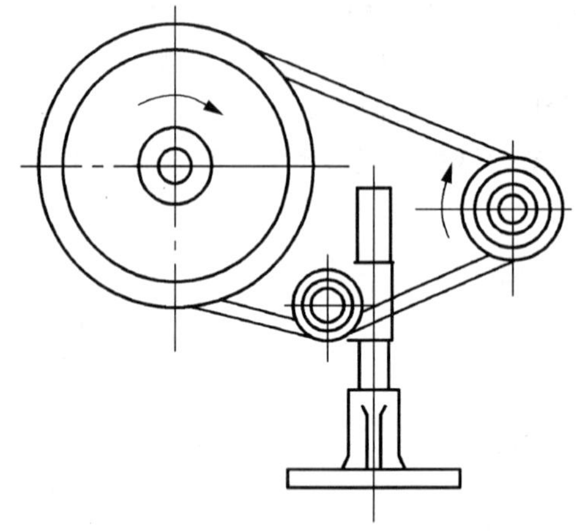

图 8-9　张紧轮装置

拓　展

包角是带传动的主要参数，用 α 表示。包角是指带与带轮接触弧所对的圆心角。包角的大小反映了带与带轮轮缘表面间接触弧的长短。包角越小，接触弧长越短，接触面间所产生的摩擦力总和也越小。为了提高带传动的承载能力，包角不能太小，一般要求包角 $\alpha \geqslant 120^\circ$。由于从动轮上的包角总是比主动轮上的包角大，因此只需验算主动轮上的包角是否满足要求即可。

带传动打滑现象首先发生在主动轮上还是从动轮上？为什么？

2. 带传动的安装与维护

为了保证带传动能正常工作，延长带的使用寿命，V带传动应正确安装、使用和妥善维护。

（1）安装

1）应按设计要求选取带型、基准长度和根数。

2）安装带轮时，两带轮轴线应相互平行，主动轮和从动轮槽必须调整在同一平面内，如图 8-10 所示。且两带轮装在轴上不得晃动，否则会使传动带侧面过早磨损。

3）套装带时不得强行撬入，应先将中心距缩小，将带套在带轮轮槽上后，再慢慢调大中心距，使带张紧。V带的张紧程度调整应适当，一般可根据经验来调整，如在中等中心距的情况下，V带的张紧程度以大拇指能按下 10～15mm 左右为合适，如图 8-11 所示。

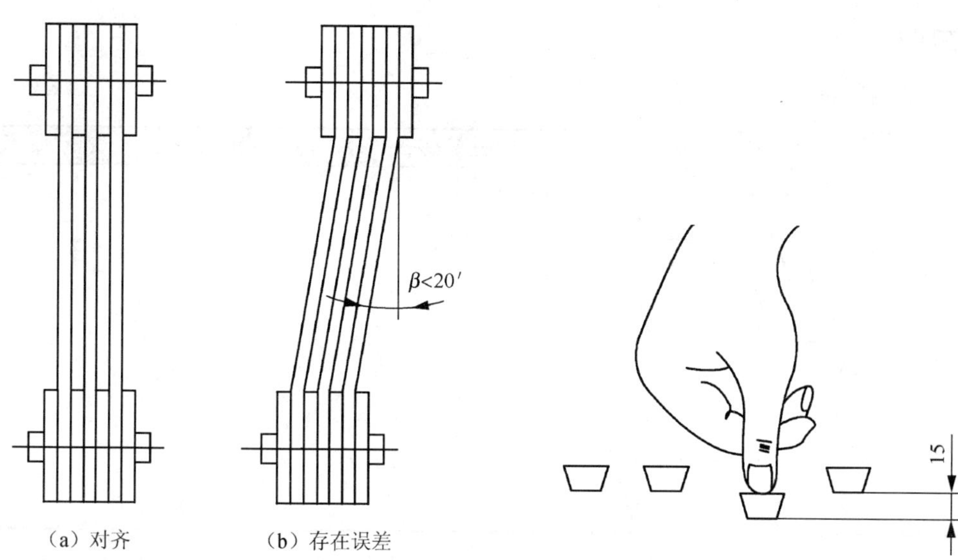

图 8-10 带轮轮槽位置对带传动的影响

图 8-11 V 带的张紧检查

4）V 带在轮槽中应有正确的位置，安装在轮槽内的 V 带顶面应与带轮外缘相平或略高出一点，若高出太多，则会减少接触面，降低传动能力，若陷得太深，也对传动不利，带与轮槽底面应有间隙，如图 8-12 所示。

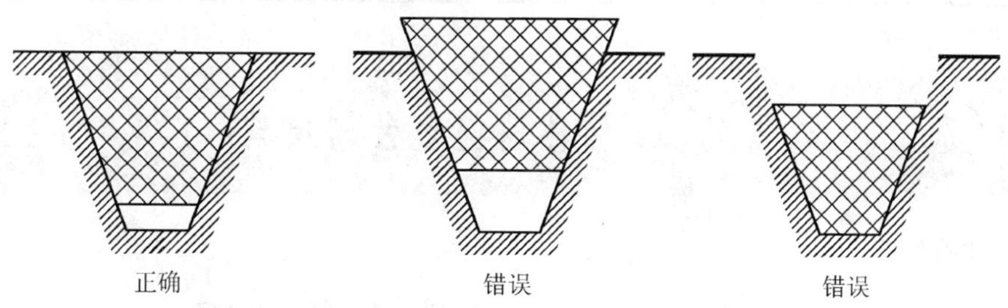

图 8-12 带在轮槽中的位置

（2）使用和维护

1）新带运行 24h 或 48h 应检查和调整初拉力。运转中也要定期检查，以保证带传动正常工作。

2）若发现一根带松弛严重或损坏应及时全部更换新带（多根带时），不能新旧带混合使用，以免载荷分布不均。

3）为了保证安全生产，应给 V 带传动加防护罩，不允许传动件外露。

4）带传动不应与矿物油、酸、碱等介质接触，工作温度不宜超过 60℃。

1. V 带的松紧程度对带传动有什么影响？

2. 两带轮轴线平行是否意味两轮槽也对正了？若两带轮轮槽没有对正会造成什么后果？

巩固

1）填写下表。

普通 V 带型号与截面尺寸关系图	各截面对应的型号
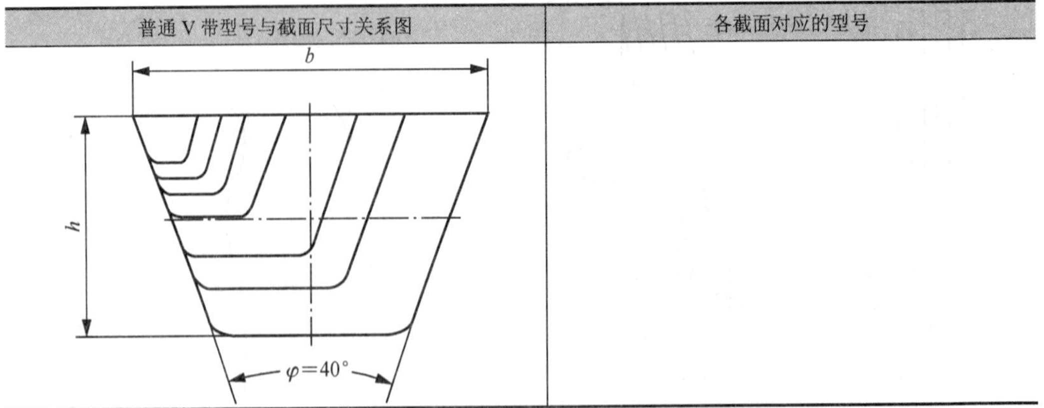	

2）下表是归纳的带传动的安装、调整和维修要点，请结合教材进行说明。

“三平”	带与轮槽顶面平齐；两轮轴线平行；两轮对应轮槽在同一平面内
“一定”	定期检查带长，更换到松紧一致
“一张”	调整胶带的张紧力到适度。 调整方法：改变中心距；使用张紧轮

实训　V 带传动的安装与调试

1. 实训目的

1）通过 V 带传动的安装与调试，进一步巩固、掌握所学内容。
2）熟悉 V 带的结构、型号与标记。
3）学习 V 带传动的选用、安装和调试的方法。
4）掌握 V 带传动的张紧和调整方法。
5）培养动手能力，为今后从事此类工作奠定基础。

2. 实训设备和工具

1）平尺、90° 角尺、游标卡尺、百分表、扳手。
2）减速器、电动机、张紧装置。

3. 实训步骤和要求

（1）V 带及带轮的认识

认识 V 带的工作面、截面形状、型号及标记。了解带轮的结构组成、材料及结构形式。注意轮缘上的梯形槽数及结构尺寸要与所选的 V 带型号相对应。

（2）V 带的选用

1）应按设计要求选取带型、基准长度和根数。注意带的型号和基准长度不能搞错，以保证 V 带在轮槽中的正确位置。

2）V 带按带的长度公差值大小，分别标有“＋”、“0”、“－”三档标记。对于多根 V 带传动，要选择公差值在同一档次的带配成一组使用。

（3）V 带的安装与调整

01 在实验平台上按初估中心距安装电动机和减速器，并拧紧固定螺栓、固定减速器和电动机。

02 安装带轮。在减速器输入轴上安放键，安装从动轮，固紧轴端挡圈；同样，在电动机轴上安装主动轮。安装带轮时，两轮的轴线应平行，端面与中心垂直，且两带轮装在轴上不得晃动，否则会使传动带侧面过早磨损。

03 安装 V 带。安装 V 带时不得强行撬入，应按计算的中心距适当缩小，待将传动 V 带套在带轮槽后再拧紧调整螺钉进行张紧，以使带松紧适度，一般可凭经验来控制。

04 检查轮槽对正。对于中心距较小的带传动，可直接用丁字尺检查；对于中心距较大的带传动，可用拉线法检查。

05 检查与调整带的松紧程度。当两带轮的中心距能够调整时，可利用调整螺钉调整中心距，使传动带具有一定的张紧力。当中心距不能调整时，可采用张紧轮定期将传动带张紧，安装、调整完毕后，紧固所有紧固螺钉。

（4）V 带的使用维护

1）在使用过程中要对带进行定期检查且及时调整。若发现个别 V 带有疲劳撕裂现象时，应及时更换所有 V 带。

2）严防 V 带与酸、碱、油类等对橡胶有腐蚀作用的介质接触，尽量避免日光曝晒。

3）为了保证安全生产，应给 V 带传动加装防护罩。

4. 实训报告

写出 V 带的选用原则，以及 V 带的安装与调整方法。分析 V 带的松紧程度对带传动的影响。

8.2 链传动

学习导入

链传动是由安装在平行轴上的主动链轮、从动链轮和绕在链轮上的环形链条所组成的。链轮上制有特殊齿形的齿，以环形链条作中间挠性件，工作时靠链条与链轮轮齿的啮合来传递运动和动力，如图 8-13 所示。

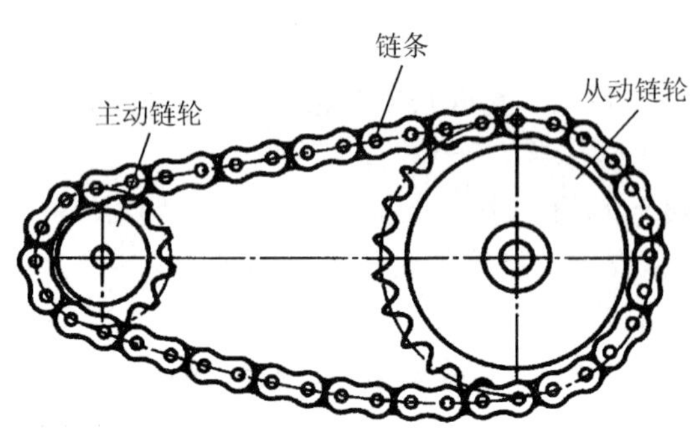

图 8-13　链传动

知识与技能

8.2.1　链传动的特点和应用

1. 链传动的特点

（1）链传动的主要优点

1）链传动靠啮合传递动力，可获得准确的平均传动比，工作可靠，效率较高。

2）传递功率较大，过载能力强，相同工况下的传动尺寸小。

3）所需张紧力小，作用于轴上的压力小。

4）可以在高温、多尘、潮湿、有油污的情况下工作。

（2）链传动的主要缺点

1）由于瞬时链速是变化的，不能保持恒定的瞬时传动比。

2）传动平稳性较差，运转时有冲击、振动和噪声，链速不宜过高，不宜用在急速反向的传动中。

2. 链传动的应用

链传动主要适用于两轴平行，且中心距较大，功率较大，而又要求平均传动比准确的场合，目前在矿山、石油、化工、印刷、交通运输及建筑工程等部门的机械中均有广泛应用。

通常链传动传递的功率 $P \leqslant 100\text{kW}$，链速 $v \leqslant 15\text{m/s}$，传动比 $i \leqslant 6 \sim 8$，中心距 $a \leqslant 8\text{m}$，润滑良好时，效率可达 0.97～0.98。

3. 链传动的传动比

链传动的传动比计算公式为

$$i=\frac{n_1}{n_2}=\frac{z_2}{z_1}$$

式中：n_1——主动链轮的转速（r/min）；

n_2——从动链轮的转速（r/min）；

z_1——主动链轮的齿数；

z_2——从动链轮的齿数。

某厂运输带由转速 1440r/min 的电动机通过三套减速装置来驱动：A 为套筒滚子链传动，B 为齿轮传动，C 为 V 带传动。试确定传动顺序，并说明理由。

8.2.2 链传动的类型

传动链的种类繁多，最常用的是套筒滚子链和齿形链。

1. 套筒滚子链

套筒滚子链（图 8-14）是由内链板、外链板、销轴、套筒和滚子组成的。内链板与套筒之间、外链板与销轴之间均为过盈配合连接；滚子与套筒之间、套筒与销轴之间均为间隙配合连接，以形成转动。当链与链轮轮齿啮合时，滚子与轮齿之间是滚动摩擦。若受力不大且速度较低，也可不用滚子，这种链称为套筒链。

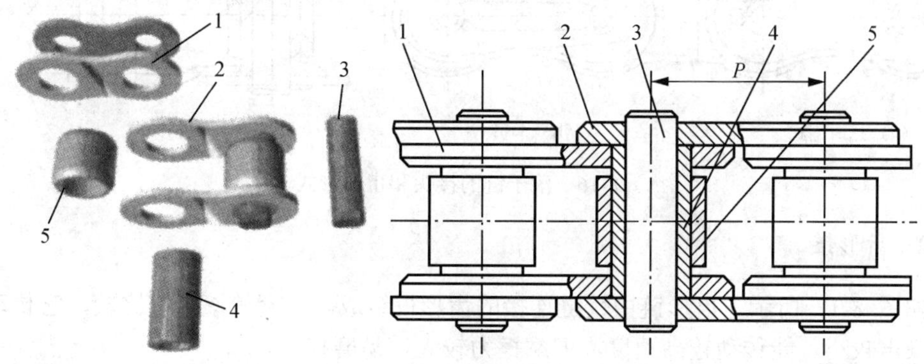

图 8-14 套筒滚子链结构

1—内链板；2—外链板；3—销轴；4—套筒；5—滚子

滚子链有单排链、双排链（图 8-15）、多排链等几种。多排链的承载能力与排数成正比，但由于精度的影响，各排的载荷不易均匀，故排数不宜过多，一般不超过 4 排。

为了形成链节首尾相接的环形链条，要用接头加以连接。链条接头处的固定形式有 3 种，即开口销式、卡簧式和过渡链节式，如图 8-16 所示。当链节数为偶数时采用的连接链节，其形状与链节相同，接头处用钢丝锁销或弹簧卡片等止锁件将销轴与连接链板固定；当链节数为奇数时，则必须加一个过渡链节。过渡链节的链板在工作时受有附加弯矩，故应尽量避免采用奇数链节。

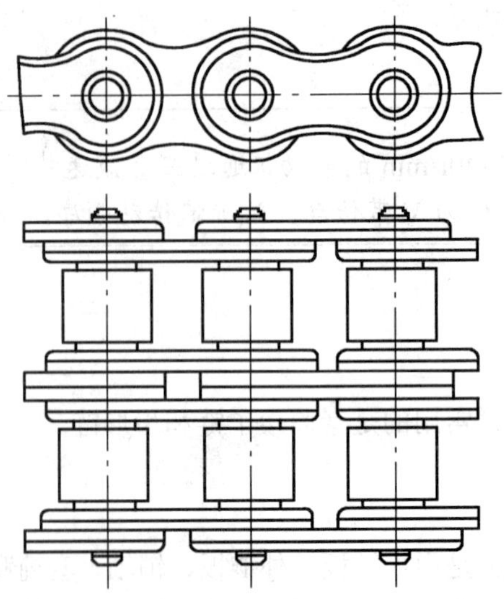

图 8-15　双排链

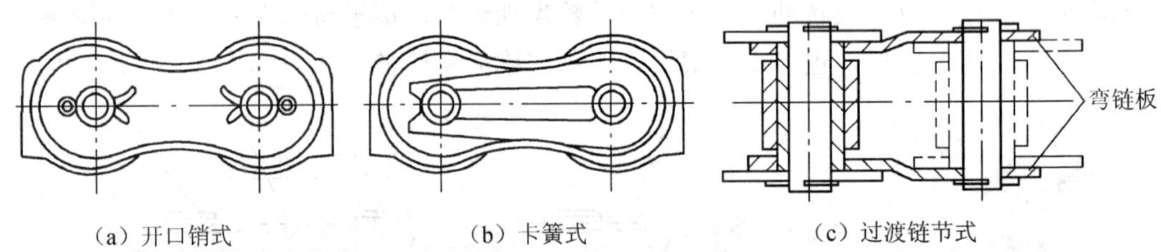

（a）开口销式　　（b）卡簧式　　（c）过渡链节式

图 8-16　滚子链的接头和止锁形式

2. 齿形链

如图 8-17 所示，齿形链由铰链连接的齿形板组成。与套筒滚子链比较，它传动平稳，噪声较小，能传动较高速度，但摩擦力较大，易磨损。

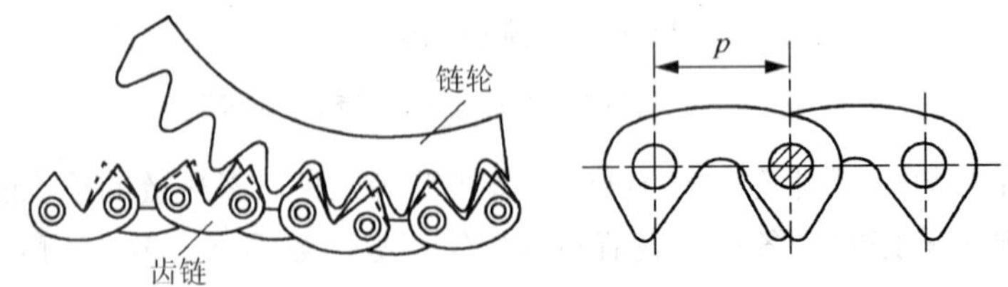

图 8-17　齿形链结构

拆装自行车链传动装置，了解链条的组成、接头形式、润滑方法，以及链条松弛后的张紧方法。

8.3 齿轮传动

学习导入

齿轮传动是通过主动齿轮的轮齿和从动齿轮的轮齿的直接啮合来传递运动和动力的，它不仅能够输送机械能，而且能改变转速和转向，可用于传递空间任意两轴之间的运动和动力。

知识与技能

8.3.1 齿轮传动的特点、应用及分类

1. 齿轮传动的特点、应用

在机械传动中，齿轮传动应用最广泛。在工程机械、矿山机械、冶金机械及各类机床中都在应用齿轮传动。齿轮传动所传递的功率从几瓦至几万千瓦；它的直径从不到1mm的仪表齿轮到10m以上的重型齿轮；它的圆周速度从很低到100m/s以上。大部分齿轮是用来传递旋转运动的，但也可以把旋转运动变为直线往复运动，如齿轮齿条传动。

与其他传动相比，齿轮传动有如下特点：

1）瞬时传动比恒定，平稳性较高，传递运动准确可靠。

2）适用范围广，可实现平行轴、相交轴、交错轴之间的传动，传递的功率和速度范围较大。

3）结构紧凑、工作可靠，可实现较大的传动比。

4）传动效率高，使用寿命长。

5）齿轮的制造、安装精度要求较高。

6）不适宜远距离两轴之间的传动。

2. 齿轮传动的分类

齿轮传动的类型很多，分类方法也很多，如表8-4所示。常见的齿轮传动类型如图8-18所示，其中渐开线外啮合直齿圆柱齿轮传动是最常用、最基本的，是本章讨论的重点。

表8-4 齿轮传动的分类

分类方法	类型
按两齿轮的轴线位置分类	平行轴齿轮传动［图8-18（a）～图8-18（e）］、相交轴齿轮传动［图8-18（f）和图8-18（g）］、交错轴齿轮传动［图8-18（h）和图8-18（i）］
按两齿轮的啮合方式分类	外啮合齿轮传动［图8-18（a）和图8-18（d）］、内啮合齿轮传动［图8-18（b）］、齿轮齿条啮合传动［图8-18（c）］
按轮齿的齿向分类	直齿传动［图8-18（a）～图8-18（c）、图8-18（f）］、斜齿传动［图8-18（d）］、人字齿传动［图8-18（e）］、曲齿传动［图8-18（g）］
按工作条件分类	开式传动（齿轮外露）、闭式传动（齿轮封闭于箱体中）
按齿面硬度分类	硬齿面（>350HBS）齿轮传动、软齿面（≤350HBS）齿轮传动

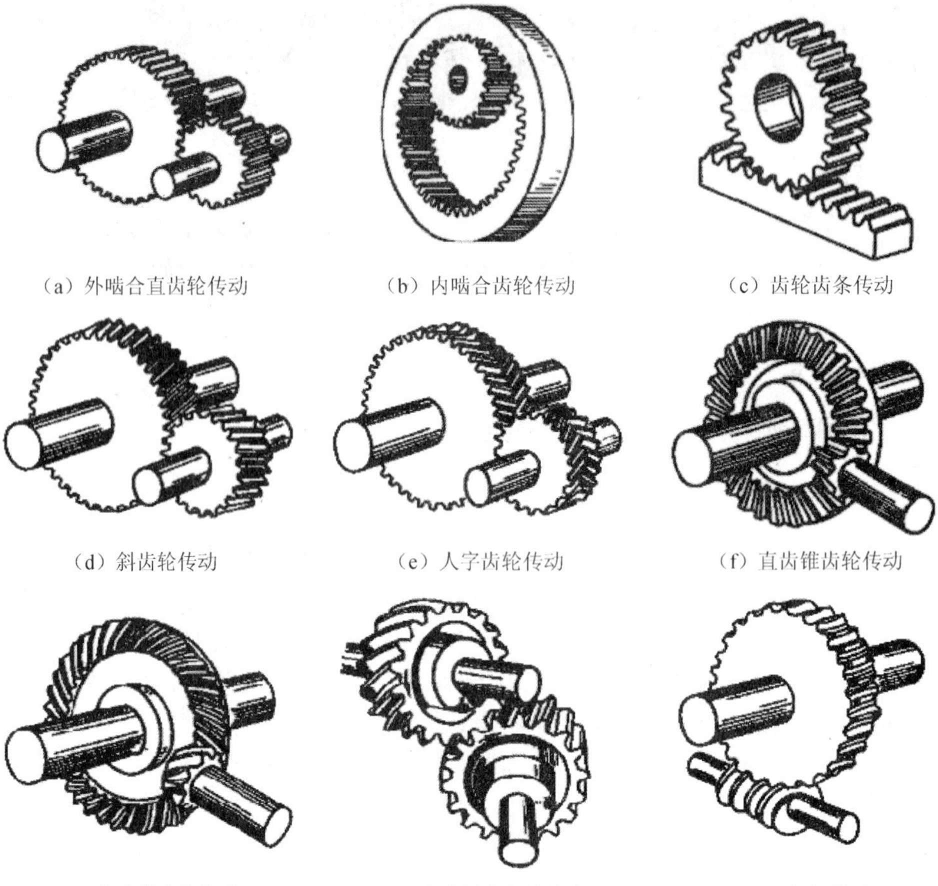

（a）外啮合直齿轮传动　（b）内啮合齿轮传动　（c）齿轮齿条传动

（d）斜齿轮传动　（e）人字齿轮传动　（f）直齿锥齿轮传动

（g）曲齿锥齿轮传动　（h）交错轴斜齿轮传动　（i）蜗杆传动

图 8-18　齿轮传动类型

8.3.2　渐开线齿轮各部分名称、基本参数

目前，绝大多数齿轮都采用渐开线齿廓，它既能保证齿轮传动的瞬时传动比恒定，使传动平稳，而且还容易加工，便于安装，互换性好。

拓　展

如图 8-19（a）所示，直线 AB 与一半径为 r_b 的圆相切，并沿此圆做无滑移的纯滚动，则直线 AB 上任意一点 K 的轨迹 CKD 称为该圆的渐开线。与直线做纯滚动的圆称为基圆，r_b 为基圆半径，直线 AB 称为发生线。渐开线齿轮轮齿的齿廓是由同一基圆的两条相反（对称）的渐开线组成的，如图 8-19（b）所示。

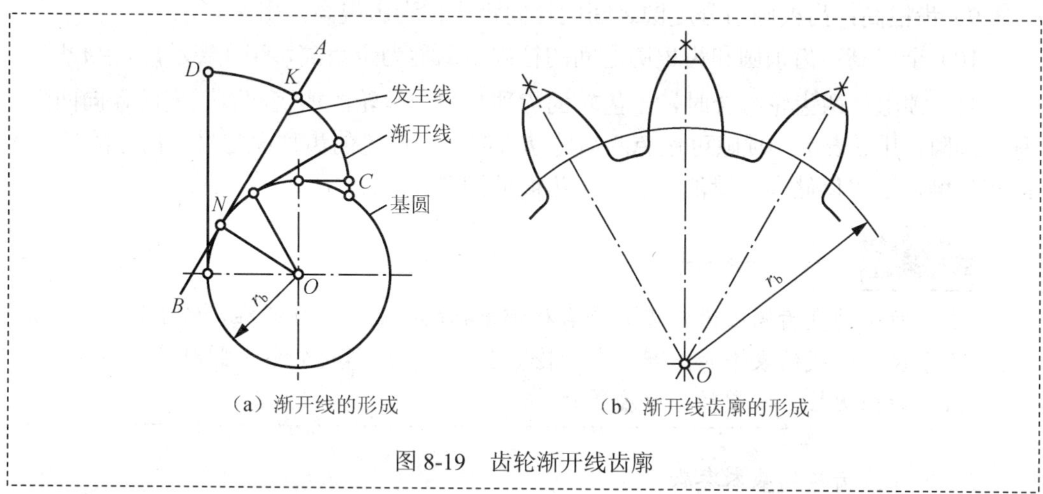

图 8-19　齿轮渐开线齿廓

1. 渐开线齿轮各部分名称

如图 8-20 所示为渐开线直齿圆柱齿轮的一部分，各部分名称如下。

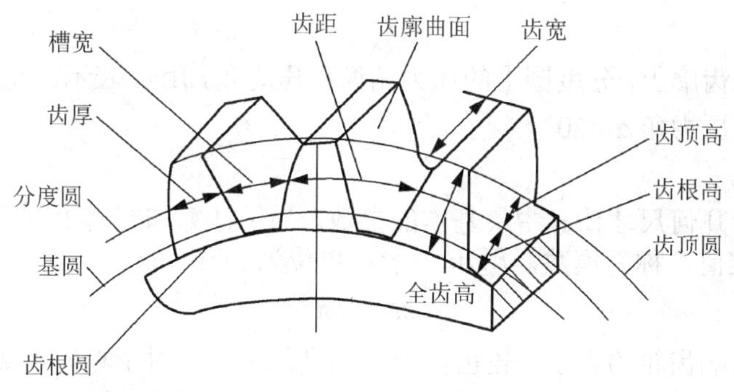

图 8-20　齿轮各部分名称

1）齿顶圆：在圆柱齿轮上，其齿顶所在的圆称为齿顶圆，其直径用 d_a 表示，半径用 r_a 表示。

2）齿根圆：在圆柱齿轮上，齿槽底所在的圆称为齿根圆，其直径用 d_f 表示，半径用 r_f 表示。

3）基圆：轮齿渐开线齿廓曲线的生成圆，其直径用 d_b 表示，半径用 r_b 表示。

4）分度圆：齿轮上作为齿轮尺寸基准的圆称为分度圆，其直径用 d 表示，半径用 r 表示。对于标准齿轮，分度圆上的齿厚和槽宽相等。

5）齿距：齿轮上，相邻两齿同侧齿廓之间的分度圆弧长称为齿距，用 p 表示。

6）齿厚：齿轮上，一个轮齿的两侧齿廓之间的分度圆弧长称为齿厚，用 s 表示。

7）槽宽：齿轮上两相邻轮齿之间的空间称为齿槽，一个齿槽的两侧齿廓之间的分度圆弧长称为槽宽，用 e 表示。

8）齿顶高：齿顶圆与分度圆之间的径向距离称为齿顶高，用 h_a 表示。

9）齿根高：齿根圆与分度圆之间的径向距离称为齿根高，用 h_f 表示。

10）全齿高：齿顶圆和齿根圆之间的径向距离称为全齿高，用 h 表示，$h=h_a+h_f$。

11）顶隙：两齿轮啮合时，一齿轮的齿顶与另一齿轮的槽底间有一定的径向间隙，称为顶隙，用 c 表示。顶隙可避免两齿轮啮合时，一齿轮的齿顶面与另一齿轮的齿槽底面相抵触，还可以储存润滑油，有利于齿面的润滑。

提示

上述所说的直齿圆柱齿轮各部分名称都是指端平面的，在圆柱齿轮上，端平面是指垂直于齿轮轴线的表平面。若考虑齿轮宽度，则上述所说的各个圆都是圆柱，即齿顶圆柱、齿根圆柱、基圆柱、分度圆柱。

2. 渐开线齿轮的基本参数

（1）齿数

在齿轮整个圆周上，均匀分布的轮齿总数称为齿数，用 z 表示。齿数是决定齿廓形状的基本参数之一，同时，齿数与齿轮传动的传动比有密切关系。

（2）压力角

在标准齿轮齿廓上，分度圆上的压力角简称压力角，用 α 表示。压力角已经标准化，我国规定，标准压力角 $\alpha=20°$。

（3）模数

模数是齿轮几何尺寸计算中最基本的参数。为了计算和制造上的方便，人为地规定 p/π 的值为标准值，称为模数，用 m 表示，单位为 mm，即

$$m=p/\pi$$

模数直接影响齿轮的大小、轮齿齿形和强度的大小。对于相同齿数的齿轮，模数越大，齿轮的几何尺寸越大，轮齿越大，因此承载能力越强，如图 8-21 所示。标准模数系列如表 8-5 所示。

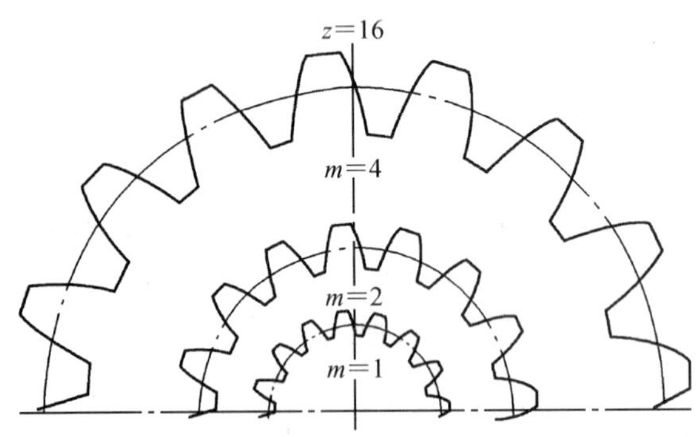

图 8-21　齿数相同模数不同的齿轮

表 8-5　标准模数系列

第一系列	1　1.25　1.5　2　2.5　3　4　5　6　8　10　12　16　20　25　32　40　50
第二系列	1.75　2.25　2.75　（3.25）　3.5　（3.75）　4.5　5.5　（6.5）　7　9　（11）　14　18　22　28　36　45

注：1. 本表适用于渐开线圆柱齿轮，对斜齿轮通常是指法向模数。

2. 优先采用第一系列，括号内的模数尽可能不用。

（4）齿顶高系数

齿顶高与模数的比值称为齿顶高系数，用 h_a^* 表示，即 $h_a^*=h_a/m$。

标准直齿圆柱齿轮的齿顶高系数 $h_a^*=1$。

（5）顶隙系数

顶隙与模数的比值称为顶隙系数，用 c^* 表示，即 $c^*=c/m$。

标准直齿圆柱齿轮的顶隙系数 $c^*=0.25$。

8.3.3　标准直齿圆柱齿轮的基本尺寸

齿顶高 h_a 和齿根高 h_f 为标准值，且分度圆上的齿厚 s 等于槽宽 e 的渐开线直齿圆柱齿轮称为渐开线标准直齿圆柱齿轮。

常用外啮合标准直齿圆柱齿轮的几何尺寸计算公式如表 8-6 所示。

表 8-6　外啮合标准直齿圆柱齿轮的几何尺寸计算公式

名　称	代　号	计 算 公 式
齿距	p	$p=\pi m$
齿厚	s	$s=p/2=\pi m/2$
槽宽	e	$e=p/2=\pi m/2$
基圆齿距	p_b	$p_b=P\cos\alpha=\pi m\cos\alpha$
齿顶高	h_a	$h_a=h_a^*m=m$
齿根高	h_f	$h_f=(h_a^*+c^*)m=1.25m$
全齿高	h	$h=h_a+h_f=(2h_a^*+c^*)m=2.25m$
顶隙	c	$c=c^*m=0.25m$
分度圆直径	d	$d=mz$
基圆直径	d_b	$d_b=d\cos\alpha=mz\cos\alpha$
齿顶圆直径	d_a	$d_a=d+2h_a=m(z+2)$
齿根圆直径	d_f	$d_f=d-2h_f=m(z-2.5)$
齿宽	b	$b=(6\sim12)m$，通常取 $b=10m$
中心距	a	$a=(d_1+d_2)/2=(z_1+z_2)m/2$

单个圆柱齿轮上有 4 个圆，即齿顶圆、齿根圆、分度圆、基圆。齿顶圆和齿根圆是看得见摸得着的两个圆，分度圆和基圆是看不见摸不着的两个圆。分度圆是计算齿轮各部分尺寸的基准圆，基圆是轮齿渐开线齿廓曲线的生成圆。

渐开线标准直齿圆柱齿轮的几何尺寸还有一个特点，即都与模数成正比。

一对外啮合标准直齿圆柱齿轮，齿数 $z_1=20$，$z_2=32$，模数 m=10mm，试计算其基本尺寸，将计算结果列入表 8-7 中，并比较两齿轮哪些尺寸相同，哪些尺寸不同？

表 8-7　外啮合标准直齿圆柱齿轮的尺寸计算

名　称	代号	计 算 公 式	小齿轮尺寸/mm	大齿轮尺寸/mm
齿距	p			
齿厚	s			
槽宽	e			
基圆齿距	p_b			
齿顶高	h_a			
齿根高	h_f			
全齿高	h			
顶隙	c			
分度圆直径	d			
基圆直径	d_b			
齿顶圆直径	d_a			
齿根圆直径	d_f			
中心距	a			

8.3.4　渐开线齿轮的啮合

1. 齿轮传动的标准中心距

图 8-22 所示为一对渐开线齿轮相啮合的情况，N_1N_2 为两齿轮基圆的内公切线，由于两齿轮啮合时，各啮合点一定在 N_1N_2 上，故 N_1N_2 称为渐开线齿轮传动的啮合线。N_1N_2 与连心线 O_1O_2 的交点 C 称为节点。过节点 C 做两个相切的圆称为节圆。一对齿轮啮合时，将节圆与分度圆重合时的中心距称为标准安装中心距，用 a 表示。

外啮合：

$$a=\frac{m}{2}(z_1+z_2)$$

内啮合：

$$a=\frac{m}{2}(z_2-z_1)$$

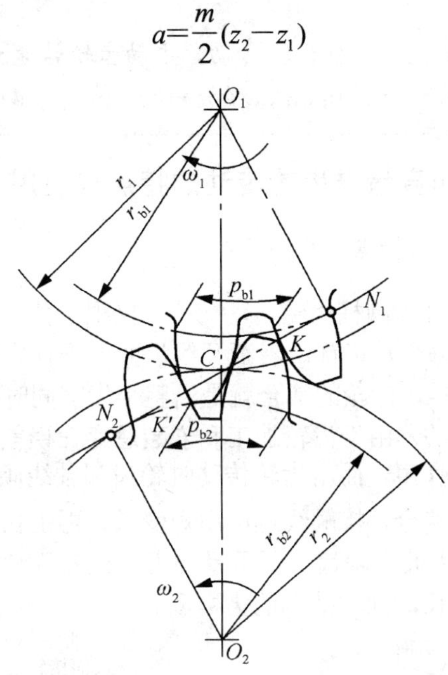

图 8-22 外啮合齿轮传动

2. 渐开线直齿圆柱齿轮的正确啮合条件

对渐开线齿轮传动的基本要求是实现正确啮合，这要求前后两对轮齿在交接过程中，保证连续的恒定传动比传动。这涉及相互啮合的一对齿轮，其轮齿在圆周上的分布是否恰当。图 8-22 所示一对渐开线齿轮有两对齿同时参与啮合，前一对齿在 K' 点接触，后一对齿在 K 点接触。它们的啮合点都在啮合线 N_1N_2 上，由图 8-22 看出，只有当两齿轮相邻两齿的同侧齿廓间在啮合线上的距离（齿距）相等时，才能保证两齿轮正确啮合。由此可得出（略去推导过程）一对渐开线直齿圆柱齿轮的正确啮合条件如下：

1）两齿轮的模数必须相等：$m_1=m_2=m$。

2）两齿轮分度圆上的压力角必须相等：$\alpha_1=\alpha_2=\alpha$。

3. 渐开线齿轮传动的传动比

经过推导，两渐开线齿轮传动时的瞬时传动比为两轮齿数的反比，即

$$i=\frac{n_1}{n_2}=\frac{z_2}{z_1}$$

式中：n_1——主动齿轮的转速（r/min）；

n_2——从动齿轮的转速（r/min）；

z_1——主动齿轮的齿数；

z_2——从动齿轮的齿数。

已知一对外啮合标准直齿圆柱齿轮传动，主动齿轮转速 n_1=900r / min，从动齿轮转速 n_2=300r/min，中心距 α=300mm，模数 m=5mm，求两齿轮的齿数 z_1、z_2。

8.3.5 斜齿圆柱齿轮和直齿锥齿轮传动的特点与应用

1. 斜齿圆柱齿轮传动的特点、应用

斜齿圆柱齿轮传动和直齿圆柱齿轮传动一样，仅限于传递两平行轴之间的运动。直齿圆柱齿轮传动过程中，每个轮齿都沿着渐开线齿面上平行于轴线的直线顺序地进行接触，如图 8-23 所示。这样，齿轮的啮合就是沿整个齿宽同时接触、同时分离，轮齿上的力也是突然加上和卸掉的。由于齿轮加工和安装总存在误差，所以直齿圆柱齿轮传动在高速时容易发生冲击和噪声。而斜齿轮传动时轮齿和轴线倾斜一个角度（螺旋角 β），由齿顶的一端逐渐地进入啮合，接触线逐渐由短变长，再由长变短，直至完全脱离啮合为止，如图 8-24 所示。因此在轮齿上所承受的力，也是逐渐由小到大，然后又逐渐减小的，其啮合过程比直齿长，同时啮合的齿数多。

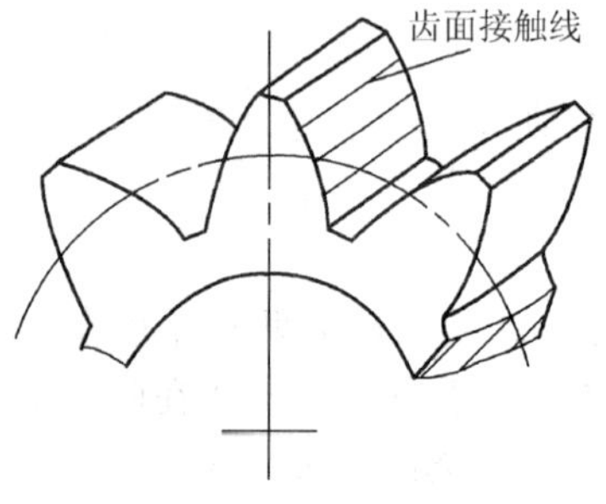

图 8-23　直齿圆柱齿轮啮合线

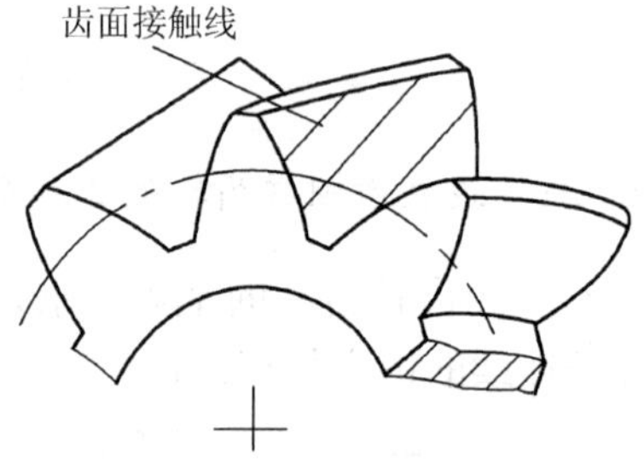

图 8-24　斜齿圆柱齿轮啮合线

所以，斜齿轮传动有下列特点：

1）承载能力大，适用于大功率传动。

2）传动平稳，冲击、噪声和振动小，适用于高速传动。

3）使用寿命长。

4）由于斜齿轮轮齿与轴线倾斜了一个螺旋角，故不能当作变速滑移齿轮。

5）传动时产生轴向力（图 8-25），需要安装能承受轴向力的轴承，使支座结构复杂。如轴向力太大，可用人字齿轮抵消轴向力（图 8-26），但人字齿轮制造困难，成本高。

螺旋角是指螺旋线与轴线的夹角（图 8-27），通常是指分度圆上的螺旋角。螺旋角不宜太大，一般取 8°～20°。螺旋角太小，斜齿轮传动的各项优点不突出；螺旋角太大，则产生的轴向力过大，使齿轮和轴承的轴向定位困难。

斜齿轮的螺旋线方向分为左旋和右旋，其旋向判定如下：让斜齿轮轴线竖直放置，面对齿轮，轮齿的方向从右向左上升时为左旋斜齿轮［图 8-28（a）］；反之，从左向右上升时为右旋斜齿轮［图 8-28（b）］。

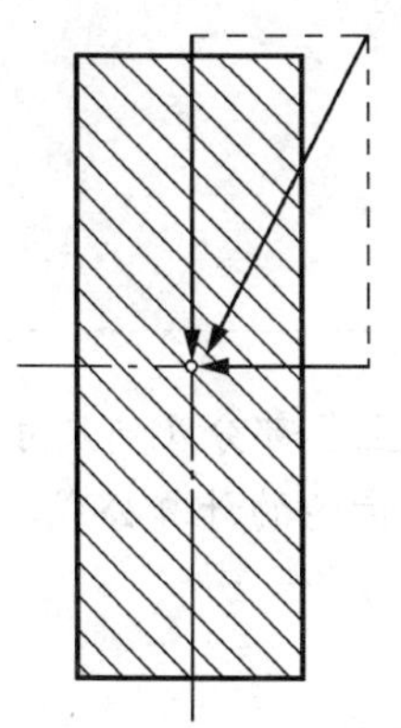

图 8-25 斜齿轮产生轴向力

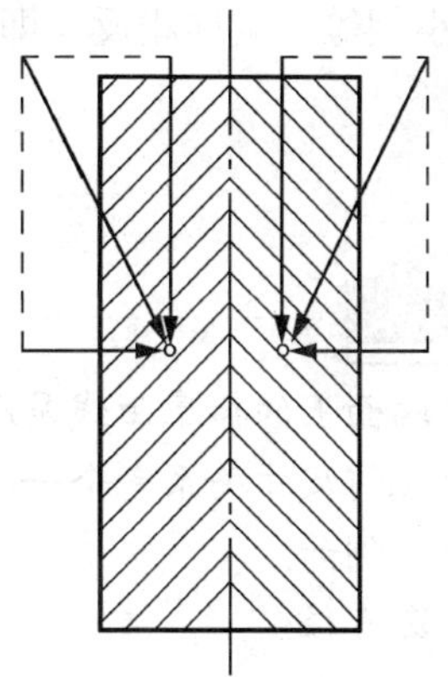

图 8-26 人字齿轮抵消轴向力

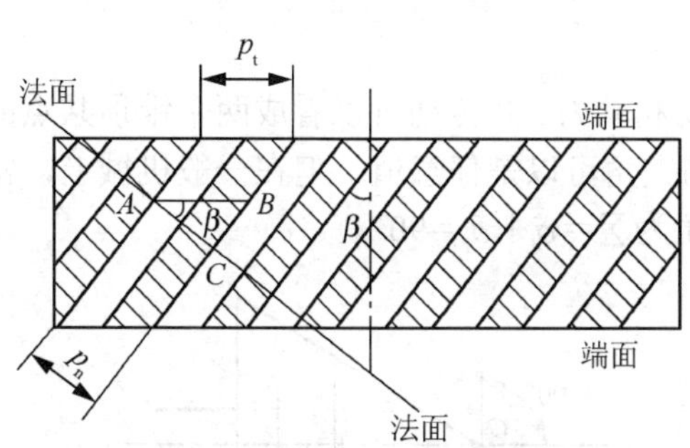

图 8-27 斜齿圆柱齿轮的螺旋角

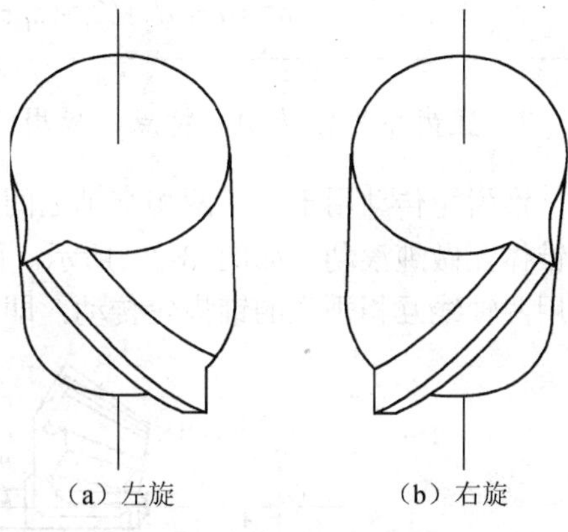

图 8-28 斜齿轮旋向

由于螺旋角的存在，斜齿轮的基本参数有下列特点：斜齿圆柱齿轮的参数分端面和法向两种，即端面模数 m_t、端面压力角 α_t 和法向模数 m_n、法向压力角 α_n。

1）模数。在切齿加工时按法向模数 m_n 选取刀具并调整机床，所以规定法向模数 m_n 为标准值。

端面模数 m_t 是端面齿距 p_t 与 π 的比值，即

$$m_t = p_t / \pi$$

法向模数 m_n 是法向齿距 p_n 与 π 的比值，即

$$m_n = p_n / \pi$$

端面模数与法向模数的关系为

$$m_t = m_n / \cos\beta$$

2）压力角。法向压力角 α_n 是标准值，即 $\alpha_n = 20°$。法向压力角 α_n 和端面压力角 α_t 的关系为

$$\tan\alpha_n = \tan\alpha_t \cos\beta$$

一对外啮合斜齿圆柱齿轮的正确啮合条件是两齿轮的法向模数、压力角分别相等，

螺旋角大小相等、旋向相反，即

$$\begin{cases} m_{n1}=m_{n2}=m_n \\ \alpha_{n1}=\alpha_{n2}=\alpha_n \\ \beta_1=-\beta_2 \end{cases}$$

提 示

由于端面上的齿廓曲线是渐开线，所以斜齿轮端面上各部分几何尺寸关系和直齿轮各部分几何尺寸关系完全一样，计算公式仍然采用直齿轮的计算公式，只是需代入端面参数。例如：

分度圆直径：

$$d=m_t z=m_n z/\cos\beta$$

中心距：

$$a=(d_1+d_2)/2=(z_1+z_2)m_t/2=(z_1+z_2)m_n/2\cos\beta$$

2. 直齿锥齿轮传动的特点、应用

锥齿轮传动用于传递两相交轴之间的运动和动力。其传动可以看成两个锥顶共点的圆锥体互做纯滚动，如图 8-29 所示。两轴的夹角可以是任意值，但在一般机械上，常采用两轴线互相垂直的锥齿轮传动，即轴交角为$\Sigma=\delta_1+\delta_2=90^\circ$。

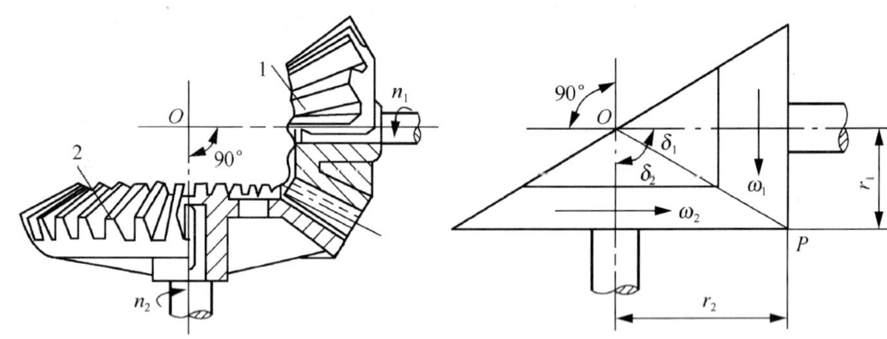

图 8-29 锥齿轮传动

锥齿轮有直齿、斜齿和曲齿等几种类型，但因直齿锥齿轮的加工、测量和安装比较简便，生产成本低廉，故应用最为广泛。

直齿锥齿轮的轮齿是均匀分布在圆锥体上的，它的齿形一端大，另一端小。为了测量和计算方便，以大端模数 m 为标准模数，大端压力角 α 为标准压力角，其标准压力角 $\alpha=20^\circ$，齿顶高系数 $h_a^*=1$，顶隙系数 $c^*=0.2$。

直齿锥齿轮传动的正确啮合条件为两齿轮的大端模数和压力角分别相等，同时使 $\delta_1+\delta_2=\Sigma$。

锥齿轮传动时，两节圆锥锥顶必须重合，这样增加了制造、安装的困难，并降低了锥齿轮传动的精度和承载能力，因此锥齿轮传动一般用于轻载、低速场合。

提 示

与圆柱齿轮相似，圆柱齿轮中的各有关“圆柱”在这里都有变成了“圆锥”，如齿顶圆锥、齿根圆锥、分度圆锥、基圆锥，所以几何尺寸中就多出了圆锥角。

*8.3.6 渐开线齿轮的切齿原理、根切及最少齿数、变位齿轮

1. 渐开线齿轮的切齿原理

加工齿轮可采用仿形法和范成法两种方法。仿形法一般是指在普通铣床上用与被切齿轮的齿槽形状相同的盘状铣刀或指状铣刀切制齿轮的方法，如图 8-30 所示。每铣完一个齿槽后，将齿轮毛坯转过 $\frac{360^\circ}{z}$，再铣下一个齿。

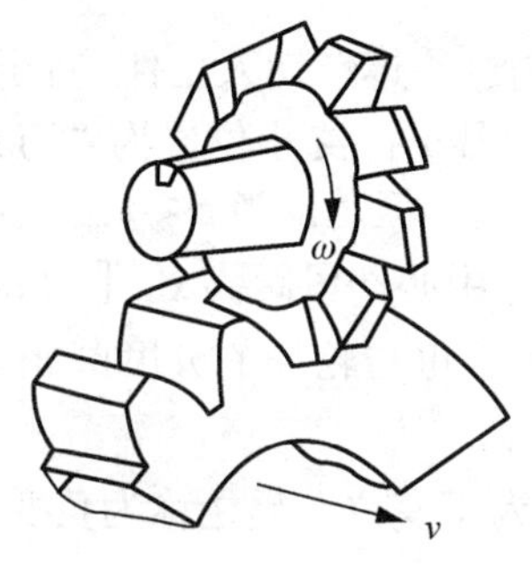

（a）盘状铣刀加工

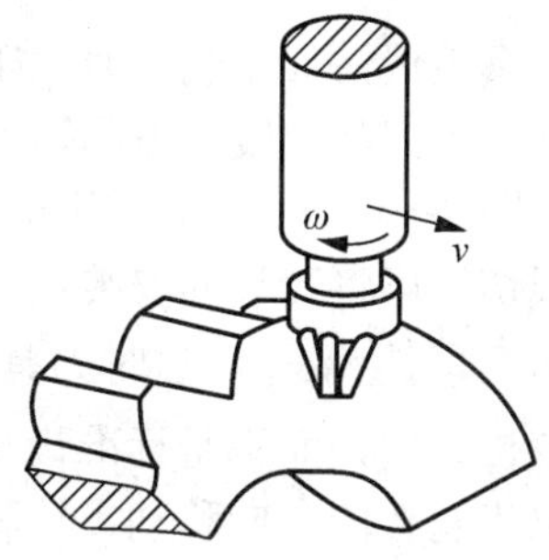

（b）指状铣刀加工

图 8-30 仿形法加工齿轮

范成法又称展成法。用范成法加工齿轮时刀具与齿坯的运动就像一对互相啮合的齿轮，最后刀具将齿坯切出渐开线齿廓。范成法切制齿轮常用的刀具有齿轮插刀、齿条插刀和齿轮滚刀 3 种，如图 8-31 所示。

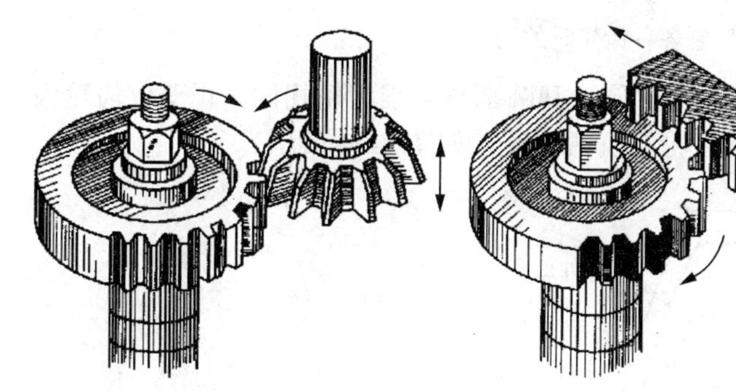

（a）齿轮插刀加工齿轮　（b）齿条插刀加工齿轮

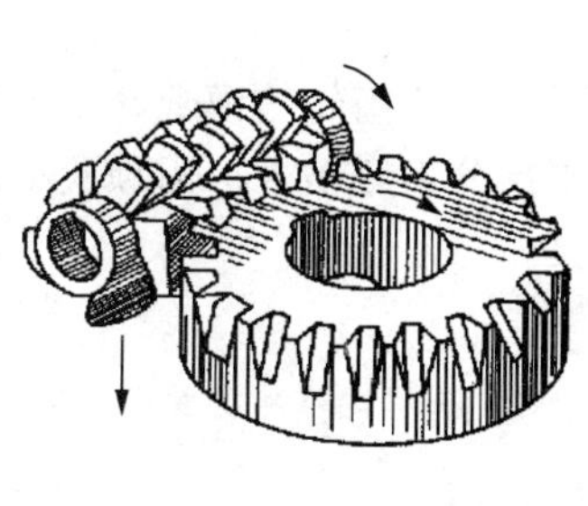

（c）齿轮滚刀加工齿轮

图 8-31 范成法加工齿轮

2. 根切及最少齿数

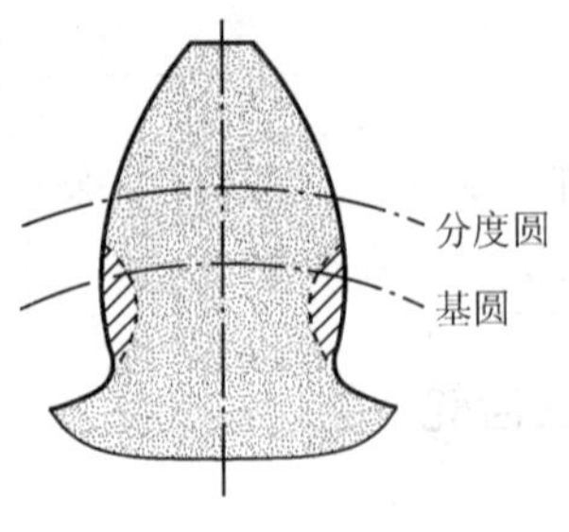

图 8-32 齿轮的根切

用范成法加工齿数较少的齿轮时，会出现轮齿根部的渐开线齿廓被刀具顶部切削掉一部分的现象，这种现象称为根切，如图 8-32 所示。

轮齿发生根切后，会削弱轮齿根部的强度，使整个齿轮的传动平稳性下降，因此要设法避免。对于标准齿轮，要控制齿数不能过少。将加工标准齿轮不发生根切现象时的最小齿数称为最少齿数，用 z_{min} 表示。对于渐开线直齿圆柱齿轮而言，正常齿制 z_{min}=17，短齿制 z_{min}=14。因此，为了避免发生根切现象，选取齿轮的齿数必须大于或等于 z_{min}。

3. 变位齿轮的概念

用齿条形刀具范成法加工齿轮时，刀具做径向进给逐渐切入工件，直至切出全齿高。相对于齿轮毛坯，当刀具中线（齿厚等于槽宽的直线）的终止位置为“刀具中线切于轮坯分度圆”时［图 8-33（a）］，加工出的是标准齿轮。但是，当 $z < z_{min}$ 时，会发生根切现象。为避免根切，可将刀具的安装位置远离轮坯中心一段距离 x_m［图 8-33（b）］，或向轮坯中心移近一段距离 x_m，这时刀具的中线就不再与轮坯的分度圆相切，这时切制出的齿轮称为变位齿轮，而不是标准齿轮。

刀具向远离齿轮坯的方向移动，这种变位称为正变位，反之称为负变位。

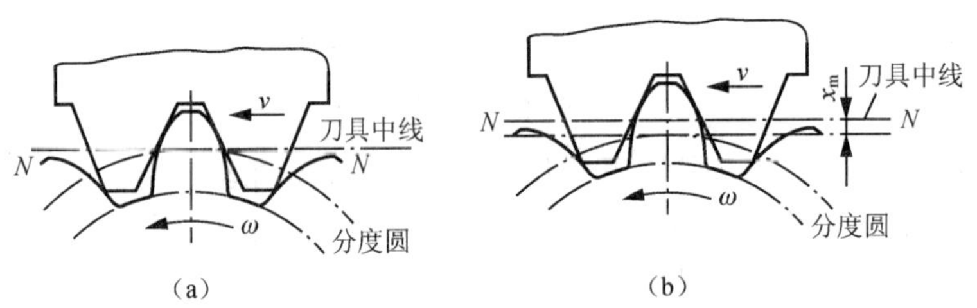

图 8-33 切制各种齿轮时的刀具位置

变位齿轮的模数、压力角、齿数及分度圆、基圆都与标准齿轮相同。正变位齿轮齿根部分齿厚增大，齿顶变窄，提高了齿轮的抗弯强度，如图 8-34 所示。

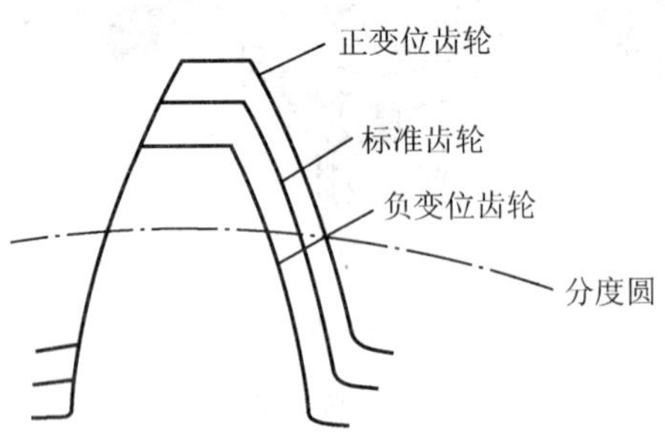

图 8-34 变位齿轮的轮齿

变位齿轮的出现是由于标准齿轮的局限性。标准齿轮由于尺寸计算简单，传动性能一般能得到保证而无须进行核验，因此得到广泛的应用。但标准齿轮在齿轮转动中的应用存在着局限性，主要表现在以下几个方面：

1. 标准齿轮传动中，小齿轮的基圆齿厚小于大齿轮的基圆齿厚，因此小齿轮齿根强度弱，同时小齿轮各轮齿参与啮合的频率高、次数多，因此小齿轮的使用寿命低。

2. 当齿轮齿数 $z<17$ 时，用展成法加工的齿轮会产生根切现象。

3. 标准齿轮不适用于非标准中心距的场合。例如，在变速器中，往往要在一对轴上安装数对不等于标准中心距的齿轮。如采用标准齿轮，当 $a'<a$ 时，无法安装；当 $a'>a$ 时，虽然可以安装，但产生较大的齿侧间隙，影响传动轴的平稳性。

8.3.7 齿轮材料、结构、失效形式及维护

1. 常用的齿轮材料

齿轮的齿面应具有较高的耐磨损、耐点蚀、抗胶合及抗塑性变形的能力，而齿根要有较高的抗折断的能力。因此，对齿轮材料性能的基本要求为齿面要硬、齿芯要韧。

因为小齿轮的齿数少，轮齿参加啮合的次数比大齿轮的齿多，且齿根厚度较薄，所以应使小齿轮材料好于大齿轮，齿面硬度高于大齿轮 20～50HBS，以使大小齿轮的工作寿命接近。

齿轮材料常用锻钢、铸钢、铸铁和非金属材料。

（1）锻钢

大多数齿轮由优质碳素结构钢和合金结构钢锻造而成。根据承载能力和制造工艺，锻钢可分为两类。

1）轮齿工作表面硬度≤350HBW 的街轮，称为软齿面齿轮。这类齿轮是在热处理（正火或调质）以后进行切齿。用于中小功率、精度要求不高的一般机械传动齿轮中。

2）轮齿工作表面硬度>350HBW 的齿轮，称为硬齿面齿轮。这类齿轮是在切齿后进行热处理（如淬火、表面淬火、渗碳淬火等），然后进行精加工的（如磨齿、研磨剂跑合等）。由于齿面硬度大，精度高，用于重载、高速及精密的机械传动中。现代工业机器多用硬齿面齿轮。

（2）铸钢

齿轮结构复杂及尺寸较大（$d_a>500$mm）不易锻造时，可采用铸钢。

（3）铸铁

铸铁可以直接铸成齿轮，也可以用铸铁毛坯切齿。用于低速和轻载的开式齿轮传动。

（4）非金属材料

对高速、轻载的齿轮传动，为了减少噪声和质量，可采用非金属材料制造，如尼龙、聚碳酸酯、酚醛等。

2. 常用的齿轮结构

（1）齿轮轴［图 8-35（a）］

对于直径较小的钢制齿轮，当其齿根圆直径与相配合轴的直径相差比较少时，可将齿轮和轴制成一体，称为齿轮轴。一般圆柱齿轮齿根圆到键槽顶部的距离 $\delta<2.5m$ 或锥齿轮的小端齿根圆到键槽顶部的距离 $\delta<1.6m$ 时，应将齿轮做成齿轮轴。

（2）实心式齿轮［图 8-35（b）］

对于圆柱齿轮，当其齿顶圆直径 $d_a\leqslant200mm$ 时，对于锥齿轮，当 $\delta\geqslant1.6m$，且大端齿顶圆直径 $d_a\leqslant200mm$ 时，应将齿轮与轴分开制造，并将齿轮制成实心式齿轮。

（3）辐板式齿轮［图 8-35（c）］

对于齿顶圆直径 $d_a\leqslant500mm$ 的较大的圆柱齿轮或锥齿轮，制成锻造辐板式齿轮。对于铸造毛坯的辐板式锥齿轮，其结构与锻造辐板式锥齿轮基本相同，只是为了提高轮坯强度，一般在辐板上设置加强肋。

（4）轮辐式齿轮［图 8-35（d）］

对于齿顶圆直径 d_a=400～1000mm，齿宽 $b\leqslant200mm$ 的圆柱齿轮常采用铸铁或铸钢浇注的轮辐式齿轮。

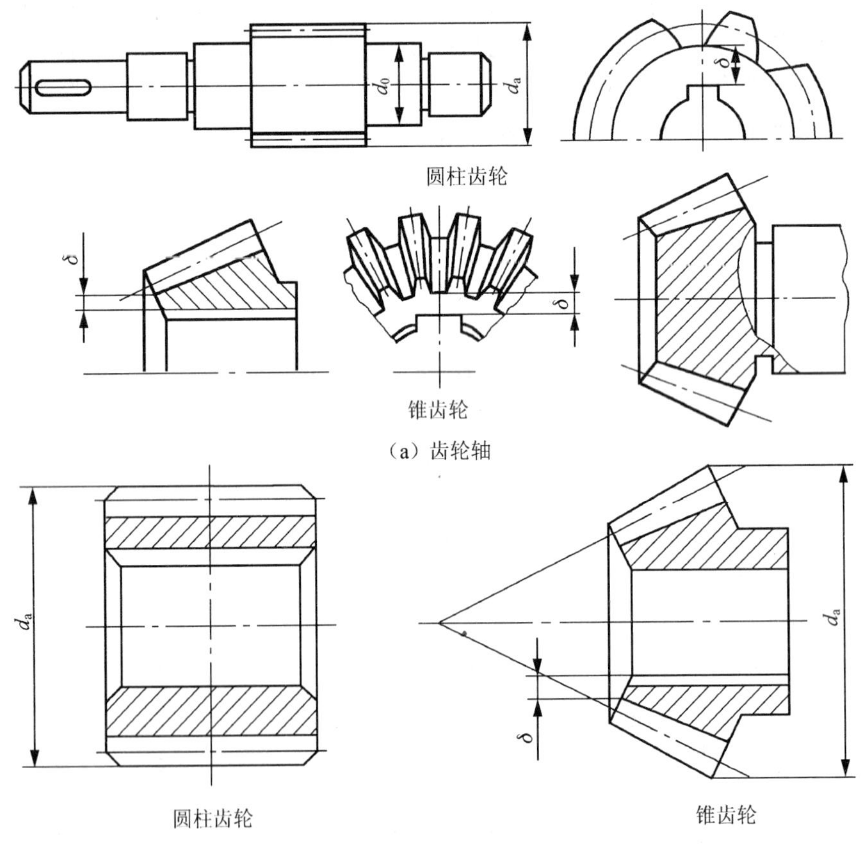

（a）齿轮轴

（b）实心式齿轮

图 8-35　常用的齿轮结构

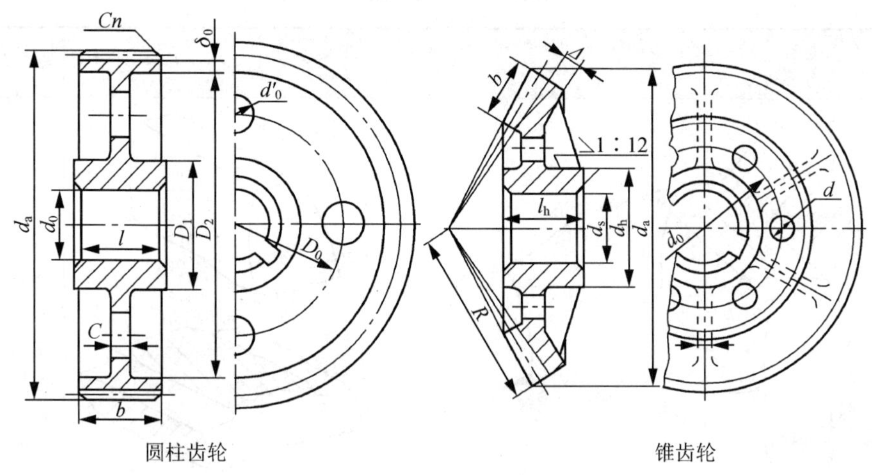

（c）辐板式齿轮

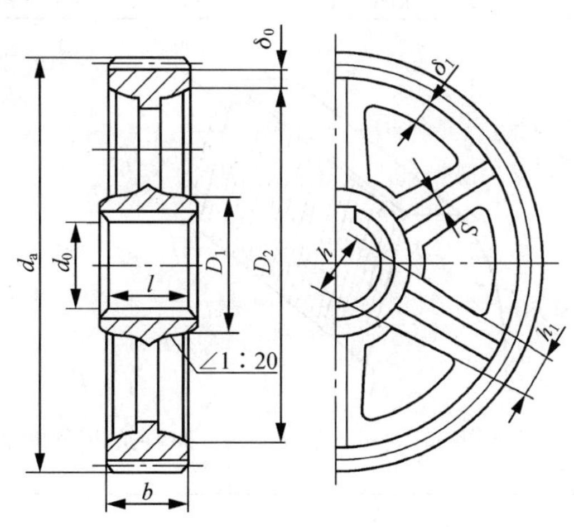

（d）轮辐式齿轮

图 8-35　常用的齿轮结构（续）

3. 齿轮的失效形式及维护

齿轮传动是靠轮齿的啮合来传递运动和动力的，轮齿失效是齿轮常见的主要失效形式。齿轮的失效形式主要有以下 5 种：轮齿折断、齿面磨损、齿面点蚀、齿面胶合、齿面塑变，如表 8-8 所示。

表 8-8　齿轮失效形式

形式	现　　象	预防措施
轮齿折断	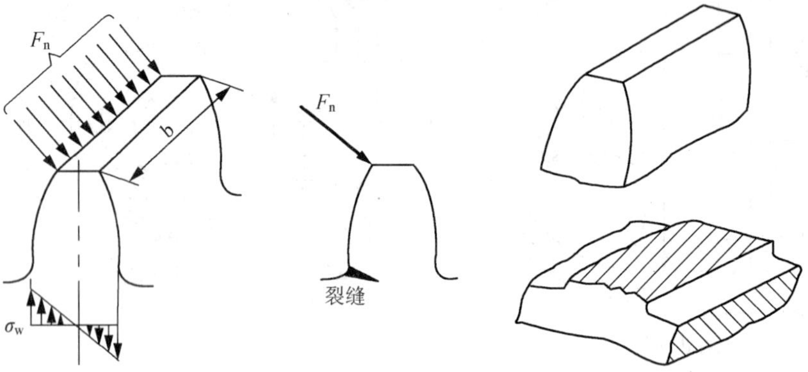 F_n　b　σ_w　(a)　F_n　裂缝　(b)　(c) 轮齿严重过载或反复受到冲击致使弯曲应力超过齿根弯曲疲劳强度，在轮齿的根部发生折断	保证轮齿的强度，采用合适的材料和热处理方法，增大齿根圆角，减小轮齿表面粗糙度值
齿面磨损	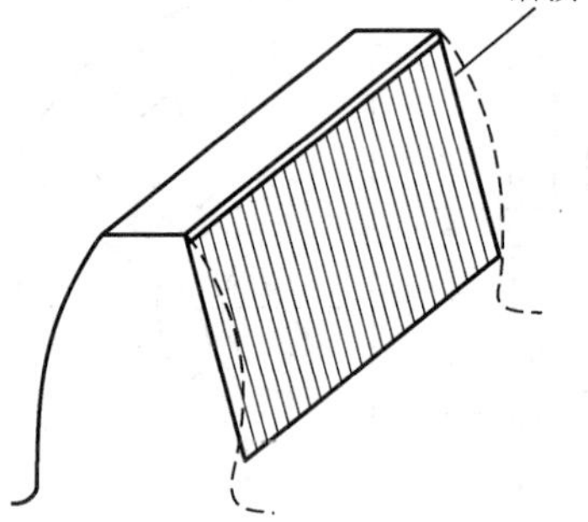 磨损 齿面产生磨损是齿侧间隙增大引起传动不平稳，产生冲击和噪声，齿厚过度磨损时发生轮齿折断	采用闭式传动，提高齿面硬度，减小轮齿表面粗糙度值
齿面点蚀	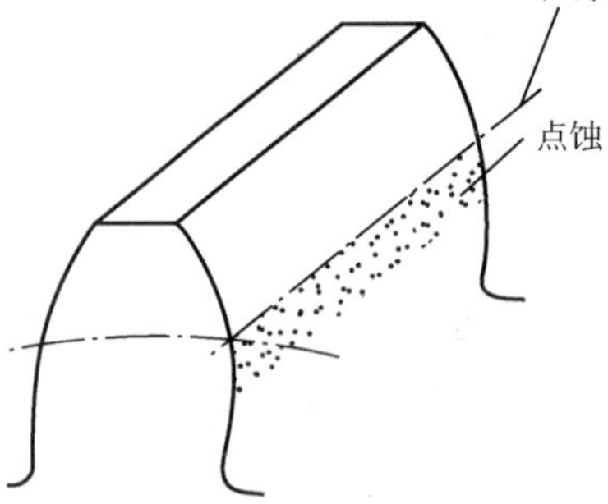 节线　点蚀 轮齿表面的接触区受到循环接触表应力的作用而产生齿面疲劳，形成小点状疲劳剥落，使轮齿工作表面损坏，造成传动不平稳和产生噪声，严重时导致齿轮报废	采用正变位齿轮传动，提高齿面硬度，减小轮齿表面粗糙度值，增大润滑油黏度，都有利于提高齿轮传动的接触疲劳强度

续表

形式	现象	预防措施
齿面胶合	胶合 高速重载传动中，啮合处产生高温而破坏齿面油膜，造成齿面直接接触，发生胶合撕裂，破坏轮齿齿面	提高齿面硬度，减小轮齿表面粗糙度值，两齿轮选用不同材料
齿面塑变	ω_1 主动齿轮 从动齿轮 摩擦力方向 ω_2 轮齿材料过软、齿面频繁啮合、严重过载等，造成因啮合齿面之间的滑动摩擦而产生塑性变形，破坏齿廓	提高齿面硬度，采用黏度较高的润滑油

巩固

填写下表。

种类	标准参数	正确啮合条件	分度圆直径	齿顶高	齿根高	中心距
直齿圆柱齿轮						
斜齿圆柱齿轮						
直齿锥齿轮						—

8.4 蜗杆传动

学习导入

蜗杆传动用于传递空间两交错轴间的运动和动力，通常两轴线在空间交错角为90°。

当传动装置的结构尺寸较小又要求较大的传动比时，通常选用蜗杆传动。

知识与技能

8.4.1 蜗杆传动的组成、特点、类型

1. 蜗杆传动的组成

蜗杆传动是由蜗杆、蜗轮和机架组成的，如图 8-36 所示。一般蜗杆为主动件，蜗轮为从动件，传递两空间交错轴间的运动和动力，交错角一般为 90°。

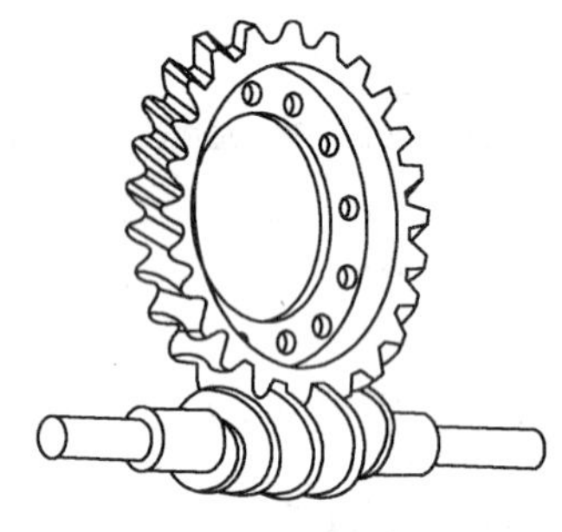

图 8-36 蜗杆传动

2. 蜗杆传动的特点、应用

与齿轮传动相比，蜗杆传动的主要优点如下：

1）传动比大，结构紧凑。一般在动力传动中，取传动比 $i=8\sim80$；在分度机构中，i 可达 1000。这样大的传动比如用齿轮传动，则需要采取多级传动才可实现，所以蜗杆传动结构紧凑、体积小、质量轻。

2）传动平稳、噪声小。因为蜗杆齿是连续不间断的螺旋齿，它与蜗轮齿啮合时是连续不断的，蜗杆齿没有进入和退出啮合的过程，因此工作平稳，冲击、振动、噪声小。

3）蜗杆传动可以实现自锁，有安全保护作用。蜗杆的螺旋升角很小时，蜗杆只能带动蜗轮传动，而蜗轮不能带动蜗杆转动。

蜗杆传动的主要缺点如下：

1）其齿面间相对滑动速度大，齿面磨损严重，效率较低。

2）为减小齿面磨损，防止胶合，蜗轮常用贵重的铜合金制造，故成本较高。

蜗杆传动适用于传动比大、传递功率不大（一般小于 50kW），且做间歇运转的设备中。

3. 蜗杆传动的类型

1）蜗杆齿的螺旋方向与螺纹类似，有右旋和左旋之分，一般多用右旋蜗杆。

2）按蜗杆上的头数不同，可分为单头和多头蜗杆。

3）按照蜗杆的形状不同，可分为圆柱蜗杆传动［图 8-37（a）］、环面蜗杆传动

[图 8-37（b）]、锥蜗杆传动 [图 8-37（c）]。

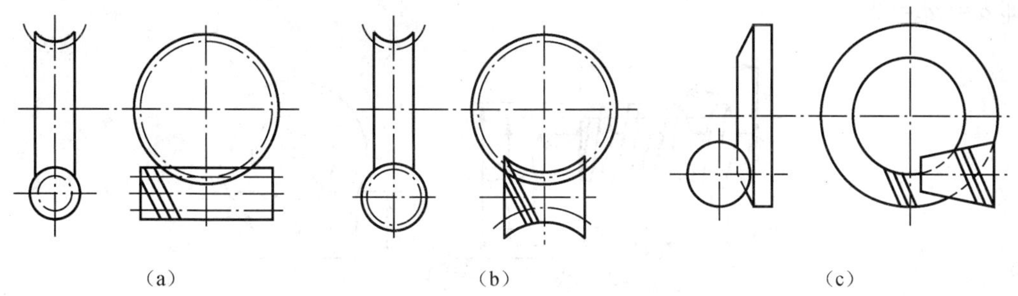

图 8-37　蜗杆传动类型

其中圆柱蜗杆传动应用最为广泛。按蜗杆螺旋面的形状不同，圆柱蜗杆分为阿基米德蜗杆、渐开线蜗杆、法向直廓蜗杆等多种。

8.4.2　蜗杆传动的基本参数和几何尺寸

1. 模数 m 和压力角 α

通常把垂直于蜗轮轴线且通过蜗杆轴线的平面，称为中间平面。在中间平面内蜗杆与蜗轮的啮合就相当于渐开线齿条与斜齿轮的啮合，如图 8-38 所示。对于单头蜗杆，旋转一圈，相当于齿条沿轴线方向移动一个齿距 p_1，与它相啮合的“齿轮”同时转动一个齿距 p_2，而 $p_1=p_2$。齿条的齿距 $p_1=\pi m_1$，齿轮的齿距 $p_2=\pi d_2/z_2=\pi m_2$，即 $m_1=m_2$。所以蜗杆的轴向模数等于蜗轮的端面模数，且符合表 8-9 规定的标准。

表 8-9　圆柱蜗杆的基本尺寸和参数

（单位：mm）

标准模数 m	蜗杆分度圆直径 d_1	蜗杆头数 z_1	蜗杆直径系数 q	标准模数 m	蜗杆分度圆直径 d_1	蜗杆头数 z_1	蜗杆直径系数 q
1	18	1	18.000	4	40	1，2，4，6	10.000
1.25	20	1	16.000		71	1	17.750
	22.4	1	17.920	5	50	1，2，4，6	10.000
1.6	20	1，2，4	12.500		90	1	18.000
	28	1	17.500	6.3	63	1，2，4，6	10.000
2	22.4	1，2，4，6	11.200		112	1	17.778
	35.5	1	17.750	8	80	1，2，4，6	10.000
2.5	28	1，2，4，6	11.200		140	1	17.500
	45	1	18.000	10	90	1，2，4，6	9.000
3.15	35.5	1，2，4，6	11.270		160	1	16.000
	56	1	17.778	12.5	112	1，2，4	8.960

蜗杆齿廓为直线，夹角 $2\alpha=40°$，蜗杆的压力角 α_1 应等于蜗轮的端面压力角 α_{t2}，即 $\alpha_1=\alpha_{t2}=20°$。

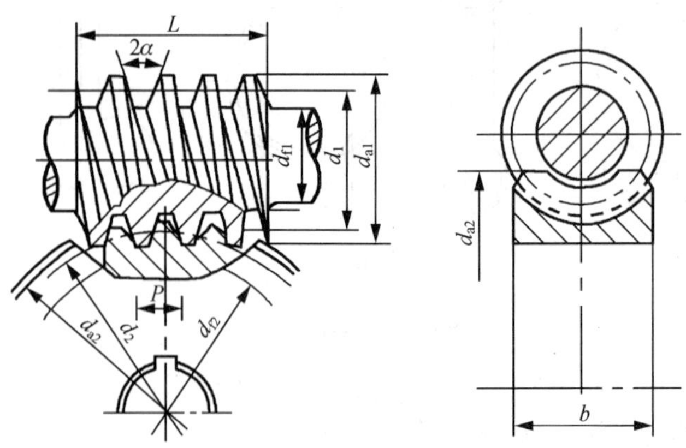

图 8-38　蜗杆传动在中间平面的啮合

2. 蜗杆分度圆直径 d_1 和蜗杆直径系数 q

对每一标准的模数规定了一定数量的蜗杆分度圆直径 d_1（有一定的匹配），而把蜗杆分度圆直径 d_1 和模数 m 的比称为蜗杆直径系数 q，即

$$q=\frac{d_1}{m}$$

因为 d_1 和 m 均为标准值，所以 q 为导出值，不一定是整数。

常用的标准模数 m、蜗杆分度圆直径 d_1 及蜗杆直径系数 q 如表 8-9 所示。

3. 传动比 i、蜗杆头数 z_1 和蜗轮齿数 z_2

蜗杆传动的传动比 i 等于蜗轮齿数 z_2 和蜗杆头数 z_1 的比，即

$$i=\frac{n_1}{n_2}=\frac{z_2}{z_1}$$

蜗杆头数 z_1 可根据要求的传动比和效率来选择，一般取 $z_1=1\sim10$，推荐 $z_1=1$、2、4、6。选择的原则是，当要求传动比较大或要求传递转矩较大时，则 z_1 取小值；要求传动自锁时取 $z_1=1$；要求具有高的传动效率或高速传动时，则 z_1 取较大值。

蜗轮齿数 z_2 可根据选定的 z_1 和传动比 i 的大小，由 $z_2=iz_1$ 确定。

4. 蜗杆导程角 λ

若把蜗杆分度圆直径上的螺旋线展开，如图 8-39 所示，图中 λ 即为蜗杆导程角（也称螺旋角）。

$$\tan\lambda=\frac{z_1p_1}{\pi d_1}=\frac{z_1\pi m}{\pi d_1}=\frac{z_1}{q}$$

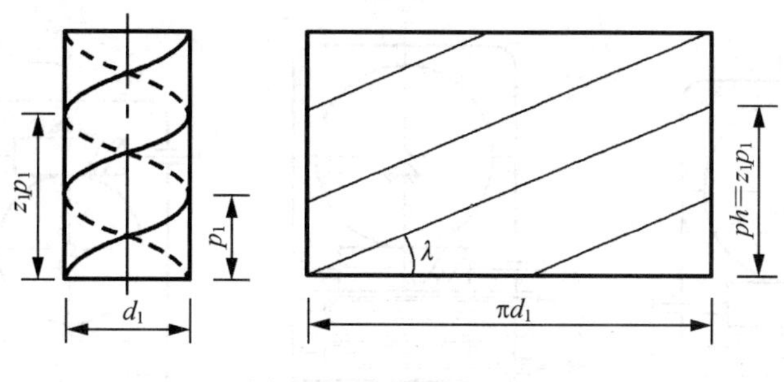

图 8-39 蜗杆的螺旋线

5. 中心距 a

蜗杆传动的标准中心距为

$$a=\frac{d_1+d_2}{2}=\frac{m}{2}(q+z_2)$$

国家标准中已规定了蜗杆传动中心距的标准系列值。

8.4.3 蜗杆传动的失效及维护

1. 蜗杆传动的失效形式

由于蜗轮材料的强度往往低于蜗杆材料的强度，所以失效大多发生在蜗轮轮齿上。蜗杆传动的失效形式有点蚀、胶合、磨损和齿根折断。蜗杆传动在工作时，齿面间相对滑动速度大，摩擦和发热严重，所以主要失效形式为齿面胶合、磨损和齿面点蚀。实践表明，在闭式传动中，蜗轮的失效形式主要是胶合与点蚀；在开式传动中，失效形式主要是磨损；当过载时，会发生轮齿折断现象。

2. 蜗杆传动的润滑

润滑的主要目的在于减摩与散热，提高蜗杆传动的效率，防止胶合及减少磨损。蜗杆传动的润滑方式主要有油池润滑和喷油润滑。采用油池润滑时，若蜗杆圆周速度较低（≤5m/s），蜗杆最好布置在下方，如图 8-40（a）和（b）所示。只有在不得已的情况下或当＞5m/s 时，蜗杆才能布置在上方，如图 8-40（c）所示，浸入油池的蜗轮的深度可达蜗轮半径的 1/6～1/3。

3. 蜗杆传动的散热

在闭式传动中，如果不能及时散热，会使传动装置及润滑油的温度不断升高，促使润滑条件恶化，最终导致胶合等齿面损伤失效。一般应当控制箱体的平衡温度 t 为 75～85℃，如果超过这个限度，应提高箱体散热能力，可考虑采取下面的措施：在箱体外壁增加散热片；在蜗杆轴端装置风扇进行人工通风：在箱体油池内装蛇形冷却水管；采用压力喷油循环润滑等，如图 8-40 所示。

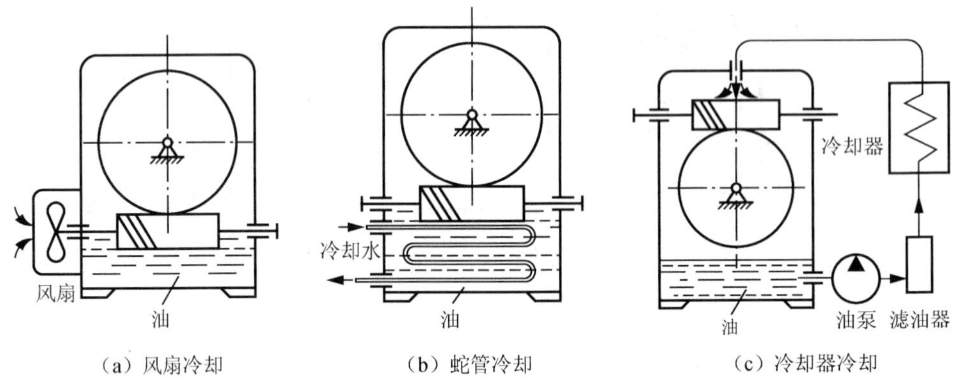

（a）风扇冷却　（b）蛇管冷却　（c）冷却器冷却

图 8-40　蜗杆传动的冷却

*8.4.4　蜗杆、蜗轮的材料和结构

1. 蜗杆和蜗轮的材料

根据蜗杆传动的失效形式可知，蜗杆和蜗轮的材料除应满足强度外，更应具备良好的减摩性和耐磨性。

（1）蜗杆材料及热处理

一般用途的蜗杆用 45 钢调质处理；高速、重载且载荷平稳时用碳素钢、合金钢表面淬火处理；高速、重载但载荷变化大时，可采用合金钢渗碳淬火处理。

（2）蜗轮材料

一般蜗轮材料多采用摩擦因数较低、抗胶合性较好的锡青铜（ZCuSn10P1、ZCuSnPb6Zn3）、铝青铜（ZCuAl10Fe3）或黄铜，低速时可采用铸铁（IIT150、HT200)等。

2. 蜗杆和蜗轮的结构

（1）蜗杆的结构

蜗杆螺旋部分的直径不大时，常和轴做成一体，如图 8-41 所示，其中图 8-41（a）为铣制蜗杆，图 8-41（b）为车制蜗杆。当蜗杆螺旋部分的直径较大时，可以将轴与蜗杆分开制作。

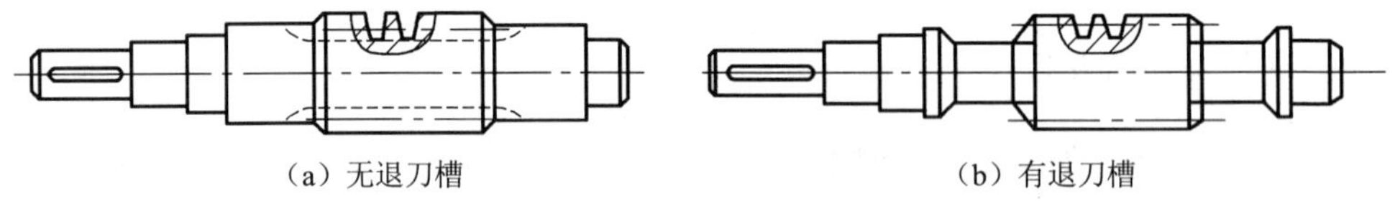

（a）无退刀槽　（b）有退刀槽

图 8-41　蜗杆的结构

（2）蜗轮的结构

常用蜗轮的结构形式如图 8-42 所示。

1）齿圈式［图 8-42（a)］：齿圈由青铜制成，轮芯由铸铁制成，用螺钉固定。

2）螺栓连接式［图 8-42（b）］：一般多为铰制孔螺栓连接，这种结构拆装方便，常用于尺寸较大或容易磨损的蜗轮。

3）整体式［图 8-42（c）］：主要用于铸铁蜗轮和尺寸较小的青铜蜗轮。

4）镶铸式［图 8-42（d）］：将青铜轮缘铸在铸铁轮芯上，轮芯上制出榫槽，以防轴向滑动。

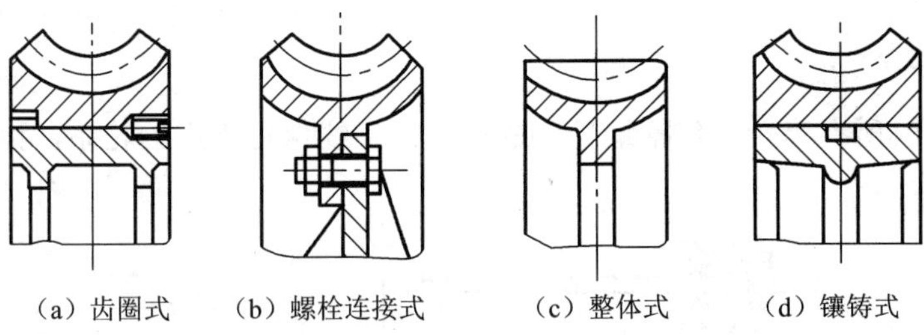

（a）齿圈式　（b）螺栓连接式　（c）整体式　（d）镶铸式

图 8-42　蜗轮的结构

巩固

根据直齿圆柱齿轮，参照图 8-38，将蜗杆传动的基本参数及几何尺寸公式填入下表。

基本参数				
基本公式及规定	q= h_a^*=1，c^*=0.2			
其余公式推导方法	蜗杆		蜗轮	
	符号	公式	符号	公式
分度圆直径				
齿顶高				
齿根高				
齿顶圆直径				
齿根圆直径				
中心距				

8.5　轮系和减速器

学习导入

在机械传动中，为了满足不同的工作要求，仅用一对齿轮传动或蜗杆传动往往是不够的，为了获得大传动比、多种传动比或实现变向要求，常常需要采用一系列相互啮合的齿轮（包括蜗杆传动）将主动轴和从动轴连接起来，这种由一系列相互啮合的齿轮组成的传动系统称为轮系。

知识与技能

8.5.1 轮系的分类

轮系的结构形式很多，根据轮系运转时各齿轮的几何轴线在空间的相对位置是否固定，轮系可分为定轴轮系和周转轮系两大类。

1. 定轴轮系

轮系运转时所有齿轮（包括蜗杆、蜗轮）的轴线保持固定的轮系，称为定轴轮系，如图 8-43 所示。

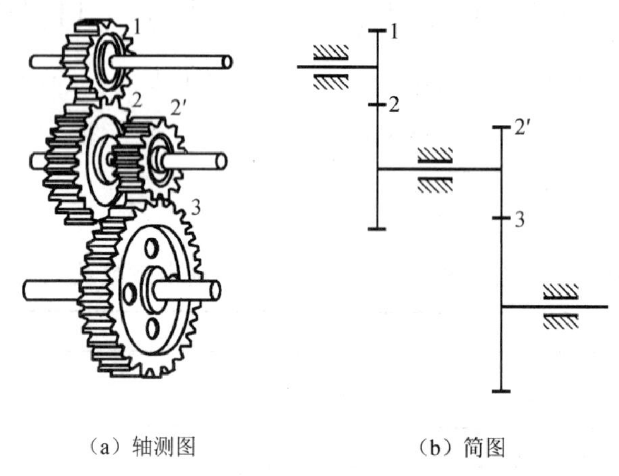

（a）轴测图　　（b）简图

图 8-43　定轴轮系

2. 周转轮系

轮系中至少有一个齿轮及轴线是围绕另一个齿轮旋转的，这样的轮系称为周转轮系，如图 8-44 所示。图 8-44 中齿轮 2 除了绕自身的几何轴线 O_2 转动（自转）之外，同时还随着轴线 O_2 绕固定轴线 O_1 转动（公转）。

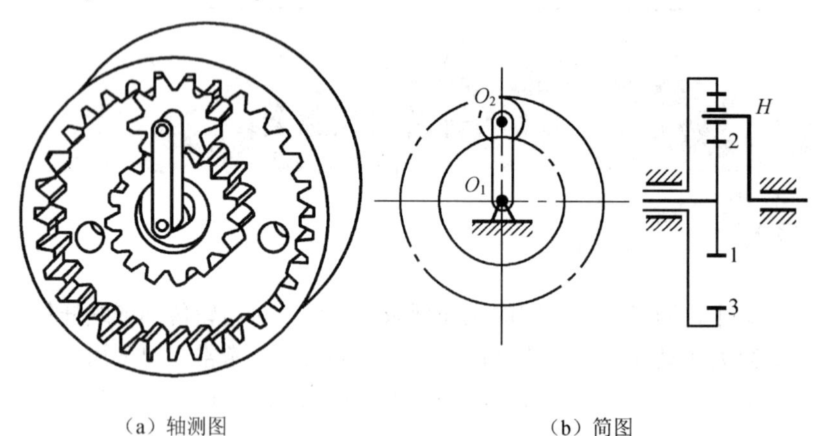

（a）轴测图　　（b）简图

图 8-44　周转轮系

8.5.2 定轴轮系的传动比计算

定轴轮系的传动比是指轮系中首末两轮转速（或角速度）之比，用i表示。定轴轮系的传动比i的计算既包括计算传动比的大小，还需要确定从动轮的转动方向。

1. 定轴轮系各轮转动方向的判定

（1）画箭头判断法

1）圆柱齿轮的转向：两齿轮为外啮合时转向相反；两齿轮为内啮合时转向相同，如图 8-45 所示。

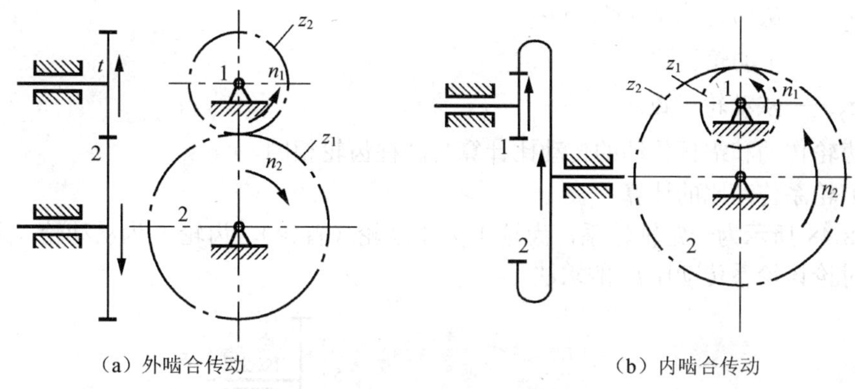

（a）外啮合传动　　（b）内啮合传动

图 8-45　一对圆柱齿轮的啮合传动

2）锥齿轮的转向：锥齿轮的轴线相交，箭头同时指向节点或同时背离节点，如图 8-46 所示。

3）蜗轮、蜗杆的转向：用左右手定则判定，如图 8-47 所示。

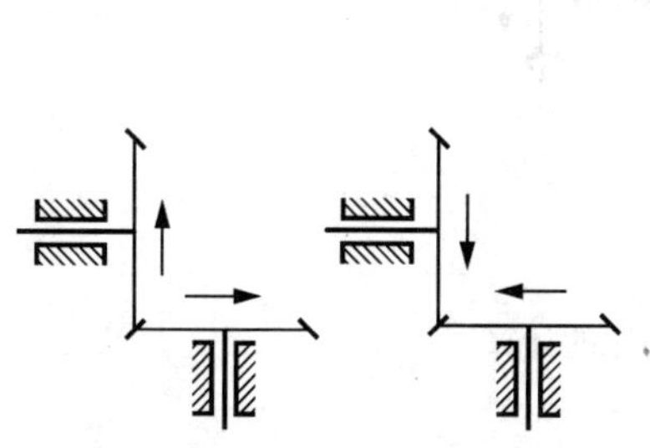

图 8-46　锥齿轮传动

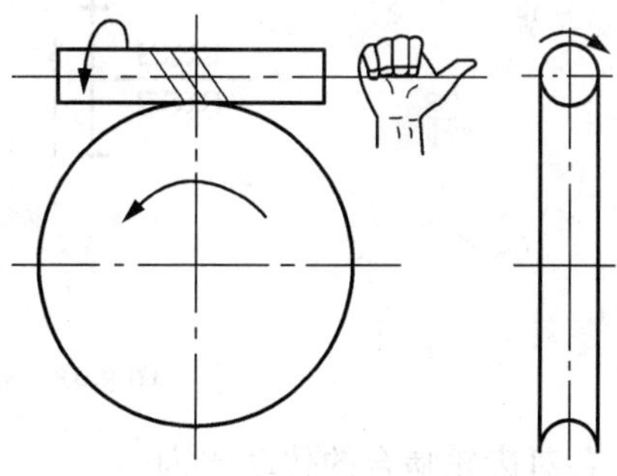

图 8-47　左右手定则判定蜗杆传动

右旋的蜗杆用右手、左旋的蜗杆用左手判断，若以四指弯曲的方向代表蜗杆转向，则蜗轮的转向与伸直的大拇指指向相反。

（2）正负号判断法（只能判断平行轴轮系）

两齿轮轴线平行时，可用“±”来表示方向，“＋”表示转动方向相同，“－”表示转动方向相反。两齿轮轴线不平行时，只能用画箭头判断法判定转向。

2．定轴轮系的传动比计算

（1）一对齿轮传动比的计算

组成轮系最基本的是一对相互啮合的圆柱齿轮、锥齿轮或蜗杆蜗轮。图 8-45 所示是一对圆柱齿轮的啮合传动，其传动比大小为

$$i=\frac{n_1}{n_2}=\frac{z_2}{z_1}$$

式中：i——主、从动轮之间的传动比；

n_1——主动轮转速（r/min）；

n_2——从动轮转速（r/min）；

z_1——主动轮齿数；

z_2——从动轮齿数。

锥齿轮传动和蜗杆传动的传动比计算与圆柱齿轮相同。

（2）轮系传动比的计算

图 8-48 所示为一定轴轮系，齿轮 1 为主动轮（首轮），齿轮 5 为从动轮（末轮）。现在来讨论该轮系传动比 i_{15} 的求法。

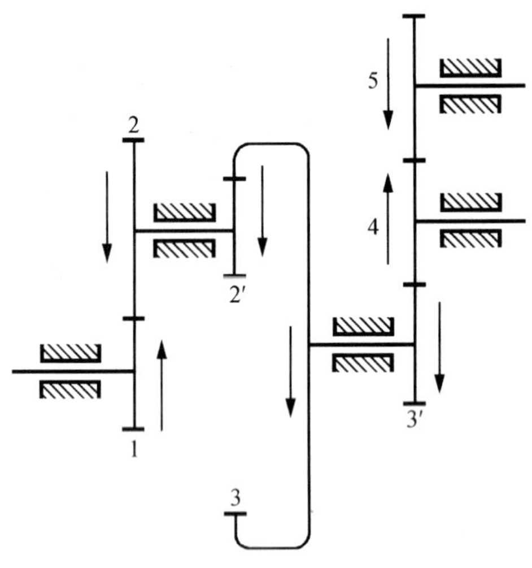

图 8-48　定轴轮系传动比的计算

各对齿轮啮合的传动比为

$$i_{12}=\frac{n_1}{n_2}=-\frac{z_2}{z_1},\quad i_{2'3}=\frac{n_2}{n_3}=\frac{z_3}{z_{2'}},\quad i_{3'4}=\frac{n_3}{n_4}=-\frac{z_4}{z_{3'}},\quad i_{45}=\frac{n_4}{n_5}=-\frac{z_5}{z_4}$$

将以上 4 式连乘得

$$i_{12}\ i_{2'3}\ i_{3'4}\ i_{45}=\frac{n_1}{n_2}\frac{n_2}{n_3}\frac{n_3}{n_4}\frac{n_4}{n_5}=\left(-\frac{z_2}{z_1}\right)\left(\frac{z_3}{z_{2'}}\right)\left(-\frac{z_4}{z_{3'}}\right)\left(-\frac{z_5}{z_4}\right)$$

即

$$i_{15}=\frac{n_1}{n_5}=(-1)^3\frac{z_2z_3z_4z_5}{z_1z_{2'}z_{3'}z_4}=-\frac{z_2z_3z_5}{z_1z_{2'}z_{3'}}$$

该式表明，首轮1与末轮5的传动比等于各对啮合齿轮传动比的连乘积，在数值上等于所有从动轮齿数连乘积与所有主动轮齿数连乘积之比，“－”表示首轮与末轮转动方向相反。

图8-48中轮4与轮3′啮合时，轮4为从动轮；与轮5啮合时，轮4为主动轮，因此计算传动比时，在分子分母中都出现轮4，可以看出，轮4并没有影响传动比的大小，但多了一次外啮合，方向发生了改变。这种不影响传动比的大小，仅起传递运动和改变转向作用的齿轮称为惰轮，由于起中间过渡作用，也称过轮或介轮。

若定轴轮系首轮为G，末轮为K，外啮合次数为m，则传动比可用下式计算：

$$i_{GK}=\frac{n_G}{n_K}=(-1)^m\frac{\text{从G到K所有从动轮齿数的乘积}}{\text{从G到K所有主动轮齿数的乘积}}$$

轮系中并不是所有齿轮都是圆柱齿轮传动，还会有锥齿轮传动、蜗杆传动、螺旋传动、齿轮齿条传动等。此时转向不能用$(-1)^m$来确定，只能用画箭头判断法，其传动比计算则不加“±”，只计算大小即可。

例8-2 图8-48所示的定轴轮系中，已知$z_1=20$，$z_2=36$，$z_{2'}=18$，$z_3=68$，$z_{3'}=17$，$z_5=40$。试求传动比i_{15}。

解：该定轴轮系中，各轴均平行，传动比计算为

$$i_{15}=\frac{n_1}{n_5}=(-1)^3\frac{z_2z_3z_4z_5}{z_1z_{2'}z_{3'}z_4}=(-1)^3\frac{36\times68\times40}{20\times18\times17}=-16$$

“－”表示轮1与轮5转向相反，与画箭头判断法表示的方向是一致的。

例8-3 图8-49所示为一卷扬机的传动系统，末端是蜗杆传动。$z_1=18$，$z_2=36$，$z_3=20$，$z_4=40$，$z_5=2$，$z_6=50$。若$n_1=1000\text{r/min}$，鼓轮直径$D=200\text{mm}$。求重物的移动速度和方向。

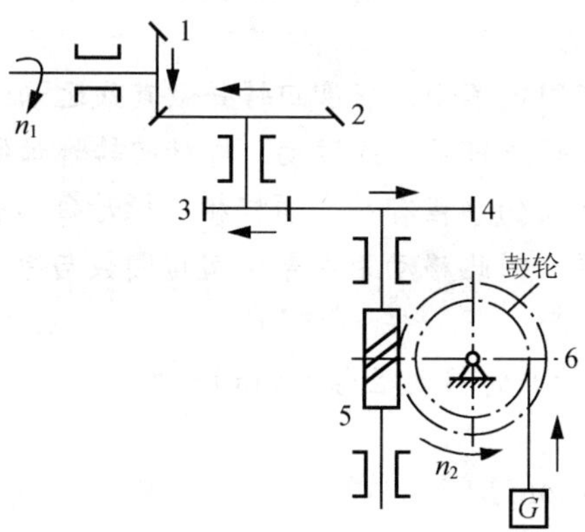

图8-49 卷扬机传动系统

解：

$$i_{16}=\frac{n_1}{n_6}=\frac{z_2z_4z_6}{z_1z_3z_5}=\frac{36\times40\times50}{18\times20\times2}=100$$

$$n_6=\frac{n_1}{i_{16}}=\frac{1000}{100}=10(\text{r/min})$$

$$\upsilon=\pi Dn_6=3.14\times200\times10=6280(\text{mm/min})$$
$$=6.28(\text{m/min})$$

重物为上提方向，判定方法如图 8-49 所示。

拓 展

定轴轮系在实际应用中，经常遇到末端带有移动件的情况，如末端是螺旋传动或齿轮齿条传动等。这时，一般要计算末端移动件的移动距离或速度，如螺母（或丝杠）、齿轮（或齿条）的移动距离或速度。

（1）齿轮齿条的传动［图 8-18（c）］

将齿轮的回转运动变为齿条的往复直线运动，或将齿条的直线往复运动变为齿轮的回转运动。

齿条的移动速度可用下式计算：

$$v=n\pi d=n\pi mz$$

式中：v——齿条的移动速度（m/min）；
d——齿轮分度圆直径（mm）；
n——齿轮的转速（r/min）；
m——齿轮的模数（mm）；
z——齿轮的齿数。

齿轮每回转一转，齿条移动的距离为

$$L=\pi d=\pi mz\ (\text{mm})$$

（2）普通螺旋传动

它有 4 种形式：螺杆固定不动，螺母回转并做直线运动；螺母固定不动，螺杆回转并做直线运动；螺母回转螺杆做直线运动；螺杆回转螺母做直线运动。螺杆（或螺母）的直线移动距离与螺纹的导程有关。螺杆相对螺母每回转一圈，螺杆（或螺母）移动一个等于导程的距离。因此移动距离等于回转圈数与导程的乘积，即

$$L=NP_h$$

式中：L——螺杆（或螺母）的移动距离（mm）；
N——回转圈数；
P_h——螺纹导程（mm）。

移动速度的计算公式为

$$v=nP_h$$

式中：v——螺杆（或螺母）的移动速度（mm/min）;

n——转速（r/min）;

P_h——螺纹导程（mm）。

例 8-4 图 8-50 所示为磨床砂轮进给机构，它的末端是螺旋传动。已知：$z_1=28$，$z_2=56$，$z_3=38$，$z_4=57$，丝杠导程 P_h=3mm。当手轮按图 8-50 所示方向以 $n_1=50$r/min 回转时，试计算手轮回转一周砂轮架移动的距离、砂轮架的移动速度和移动方向。

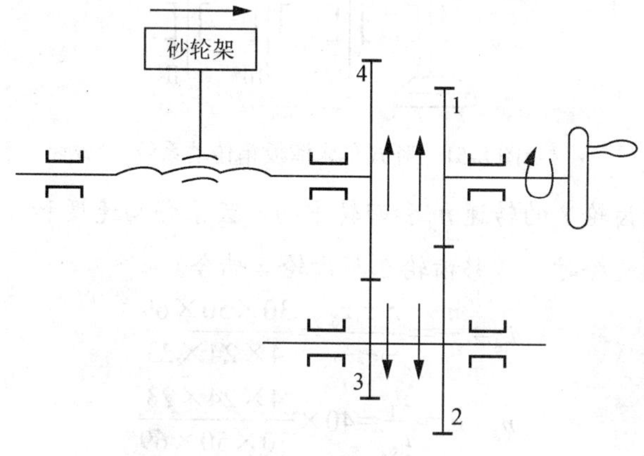

图 8-50 磨床砂轮架进给机构

解：只要知道齿轮 4 的转速 n_4 和回转方向，螺母移动的距离和方向即可确定。

$$i_{14}=\frac{n_1}{n_4}=(-1)^2\frac{z_2z_4}{z_1z_3}=(-1)^2\frac{56\times57}{28\times38}=3$$

$$n_4=\frac{n_1}{3}=\frac{50}{3}$$

当手轮回转一周时，齿轮 4 回转 1/3 周。

$$L=N_4P_h=\frac{1}{3}\times3=1(\text{mm})$$

$$v=n_4P_h=\frac{n_1}{3}\times P_h=\frac{50}{3}\times3=50(\text{mm}/\text{min})$$

丝杠为右旋，砂轮架向右移动，如图 8-50 所示。

例8-5 图 8-51 所示为卧式车床溜板箱传动系统的一部分，运动由输入轴Ⅰ输入，由蜗杆 1 带动蜗轮 2 转动，当滑移齿轮 3 与齿轮 4 啮合时，轮系将运动传递到轴Ⅳ，使小齿轮 8 回转，并在齿条上滚动，带动溜板箱移动。已知蜗轮 $z_1=4$（右旋），蜗轮 $z_2=30$，齿轮 $z_3=24$，$z_4=50$，$z_5=23$，$z_6=69$，$z_8=12$，$m_8=3$mm。试求当输入轴Ⅰ的转速 $n_1=40$r/min 时，齿条的移动速度和移动方向。

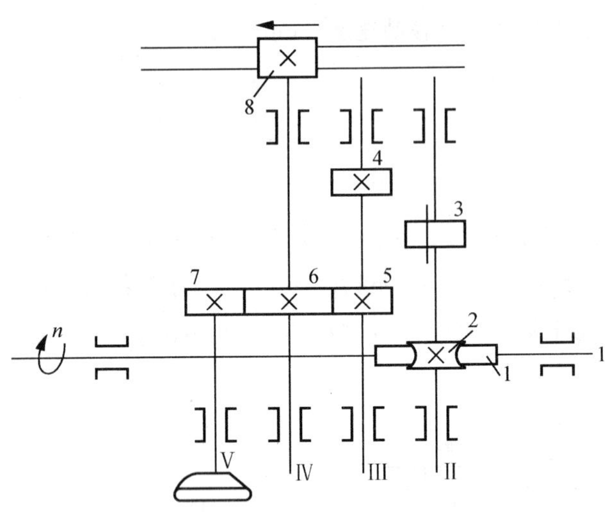

图 8-51　卧式车床溜板箱传动系统

解：只要知道齿轮 8 的转速 n_8 和回转方向，齿条移动速度和方向即可确定。

当进给箱自动进给时，滑移齿轮 3 与齿轮 4 啮合。

$$i_{16}=\frac{n_1}{n_6}=\frac{z_2z_4z_6}{z_1z_3z_5}=\frac{30\times50\times69}{4\times24\times23}$$

$$n_8=n_6=\frac{n_1}{i_{16}}=40\times\frac{4\times24\times23}{30\times50\times69}$$

$$v=n_8\pi d_8=n_8\pi m_8z_8=40\times\frac{4\times24\times23}{30\times50\times69}\times3.14\times3\times12\approx96.46(\text{mm/min})$$

齿条移动方向如图 8-51 所示。

8.5.3　轮系的应用

1. 轮系可获得很大的传动比

当两轴之间需要较大的传动比时，如果仅由一对齿轮传动，则大小齿轮的齿数相差很大，会使小齿轮极易磨损。若用轮系则可以克服上述缺点，而且使结构紧凑，如航空发动机的减速器。

2. 轮系可做较远距离的传动

若两轴距离较远，用一对齿轮传动，齿轮尺寸必然很大。若采用轮系，则使传动结构紧凑。

3. 轮系可满足变速、换向的要求

在主动轴转速不变的情况下，利用齿轮系可使从动轴获得多种工作转速，通过滑移齿轮的移动实现多级变速和换向的要求。如图 8-52 所示为汽车变速器结构示意图，可以实现低速、中速、高速和倒车 4 个挡位的变化。如图 8-53 所示为机床中的三星轮，是典型的采用齿轮系的换向机构，通过改变中间惰轮的个数实现换向的要求。

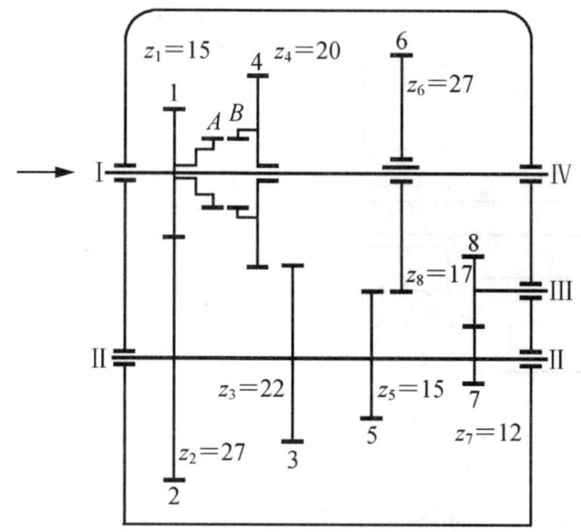

图 8-52 汽车变速器结构

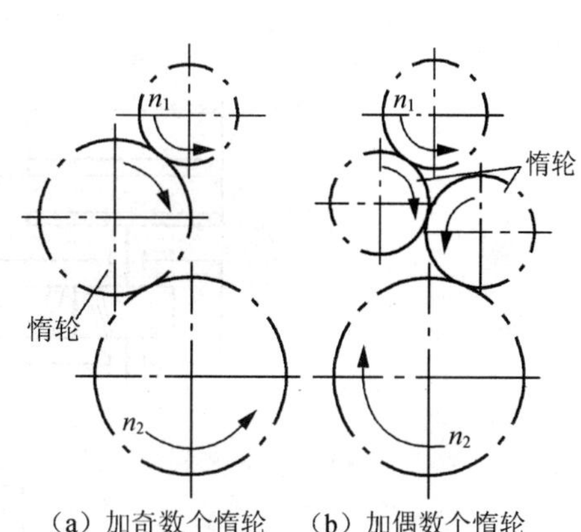

图 8-53 三星轮换向机构

4. 轮系可合成或分解运动

采用周转轮系可将两个独立运动合成为一个运动，或将一个运动分解成两个独立的运动。如图 8-54 所示的汽车后桥差速器就是周转轮系的应用。

5. 轮系可实现分路传动

利用齿轮系可使一个主动轴带动若干从动轴同时转动，将运动从不同的传动路线传动给执行机构，实现机构的分路传动。如图 8-55 所示为滚齿机中的轮系，其主动轴可分别从两个传动路线带动滚刀和轮坯以不同的转速旋转。

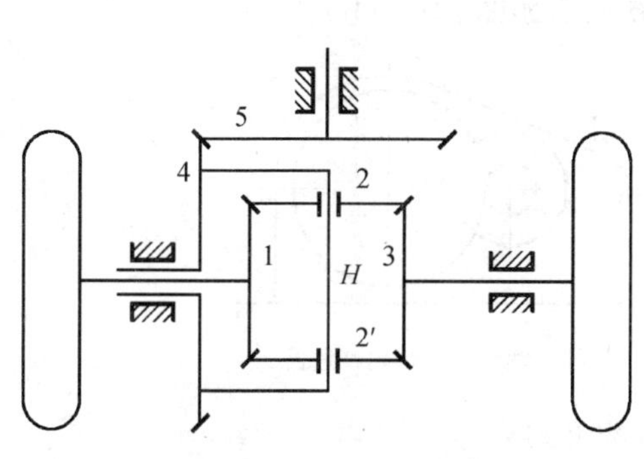

图 8-54 汽车后桥差速器

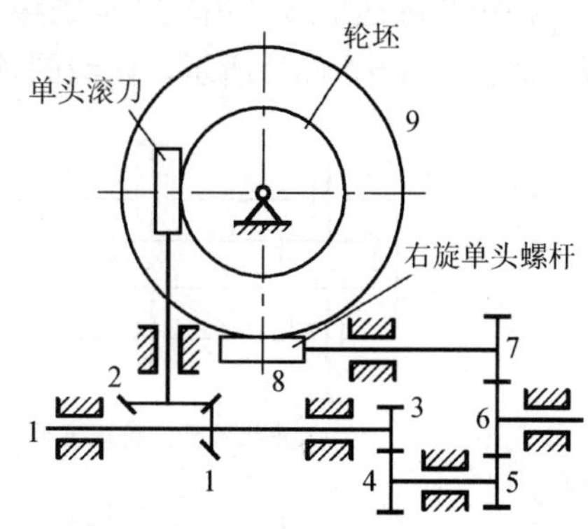

图 8-55 滚齿机系统

8.5.4 减速器的应用、类型及结构

1. 减速器的应用

减速器由封闭在箱体内的齿轮传动或蜗杆传动组成。常用在原动机与工作机之间作为减速的传动装置。图 8-56 所示为一带式输送机，高速的电动机经带传动和减速器降低速度后驱动输送带。

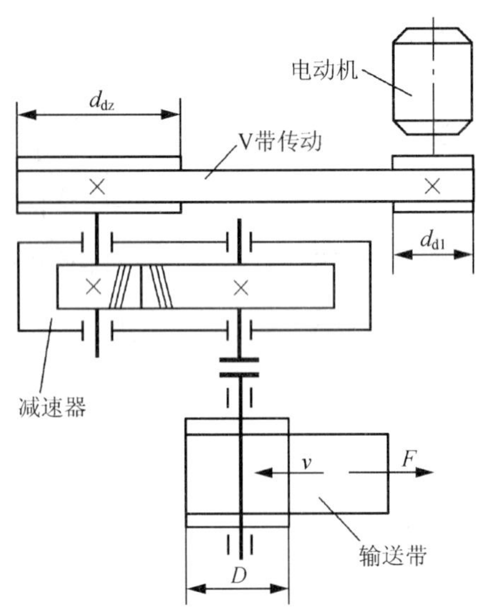

图 8-56 带式输送机传动系统

由于减速器结构紧凑，效率高，使用维护方便，因而在工业中应用广泛。减速器已作为一独立的部件，由专业工厂成批生产，并已经实现系列化。

2. 减速器的类型

（1）圆柱齿轮减速器

圆柱齿轮减速器按其齿轮传动的级数可分为单级、两级、三级减速器，单级圆柱齿轮减速器如图 8-57（a）所示，两级圆柱齿轮减速器如图 8-57（b）所示。

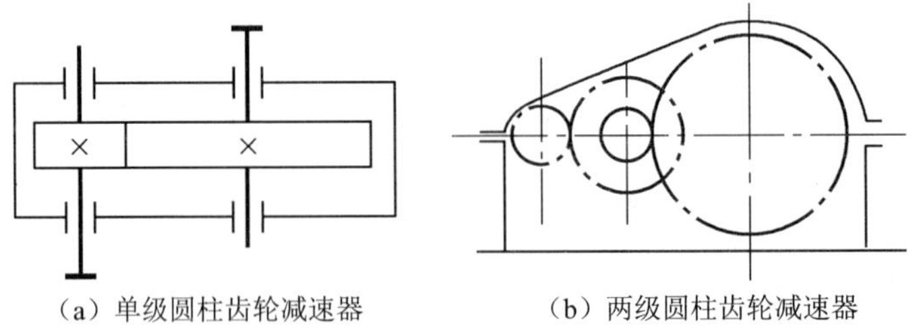

（a）单级圆柱齿轮减速器 （b）两级圆柱齿轮减速器

图 8-57 圆柱齿轮减速器

两级和两级以上减速器的传动布置形式有展开式、分流式和同轴式 3 种。

圆柱齿轮减速器应用广泛，传递的功率范围大（从很小到 40000kW），圆周速度从很低到 60～70m/s，且效率高。

（2）圆锥齿轮减速器

单级圆锥齿轮减速器［图 8-58（a）］用于输入轴与输出轴垂直相交的传动，传动比为 1～5。当传动比大时可采用两级圆锥-圆柱齿轮减速器［图 8-58（b）］。由于圆锥齿轮精加工比较困难，仅在传动布置需要时才采用。

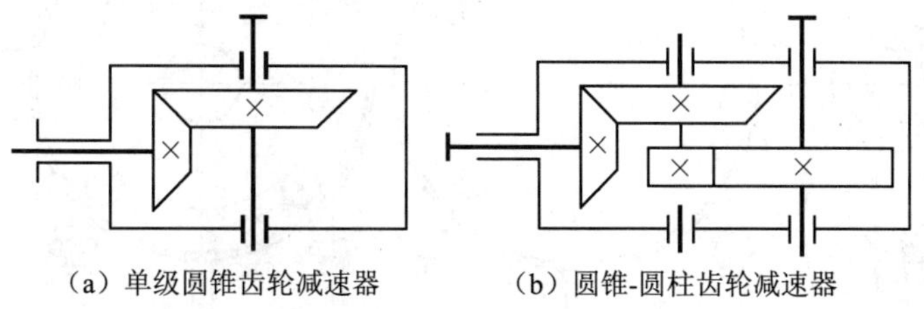
（a）单级圆锥齿轮减速器　（b）圆锥-圆柱齿轮减速器

图 8-58　圆锥齿轮减速器

（3）蜗杆减速器

蜗杆减速器可分为蜗杆上置式［图 8-59（a）］及蜗杆下置式［图 8-59（b）］两种，一般采用蜗杆下置式，可保证良好的润滑。

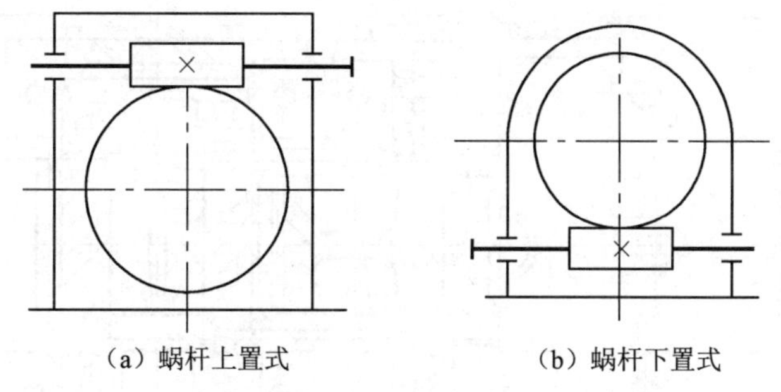
（a）蜗杆上置式　（b）蜗杆下置式

图 8-59　蜗杆减速器

3. 减速器的结构

单级圆柱齿轮减速器的构造如图 8-60 所示，减速器中的齿轮、轴、轴承和箱体都是重要零件。目前我国已经制定了齿轮及蜗杆减速器标准系列，并由专业部门的工厂生产。

在图 8-60 所示的单级圆柱齿轮减速器中，油塞旋开后，可以放出箱体内的油液；油标用来检查箱体内油面高度；启盖螺钉用来方便取下机盖；定位销则可以保证安装精度；调整垫片用来调整轴承间隙或传动零件的轴向位置；吊环螺钉、吊钩用于搬动或拆装机盖；密封装置可以防止漏油和汽油进入机体内。

此外，减速器中一般还有用来观察传动零件啮合情况的窥视口，使机体内热气体自由逸出、达到机体内外气压相等的通气器等结构。

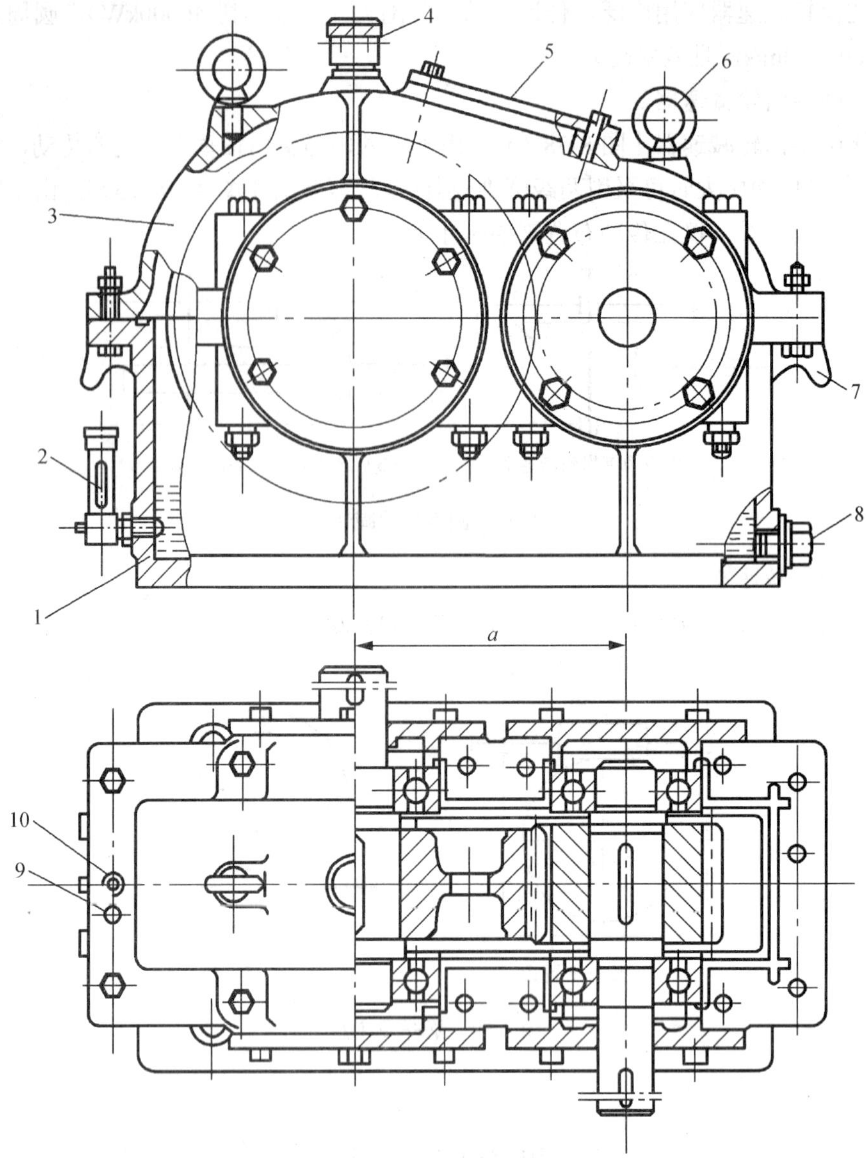

图 8-60　单级圆柱齿轮减速器结构

1—下箱体；2—油标指示器；3—上箱体；4—透气孔；5—检查孔盖；
6—吊环螺钉；7—吊钩；8—油塞；9—定位销钉；10—起盖螺钉孔

巩固

将轮系各轮转动方向的判断方法要点及应用场合填入下表。

转动方向判断方法	要　点	应用场合
计算法：$(-1)^m=\pm 1$		
画箭头判断法		

实训　减速器的拆装与分析

1. 实训目的

1）熟悉减速器的结构，进一步认识传动系统的构成，轴和轴上零件的结构及其固定方法。

2）了解齿轮和轴承的润滑、密封及减速器附属零件的作用、构造和安装位置。

3）熟悉减速器的拆装和调整过程。

2. 实训设备和工具

减速器（图8-61）（具体类型根据教学条件选定）；钳工工具（旋具、扳手、锤子等）。

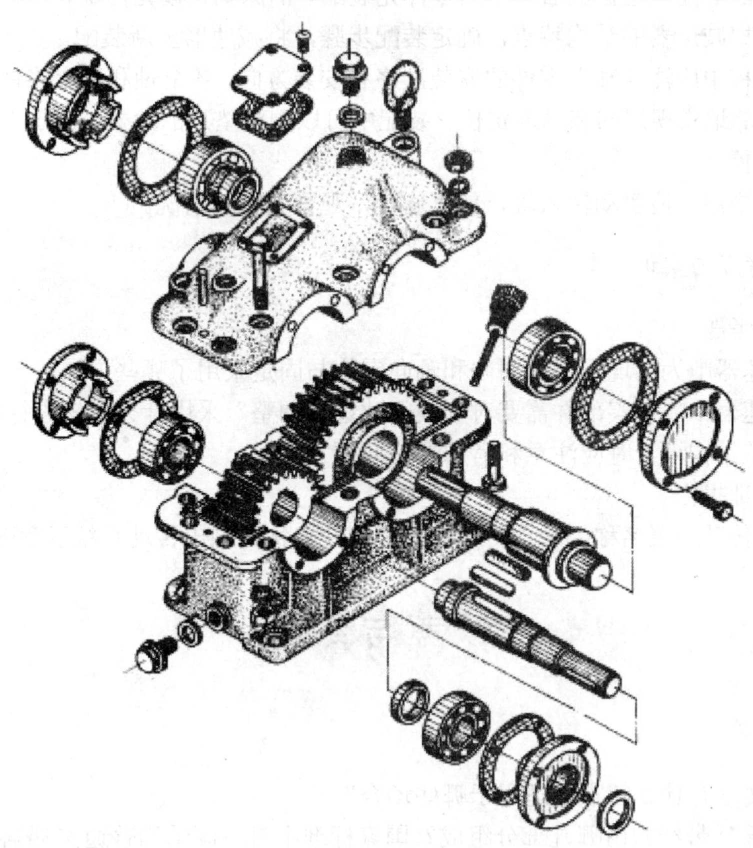

图8-61　减速器拆装零部件

3. 实训步骤

（1）减速器的拆卸

01 将减速器放置在适当的场合，支垫牢固。

02 拆去机盖与机座的连接螺栓，拔出定位销，旋顶启盖螺钉，移去机盖。

03 仔细观察传动装置的运动与动力输入件、输出件，传动路线和变换形式，分析其功用和所含传动机构类型，绘制传动系统示意图。

04 观察减速器内各零部件的结构特点、装配关系及调整方法，用手感觉配合松紧程度和间隙大小，考虑合理的拆装顺序。

05 按顺序拆下各零部件并做记录，将拆下的零件按一定顺序放置，防止丢失、损坏，以便于装配。

06 清洗拆卸下来的零件。

拆卸过程中必须遵守安全操作规程，拆卸过程不可用力过大。如果出现卡死等异常情况不可强行拆卸，应当查找原因，防止将轴和轴上零件碰伤、拉毛，甚至损坏。

（2）减速器的装配

减速器的装配应遵循“后拆下的零件先装配”的原则，按先内部、后外部的合理顺序进行，根据减速器的结构特点，确定装配步骤，将减速器重新装配。

装配过程中应注意轴上零件的安装次序和安装方向，各个轴和轴上零件必须按照要求牢固、可靠地实现周向和轴向定位。装配中可以调整垫片的片数，用于调节轴承间隙或齿轮的位置。

装配完毕后，应盘动输入轴，使之旋转，观察其转动情况。

4. 思考题与实训报告

（1）思考题

1）减速器中为实现零部件周向和轴向定位与固定采用了哪些方法?

2）减速器中哪些零部件需要对安装间隙进行调整？采用什么方法进行调整?

3）机械结构设计时应注意和考虑哪些问题?

（2）实训报告

拆装的传动装置名称，所含传动机构类型及名称，画出传动系统示意图。

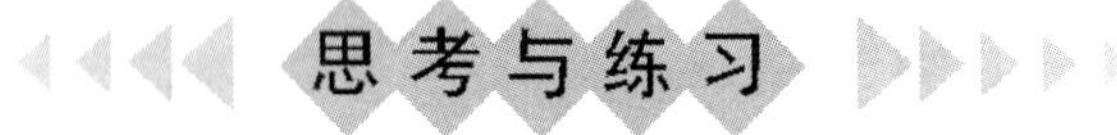

思考与练习

一、简答

1．带传动有什么特点？适用于哪些场合？

2．普通 V 带结构由哪几部分组成？国家标准中对不同结构普通 V 带各规定了哪些标准型号？

3．什么是 V 带的基准长度？

4．在普通 V 带的外表面上压印的标记“B2240　GB 11544—1997”中，“B2240”表示什么含义？

5．在带传动中，怎样辨别传动带的松边和紧边？

6．为什么 V 带传动必须要有张紧装置？常用的张紧方法有哪些？

7．带传动安装时应注意哪些事项？

8．常用带轮的结构形式有哪几种？如何选用带轮的材料？

9．为了避免打滑，将带轮与带接触的表面加工得粗糙些，以增大摩擦，这样解决是否合理？为什么？

10．链传动与带传动相比有哪些特点？

11．标准直齿圆柱齿轮相啮合应符合什么条件？

12．标准直齿圆柱齿轮的基本参数有哪些？

13．单个齿轮是否有节圆直径？为什么？

14．斜齿轮传动与直齿轮传动相比有哪些优缺点？

15．常见齿轮的失效形式有哪些？

16．齿轮常用材料有哪些？对齿轮材料性能有哪些基本要求？

17．斜齿轮的螺旋角范围为什么一般为 8°～20°？

18．蜗杆传动有什么特点？适用于哪些场合？

19．什么叫轮系？定轴轮系和周转轮系的主要区别是什么？

20．什么是惰轮？它在轮系中起什么作用？

21．轮系有哪些方面的应用？

二、分析计算

1．试采用适当的齿轮传动，将图 8-62 所示的电动机的运动经 *A*、*B*、*C* 轴传给 *D* 滑块，使 *D* 做垂直纸面方向的移动。

2．某带式输送机传动方案如图 8-63 所示。试问：为什么不采用“电动机—齿轮传动—带传动—输送带”的方案？

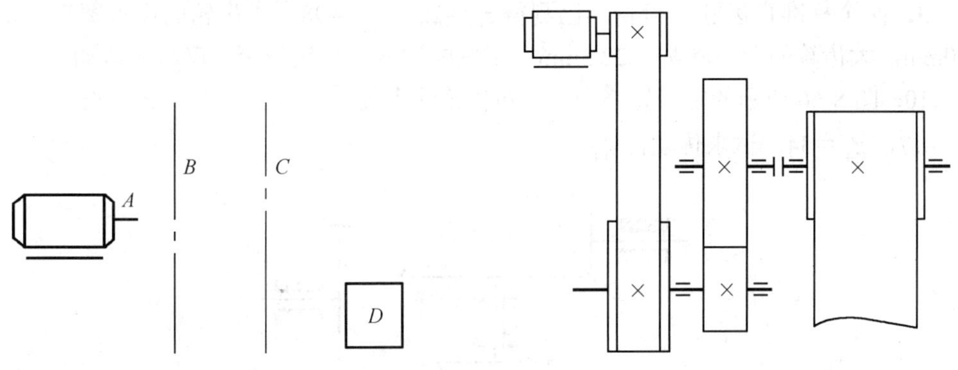

图 8-62　电动机的运动　　　　图 8-63　输送机传输方案

3．图 8-64 中 V 带在轮槽中的位置哪一个正确？试说明理由。

4．图 8-65 所示为带传动的张紧方案，其中小带轮为主动轮。试指出不合理之处，并加以改正。

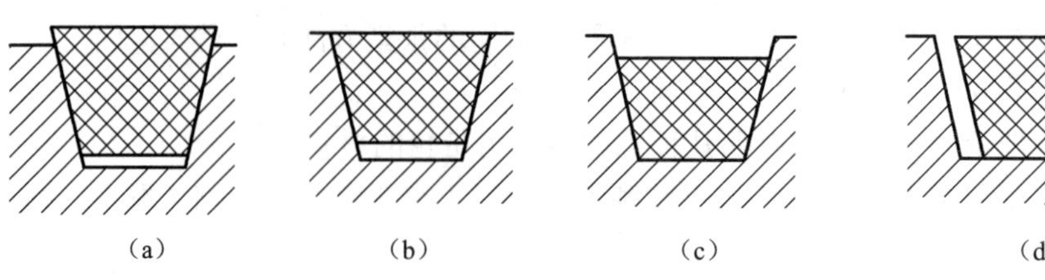

图 8-64　V 带在轮槽中的位置

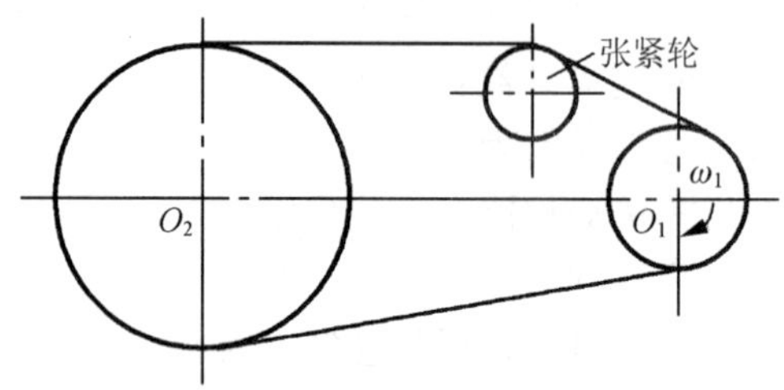

图 8-65　带传动张紧方案

5．一对外啮合标准直齿圆柱齿轮传动，已知齿距 $p=12.56$mm，中心距 $a=160$mm，传动比 $i=1/3$。试求两齿轮的模数和齿数。

6．维修机床需要一对传动比为 3、中心距为 80mm 的外啮合标准直齿圆柱齿轮。现有两个标准直齿圆柱齿轮，已知 $z_1=20$，$d_{a1}=44$mm；$z_2=60$，$d_{a2}=124$mm。试问：这两个齿轮是否可以使用？为什么？

7．已知一标准直齿圆柱齿轮，齿数 $z_1=36$，$d_{f1}=100.5$mm，配置与其相啮合的齿轮，要求 $a=162$mm。试求这对齿轮的 d_1、d_2 和 z_2。

8．已知一对外啮合标准直齿圆柱齿轮传动，中心距 $a=250$mm，小齿轮的齿数 $z_1=10$，模数 m=5mm，转速 $n_1=1440$r/min。试求大齿轮的齿数 z_2 和转速 n_2。

9．两个标准直齿圆柱齿轮，已测得 $z_1=22$，$z_2=98$，小齿轮的齿顶圆直径 $d_{a1}=240$mm，大齿轮的全齿高 $h_2=22.5$mm。试判断这两个齿轮能否正确啮合传动。

10．图 8-66 所示的定轴轮系中，已知各轮的齿数为 $z_1=z_{2'}=15$，$z_2=45$，$z_3=30$，$z_{3'}=17$，$z_4=34$。试求传动比 i_{14}。

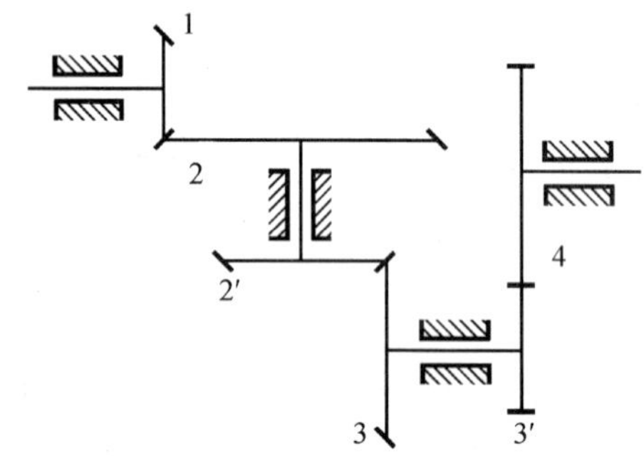

图 8-66　汽车变速器结构示意

11．图 8-52 所示为汽车变速器结构示意图，分析该变速器是如何实现低速、中速、

高速和倒车四个挡位变化的？并计算各挡位传动比的大小。

三、实践

1．带传动的安装与调试练习见实训部分。

2．讨论带传动在机床、洗衣机或其他机械设备中应用的特点。观察带传动的打滑现象。

了解洗衣机中带传动的张紧方法、带型、带的基准长度、带的根数、中心距、带轮的基准直径、带轮结构等。

3．了解自行车、摩托车或其他机械设备中的链传动装置的应用。测量自行车大、小链轮的中心距，记录链轮齿数和链节数。了解链条及链轮的结构、传动的平稳性、接头形式、润滑方法及链条松弛后的张紧方法。

4．观察生产和生活中轮系的应用，填写表8-10。

（1）分析应用了哪些传动装置。

（2）计算出它们的传动比或各轴转速。

表8-10　轮系的应用

序号	传动装置名称	运动简图	轮系类型	传动比或各轴转速
1				
2				

5．减速器拆装与分析练习见实训部分。

单元9

机械的节能环保与安全防护

概要及目标

◎ 概要

随着科技的高速发展，人们使用了大量的自动化机械，提高了生产效率，使生活更加便利。但万事皆利弊并存，在人类享受高科技带来的便利的同时也遭受到其负面影响。机械的节能环保与生产的安全防护问题越来越受到人们的关注与重视。在机械设备的使用过程中必须考虑3方面的问题：设备的保养、安全防护和节能环保。这涉及机械的润滑与密封，以及安全环保方面的知识，本章将概括地对这些内容进行介绍。

◎ 知识目标

1. 了解润滑剂的种类、性能及用途。
2. 了解润滑方式和润滑装置。
3. 掌握典型零部件的润滑方法。
4. 了解密封方式、密封装置。
5. 了解机械噪声的形成和防护措施。
6. 认识机械传动装置中的危险零部件。
7. 了解机械伤害的成因及防护措施。

◎ 技能目标

1. 能分辨润滑剂种类和润滑方法。
2. 能够为典型零部件选择润滑方法。
3. 能分辨密封装置。
4. 会辨认危险零部件和防护方式。

9.1 机械的润滑

学习导入

机器在运行时，相对运动的零部件的接触表面之间会产生摩擦，摩擦不仅消耗能量，还会使机械零件发生磨损，降低零部件的使用寿命。因此，选择合理的润滑方式，对延长零件的使用寿命、降低能耗、保证机器的正常运行具有极其重要的意义。

另外，为防止机器中润滑油的泄漏及外部灰尘等杂质进入机器内部，机器零部件的密封问题也是不容忽视的。

知识与技能

9.1.1 润滑剂的种类、性能及用途

凡能起降低摩擦阻力作用的介质都可作为润滑剂。常用的润滑剂是润滑油与润滑脂。

1. 润滑油

润滑油主要有合成油和矿物油，目前所用的润滑油多为矿物油。常用的润滑油有全损耗系统用油（即机械油）、工业闭式齿轮油等。润滑油的主要性能指标是黏度，它是润滑油抵抗变形的能力，用于表征流体内部的摩擦力大小，也是润滑油牌号的区分标志。我国使用运动黏度，单位是 mm^2/s。润滑油的黏度随温度的升高而降低。例如，“L-AN68”是指 40℃时运动黏度为 $68mm^2/s$ 的全损耗系统用油。常用润滑油牌号如表 9-1 所示。

表 9-1 常用润滑油牌号

类　型	牌　号	主要用途
全损耗系统用油（GB 443—1989）	L-AN7	用于高速低负荷机械、精密机床的润滑和冷却
	L-AN10	
	L-AN15	普通机床的液压油，用于一般滑动轴承、齿轮、蜗轮的润滑
	L-AN32	
	L-AN46	
工业闭式齿轮油（GB 5903—2011）	L-CKC100	适用于煤炭、水泥、冶金等工业部门的大型封闭式齿轮传动装置的润滑
	L-CKC150	
	L-CKC220	

2. 润滑脂

润滑脂是由润滑油添加各种稠化剂和稳定剂制成的膏状润滑剂，习惯上称为黄油或干油。根据调制的皂基不同，分为钙基、钠基、锂基润滑脂。其中，钙基的抗水性好，但耐热性较差；钠基润滑脂与之相反；锂基润滑脂有良好的抗水性、耐热性和机械稳定

性，用途较广。润滑脂的主要性能指标是锥入度和滴点。锥入度用于表示润滑脂的稀稠程度；滴点用于表示润滑脂的耐热性。

3. 润滑剂的选择原则

对于轻载、高速、低温的场合应选用黏度小的润滑油；对于重载、低速、高温的场合应选用黏度较大的润滑油。润滑脂黏度大，不易流失，适用于低速、载荷大、不经常加油的场合。

9.1.2 润滑方式和润滑装置

1. 手工定时润滑

操作人员用油壶或油枪将润滑油注入设备的油孔、油嘴或油杯中，使油流至需要润滑的部位，加油量凭操作人员感觉和经验控制。这种方法供油不均匀，不连续，主要用于低速、轻载、间歇工作的滑动面、开式齿轮、链条及其他单个摩擦副的润滑。

常用的装置有压注油杯和旋盖式油杯。

压注油杯如图 9-1（a）所示，使用时用油壶把油注入油孔，使润滑油进入润滑部位。

旋盖式油杯如图 9-1（b）所示，润滑脂装满在油杯中，定期地把盖旋紧，润滑脂被挤入轴承。

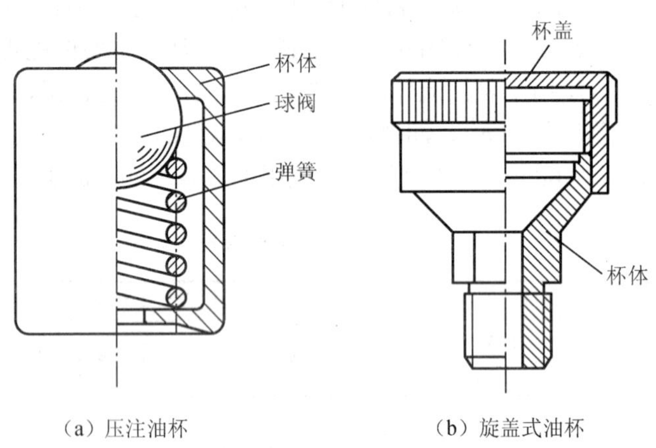

（a）压注油杯　　（b）旋盖式油杯

图 9-1　油杯

2. 连续润滑

本方式采用连续供油，供油比较可靠，有的还可以调节。常用的连续供油方式有以下几种。

1）油绳。油绳润滑是用毛线或棉纱做成芯捻，其一端浸在油内，另一端悬垂在送油管中，不与润滑部位接触。利用毛细管的虹吸原理吸油，滴落入润滑部位，如图 9-2 所示。润滑装置结构简单，但油量不大，调节不便。用于载荷、速度不大的场合。

2）针阀式注油油杯润滑。当手柄位于如图 9-3 所示的水平位置时，针阀受弹簧推

压向下堵住油孔。手柄转 90° 变为直立位置时，针阀上提，油孔敞开供油。调整调节螺母可以调节滴油量。这种润滑装置可以手动，也可以自动，用于要求供油量一定、连续供油的场合。

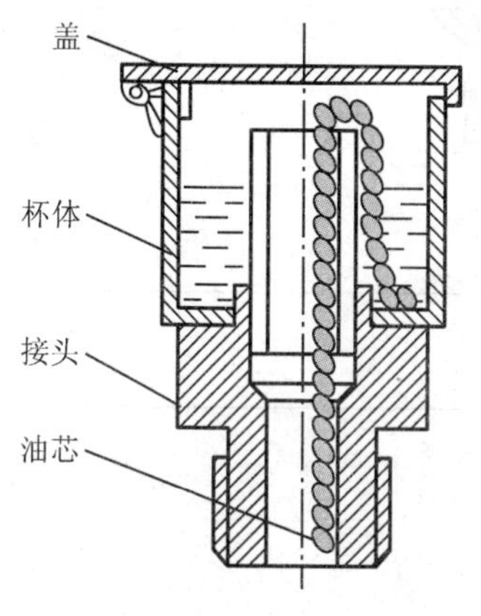

图 9-2 芯捻油杯润滑

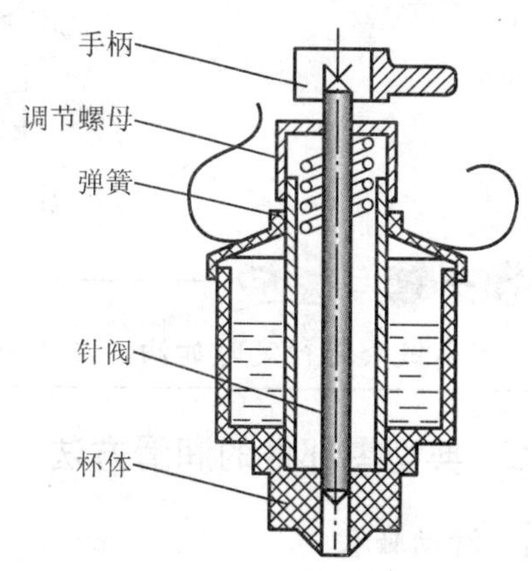

图 9-3 针阀式注油油杯润滑

3）油浴、溅油润滑。如图 9-4 所示，齿轮减速器的大齿轮下部浸在油中，齿轮转动时将油带入啮合部位进行润滑，这种润滑方式称为油浴润滑。齿轮转动时使润滑油飞溅到其他零件上进行润滑，称为溅油润滑。

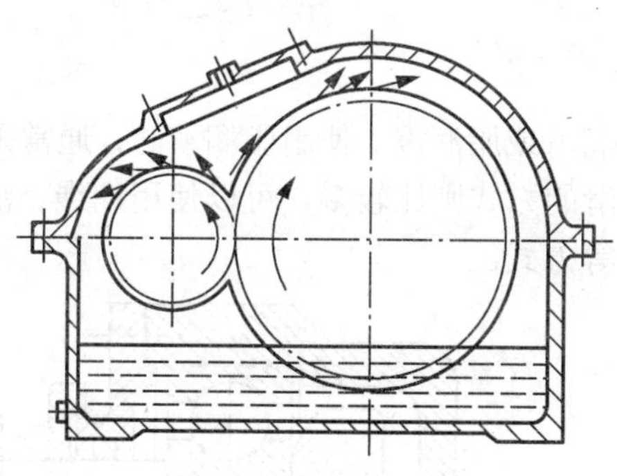
图 9-4 油浴润滑

由于油浴、溅油润滑都能保证在开车后自动将润滑油送入摩擦副，而停车时又自行停送，所以润滑可靠、耗油少、维护简单，广泛应用于机床、减速器及内燃机等闭式传动中。

4）油雾润滑。用压缩空气将润滑油从喷油器喷出，使润滑油雾化后随压缩空气弥散至摩擦表面起润滑作用。油雾能带走摩擦热和冲洗掉磨屑，常用于高速滚动轴承、齿轮传动及滑板、导轨的润滑。

5）压力循环润滑。用泵将润滑油加压后送到润滑部位，给油量丰富，而且油量控制方便，不但润滑可靠，冷却效果也好。但润滑装置复杂，成本较高。压力循环润滑广泛用于大型、重载、高速、精密等重要场合，如图 9-5 所示。

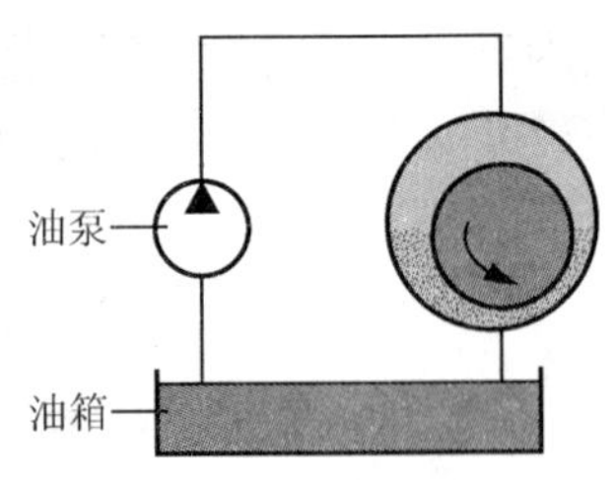

图 9-5　压力循环润滑

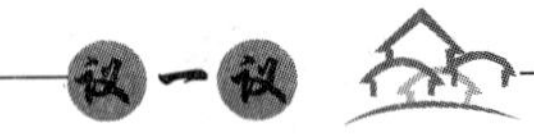

自行车链条进行定时加油，属于哪一种润滑方式？

*9.1.3　典型零部件的润滑方法

1．滑动轴承

大部分的滑动轴承都采用润滑油润滑，对于要求不高、速度 $v<5\text{m/s}$、难以经常供油的非液体摩擦滑动轴承可用润滑脂润滑。

滑动轴承采用润滑油的润滑方式有针阀油杯滴油、飞溅油环、压力循环供油方式；采用润滑脂的润滑方式有压注油杯、旋盖油杯供油方式。

2．滚动轴承

滚动轴承一般采用油润滑或脂润滑。使用脂润滑时，通常采用装配时在轴承内填入润滑脂的方式进行。油润滑的方式则比较多，可以使用油绳、油浴（图 9-6）、滴油、飞溅、喷油和循环供油润滑等方式。

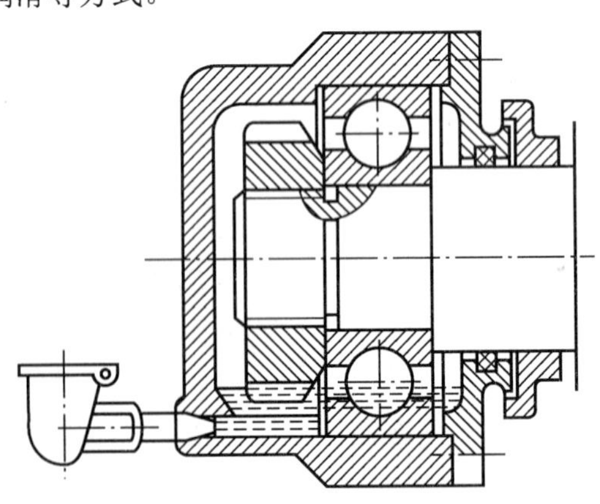

图 9-6　滚动轴承的油浴润滑

3．齿轮、蜗轮蜗杆润滑

闭式齿轮传动齿轮零件的润滑，一般采用油浴的方式，大齿轮浸入一个齿高，如图 9-4 所示。当线速度低于 2m/s 时，可采用涂脂润滑；当线速度大于 12m/s 时，应采用

循环喷油润滑，如图 9-7 所示。

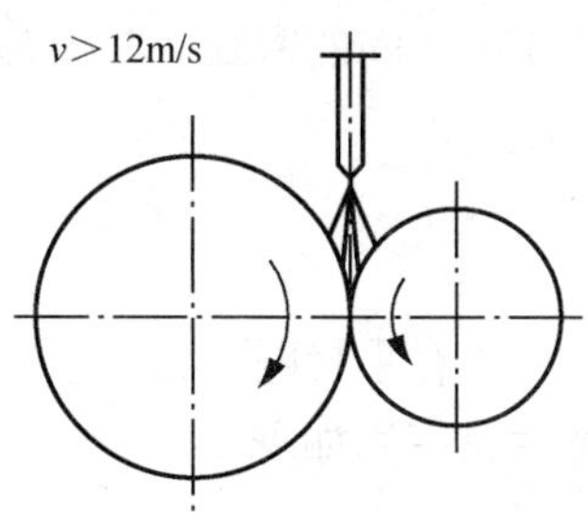

图 9-7　齿轮的喷油润滑

开式齿轮传动速度较低，一般采用脂润滑或定时滴油润滑。开式齿轮传动润滑采用黏度很高、防锈性好的开式齿轮油。

对于非金属齿轮，载荷较小时可以不进行润滑。有时也可加入适量油以改善摩擦性能，提高承载能力，或改善材料使其具有自润滑能力。

巩固

在下表中填入文字或连线。

<table>
<tr><th>润滑剂</th><th>主要性能指标</th><th>应 用 场 合</th><th colspan="2">常用润滑方法（连线）</th></tr>
<tr><td>润滑油</td><td></td><td></td><td rowspan="2">油润滑

脂润滑</td><td rowspan="2">压注油杯
旋盖式油杯
油绳
针阀式注油油杯
油浴、溅油润滑
油雾润滑
压力循环润滑</td></tr>
<tr><td>润滑脂</td><td></td><td></td></tr>
</table>

9.2　机械的密封

学习导入

在机械设备中为防止液体、气体或润滑剂的泄漏，造成润滑剂流失及环境污染，同时防止外界灰尘、水分进入摩擦面而造成磨粒磨损，必须有密封装置。

知识与技能

9.2.1　密封方式

按结合面的运动状态，密封方式可分为静密封和动密封两种方式。静密封指两个相对静止结合面之间的密封，如减速器箱盖与箱体之间的密封。动密封指两个相对运动结合面之间的密封，分为接触式密封和非接触式密封两类。接触式密封是在密封部位放毡圈、密封圈等，使其与零件直接接触而起到密封作用，常用于低速、一般回转轴的密封，如减速器输入轴、输出轴与箱体端盖之间的密封。非接触式密封中动、静零件不直接接触，常用于高速场合。

9.2.2 密封装置

对于回转轴的密封装置，常见的有密封圈密封、毡圈密封、迷宫式密封及机械密封等。常见的密封装置的结构、特性及应用如表 9-2 所示。

表 9-2 常用旋转动密封的种类、特性及应用

种类		密封原理	特性及应用
接触型旋转动密封	毛毡密封	在轴承盖上开出梯形槽，将矩形剖面的细毛毡放在梯形槽中与轴接触。利用毛毡的弹性的吸油性，与轴颈贴合而起到密封的作用	结构简单，尺寸紧凑，适用于脂润滑。当与其他密封组合使用时也可用于油润滑。用于低速、低压、常温场合，不宜用于密封气体
	O 形橡胶圈密封	O 形圈放入槽内受压缩而压紧在密封面上	结构简单，密封可靠，有双向密封的作用，是最常用的密封元件。用于密封液体、气体
	J 形橡胶圈密封	在轴承盖中放置一个密封皮碗，皮碗唇口压紧在轴表面上，唇口常带有弹簧箍，从而增大密封压力。利用唇口与轴接触阻断泄漏间隙，以防泄漏和防止灰尘或杂质侵入	结构简单，尺寸紧凑，使用可靠，密封效果好。用于密封液体、脂、气体，还可防尘
非接触型旋转动密封	沟槽密封	在轴与轴承盖的通孔壁之间留有小间隙，在轴承盖上车出沟槽，并在槽内填满油脂。利用流体经过曲折通道而多次节流产生阻力，使流体难以流失，间隙越小越长，效果越好	结构简单，但密封效果较差。其主要用于密封润滑脂和防尘，要求环境干燥清洁
	迷宫密封	将旋转的和固定的密封零件间的间隙制成迷宫（曲路）形式，缝隙间填满润滑脂或润滑油。利用曲折的间隙进行密封，若与其他密封组合使用，则密封效果更好	用于多灰尘、潮湿的场合。其适于脂及油润滑条件，可用于气体密封
组合密封		将两种或多种密封方式组合在一起，取它们各自的优点以弥补不足，但结构有时较复杂	综合效果好，可以有各种组合

密封材料的性能是保证有效密封的重要因素，选择密封材料，主要是根据密封元件的工作环境，如使用温度、工作压力、所使用的工作介质及运动方式等。对密封材料的性能要求如下：

1. 材料致密性好，不易泄露介质。
2. 有适当的机械强度和硬度。
3. 压缩性和回弹性好，永久变形小。
4. 高温下不软化、不分解，低温下不硬化、不脆裂。
5. 耐腐蚀性能好，在酸、碱、油等介质中能长期工作，其体积和硬度变化小，且不黏附在金属表面上。
6. 摩擦因数小，耐磨性好。
7. 具有与密封面结合的柔软性。
8. 耐老化性能好，经久耐用。
9. 易于成形加工，价格低廉。

9.3 机械环保与安全防护

学习导入

机械是现代生产和生活中必不可少的装备。机械在给人们带来高效、快捷和方便的同时，在其制造及运行、使用过程中，也会带来撞击、挤压、切割等机械伤害和触电、噪声、高温等非机械危害。

知识与技能

*9.3.1 机械噪声的形成和防护措施

噪声危害主要表现在它对环境和人体健康方面的影响，影响人的睡眠、工作、交谈、收听和思考，造成人的听觉器官损伤，使人出现头疼、脑涨、记忆力减退等症状等。

噪声通常定义为“不需要的声音”，是一种环境现象。人一生都暴露在有噪声的环境中，因此要采取一定的措施来降低噪声的强度和减少噪声危害。

1. 机械噪声形成

物体振动是产生声音的根源，因此机械噪声按声源的不同可分为 3 类。

1）空气动力性噪声。由气体振动产生，如通风机、压缩机、发动机、喷气式飞机等产生的噪声。

2）机械性噪声。由固体振动产生，如齿轮、轴承和壳体等振动产生的噪声。

3）电磁性噪声。由电磁振动产生，如电动机、发电机和变压器等产生的噪声。

2. 机械噪声的防护措施

控制噪声的基本途径首先是控制噪声源，其次是控制噪声传播和噪声接收。

（1）噪声源的控制

控制噪声源的振动是最根本控制噪声的办法。一般措施包括：减小冲击力，对旋转质量做动平衡；在设备安装和零部件装配时进行正确的校准和对中；保证相对运动件结合面的良好润滑，并降低结合面的表面粗糙度；电气部件间的电磁力平衡；采取减振和隔振措施，以降低辐射噪声的构件对激励力的响应，如改变构件的固有频率，增大振动件或整个机械系统的阻尼等。

（2）噪声传播的控制

使噪声在传播途中衰减，以减少传递到接收部分的能量。一般措施包括：对噪声源采用隔声罩；在噪声源与接收部分之间设置隔声障壁；在车间的四壁、顶板上加附吸声材料，在空间装设吸声板；针对某些设备安装消声器；合理选择新建厂厂址、合理布置车间建筑物等。

（3）噪声接收的控制

当控制噪声源和噪声传播不能满足要求时，可使用耳塞、耳罩和头盔等个人防护装置。

合理安排劳动制度。工作日宽余插休息时间，休息时间离开噪声环境，限制噪声作业的工作时间，可减轻噪声对人体的危害。

为了减少噪声的损害，常常对接收者进行个人防护，如佩带耳塞、耳罩头盔和隔声帽等防噪声用品，这属于哪一种控制噪声的措施。

9.3.2 机械传动装置中的危险零部件

机械传动装置大都由刚性构件组成，运动构件做转动、往复及直线运动，因此机械设备的危险部位可造成碰撞、挤夹、切割、卷入、烫伤等多种伤害。其主要危险部位如下：

1）旋转部件和成切线运动部件间的咬合处，如动力传输带和带轮、链条和链轮、齿条和齿轮等。

2）旋转的轴，包括连接器、心轴、卡盘、丝杠和杆等。

3）旋转的凸块和孔处。含有凸块或空洞的旋转部件是很危险的，如风扇叶、凸轮、飞轮等。

4）对向旋转部件的咬合处，如齿轮、混合辊等。

5）旋转部件和固定部件的咬合处，如辐条手轮或飞轮和机床床身、旋转搅拌机和无防护开口外壳搅拌装置等。

6）接近类型，如锻锤的锤体、动力压力机的滑枕等。

7）通过类型，如金属刨床的工作台及其床身、剪切机的刀刃等。

8）单向滑动部件，如带锯边缘的齿、砂带磨光机的研磨颗粒、凸式运动带等。

9）旋转部件与滑动之间，如某些平板印刷机面上的机构、纺织机床等。

10）动力部件，如电动机、内燃机、蒸汽机及气压、油压等。

9.3.3　机械伤害的成因及防护措施

1. 机械伤害的成因

1）卷绕和绞缠的伤害。旋转运动的机械部件将人的头发、饰物（如项链）、手套、衣袖或下摆卷入回转件卷绕，继而引起对人的伤害。

2）挤压、剪切和冲击的伤害。做直线运动特别是相对运动的两部件之间、运动部件与静止部件之间可能会产生对人的夹挤、冲撞或剪切伤害。

3）引入或卷入碾轧的伤害。相互配合的运动副之间可能会将人的头发、饰物（如项链）、手套、衣袖或下摆引入或卷入，造成辗轧伤害。

4）飞出物打击的伤害。由于发生断裂、松动、脱落或弹性位能等机械能释放，使失控物件飞甩或反弹对人造成的伤害。

5）物体坠落打击的伤害。位于高位置的物体意外坠落时造成的伤害。

6）切割和擦伤的伤害。具有锋利形状的零部件可能会对操作者造成的伤害。

7）碰撞伤害。造成这种伤害的主要是机械结构上的凸出部分。

8）跌倒、坠落的伤害。由于操作平面堆物无序或凹凸不平导致的磕绊跌伤；接触面摩擦力过小（光滑、油污、冰雪等）造成打滑、跌倒；人从高处操作平台失足坠落，或误踏入坑井坠落等造成的伤害。

2. 防护措施

机械伤害的防护措施，主要考虑以下 3 方面的因素。

（1）工作环境

必须保证工作场所光线充足；物料必须按照规定堆放；创建符合人体工程学原则的工作环境，减少操作者的体力消耗和心理压力。

（2）管理方式

加强安全知识教育；特种设备或特种作业操作人员必须由专业部门培训后持证上岗；使用统一规范的指挥信号；规定安全距离；根据需要使用警示标志，如图 9-8 所示。

（3）设备本身

设计合理的安全防护装置，如防护罩、防护门等；设计安全、符合操作习惯的控制系统；按照人机工程学原则设计设备；避免锐边、尖角和凸出部分；保证零部件有足够的强度不至于意外破坏；确保设备的可靠性；有必要时使用远程遥控装置以保证操作者远离危险。

图 9-8　常见警示标志

思考与练习

1．试比较润滑油和润滑脂的特点。
2．常用的润滑方式有哪几种？各有何特点？各适用于什么场合？
3．试举出一些机器手工定时润滑和连续润滑的实例。
4．机器转轴上的滚动轴承用润滑脂润滑，试分析轴外伸端应采用的密封方法。
5．列举常见的密封装置。
6．控制噪声有哪些措施？
7．列举常见机械设备的危险零件及其防护措施。

单元 10

液压传动与气压传动

概要及目标

◎ 概要

液压和气压传动是以有压流体（压力油和压缩空气）为工作介质，利用各种元件组成所需回路来进行能量转换和自动控制的。

液压传动与气压传动相对于机械传动来说，是一门新学科。但随着科学技术特别是机电一体化的发展，机械自动化程度越来越高，液压和气压传动的优势日趋明显，其元件已经实现标准化、系列化，并且集成了传感技术、自动控制技术等，这些都为液压和气压传动的应用提供了更为广阔的前景。

◎ 知识目标

1. 了解液压传动与气压传动的工作原理、基本参数和传动特点。
2. 理解液压传动、气压传动系统的组成及元件符号。
3. 了解各类常用元件的结构和工作原理。

◎ 技能目标

1. 能够读懂一般液压和气压传动的系统图。
2. 能搭建简单的常用回路。

10.1 液压传动的基本知识

学习导入

液压传动是以液体为工作介质，利用密闭的系统传递液体压力能的一种传动方式。它通过液压泵，将电动机输出的机械能转换为液体的压力能，再通过管道和控制阀等元件，经液压缸将液体的压力能转换为机械能输出。常见的自行卸货的汽车，就是在汽车货厢的下部安装了液压缸，液压泵输送的压力油进入液压缸，压力油推动缸中的活塞向上顶起货厢，使货厢倾斜，这就完成了液压能与机械能的转换。

液压传动具有结构紧凑、传递动力大、运动平稳等优点，在交通工具、建筑机械及其他机器上，特别是在金属切削机床上应用都很广泛。

知识与技能

10.1.1 液压传动的工作原理

1. 液压传动的工作原理

下面以驱动机床工作台的液压系统为例，分析液压系统的工作原理，图 10-1（a）为机床工作台液压系统结构的工作原理图。

1）电动机带动液压泵工作，液压泵从油箱吸油经过滤器输入到压力油管中，再经节流阀、手动换向阀流入液压缸。当手动换向阀处于中间位置时，使阀芯处于图 10-1（a）所示位置。阀孔 P、A、B、T 均关闭而处于截止状态，工作台停止。此时，油液经溢流阀流回油箱。

2）若将手动换向阀向右拉，使阀芯处于图 10-1（c）所示位置，则 P 与 B 相通，A 与 T 相通，此时，油液经阀孔 P、B 流入液压缸右腔，工作台左移，同时液压缸左腔油液经阀孔 A、T 流回油箱，

3）当手动换向阀推向左端时，使阀芯处于如图 10-1（b）所示位置，阀孔 A、P 相通，B、T 相通，压力油经 P 至 A 流入液压缸左腔，推动液压缸活塞右移，即工作台右移，同时液压缸右腔油液经 B 至 T 压出流回油箱。

从机床工作台液压系统可以看出，液压传动是以油液为工作介质，依靠密封容器的容积变化传递运动，依靠油液的压力传递动力。它具有以下特点：以液体（主要是油液）为传动介质，来实现运动和动力传递。

由于液体没有固定的形状而只有一定的体积，所以液压传动必须在密闭的容器内进行。

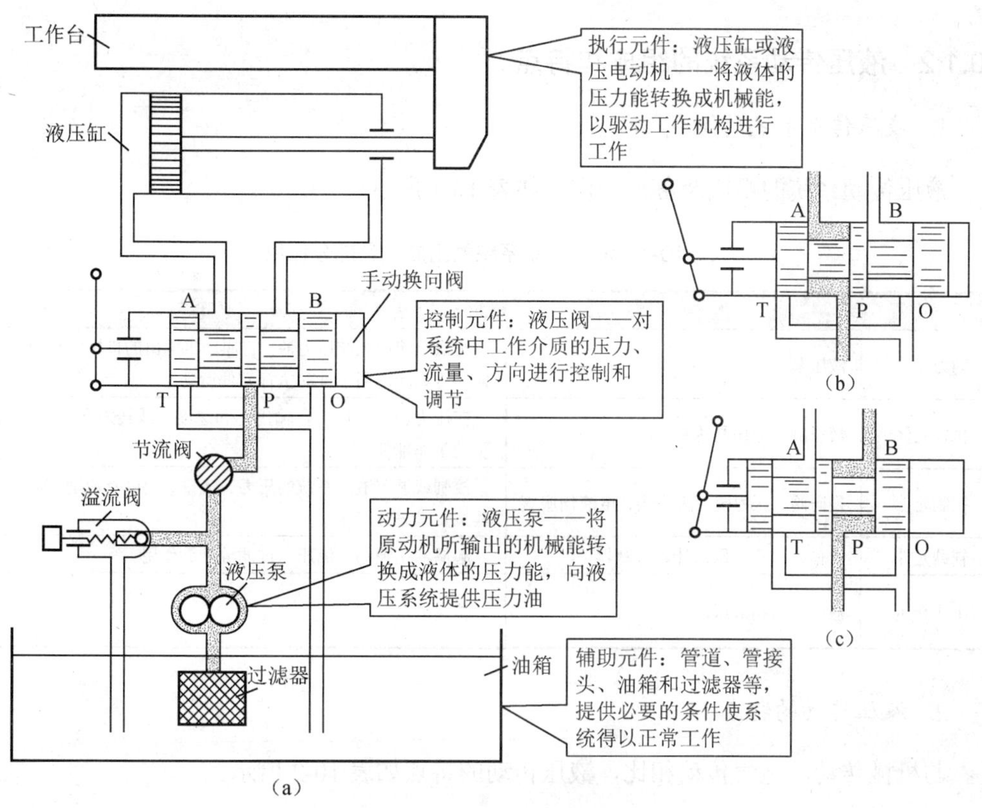

图 10-1　机床工作台液压系统结构原理图

2. 液压传动系统原理图

在图 10-1 中，组成液压系统的各个元件的图形是半结构式的，常称为结构原理图。这种原理图直观性强、容易理解，但较难绘制。为了使系统图简化，便于阅读、分析、设计和绘制，系统中的元件可用图形符号来表示，进而绘制液压系统原理图，如图 10-2 所示。国家标准《流体传动系统及元件图形符号和回路图第 1 部分：用于常规用途和数据处理的图形符号》(GB/T 786.1—2009) 对液压及气动元（辅）件的图形符号做了具体规定。

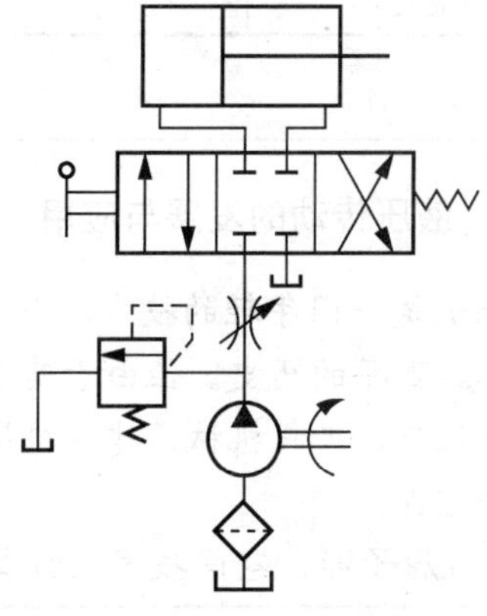

图 10-2　液压系统原理图

10.1.2 液压传动系统的组成和特点

1. 液压传动系统的组成

液压传动系统的组成及各部分作用如表 10-1 所示。

表 10-1 液压传动系统的组成及各部分作用

组　成		作　用
动力元件	液压泵	它供给液压系统压力油，将原动机输出的机械能转换为液体的压力能，用于推动执行元件运动
执行元件	液压缸、液压马达	在压力油的作用下，输出力和速度（或转矩和转速），以驱动工作部件
控制元件	换向阀、压力阀、流量阀、电液伺服阀	控制或调节液压系统的压力、流量、速度及流动方向，使其按要求进行工作
辅助元件	油箱、油管、压力计、过滤器	起储油、输油、测压、过滤等辅助作用
工作介质	液体通常指液压油	传递能量

2. 液压传动的特点

与机械传动、电气传动相比，液压传动的特点如表 10-2 所示。

表 10-2 液压传动的特点

优　点	缺　点
容易获得较大的力或力矩，在输出功率相同时，液压传动装置的体积小、质量轻、运动惯性小	液体的泄漏和可压缩性使传动比不准确，传动效率较低
可在运行过程中进行无级调速，调整方便且调整范围大	液压油对温度变化敏感，不宜在很低和很高的温度下工作
工作平稳，噪声小，能高速起动、制动和换向	维护和修理工作量大，技术要求高
压力、方向和流量容易控制，与电气装置配合使用，可实现各种机械的自动化	液压传动出现故障时，不易诊断
易实现过载保护，各零件磨损小，工作寿命长	

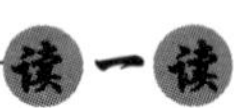

液压传动的发展与应用

液压传动相对机械传动来说是一门年轻的技术，自 18 世纪末英国研制成功世界上第一台水压机至今，仅有二三百年的历史。但由于其传动具有独特的优点，使其得到了迅猛的发展，广泛应用于机床、工程机械、建筑机械、农业机械等各种机械设备上，渗透到了工业领域的各个方面。

20 世纪 60 年代以来，随着原子能、空间技术、计算机技术的发展，液压传动技

术得到了很大的发展，并渗透到各个工业领域中。各种液压元件的迅速发展和性能的日趋完善，特别是出现了精度高及响应快的伺服阀和伺服控制系统，以及电子技术和计算机技术进入液压技术领域后，使液压传动技术更是得到蓬勃发展。当前液压技术正向高压、高速、大功率、高效、低噪声、经久耐用、高度集成化的方向发展。同时，新型液压元件和液压系统的计算机辅助设计、机电一体化技术、计算机仿真和优化设计技术等也是当前液压传动及控制发展的研究方向。单纯的机械、机电一体化技术，已难以适应现代机械设备快速发展的要求，机、电、液（气）一体化与计算机技术、传感技术相结合的综合控制技术，正得到越来越普遍的应用。液压技术的应用程度，已成为衡量一个国家工业水平的重要标志。

10.1.3　液压传动的工作介质与主要参数

1. 液压油的可压缩性和黏性

油液是液压传动系统中最常用的工作介质，同时是液压元件的润滑剂。液压传动所用的液压油，90%以上为矿物油。油液的主要性质有密度、可压缩性和黏性等。

液体受压力的作用后，其体积缩小的性质称为可压缩性。一般情况下，在液压传动常用的压力范围内，液压油的可压缩性对液压系统影响不大，可以忽略不计。但在高压下则必须予以考虑。

液体在受外力作用下流动时，液体分子之间的内聚力会阻碍分子间的相对运动而产生内摩擦力，这一特性称为液体的黏性。液体流动时会呈现黏性，而液体静止时则不呈现黏性。黏性的大小可以用黏度来表示。黏度大，内摩擦力就大，液体就不易流动。油液的黏度是其最重要的特性之一，也是用来选择液压油的主要依据。油液的黏度是随温度变化而变化的。油温升高会使油液的黏度变小，流动性也就会更好。

2. 主要参数

（1）压力

液体只能承受压向液面的作用力，压力 p 是指液体单位面积上所受的法向作用力，这一定义在物理学中称为压强。

$$p=\frac{F}{A}$$

式中：F——法向作用力；

　　A——作用面积。

压力的法定单位为牛顿/米 ^{2}（N/m^2），称为帕斯卡，简称帕（Pa），在工程上还经常用到兆帕（MPa）和巴（bar）这两个单位，它们之间的换算关系如下：

$$1MPa=10bar=10^6Pa$$

液压系统中的压力大小取决于负载，并随负载的变化而变化。通常将液压系统中的压力分为 5 级，如表 10-3 所示。

表 10-3　液压系统压力的分级

（单位：MPa）

压力等级	低压	中压	中高压	高压	超高压
压力 p	<2.5	2.5～8	8～16	16～32	>32

（2）静止油液中压力的特性

1）油液内任意点受到的各方向的静压力都相等。

2）静压力的方向为垂直指向受压表面。

3）在密闭容器中的静止油液体，当一处受到压力作用时，这个压力将通过液体传到油液的任一点，而且其压力处处相等，称为静压传递原理，即帕斯卡原理。

液压千斤顶就是利用此特性来传递动力的。如图 10-3 所示，千斤顶在压油时，柱塞泵右侧活塞上受到 F_1 的外力作用，此时活塞的有效作用面积为 A_1，则右侧油腔中油液的压力为

$$p_1=\frac{F_1}{A_1}$$

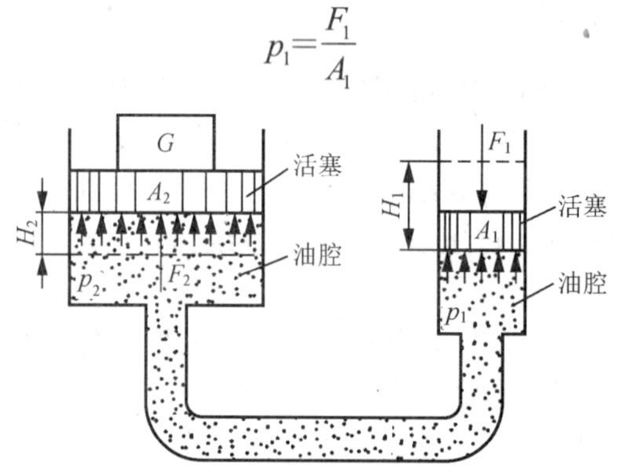

图 10-3　液压千斤顶的举升过程

根据帕斯卡原理，p_1 通过油液被等值传动到左侧油腔中，即 $p_1=p_2$，该油腔中油液以压力 p_2 作用于有效面积为 A_2 的左侧活塞上，使活塞受到力 F_2 的作用而顶起重物 G。

$$G=F_2=p_2A_2=p_1A_2=\frac{F_1}{A_1}A_2$$

当 $A_1 \ll A_2$，即使 F_1 很小，也能获得较大的 F_2，从而顶起重物 G，即液压装置具有力的放大作用，这就是液压千斤顶在人力的作用下能顶起重物的原因。

例 10-1　图 10-3 所示为相互连通的两个液压缸，已知大液压缸内径 $D=100$mm，小液压缸内径 $d=20$mm，大活塞上放一重物 $G=20$kN。试问：在小活塞上应加多大的力 F_1 才能使大活塞顶起重物？

解： 由压力计算公式知：

小液压缸内的油液压力为

$$p_1=\frac{F_1}{A_1}=\frac{F_1}{\pi d^2/4}$$

大液压缸内的油液压力

$$p_2=\frac{F_2}{A_2}=\frac{G}{\pi D^2/4}$$

根据帕斯卡原理，由外力产生的压力在两液压缸中相等

$$p_2=\frac{F_2}{A_2}=\frac{G}{\pi D^2/4}=p_1=\frac{F_1}{\pi d^2/4}$$

即

$$\frac{F_1}{\pi d^2/4}=\frac{G}{\pi D^2/4}$$

故顶起重物时在小活塞上应加的力 F_1 为

$$F_1=\frac{Gd^2}{D^2}=\frac{20\times10^3\times20^2}{100^2}=800(\mathrm{N})$$

（3）流量 q

流量是单位时间流过某一通流截面的液体体积，计算公式为

$$q=\frac{V}{t}$$

式中：q——流量（m^3/s）；

V——液体体积（m^3）；

t——时间（s）。

工程中流量还用 L/min（升/分）为单位，其换算关系为 $1m^3/s=6\times10^4L/min$。

在单位时间内，油液流过管道或液压缸某一截面的距离称为流速，用 v 表示。若以 s 表示距离，以 A 表示通流截面的面积，则

$$v=\frac{s}{t}=\frac{V/A}{t}=\frac{V/t}{A}$$

即

$$v=\frac{q}{A}$$

式中：v——油液的流速（m/s）；

A——通流截面的面积（m^2）；

q——油液的流量（m^3/s）。

根据流速和流量的关系，说明流速与流量成正比，与通流截面面积成反比，而与压力大小无关。由于液压系统的执行元件（液压缸）的结构尺寸已确定，其工作的运动速度仅取决于进入执行元件（液压缸）内的流量，即速度快慢取决于流量。

由于油液具有“不可压缩性”，油液在无分支的管道中流动时，在同一时间内流过管道内任意两个截面的液体质量是相等的，即流过管道内任意两个截面的液体流量相等。如图 10-4 所示的管道中，由 $q_1=q_2$ 可得

$$v_1A_1=v_2A_2$$

该式称为流动液体连续性方程，说明流速和截面面积成反比，管道粗流速低，管道细流速高。

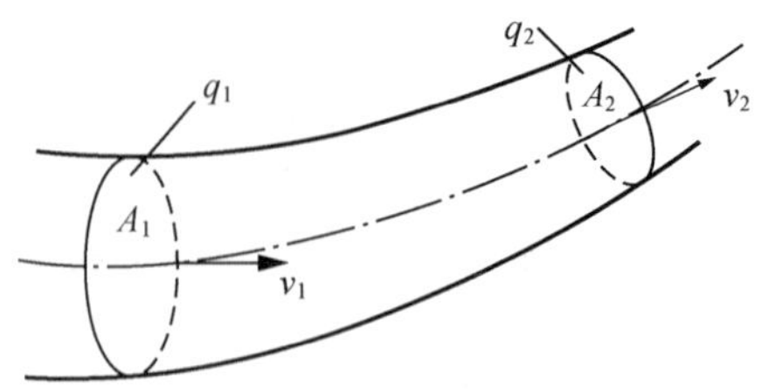

图 10-4　流动液体的连续性

例 10-2　如图 10-3 所示的液压千斤顶，已知小活塞面积 A_1=3.14×10^{-4}m^2，大活塞面积 A_2=7.85×10^{-3}m^2，管道的截面面积 A_3=1.96×10^{-5}m^2，小活塞向下运动的速度 v_1 =0.2m/s。求大活塞上升的速度和管道中油液的流速。

解：根据流动液体连续性方程，有

$$v_1A_1=v_2A_2=v_3A_3$$

大活塞上升的速度为

$$v_2=\frac{v_1A_1}{A_2}=\frac{0.2\text{m/s}\times 3.14\times 10^{-4}\text{m}^2}{7.85\times 10^{-3}\text{m}^2}\approx 0.008\text{m/s}$$

管道中油液的流速为

$$v_3=\frac{v_1A_1}{A_3}=\frac{0.2\text{m/s}\times 3.14\times 10^{-4}\text{m}^2}{1.96\times 10^{-5}\text{m}^2}\approx 3.20\text{m/s}$$

通过计算验证了流速和截面面积成反比，由于 $A_2>A_1>A_3$，所以 $v_2<v_1<v_3$。

巩固

在图 10-1 所示的液压传动系统中，将液压元件的名称填入下表。

元件	动力元件	执行元件	控制元件	辅助元件
液压元件名称				

10.2　液 压 元 件

学习导入

液压元件包括动力元件、执行元件、控制元件和辅助元件，液压元件性能的好坏直接影响液压系统的工作特性和工作质量。大部分液压元件均已实行了标准化，并且要用规定的图形符号来表示。图形符号由符号要素和功能要素构成，这些符号表示了液压元件的类型、功能、控制方式及外部连接口等。

知识与技能

10.2.1　动力元件

液压动力元件是指为系统提供具备一定流量的压力油液的元件，通常是指液压泵，它的作用是把原动机的机械能转换成液体的压力能，是整个液压系统的动力来源。

1. 液压泵的类型和图形符号

液压泵按其结构形式分为齿轮泵、叶片泵、柱塞泵和螺杆泵；按泵的流量能否调节，分为定量泵和变量泵；按泵的输油方向能否改变，分为单向泵和双向泵。

液压泵的图形符号如表 10-4 所示，其中单作用式叶片泵及柱塞泵是流量可调节的变量泵，其余的是定量泵。

表 10-4　液压泵的图形符号

名　称	单向定量泵	双向定量泵	单向变量泵	双向变量泵
符　号				

2. 液压泵的工作原理

图 10-5 为液压泵的工作原理图，柱塞在弹簧的作用下紧压在偏心轮上，当电动机带动偏心轮转动时，柱塞与泵体形成的密封腔的容积 V 交替变化。柱塞向右运动时，密封腔的容积 V 增大，形成局部真空，油箱中的油液在大气的作用下，经单向阀 6 进入密封腔而实现吸油；反之，当 V 由大变小时，油液受挤压，经单向阀 5 压入系统，实现压油。电动机带动偏心轮不断旋转，液压泵就不断地吸油和压油。由此可见，液压泵是通过密封腔的变化来实现吸油和压油的。其排油量的大小取决于密封腔的变化量，因而又称容积泵。

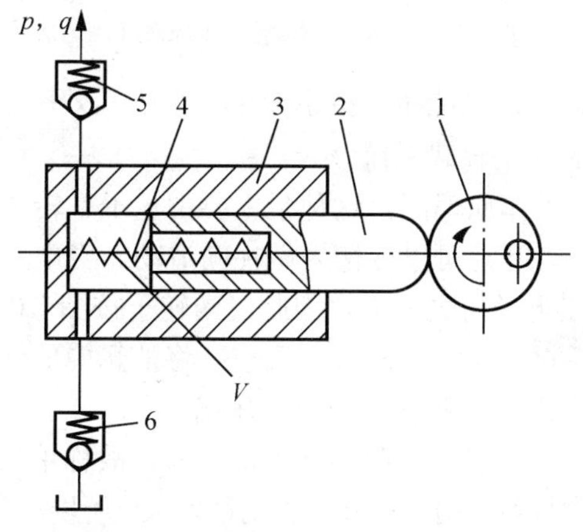

图 10-5　液压泵工作原理

1—偏心轮；2—柱塞；3—泵体；4—弹簧；5、6—单向阀

在图 10-5 中：
1. 弹簧有何作用？
2. 容积泵在吸油和压油时，单向阀 5、6 各自的状态如何？为什么？
3. 如果油箱完全封闭而不与大气相通，液压泵是否还能工作？为什么？

图 10-6 是齿轮泵工作原理图。它由一对互相啮合的齿轮和泵体组成。其啮合处将油腔分成两部分，即吸油腔和压油腔。当电动机通过联轴器带动齿轮按图 10-6 所示方向转动时，吸油腔中啮合的轮齿逐渐脱开，使密封容积逐渐增大而形成局部真空，油箱中油液在大气压力作用下经吸油口进入吸油腔，将齿间槽充满，并随齿轮转动被带到压油腔。在压油腔内，因齿轮啮合致使密封容积减小，油液受到压缩，被挤出压油腔，并经过管路输送到执行装置。

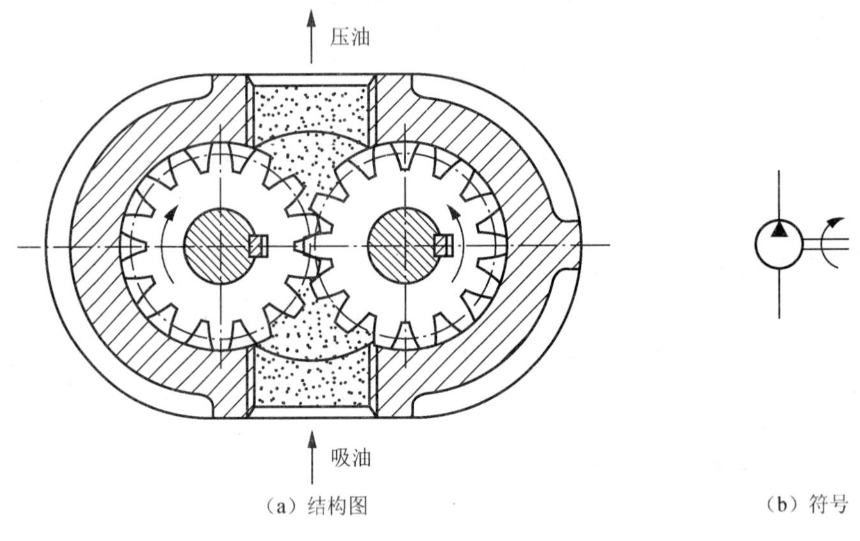

（a）结构图　　（b）符号

图 10-6　齿轮泵工作原理

齿轮泵的流量不可调节，只能做定量泵使用。由于其效率和工作压力低，噪声大，一般用于工作环境较差的低压轻载系统。

图 10-7 是叶片泵的工作原理图。这种泵主要由定子、转子、叶片等组成。定子与转子不同心，偏心距为 e，叶片可以在槽内做径向滑动。当电动机带动转子旋转时，叶片在离心力作用下紧贴在定子内表面上。因此，当转子按图 10-7 所示方向转动时，位于下半部的各密封容积不断增大，形成局部真空，将油箱中的油吸入，而位于上半部的各密封腔容积不断减小，于是油液便从压油腔压出。

这种泵的转子转一圈，完成一次吸油和压油过程，故称单作用式泵，输出油的流量可以通过调节偏心距 e 来控制，偏心距增大，流量增大，所以单作用式叶片泵是变量泵。如果叶片泵转子每转一周完成两次吸油和压油，这种泵称为双作用式叶片泵。它与单作

用式叶片泵相比，输出流量较大，压力较高，但输出油量大小不可调节，所以是定量泵。

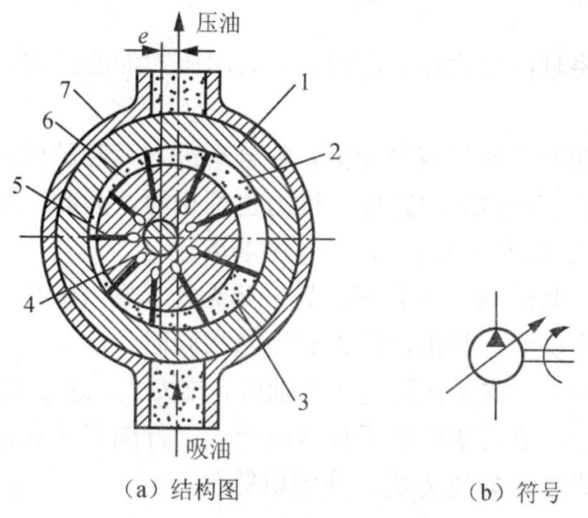

（a）结构图　　（b）符号

图 10-7　单作用式叶片泵的工作原理

1—定子；2—压油腔；3—吸油腔；4—轴；5—叶片；6—转子；7—泵体

叶片泵结构较复杂，制造精度要求高，一般用于要求传动平稳，功率不大的中压液压系统中。

10.2.2　执行元件

液压执行元件的作用是将液压系统的压力能转化为机械能，以驱动外部工作部件，常用的液压执行元件有液压缸和液压马达。液压缸是将液压能转换成直线运动，而液压马达则是将液压能转换成旋转运动。液压缸结构简单，工作可靠，其应用比液压马达更为广泛。

1. 液压缸的类型和图形符号

液压缸按结构特点的不同可分为活塞缸、柱塞缸和摆动缸 3 类。其中活塞缸应用最为广泛，它又分为双活塞杆液压缸和单活塞杆液压缸，图形符号有详细符号和简化符号两种，如图 10-8 所示。

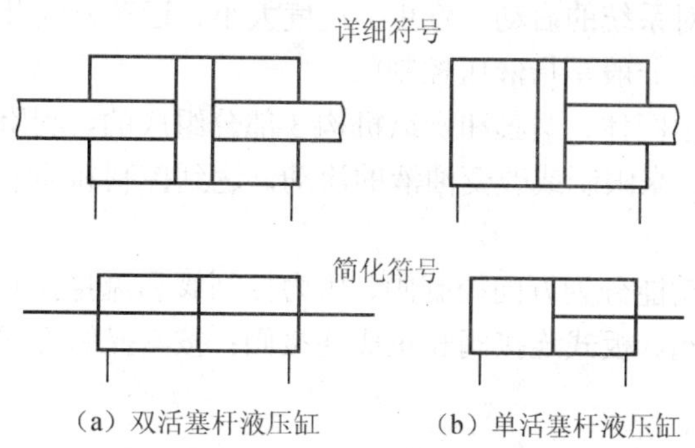

（a）双活塞杆液压缸　　（b）单活塞杆液压缸

图 10-8　液压缸图形符号

2. 液压缸的工作原理

液压缸中的活塞将缸内分为左、右两腔，利用压力油的压力、流量来产生推力和运动速度。

双活塞杆液压缸的两活塞杆直径相同，若分别进入两腔的供油压力和流量不变，则活塞（或缸体）向两个方向的运动速度和推力也都相等。因此，双活塞杆液压缸常用于要求往复运动速度和负载相同的场合，如各种磨床。

单活塞杆液压缸，其活塞一侧有杆，另一侧无杆（图 10-9），两腔的有效工作面积不相等。当向两腔分别供油，且供油压力和流量相同时，活塞（或缸体）在两个方向上的推力和运动速度不相等。即无杆腔进压力油时，推力大，速度低；有杆腔进压力油时，推力小，速度高。因此，单活塞杆液压缸常用于一个方向有负载慢速前进，另一个方向为空负载快速退回的设备，如压力机、注塑机等。

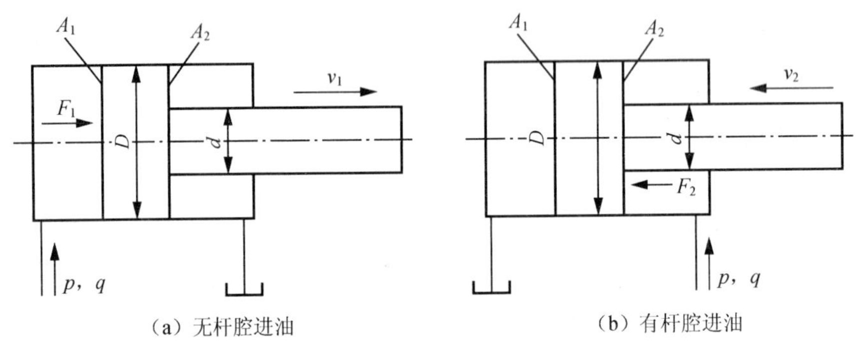

图 10-9　单活塞杆液压缸

液压系统有两大能量转换装置，一是开始的动力元件——液压泵，二是最后的执行元件——液压缸。它们是如何根据需要进行能量转换的？各自有什么特点？

10.2.3　控制元件

液压控制元件是对系统的启动、停止、速度大小、运动方向及压力大小、动作顺序等所进行控制的装置，一般是指液压控制阀。

液压控制阀都是由阀体、阀芯和操纵机构 3 部分组成的，利用阀芯的移动，使阀孔开、闭状态发生变化，来限制或改变油液的流动，达到控制和调节油液的流向、压力和流量的目的。

液压控制阀按其功能分为方向控制阀、压力控制阀和流量控制阀三大类；按其连接方式可分为管式连接阀、板式连接阀和集成连接阀；按其操纵方式可分为手动阀、机动阀、电动阀等。

1. 方向控制阀

方向控制阀是利用阀芯和阀体间相对位置的改变，实现油路与油路间的接通、断开或改变油液流动方向，以满足系统对油流方向的要求。它包括单向阀和换向阀。

（1）单向阀

普通单向阀（简称单向阀）的作用是只允许液流单方向流动，不允许反方向倒流，要求其正方向液流通过时压力损失小，反向截止时密封性能好。

单向阀结构如图 10-10 所示，它由阀体、阀芯、弹簧等组成。当压力油从 P_1 进入时，油液克服弹簧力，推动阀芯右移，打开阀口，压力油经阀芯上径向孔 a、轴向孔 b 从 P_2 流出。当压力油从反向进入时，油液压力和弹簧力将阀芯压紧在阀座上，阀口关闭，油液不能通过。图 10-10（a）为管式连接单向阀，图 10-10（b）为板式连接单向阀，图 10-10（c）为单向阀的图形符号。

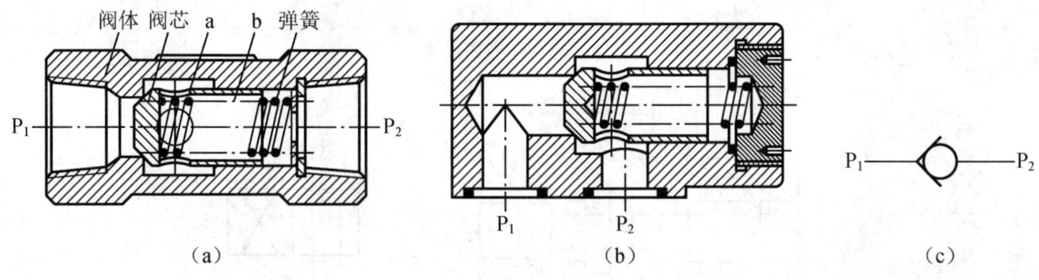

图 10-10 单向阀

除普通单向阀外，还有液控单向阀（图 10-11）。它比普通单向阀多一控制口，当控制口 C 不通压力油时，其工作和普通单向阀一样。正向通过，反向截止。当控制油口通压力油时，控制活塞便顶开锥阀芯，使油液在正、反方向上均可流动。

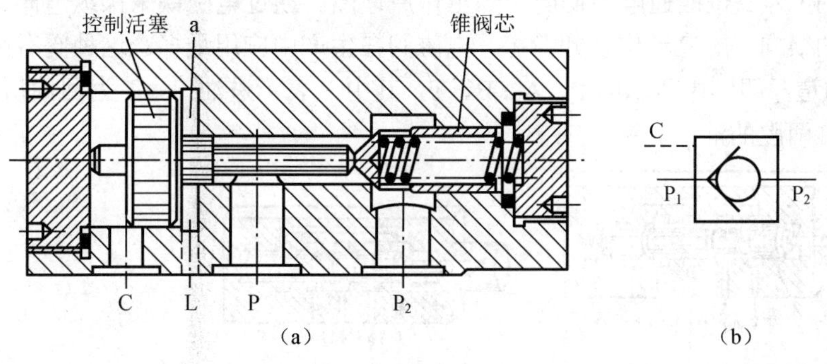

图 10-11 液控单向阀

（2）换向阀

1）换向阀的工作原理。

滑阀式换向阀是利用滑阀（阀芯）在阀体内做轴向滑动来实现换向作用的。图 10-12 所示为滑阀式换向阀，滑阀是一个具有多段环形槽的圆柱体（图示滑阀有 3 个台肩），而阀体孔内有若干个沉割槽（图示阀体有 5 个槽）。滑阀凸肩（直径大的部分）与阀体内孔相配合。每个沉割槽都通过相应的孔道与外部相通，其中 P 为进油口，T 为回油口，而 A 和 B 则通液压缸两腔。当滑阀处于图 10-12（a）左位置时，压力油经 P、B 口通向液压缸右腔，活塞向左运动，回油则经 A、T 口流回油箱。当滑阀向右移动至图 10-12（b）右位置时，压力油经 P、A 口通向液压缸左腔，活塞向右运动，回油则经 B、T 口流回油箱。

控制滑阀在阀体内做轴向移动，通过改变各油口间的连接关系，实现油液流动方向的改变，这就是滑阀式换向阀的工作原理。

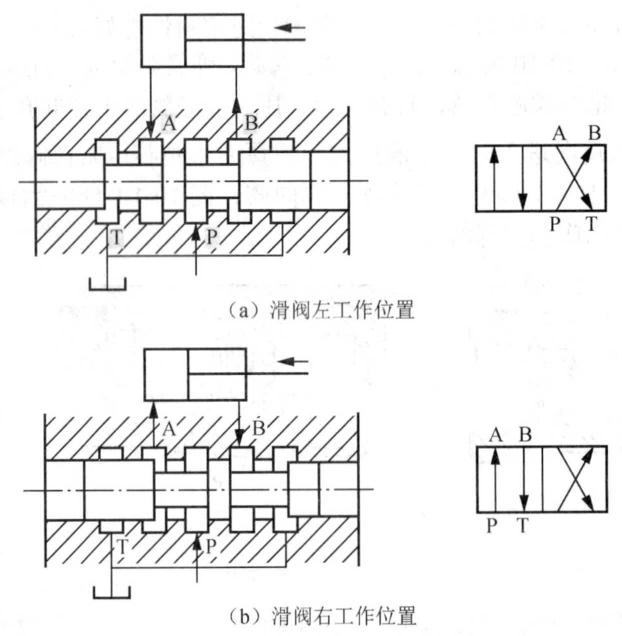

图 10-12　换向阀换向原理

图 10-13 为二位四通电磁换向阀的工作原理图。通过电磁铁来操纵滑阀移动，实现液压油路的换向、顺序动作及卸荷等，电磁阀在生产中应用最多。这种阀有两个工作位置，4 个通道，即图中所示的 P、A、B、T，其中 P 表示进油口，T 为回油口，A、B 为通往液压缸两腔的油口。

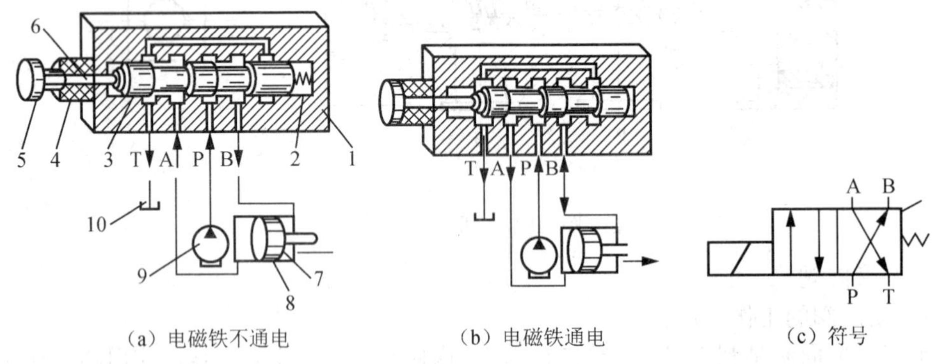

图 10-13　二位四通电磁换向阀工作原理

1—阀体；2—弹簧；3—滑阀；4—电磁铁；5—衔铁；6—推杆；7—液压缸；8—活塞；9—液压泵；10—油箱

换向工作原理如下：当电磁铁不通电时，如图 10-13（a）所示，滑阀在弹簧力作用下处在极左位置，压力油从 P 口流入阀体后经滑阀与阀体间的通道，从 B 口流出经油管进入液压缸的右腔，推动活塞向左运动。同时液压缸左腔的油经 A 口通过阀体从 T 口流回油箱。需要活塞换向时，电磁铁衔铁通电吸合，将滑阀推向右端位置，如图 10-13（b）所示。压力油从 P 口流入阀体后从 A 口流出，进入液压缸左腔，推动活塞向右运动，右腔的油经 B 口和 T 口流回油箱。

2）换向阀的种类、图形符号。

换向阀滑阀的工作位置数称为“位”，阀体与液压系统油路相连通的油口数称为“通”，因此可称为×位×通换向阀，如二位二通、二位三通、二位四通、二位五通、三位三通、三位四通、三位五通等。常用换向阀的图形符号如表 10-5 所示。

表 10-5　常用换向阀的图形符号

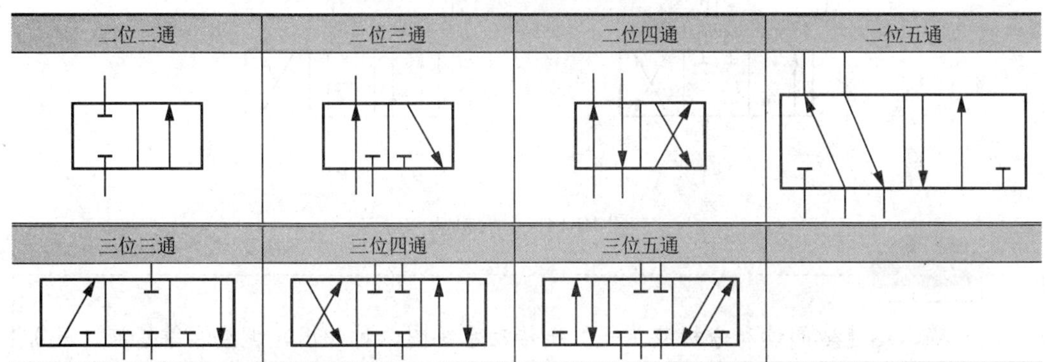

二位二通	二位三通	二位四通	二位五通
三位三通	三位四通	三位五通	

换向阀的图形符号规定如下：

① 方格表示滑阀的工作位置，两格为二位，三格为三位。二位阀靠近弹簧的一格表示常态（指当换向阀没有操纵力作用时处于的状态）下的通路状况（三位阀的中间格为常态位置）；靠近控制符号（如电磁铁）的一格为控制力作用下阀的通路状况。在液压传动系统图中，换向阀的图形符号与油路的连接应画在常态位上。

② 在一个方格内，箭头或堵塞符号⊥、T与方格的相交点数为油口通路数，箭头表示两油口相通，并不表示实际流向，⊥或T表示该油口截止。

③ P 表示进油口，T 表示回油口，A 和 B 表示连接其他两个工作油路的油口。

④ 控制方式和复位弹簧的符号画在方格的两侧。控制滑阀移动的方法常用的有人力、机械、电气、直接压力和先导控制等。常用控制方法的图形符号示例如表 10-6 所示。

表 10-6　常用控制方法图形符号

人力控制	机械控制	电气控制	直接压力	控制先导控制
一般符号	弹簧控制	单作用电磁铁	加压或卸荷控制	液压先导控制

一个换向阀的全称和完整图形符号应包含滑阀在阀体内的工作位置数（位）、阀体

与系统油路连通的油口数（通）、控制滑阀在阀体内移动的方法 3 个主要内容，如二位二通电磁换向阀、二位三通液动换向阀、三位四通手动换向阀、二位五通机动换向阀等。

⑤ 三位阀的中位滑阀机能。三位换向阀的滑阀在阀体中有左、中、右 3 个工作位置，左、右工作位置是使执行元件获得不同的运动方向；滑阀处于中位时，其油口 P、A、B、T 有不同的连接方式，除使执行元件停止运动外，还具有其他一些功能。把适应各种不同工作要求的连通方式称为滑阀机能（或中位机能）。图 10-14（a）所示 P、A、B、T 互不相通，为 O 形，此时各油口全封闭，系统不卸荷；图 10-14（b）所示 P、A、B、T 全通为 H 形，此时各油口全连通，系统卸荷，活塞在液压缸中浮动。

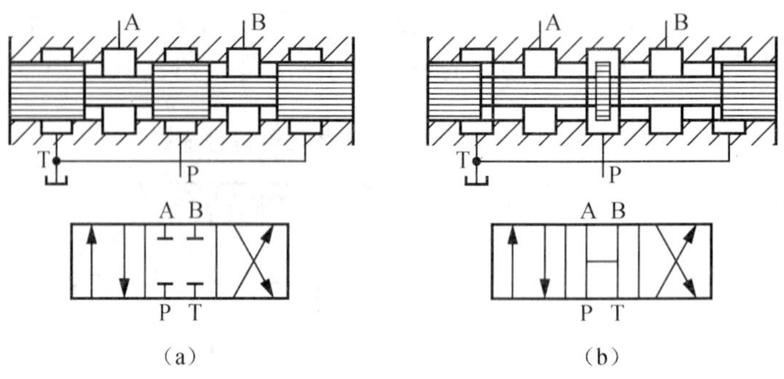

图 10-14　滑阀机能

正确、迅速地阅读和分析液（气）压传动系统图，对使用、调整和维修液（气）压传动机械是非常必要的。要能正确、迅速地阅读液（气）压传动系统图，除了掌握液（气）压传动的基本概念、各种液（气）压元件的工作原理、功用、型号和图形符号外，还要了解液（气）压传动系统图中的符号要素、管路及连接符号，如表 10-7 所示。

表 10-7　符号要素、管路及连接符号

名　称	符　号	名　称	符　号
工作管路	————	液压	▶
控制、泄露管路	- - - - - - -	气动	▷

2. 压力控制阀及压力控制回路

压力控制阀用来控制液压系统油液的压力，按功用分为以下几类：溢流阀、顺序阀、减压阀、压力继电器等，它们的共同特点是利用作用在阀芯上的液压力和弹簧力相平衡的原理控制阀口开度。

（1）溢流阀

溢流阀在定量泵系统中起溢流稳压作用或在变量泵系统中起限压安全保护作用。溢流阀一般安装在液压泵出口处的油路上。常用的溢流阀有直动式和先导式两种。

1）直动式溢流阀的结构和工作原理。直动式溢流阀是依靠系统中的压力油直接作用在阀芯上与弹簧力相平衡，以控制阀的启闭。图 10-15（a）为一低压直动式溢流阀。进油口 P 的压力油经阀芯上的阻尼孔 a 通入阀芯底部，当进油压力较小时，阀芯在弹簧的作用下处于下端位置，将 P 和 T 两油口隔开，阀处于关闭状态。当进口压力升高、阀芯下端产生的作用力超过弹簧的预压力时，阀芯上移，阀口被打开，将多余的油液排回油箱，即溢流。进油口的压力如不再升高，阀芯处于某一平衡位置。进油口处压力 p 的大小由弹簧力决定，可通过调整螺母调整弹簧的预压力。直动式溢流阀结构简单，最大调整压力为 2.5MPa，一般用在压力较低或流量较小的场合。

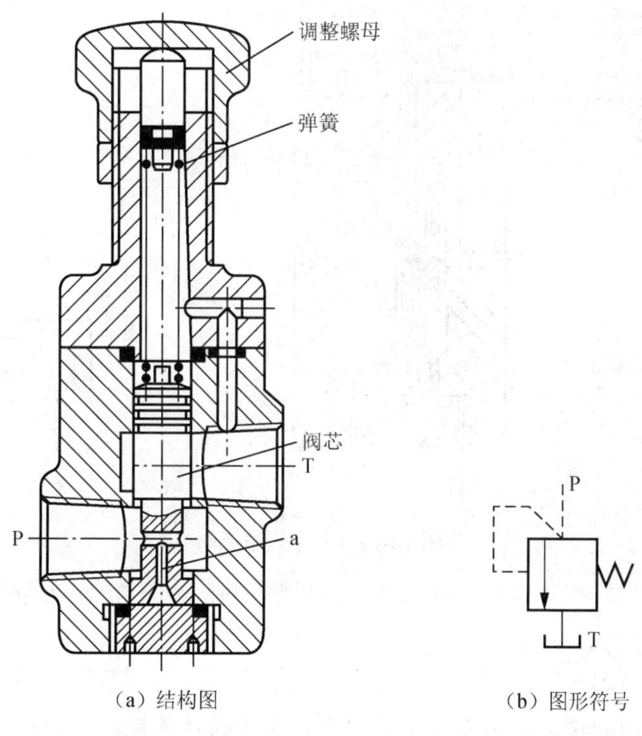

（a）结构图　　（b）图形符号

图 10-15　直动式溢流阀

2）先导式溢流阀的结构和工作原理。先导式溢流阀由先导阀和主阀两部分构成。先导阀一般为小规格的锥阀，其内的弹簧为调压弹簧，用来调定主阀的溢流压力。主阀用于控制主油路的溢流，有各种结构形式，主阀内的弹簧为平衡弹簧，其刚度很小，仅是为了克服摩擦力使主阀阀芯及时复位而设置的。

如图 10-16 所示为先导式溢流阀，油液通过进油口 P 进入后，经主阀阀芯的径向孔 f 和轴向孔 g 进入阀芯下腔，同时油液又经阻尼孔 e 进入主阀阀芯的上腔，并经 b 孔、a 孔作用于先导阀上。当系统压力低于先导阀调压弹簧调定压力时，先导阀关闭，此时没有油液经过阻尼孔流动，主阀阀芯上下两腔的压力相等，主阀在弹簧的作用下处于最下端位置，进油口 P 与回油口 T 不相通。当系统压力升高，作用在先导阀阀芯上油液压力大于调压弹簧的调定压力时，先导阀被打开，主阀上腔的压力油经先导阀开口、回油口 T 流回油箱。这时就有压力油经主阀阀芯上阻尼孔流动，因而就产生了压力降，使主阀阀芯上腔的压力低于下腔的压力。当此压力差对主阀阀芯所产生作用力超过主阀阀芯弹簧力时，阀芯被抬起，进油口 P 和回油口 T 相通，实现了溢流作用。调节螺母可调节调压弹簧的预紧力，从而调定了系统的压力。先导式溢流阀结构较为复杂，但调整压力较大，适用于压力较高或流量较大的场合。

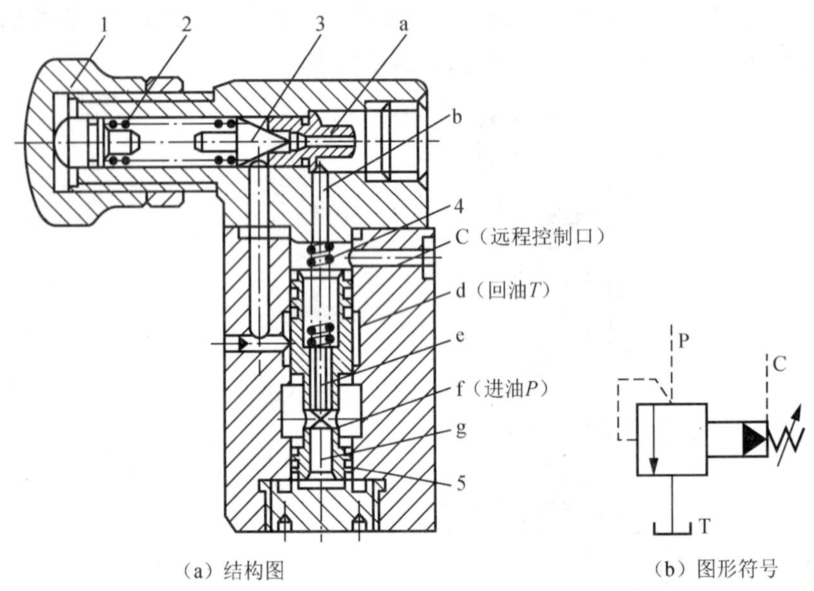

（a）结构图　　（b）图形符号

图 10-16　先导式溢流阀

1—调节螺母；2—调压弹簧；3—先导阀阀芯；4—主阀弹簧；5—主阀阀芯

先导式溢流阀的调定压力是由先导阀还是主阀的弹簧来决定的？

（2）顺序阀

顺序阀是以压力为控制信号，自动接通或断开某一支路的液压阀，可以控制各执行元件动作的先后顺序。按控制方式的不同，顺序阀又可分为内控式和外控式两种。前者用阀的进油口压力控制阀芯的启闭，后者用外来的控制压力油控制阀芯的启闭。顺序阀也有直动式和先导式两种，一般使用直动式顺序阀。

图 10-17 是直动式顺序阀，顺序阀和溢流阀的结构和工作原理基本相似。不同的只是顺序阀的出油口是另一压力油路，而溢流阀的出油口通油箱。此外，由于顺序阀的进、出油口均为压力油，所以它的泄油口 L 必须单独外接油箱。当进口压力超过调定压力时，进、出油口接通。调节弹簧的预压力，即可调节顺序阀开启压力。

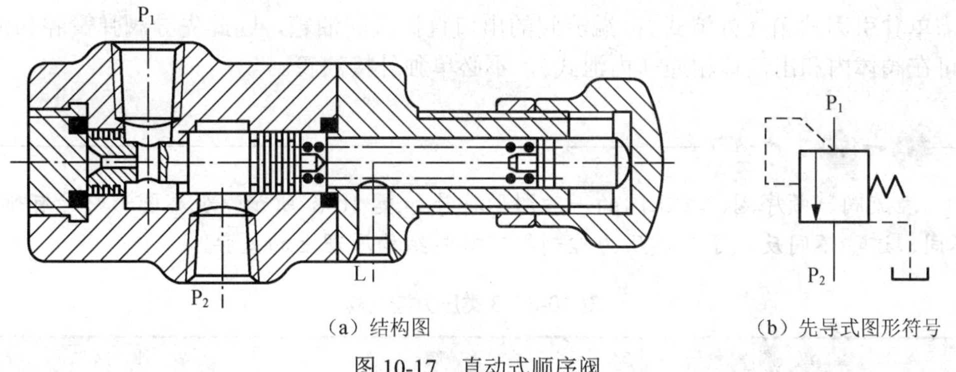

（a）结构图　　（b）先导式图形符号

图 10-17　直动式顺序阀

（3）减压阀

减压阀主要是利用液流流经缝隙产生压降原理，使出口压力低于进口压力的压力控制阀。减压阀在各种液压设备的夹紧系统、润滑系统和控制系统中应用较多。按工作原理，减压阀也有直动式和先导式之分，一般多采用先导式减压阀。

图 10-18 为先导式减压阀的结构图和图形符号。它由两部分组成：先导阀调压和主阀减压。减压阀的工作原理和先导式溢流阀是相似的，不同之处如下。

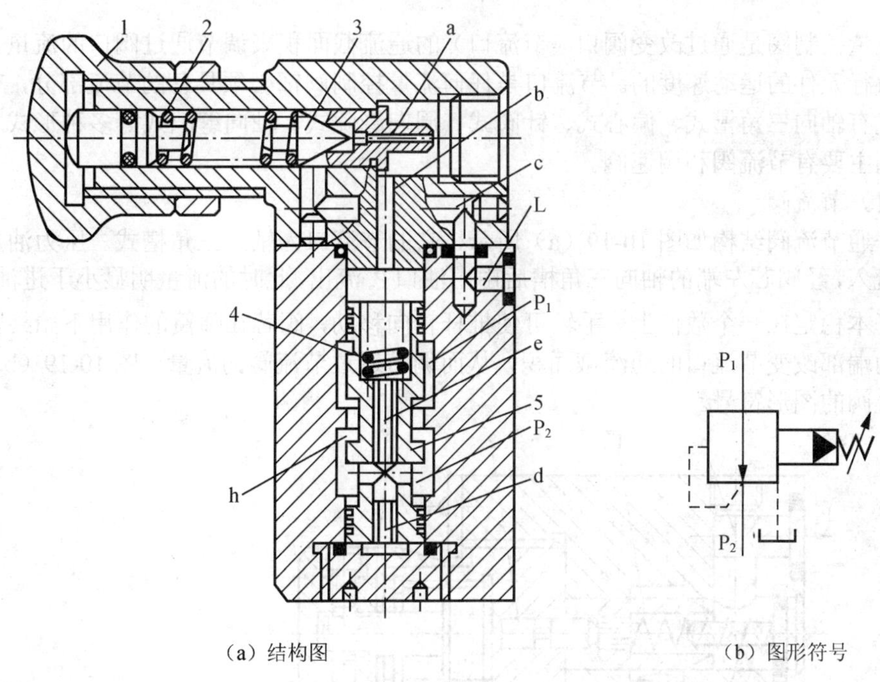

（a）结构图　　（b）图形符号

图 10-18　先导式减压阀

1—调节螺母；2—调压弹簧；3—先导阀阀芯；4—主阀弹簧；5—主阀阀芯

1）减压阀为出口压力控制，保证出口压力恒定；溢流阀为进口压力控制，保证进口压力恒定。

2）减压阀阀口常开，进、出油口相通；溢流阀阀口常闭，进、出油口不通。

3）减压阀出口压力油继续提供给执行组件，压力不等于零，先导阀弹簧腔的泄漏

油需单独引回油箱（外泄式）；溢流阀的出口直接接回油箱，因此先导阀弹簧腔和泄漏油可在阀体内和出油口相通（内泄式），不必单独外接油箱。

溢流阀、顺序阀、减压阀的一般图形符号如表 10-8 所示，观察图形符号有哪些不同，这些不同反映了 3 类压力控制阀有哪些结构原理上的差异？

表 10-8　3 类压力控制阀

溢　流　阀	顺　序　阀	减　压　阀

3．流量控制阀

流量控制阀是通过改变阀口（节流口）的通流截面积来调节通过阀口的流量，从而控制执行元件的运动速度的。节流口是任何流量控制阀都必须具备的节流部分，节流口的形式有轴向三角槽式、偏心式、针阀式、周向缝隙式、轴向缝隙式等多种形式。流量控制阀主要有节流阀和调速阀。

（1）节流阀

普通节流阀结构如图 10-19（a）所示，它的节流口为轴向三角槽式。压力油从进油口 P_1 流入，经阀芯左端的轴向三角槽后由出油口 P_2 流出，此时的流量明显小于进油流量，并且基本稳定在一个数值上。手轮可使推杆轴向移动，阀芯在弹簧的作用下始终紧贴在推杆的端部改变节流口的通流截面积，从而调节通过节流阀的流量。图 10-19（b）所示为节流阀的图形符号。

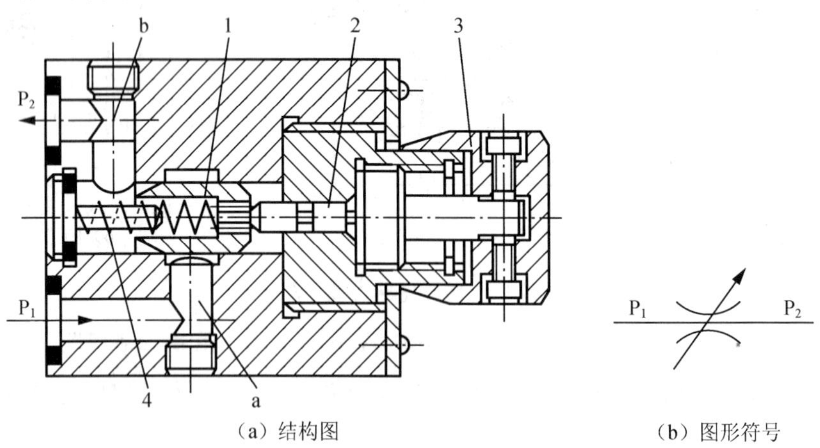

（a）结构图　　（b）图形符号

图 10-19　普通节流阀

1—阀芯；2—推杆；3—手轮；4—弹簧；a、b—油腔

当节流阀单独使用时，通过节流阀的流量会受节流阀进、出油口压力差的影响。当外载荷出现波动时，将造成节流阀两端的压力差随之波动，从而使通过节流阀的流量不稳定，使执行元件的运动速度产生波动。所以在工作速度要求平稳的场合，应使用调速阀来替代节流阀。

（2）调速阀

由于节流阀前后压力差随负载变化而变化，会引起通过节流阀的流量变化，使执行元件的运动速度不稳定。因此，在速度稳定性要求较高时，常采用调速阀。

图 10-20 所示为调速阀的工作原理图、图形符号和简化图形符号。调速阀是在节流阀前面串联一个定差减压阀组合而成。减压阀的进口压力为 p_1，出口压力为 p_3，节流阀的出口压力为 p_2，进口压力也就是 p_3，则减压阀 a 腔、b 腔油压力为 p_3，c 腔为 p_2。当负载增加使 p_2 增大时，减压阀 c 腔推力增大，使阀芯左移，p_3 也随之增大。所以，p_3 与 p_2 的差值即节流阀进、出油口压力差 Δp 不变，节流阀流量稳定。反之负载减小，p_2 减小，阀芯右移，p_3 减小，Δp 仍然不变，节流阀的流量被稳定。

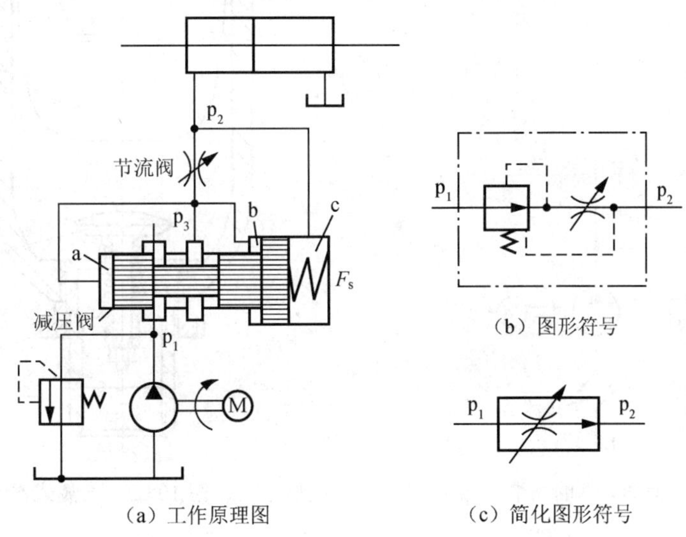

（a）工作原理图　（b）图形符号　（c）简化图形符号

图 10-20　调速阀

10.2.4 辅助元件

液压传动系统的辅助元件很多，包括蓄能器、油箱、过滤器、管件、密封装置和压力计等。它们是液压传动系统的重要组成部分。对系统工作稳定性、效率和使用寿命等有直接的影响。除油箱外，其他辅助元件已标准化、系列化，合理选用即可。常用辅助元件的图形符号如图 10-21 所示。

1. 蓄能器

蓄能器是液压传动系统中的储能元件，它储存液体的压力能，并在需要时释放出来供给系统。蓄能器常用有活塞式和气囊式两种，以气囊式蓄能器最为常用。

图 10-22 为气囊式蓄能器，气囊用耐油橡胶制成，固定在耐高压壳体的上部，气体由充气阀充入气囊内（一般为氮气）。提升阀是一个用弹簧加载的菌形阀，压力油全部排出时，该阀能防止气囊膨胀挤出油口。这种蓄能器气囊惯性小，反应灵敏，容易维护，但容量较小，制造比较困难。

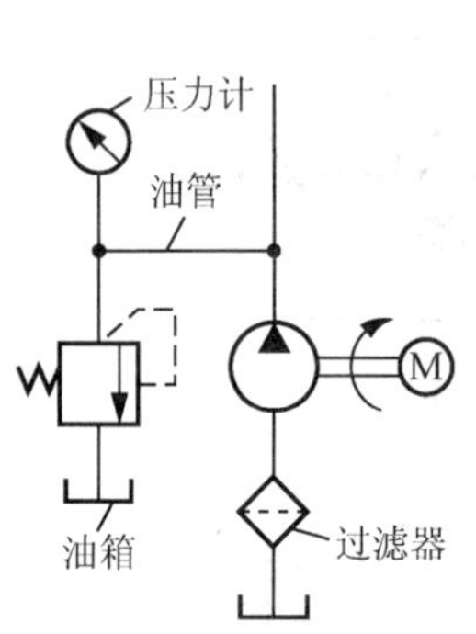

图 10-21　辅助元件的图形符号

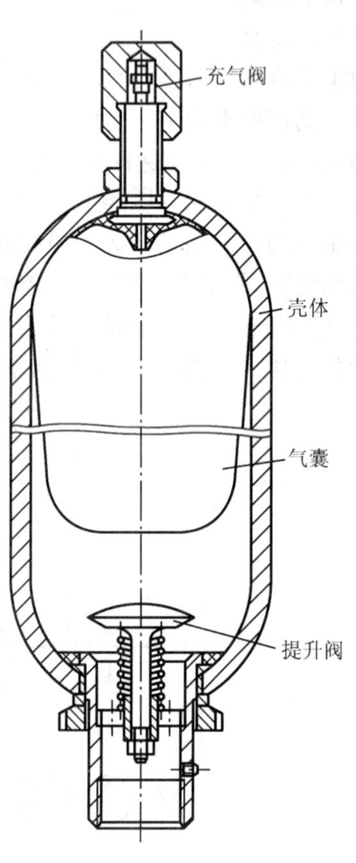

图 10-22　气囊式蓄能器

2. 油箱

油箱的主要功能是储油、散热及分离油液中的气体和杂质。

3. 过滤器

过滤器的作用是分离油中的杂质，使系统中的液压油经常保持清洁，以提高系统工作的可靠性和液压元件的使用寿命。它一般安装在液压泵的吸油口、压油口及重要元件的前面。

4. 管件

管件的作用是连接液压元件和输送液压油。应保证有足够的强度，密封性能好，它包括油管和管接头。

5. 密封装置

密封装置的功用是防止系统油液的内外泄漏，以及外界灰尘和异物的侵入。常用的密封方法有间隙密封和密封圈密封。

间隙密封是依靠运动件之间很小的配合间隙来保证密封的，如图 10-23（a）所示。这种密封方法摩擦力小，但密封性能差，要求加工精度要求高，只适用于低压、运动速度较快的场合。

密封圈密封是液压系统中应用最广的一种密封方法。密封圈通常是用耐油橡胶、尼龙等制成的，它利用密封元件的弹性变形来实现密封。其截面通常做成 O 形、Y 形和 V 形等，其中 O 形应用最普遍，如图 10-23（b）～图 10-23（d）所示。

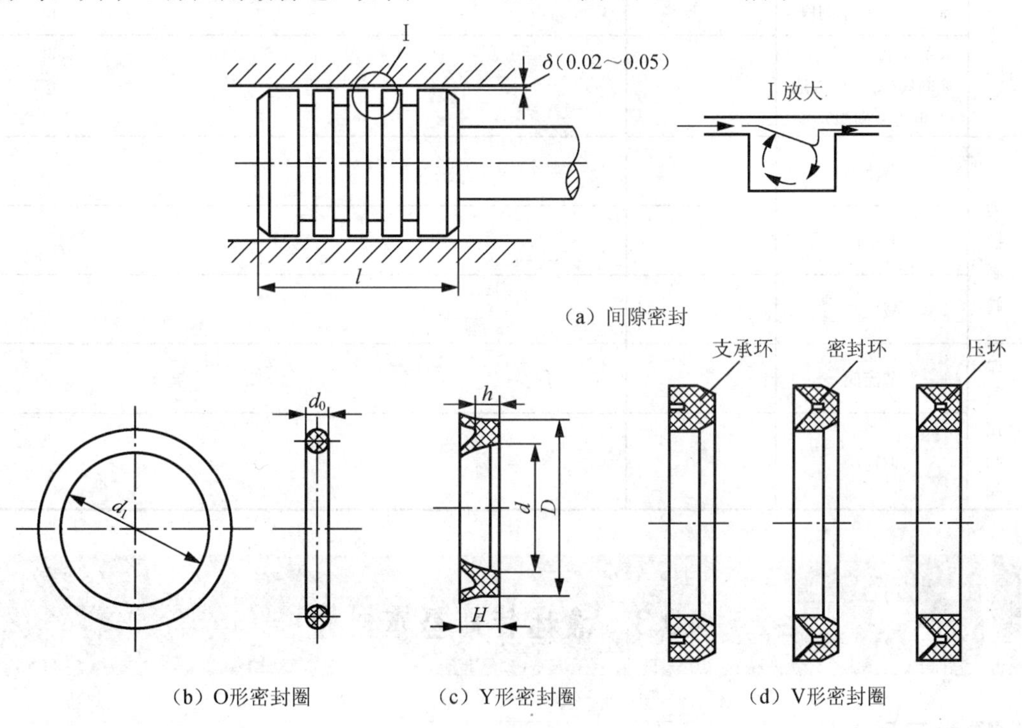

（a）间隙密封

（b）O形密封圈 （c）Y形密封圈 （d）V形密封圈

图 10-23 密封装置

6. 压力计

压力计的功能是观察液压系统中各个工作点处的压力，以便调整到要求的工作压力。

巩固

1）总结齿轮泵、叶片泵的图形符号、原理及特点，填写下表。

名 称	图 形 符 号	原理及特点
齿轮泵		

续表

名称		图形符号	原理及特点
叶片泵	单作用式		
	双作用式		

2）总结方向控制阀、压力控制阀、流量控制阀的图形符号、原理及特点，填写下表。

类型			图形符号	原理及特点
方向控制阀	单向阀	普通单向阀		
		液控单向阀		
	×位×通×（控制）换向阀（如二位四通电磁换向阀）			
压力控制阀	溢流阀			
	顺序阀			
	减压阀			
流量控制阀	节流阀			
	调速阀			

*10.3 液压传动基本回路

学习导入

虽然每个液压传动系统的用途不同、工作循环不同、性能要求不同，但都是由若干个液压基本回路构成，每一个液压基本回路是由一些相关的液压元件组成，并能完成某一特定功能（如换向、调压、调速等）的典型回路。只要熟悉和掌握组成液压传动系统的各类基本回路的特点、组成方法、所完成的功能及它们与整个系统的关系，就可掌握液压传动系统构成的基本规律，从而能方便、迅速地分析、设计和使用液压传动系统。液压传动基本回路通常按其功能可分为方向控制回路、压力控制回路和速度控制回路三大类。

知识与技能

10.3.1　方向控制回路

方向控制回路是控制液压传动系统中执行元件的起动、停止和换向作用的回路。方向控制回路主要是方向控制阀的应用。常用的方向控制回路有换向回路、锁紧回路和制动回路。下面以换向回路、锁紧回路为例进行说明。

1. 换向回路

运动部件的换向，一般可采用各种换向阀来实现。图 10-24 所示为采用二位三通电磁换向阀使单作用式液压缸换向的回路。当电磁铁通电时，液压泵输出的油液经换向阀进入液压缸左腔，活塞向右运动；当电磁铁断电时，液压缸左腔的油液经换向阀回油箱，活塞在弹簧力的作用下向左返回，从而实现了液压缸的换向。

2. 锁紧回路

锁紧回路的功能是通过切断执行元件的进油、回油通道来使它停留在任意位置，并防止停止运动后因外力作用而发生移动。

采用液控单向阀（又称液压锁）作锁紧元件，如图 10-25 所示。当换向阀处于左位时，压力油经左侧液控单向阀进入液压缸左腔，同时压力油也进入右侧液控单向阀的控制口 C，打开右侧阀，使缸右腔的回油经右侧阀及换向阀流回油箱，活塞向右运动。反之，活塞向左运动。如果需要在任意位置停止，只要使换向阀回到中位，因阀的中位机能为 H 形（或 Y 形），从而使液控单向阀的控制口 C 卸压，两阀立即关闭，使活塞双向锁紧。由于液控单向阀的密封性好，泄漏少，可较长时间锁紧，锁紧精度只受液压缸的泄漏和油液压缩性的影响。这种回路常用于工程机械、起重运输机械和飞机起落架的收、放油路上。

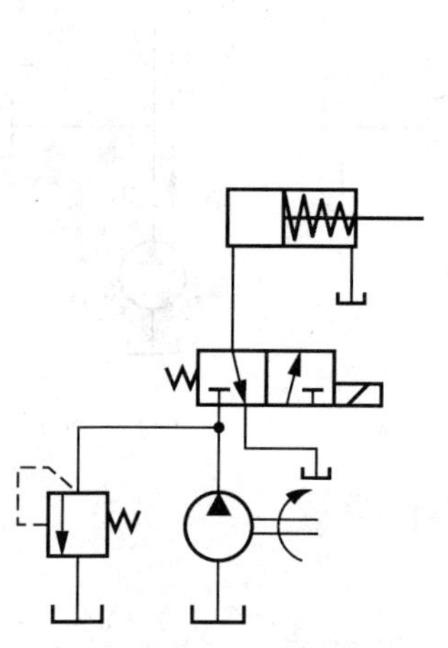

图 10-24　用二位三通电磁换向阀使单作用式液压缸换向的回路

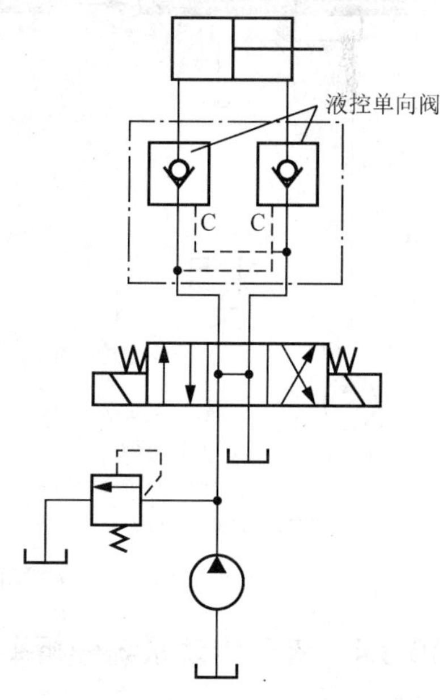

图 10-25　锁紧回路

10.3.2　压力控制回路

压力控制回路是利用压力控制阀控制油液压力，以满足执行元件对力或力矩的要求。常见的回路包括调压回路、减压回路、增压回路、保压回路、卸荷回路及平衡回路等。

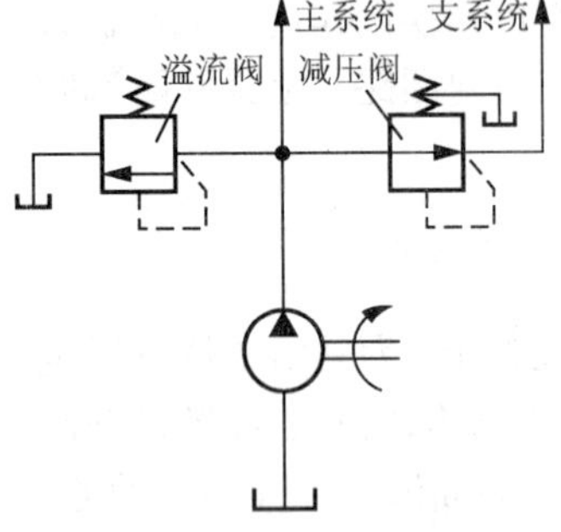

图 10-26　减压回路

以用减压阀组成的减压回路为例进行说明，如图 10-26 所示。在用一只液压泵供油的系统中，主系统（如驱动工作液压缸系统）需要的压力较高，而其他支系统（如控制系统、润滑系统等）需要的压力较低，这时就要采用减压回路。减压回路主要由减压阀组成。主系统的最大工作压力由溢流阀调定，支系统所需的压力经减压阀减压后取得，使支系统的压力低于主系统的压力。

10.3.3　速度控制回路

速度控制回路是利用节流阀或调速阀，通过控制油液流量来达到控制执行元件运动速度的回路。常见的回路包括节流调速回路、容积调速回路、快速运动回路、速度转换回路等。

以节流调速回路为例进行说明，如图 10-27（a）所示。将节流阀安置在定量泵及液压缸的进油口之间，通过调节阀节流口的大小来调整进入液压缸的流量，从而达到调速的目的。定量泵输出的多余流量经溢流阀溢回油箱。这种回路称为进油节流调速回路。

图 10-27（b）所示为回油节流调速回路，图 10-27（c）所示为旁路节流调速回路。

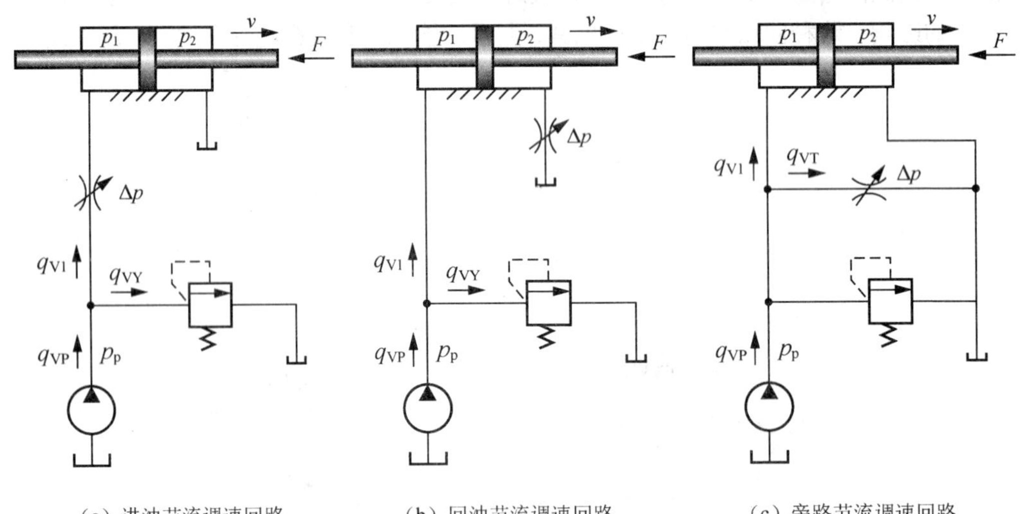

（a）进油节流调速回路　（b）回油节流调速回路　（c）旁路节流调速回路

图 10-27　节流调速回路

10.3.4　液压传动系统分析举例

图 10-28 是简化后的平面磨床工作台液压传动系统图。当电动机（图 10-28 中未画

出）带动液压泵转动时，油液经过滤器被吸入系统。来自液压泵的压力油经节流阀（控制流量）进入三位四通手动换向阀的 P—A 通道，再进入二位四通电磁换向阀（图 10-28 所示阀未通电位置）流入液压缸的左腔，推动活塞连同工作台向右运动，液压缸右腔的油液被活塞压回油箱。

要使工作台往复运动，可放下工作台上的两个撞块，在撞块的撞击下，行程开关间断打开和关闭，电磁换向阀的右位和左位轮换接入系统，从而实现工作台的往复运动。若要手动换向，把撞块扳向上方，用手操作手动换向阀即可实现。

在液压泵未停止工作的情况下，同样可以实现工作台在任意位置停止。这里，只需将手动换向阀的手柄扳到中间位置（中位位置），使液压缸两腔封闭，活塞不再运动（图 10-28 中手动换向阀中位处符号⊥表示不通流），工作台立即停止。此时液压泵输出的液压油因为没有去处，全部经溢流阀溢回油箱。

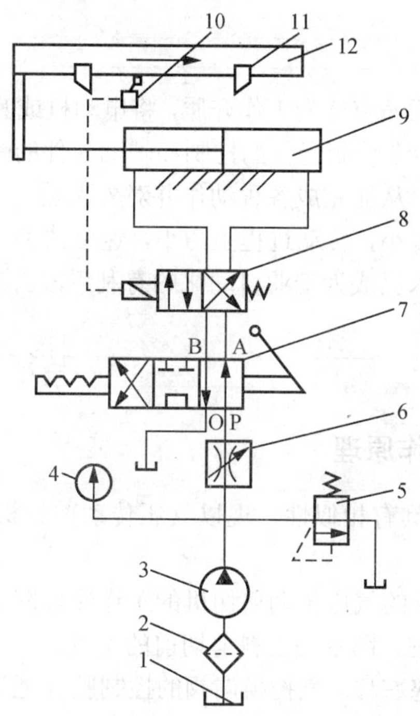

图 10-28　平面磨床工作台液压传动系统

1—油箱；2—过滤器；3—液压泵；4—压力计；5—溢流阀；6—节流阀；7—手动换向阀；8—电磁换向阀；9—液压缸；10—挡铁；11—撞块；12—工作台

液压传动系统图的分析方法。

1. 抓两头—找通路—写油路走向结构式。“抓两头”即首先抓执行元件，倒推换向阀，确定换向阀的工作位置，使其与动作程序及工况相符。然后再抓动力元件，理清每一动作程序的油路走向，所经过的液压元件及其功能。写出每一动作程序的油路走向结构式（包括进、回油路及一些必要说明）。

2. 在分析系统主要控制元件功能后，列出组成系统的液压基本回路。

巩固

填写下表。

液压基本回路的类型	功　用	核心液压元件

10.4 气压传动的基本知识

学习导入

气压传动系统是利用压缩空气为工作介质，将电动机或其他原动机械输出的机械能转变为空气的压力能，然后在控制元件的控制和辅助元件的配合下，通过执行元件把空气的压力能转变为机械能，从而完成各种动作并对外做功。

气压传动由于空气黏度小，传动过程阻力小，速度快和反应灵敏，便于远距离传送和控制，因此气压传动技术已成为工业自动化的有利手段。

知识与技能

10.4.1 气压传动的工作原理

气压传动与液压传动具有相似性，现以气压传动剪切机为例说明气压传动的工作原理。

如图 10-29 所示为常见的气压传动剪切机的工作原理图。分析其工作过程，可以知道气压传动的基本工作原理，图示为工料剪切前的位置。当工料被送入剪切机到指定位置后，行程阀被压下，活塞右移。气控换向阀的控制腔 A 通过行程阀与大气相通，压力降低，使阀芯在弹簧力的作用下向下移动。由空气压缩机产生并经过初次净化处理后储藏在储气罐中的压缩空气，经过空气过滤器、减压阀和油雾器（简称气压传动三大件或气压传动三联件）及气控换向阀，进入气缸的下腔。气缸上腔的压缩空气通过气控换向阀排入大气。这时，气缸活塞在气压的作用下向上运动，带动剪刃将工料切断。工料剪下后，与行程阀脱开，行程阀复位，活塞将排气通道封死，气控换向阀的控制腔 A 中的气压升高，迫使换向阀阀芯上移，气路换向。压缩空气进入气缸的上腔，气缸下腔排气，气缸活塞向下运动，带动剪刃复位，为下一个工作循环做准备。

由此可以看出，切断工料的机械能是由压缩空气的压力能转换来的，压缩空气的通路可由控制阀来控制，从而实现了工料的自动切断。此外，气压传动图形符号与液压传动图形符号也具有一致性和相似性。但也存在很多不同之处，如因气压传动元件向大气排气，所以没有液压元件的回油装置符号。

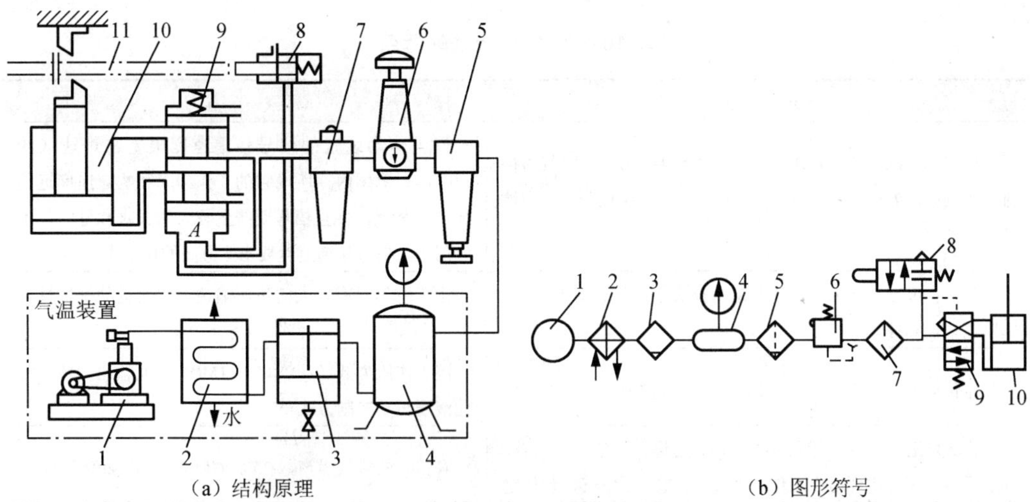

（a）结构原理　　　　（b）图形符号

图 10-29　气压传动剪切机的工作原理

1—空气压缩机；2—后冷却器；3—分水排水器；4—储气罐；5—空气过滤器；
6—减压阀；7—油雾器；8—行程阀；9—气控换向阀；10—气缸；11—工料

10.4.2　气压传动系统的组成和特点

1. 气压传动系统的组成

气压传动系统的组成及各部分作用如表 10-9 所示。

表 10-9　气压传动系统的组成及各部分作用

组　成		作　用
气源设备	空气压缩机、气罐	空气压缩机是气压传动与控制的动力源；气罐起到稳压和储能的作用，用于推动执行元件运动
执行元件	气缸、气动电动机	在压缩空气的作用下，输出力和速度（或转矩和转速），以驱动工作部件
控制元件	压力阀、方向阀、流量阀、逻辑元件等	用于控制压缩空气的压力、方向、流量和执行元件的工作程序，使执行元件完成预定的工作
辅助元件	气源处理元件有冷却器、分水排水器、干燥器、过滤器。润滑元件主要是油雾器	其作用是降温、降水、除油、除杂、润滑等
工作介质	压缩空气	传递能量

2. 气压传动的特点

气压传动与其他传动控制方式相比，具有的特点如表 10-10 所示。

表 10-10　气压传动的特点

优　点	缺　点
以空气为传动介质，取之不尽，用之不竭，用过的空气直接排到大气中，处理方便，不污染环境，符合“绿色制造”中清洁能源的要求	气压传动装置的信号传递速度限制在声速（约340m/s）范围内，所以它的工作频率和响应速度远不如电子装置，并且信号要产生较大的失真和延滞，不宜用于对信号传递速度要求十分高的场合中
空气的黏度很小，因而流动时阻力损失小，便于集中供气，远距离传输和控制	由于空气具有较大的可压缩性，因而运动平稳性较差
气压传动动作迅速，调节容易，不存在介质变质及补充问题	因工作压力低（一般 0.3～1MPa），其输出力或力矩比液压传动控制方式小
工作环境适应性好，特别是在易燃、易爆、多尘埃、强磁、辐射及振动等恶劣环境中工作，比液压、电子、电气控制优越	有较大的排气噪声，在高速排气时要添加消声器
维护简单，使用安全可靠，过载能自动保护	

气压传动的发展与应用

1829 年出现了多级空气压缩机，为气压传动的发展创造了条件。1871 年风镐开始用于采矿。1868 年美国人 G · 威斯汀豪斯发明气压传动制动装置，并在 1872 年用于铁路车辆的制动。随着兵器、机械、化工等工业的发展，气压传动机具和控制系统得到广泛的应用。1930 年出现了低压气压传动调节器。20 世纪 50 年代研制成功用于导弹尾气控制的高压气压传动伺服机构。20 世纪 60 年代发明射流和气压传动逻辑元件，遂使气压传动得到很大的发展。

目前，气压传动技术应用十分广泛。例如，在汽车制造行业，其焊接生产线几乎无一例外地采用了气压传动技术。在电子、半导体制造行业，彩电、冰箱、空调、半导体芯片、印制电路等各种电子产品装配线上使用了各种大小不一、形状不同的气缸、气爪、灵巧的真空吸盘等气压传动装置，以完成产品的搬运、输送、定位等工作。在机械行业，为了减轻劳动强度、提高生产率，降低成本，在零件加工和组装生产线上，工件的搬运、转位、定位、夹紧、进给、装卸、装配、清洗、检测等许多工序中都使用了气压传动技术。在包装自动化行业，气压传动技术还广泛用于化肥、化工、粮食、食品、制药、烟草等许多行业，实现粉状、粒状、块状、棒状物料及黏稠液体的自动计量与包装。

总的来说，气压传动系统常用在高速、低压、要求洁净的场合，也适用于远距离传输，而液压传动系统则更多地用于重载、要求平稳的场合。

目前各种传动系统的联合使用越来越多，为了发挥各自的优势，常用电、气作为控制信号，用液压传动系统作为执行机构。

10.4.3 气压传动的工作介质

气压传动以空气作为工作介质。理论上把完全不含有蒸汽的空气称为干空气。而实际上自然界中的空气都含有一定量的蒸汽，这种由干空气和蒸汽组成的气体称为湿空气。空气的干湿程度对系统的工作稳定性和使用寿命都有着一定的影响。若它的湿度较大，即空气中含有的蒸汽较多，这样的湿空气在一定的温度和压力条件下，在系统中的局部管道和气压传动元件中凝结出水滴，使管道和气压传动元件锈蚀，严重时还可导致整个系统工作失灵。因此必须采取有效措施，减少压缩空气中所含的水分。单位体积空气的质量称为空气的密度。气体密度与气体压力和温度有关，压力增加，空气密度增大，而温度升高，空气的密度减小。气体体积随压力增大而减小的性质称为压缩性，气体体积随温度升高而增大的性质称为膨胀性。气体的压缩性和膨胀性都大于液体的压缩性和膨胀性，故在研究气压传动时，应予以考虑。

气压传动对压缩空气的要求：

1. 要求压缩空气具有一定的压力和足够的流量，并且气流均匀，压力和流量脉动小。压力过小无法驱动执行机构完成动作，气流不均匀容易出现爬行现象。

2. 要求压缩空气具有一定的清洁和干燥程度。

巩固

综合气压传动系统与液压传动系统的特点，填写下表。

组　成	作　用	气压传动	液压传动
动力元件			
执行元件			
控制元件			
辅助元件			
工作介质			

10.5 气压传动元件及基本回路

学习导入

采用气压传动方式的机械很多，如何正确使用、维护保养和排除出现的故障，需了解气压传动元件的结构、特点和工作原理；能识读气压传动的基本回路，了解其工作原理和应用场合。可参照液压传动相关部分的内容，进行比较分析学习。

知识与技能

10.5.1 气源装置及辅助元件

1. 气源装置

气源装置是用来产生具有足够压力和流量的压缩空气，并将其净化、处理及储存的一套装置，主体是空气压缩机。其作用是驱动各种气动设备进行工作。

如图 10-30 所示，气源装置一般由以下 6 个部分组成（加热器、四通阀为辅助元件）。

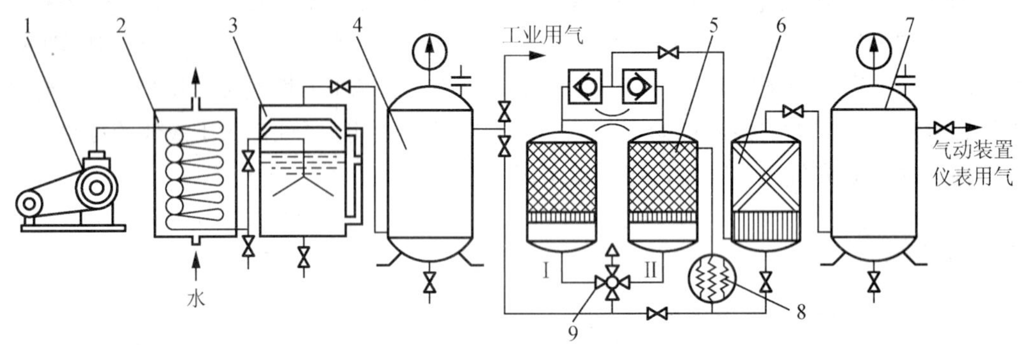

图 10-30　气源装置示意图

1—空气压缩机；2—冷却器；3—油水分离器；4、7—储气罐；5—干燥器；
6—空气过滤器；8—加热器；9—四通阀

（1）空气压缩机

空气压缩机作为一种气压发生装置，它的作用是将机械能转化成气体的压力能，是气动系统的动力来源。

空气压缩机种类繁多，如按工作原理可分为容积型空气压缩机和速度型空气压缩机两大类。其中容积型空气压缩机的工作原理是，通过机件的运动，使容积发生周期性变化，压缩气体体积，使单位体积内气体分子的密度增加来提高压缩空气的压力。立式容积型空气压缩机的结构原理如图 10-31 所示。

（2）冷却器

冷却器也称后冷却器，一般安装在空气压缩机出口的管道上，其作用是将压缩气体的温度由 140～170℃降至 40～50℃，使油雾和水汽迅速达到饱和，并析出凝结成水滴和油滴，经油水分离器排出。冷却器结构原理如图 10-32 所示。

（3）油水分离器

油水分离器一般安装在冷却器出口的管道上，其作用是分离并排出压缩空气中凝聚的水分、油分和部分灰尘杂质，初步净化压缩空气。

油水分离器结构原理如图 10-33 所示，压缩空气进入油水分离器壳体后，气流撞击隔板折回向下（图中箭头方向），而后上升，形成环形回转气流，凝聚在压缩空气中的水滴、油滴和杂质在离心力和惯性力作用下分离析出，并沉降在壳体底部，通过阀门定期排出。

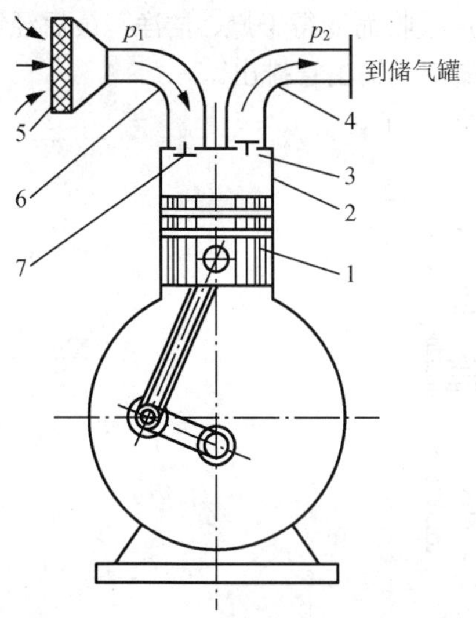

图 10-31　立式容积型空气压缩机的结构原理

1—活塞；2—汽缸；3—排气阀；4—排汽管；
5—空气滤清器；6—进气管；7—进气阀

图 10-32　冷却器的结构原理

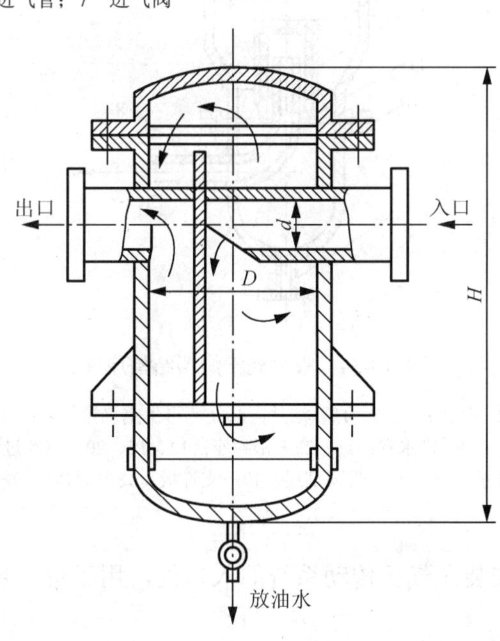

图 10-33　油水分离器的结构原理

（4）干燥器

干燥器安装在储气罐出口的管道上，把初步净化后的压缩空气进一步净化，吸收和排除其中的水分、油分及杂质，以满足系统的使用要求。

图 10-34 为吸附式干燥器的结构原理。压缩空气从湿空气进气管进入，依次通过吸附剂层 21（可用硅胶、铝胶等）、钢丝过滤网 20、上栅板和下部吸附剂层 16，在此过程

中，压缩空气中的水分、油分和杂质由于被吸附剂吸收而变得干燥、洁净，最后经过钢丝过滤网 15、下栅板和钢丝过滤网 12 后，从干燥空气输出管排出。

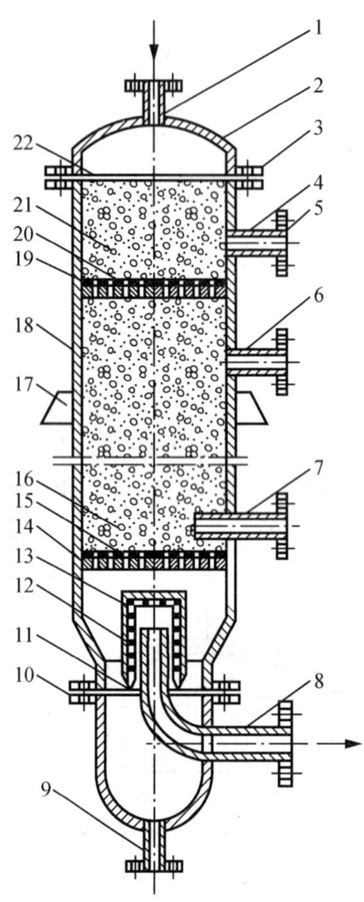

图 10-34　吸附式干燥器结构原理

1—湿空气进气管；2—顶盖；3、5、10—法兰；4、6—再生空气排气管；7—再生空气进气管；8—干燥空气输出管；9—排水管；11、22—密封座；12、15、20—钢丝过滤网；13—毛毡；14—下栅板；16、21—吸附剂层；17—支撑板；18—筒体；19—上栅板

（5）空气过滤器

空气过滤器一般安装在气压传动系统的入口处，用于进一步滤除压缩空气中的水分、油滴及其他杂质。

常用的过滤器有一次过滤器（也称简易过滤器，滤灰效率为 50%～70%）和二次过滤器（滤灰效率为 70%～90%），多数场合要求使用二次过滤器。如图 10-35 所示为普通分水滤气器，其滤灰能力较强，属于二次过滤器。其工作原理是，压缩空气从输入口进入后，沿旋风叶子强烈旋转，在离心力和惯性力的作用下，夹杂在气流中的水滴、油滴和杂质与存水杯内壁碰撞，析出并沉积在存水杯底。气体通过中间的滤芯时，微粒杂质和雾状水分被滤出，洁净的压缩空气从输出口输出。

（6）储气罐

常见的储气罐如图 10-36 所示。其主要用来调节气流，减少输出气流的压力脉动，保持输出气流的连续性和稳定性，储存一定量的压缩空气，以备应急使用。

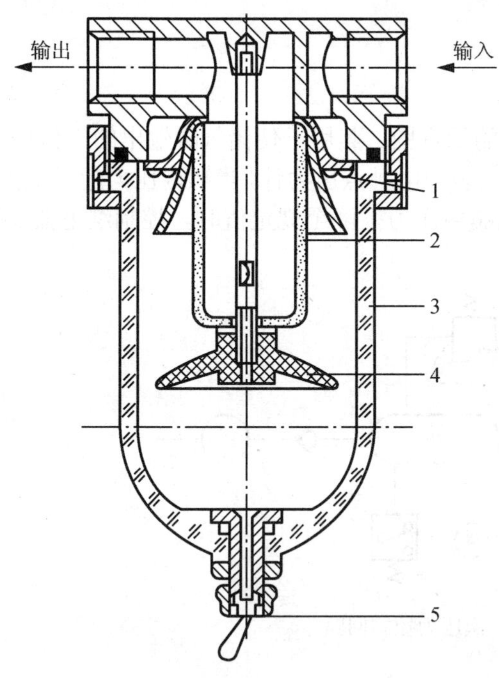

图 10-35　普通分水滤气器结构图

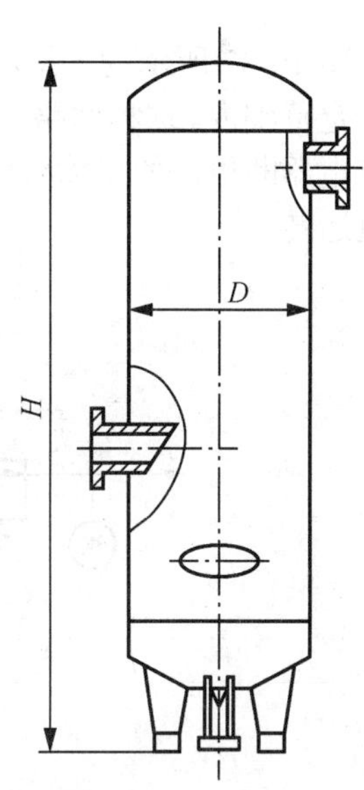

图 10-36　储气罐结构图

1—旋风叶子；2—滤芯；3—存水杯；4—挡水板；5—手动排水阀

2. 辅助元件

辅助元件主要有油雾器、消声器、转换器、过滤器、管道及管接头等，管道及管接头与液压传动类似。

（1）油雾器

油雾器是一种特殊的注油装置，它以压缩空气为动力，将润滑油喷射成雾状并混合于压缩空气中，使压缩空气具有润滑气压传动元件的能力。

（2）消声器

其作用是排除压缩气体高速通过气压传动元件排到大气时产生的刺耳噪声污染。消声器应安装在气动装置的排气口处。

（3）转换器

转换器是将电、液、气信号相互间转换的辅件，用于控制气压传动系统工作。

*10.5.2　控制元件及基本回路

气压传动控制元件是控制和调节压缩空气的压力、流量、流动方向的重要元件，这些元件的有序组合，可构成具有不同功能的基本气压传动回路。

气压传动控制元件按其作用和功能可分为方向控制阀、压力控制阀和流量控制阀三大类。其结构形式及工作原理均与液压元件类似，故不再赘述。

气压传动的基本回路包括压力控制回路、换向回路、速度控制回路、方向控制回路、位置控制回路及逻辑回路等。

1. 压力控制回路

如图 10-37 所示为一次压力控制回路的示意图。其用于使储气罐输出的气体压力稳定在一定范围内。这种回路一般在储气罐上装一电触点压力计，当罐内压力超过上限时，控制继电器断电，使压缩机停止运转。当罐内压力下降至规定值时，控制继电器通电，压缩机运转。

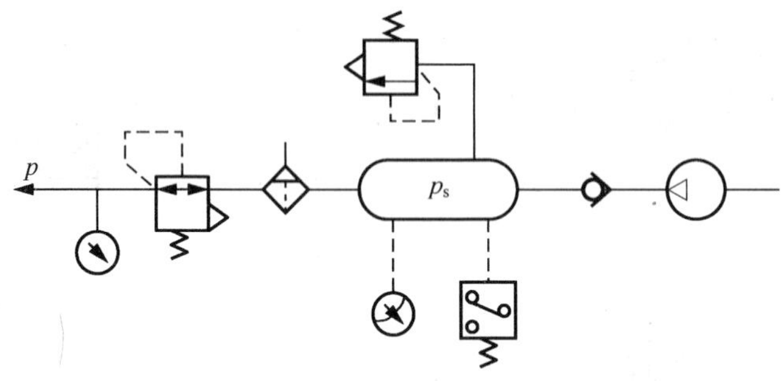

图 10-37　一次压力控制回路

2. 换向回路

如图 10-38 所示为二位三通电磁换向阀控制的换向回路。当电磁铁通电时，阀工作在左位，压缩空气作用在活塞上，顶出活塞杆。当电磁铁断电时，阀工作在右位，活塞受弹簧力作用，连同活塞杆一起复位。

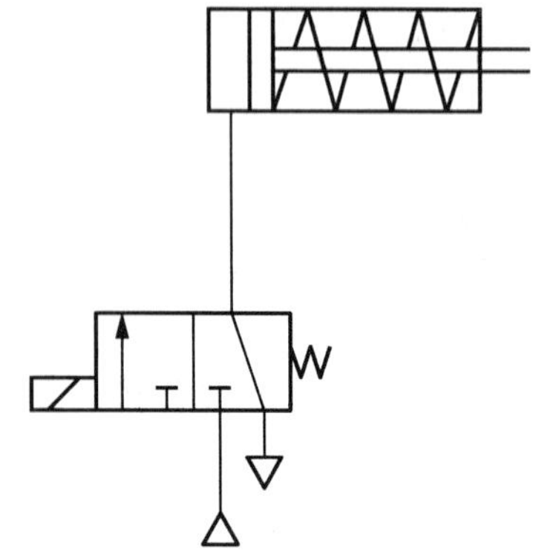

图 10-38　二位三通电磁换向阀控制的换向回路

3. 速度控制回路

如图 10-39 所示为单向调速回路，它通过单向节流阀调节流量，达到控制气缸运动速度的目的。其中图 10-39（a）为进气路节流调速回路，而 10-39（b）为排气路节流调速回路。

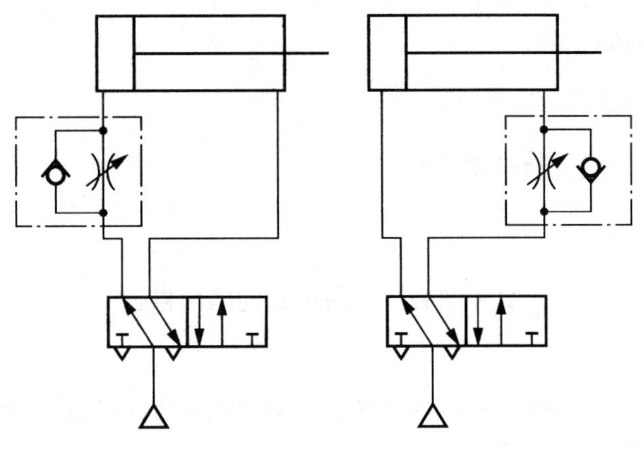

（a）进气路节流调速回路　　（b）排气路节流调速回路

图 10-39　单向调速回路

如果在系统的进气管路和排气管路上均放置单向节流阀，即为双向调速回路。这时气缸的活塞在两个方向上的运动速度均可以调整。

提　示

由于空气的性质与油液不同，气压传动回路有其自己的特点：

1. 气压传动回路一般不设排气管道，压缩空气在循环结束后直接排入大气，无需像液压那样一定要将用过的油排回油箱。

2. 气压传动回路中气压传动元件的安装位置对其功能影响很大，空气过滤器、减压器、油雾器的安装位置应靠近气动设备。

3. 由于空气自身无润滑性，故气压传动回路一般需要设供油装置。

巩固

填写下表。

气源装置及辅助元件	图形符号	作　用
空气压缩机		
冷却器		
油水分离器		
储气罐		
空气过滤器		
油雾器		

实训　液（气）压传动回路的搭建

1. 实训目的

通过学习搭建回路，认识系统元件，加深对系统图形的理解，并能掌握根据系统图

搭建简单的基本回路。

2. 实训设备和工具

液（气）压传动系统教学实验台。

3. 实训内容

第一部分　液压传动回路的搭建

（1）换向回路

运动部件的换向，一般可采用各种换向阀来实现。二位三通换向阀作为关键元件的换向回路是换向回路的基本回路之一。

【工作原理】

如图 10-40 所示，单作用式液压缸的伸出与缩回动作可以由二位三通电磁换向阀来进行转换。当换向阀在左位时，单作用式液压缸可以在外力（或弹簧力）作用下缩回；当换向阀在右位时，油液通过换向阀进入液压缸的无杆腔，液压缸在液压油的作用下伸出。

此回路多在汽车维修的升降台或独立升降舞台的回路中应用。

【试验步骤】

01 按照试验回路图的要求，取出要用的液压元件，检查型号是否正确。

02 将检查完毕性能完好的液压元件安装在实验台面板合理位置。通过快换接头和液压软管按回路要求连接。

03 起动液压泵并空载运行 5min，放松溢流阀，调节溢流阀压力为 20Pa。

04 给换向阀通电，使其工作位置为右位，然后突然断电，观察液压缸的动作并做好记录。

05 换向阀在左位时，给液压缸一个外力 F，观察各元件的动作并做好记录。

06 按照图 10-41 所示，连接相应回路。

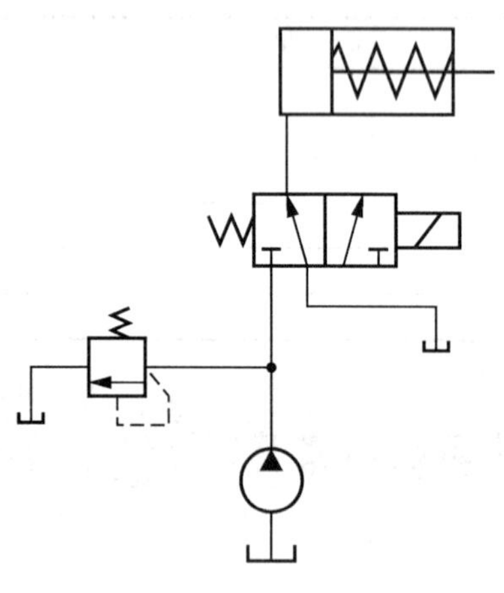

图 10-40　二位三通换向阀的换向回路

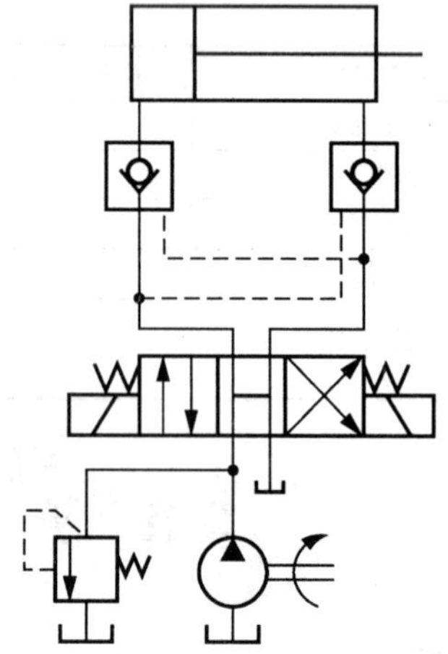

图 10-41　液控单向阀的锁紧回路

07 试验完毕，把液压泵卸荷，然后按照顺序拆解回路。

观察实训中液压缸在换向阀不同工作位置时的动作，记录并填写实训报告。

（2）过载保护回路

利用溢流阀调定系统压力的回路是压力控制回路的基本回路之一。

【工作原理】

如图 10-42 所示是用溢流阀作为核心元件的过载保护回路，溢流阀旁接在变量泵的出口处，用于限制系统压力的最大值，$p_{调定}=1.1p_{工作}$；系统正常工作时，溢流阀处于关闭状态，对系统起保护作用。此回路在数控机床上被广泛应用。

【试验步骤】

01 按照试验回路图的要求，取出要用的液压元件，检查型号是否正确。

02 将检查完毕性能完好的液压元件安装在实验台面板合理位置。通过快换接头和液压软管按回路要求连接。

03 起动液压泵并空载运行 5min，放松溢流阀，调节溢流阀压力为 20Pa。

04 系统正常工作，观察溢流阀的状态。

05 拟定给液压缸一外力 F，而且外力 F 逐渐增大，观察溢流阀的状态并做好记录。

06 将液压泵卸荷，观察溢流阀的变化并做好记录。

07 按照图 10-43 所示，连接相应回路。

08 试验完毕，把液压泵卸荷，然后按照顺序拆解回路。

观察实训中各个溢流阀动作时的状态，记录并填写实训报告。

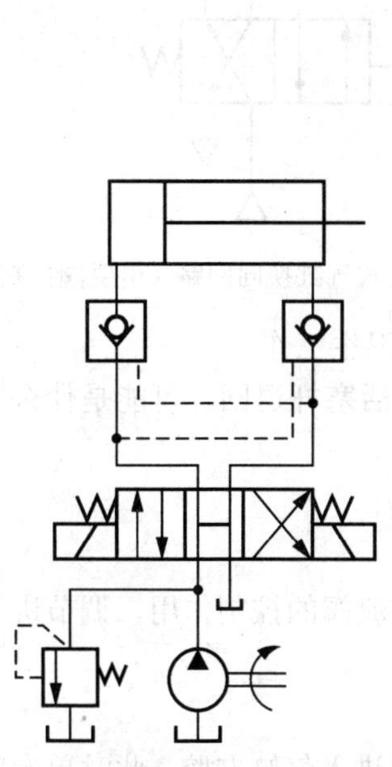

图 10-42　溢流阀的过载保护回路

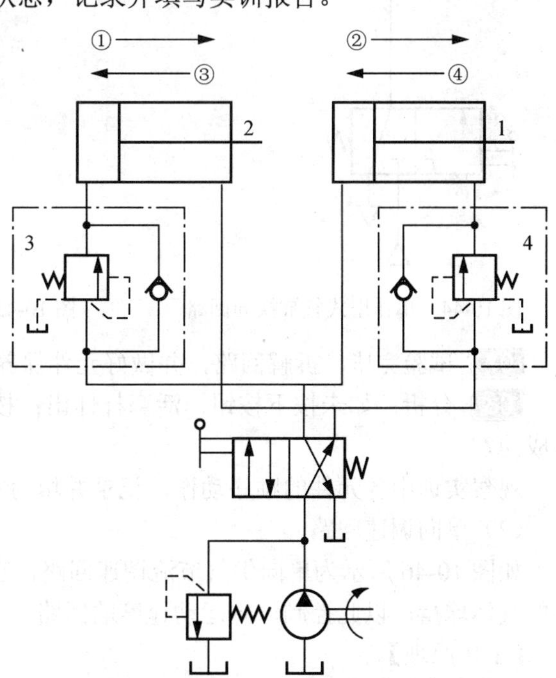

图 10-43　单向顺序阀控制的顺序动作回路

第二部分　气压传动回路的搭建

（1）单作用式气缸的换向回路

如图 10-44 所示为单作用气缸的换向回路，它是手动控制活塞杆运动方向的回路。

【工作原理】

当按下手动控制按钮时，换向阀工作在左位，压缩空气进入左腔，推动活塞（连活塞杆）向右移动。松开按钮时，在弹簧力的作用下，气缸复位。

【试验步骤】

01 按照试验回路图的要求，取出对应的气压传动元件，并检查型号是否正确。

02 将检查完毕性能完好的气压传动元件安装在实验台面板合理位置，通过快换接头和气管按回路要求连接。

03 为了系统能建立压力，活塞杆处应施加一定的负载。

04 经指导老师检查后，接上气源。

05 反复按下和松开按钮，观察活塞杆运动情况。注意转换频率不宜过高。

06 按照图 10-45 所示，连接相应回路。

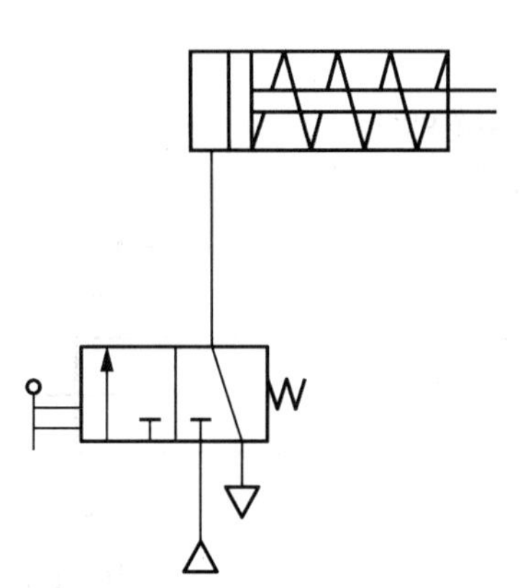

图 10-44　单作用式气缸换向回路

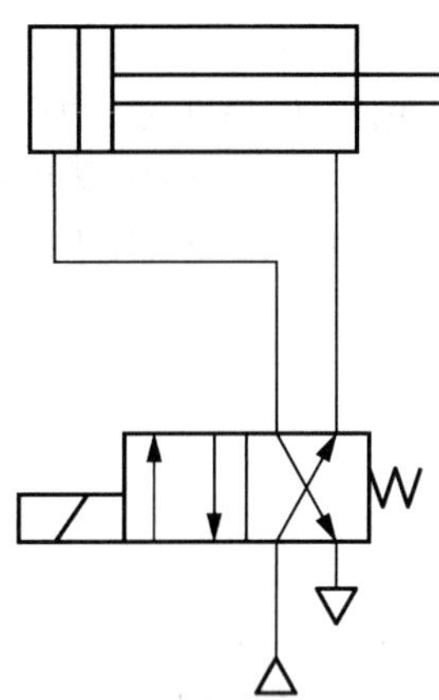

图 10-45　双作用式气缸换向回路（电磁阀控制）

07 试验完毕，拆解回路，并做好元件保养和场地卫生工作。

08 分析：如未按下按钮，活塞杆伸出；按下时，活塞杆退回，可能是什么原因造成的?

观察实训中各元件的顺序动作，记录并填写实训报告。

（2）单向调速回路

如图 10-46 所示为单向供气节流调速回路，它通过节流阀的控制作用，调节进入气缸的气体球量，以此控制气缸运动速度的回路。

【工作原理】

当换向阀工作在左位时，压缩空气通过单向节流阀后进入气缸左腔，此时单向阀关闭，节流阀起控制气体流量的作用。当换向阀工作在右位时，压缩空气进入气缸右腔，左腔的气体经单向阀后排出。

【试验步骤】

01 按照试验回路图的要求，取出对应的气压传动元件，并检查型号是否正确。

02 将检查完毕性能完好的气压传动元件安装在实验台面板合理位置，通过快换接头和气管按回路要求连接。

03 为了系统能建立压力，活塞杆处应施加一定的负载。

04 把节流阀的旋钮拧到最低，使其开口最小。

05 经指导老师检查后，接上气源。

06 旋动节流阀上的旋钮，调节气体流量，观察活塞杆运动的速度变化。

07 按照图 10-47 所示，连接相应回路。

08 试验完毕，拆解回路，并做好元件保养和场地卫生工作。

观察实训中各元件的顺序动作，记录并填写实训报告。

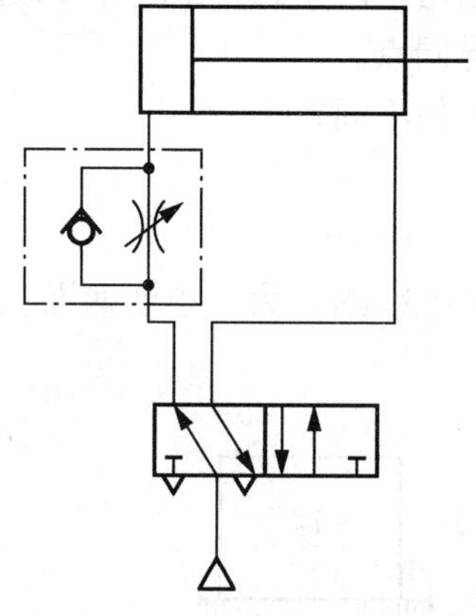

图 10-46 单向供气节流调速回路

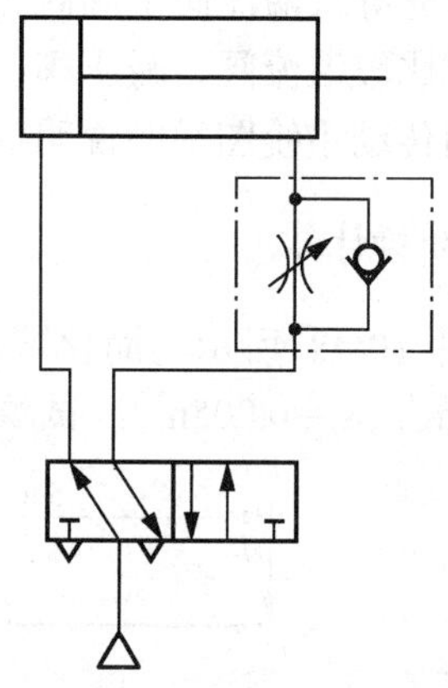

图 10-47 单向排气节流调速回路

4. 思考题

（1）换向阀

1）换向阀的用途是什么？

2）换向阀中弹簧起何作用？

3）能否根据图 10-40 所示二位三通换向阀的图形符号画出其结构原理图？

（2）溢流阀

1）溢流阀的用途是什么？

2）直动式溢流阀阀芯上的阻尼孔起什么作用？

3）先导式溢流阀是由哪两部分构成的？这两部分各有什么作用？

（3）节流阀、调速阀

1）节流阀、调速阀的用途各是什么？

2）调速阀是由哪两个阀组成的？

思考与练习

一、简答

1. 举例简要说明液压与气压传动系统工作原理。
2. 举例说明液压与气压传动系统的组成和特点。
3. 什么叫液压执行元件?有哪些类型？用途如何？
4. 液压缸有哪些类型？各有何特点？适用于什么场合？
5. 什么是换向阀的“位”和“通”？ 换向阀有几种控制方式？
6. 液压传动系统中，采用什么元件通过什么方式来控制执行元件的运动速度？
7. 若先导式溢流阀主阀阀芯上的阻尼孔被污物堵塞，溢流阀会出现什么故障？
8. 试比较溢流阀、减压阀、顺序阀三者之间的异同点。
9. 用传动系统图举例说明气压回路与液压回路有何不同？

二、分析计算

1. 图 10-48 所示为简化液压千斤顶，手揿力 T=294N，大、小活塞面积分别为 A_1=0.001m^2，A_2=0.005m^2，试填表 10-11。

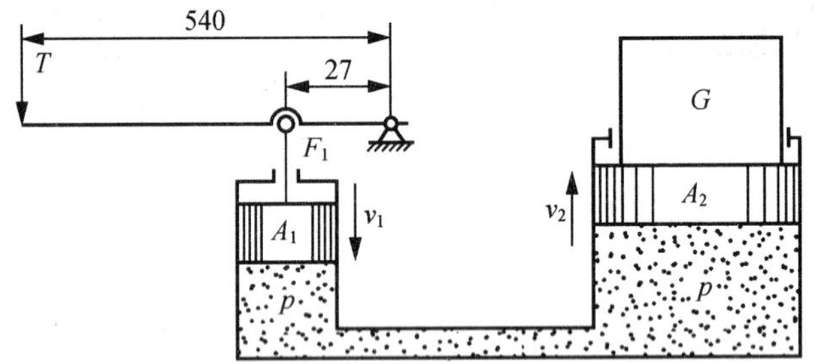

图 10-48　简化液压千斤顶

表 10-11　计算各力

计算要求	计算公式及结果	依据原理或定义
图 10-48 所示作用在小活塞上的力 F_1		
此时系统压力 p		
相应大活塞能顶起的重量 G		
比较 v_1、v_2 的快慢		
若 G=19600N，求系统压力 p		
此时小活塞上应作用的力 F_1		

2. 如图 10-49 所示，完成相关问题。

（1）分别填写出序号 1～10 气压传动元件的名称。

（2）其中气源装置是指________、________、________、________。

（3）气压传动三大件是指________、________、________。

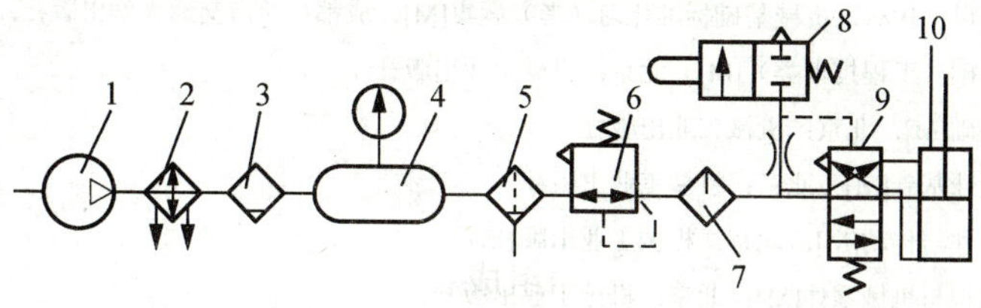

图 10-49 气压传动系统结构

三、实践

拆装方向控制阀、压力控制阀、流量控制阀，分析、了解其组成、结构和特点。

参 考 文 献

曹小兵，万能武，石小凤．1989．机械基础标准化习（考）题集[M]．成都：西南交通大学出版社．

胡家秀．2008．机械基础（工程技术类）[M]．北京：机械工业出版社．

黄国雄．2008．机械基础[M]．北京：机械工业出版社．

黄森彬．2001．机械设计基础[M]．北京：机械工业出版社．

机械工业部．2008．零件与传动[M]．北京：机械工业出版社．

机械工业部．2007．机构与机械零件[M]．北京：机械工业出版社．

郎一民，李玉青．2009．机械工程材料[M]．北京：中国铁道出版社．

李培根．2007．机械工程基础[M]．北京：机械工业出版社．

李世维．2006．机械基础[M]．北京：高等教育出版社．

林菊娥，李桂福．2009．机械基础[M]．北京：北京理工大学出版社．

刘晓芬．2010．机械基础[M]．北京：电子工业出版社．

马成荣．2010．机械基础[M]．北京：人民邮电出版社．

马振福．2013．液压与气压传动[M]．2 版．北京：机械工业出版社．

屈国华，康介铎，黄文灿，等．1988．机械原理与机械零件[M]．北京：高等教育出版社．

隋明阳．2008．机械基础[M]．北京：机械工业出版社．

孙华．2008．机械基础[M]．西安：西安电子科技大学出版社．

孙名楷．2009．液压与气动[M]．北京：电子工业出版社．

谭敬辉．2008．机械基础[M]．北京：机械工业出版社．

唐秀丽．2008．金属材料与热处理[M]．北京：机械工业出版社．

王庆海．2010．机械基础[M]．北京：电子工业出版社．

卫燕萍．2010．机械基础[M]．北京：中国铁道出版社．

杨立平．2008．机械设计基础[M]．北京：科学出版社．

曾宗福．2007．机械基础[M]．2 版．北京：化学工业出版社．

邹振宏，黄运祥．2010．机械基础[M]．北京：中国铁道出版社．

赵祥．2002．机械基础（工程技术类）[M]．北京：高等教育出版社．

赵香梅．2008．机械常识与识图[M]．北京：机械工业出版社．

赵学田．1982．机械设计自学入门[M]．北京：冶金工业出版社．

张英，李玉生．2006．机械设计基础[M]．北京：机械工业出版社．

朱琦，李彩云．2011．机械设计基础[M]．北京：机械工业出版社．

朱求胜．2008．机械基础[M]．北京：机械工业出版社．